T0219787

Gestaltung vernetzt-flexibler Arbeit

Mario Daum • Marco Wedel
Christian Zinke-Wehlmann
Hannah Ulbrich
Hrsg.

Gestaltung vernetzt-flexibler Arbeit

Beiträge aus Theorie und Praxis
für die digitale Arbeitswelt

Hrsg.

Mario Daum
INPUT Consulting gGmbH
Stuttgart, Deutschland

Dr. Christian Zinke-Wehlmann
Institut für Angewandte Informatik (InfAI)
Leipzig University
Leipzig, Deutschland

Dr. Marco Wedel
Institut für Berufliche Bildung und Arbeitslehre
Technical University of Berlin
Berlin, Deutschland

Hannah Ulbrich
Institut für Berufliche Bildung und Arbeitslehre
Technical University of Berlin
Berlin, Deutschland

ISBN 978-3-662-61559-1   ISBN 978-3-662-61560-7 (eBook)
https://doi.org/10.1007/978-3-662-61560-7

Die Deutsche Nationalbibliothek verzeichnet diese Publikation in der Deutschen Nationalbibliografie; detaillierte bibliografische Daten sind im Internet über http://dnb.d-nb.de abrufbar.

Springer Vieweg
© Der/die Herausgeber bzw. der/die Autor(en) 2020
Dieses Buch ist eine Open-Access-Publikation.
Open Access Dieses Buch wird unter der Creative Commons Namensnennung 4.0 International Lizenz (http://creativecommons.org/licenses/by/4.0/deed.de) veröffentlicht, welche die Nutzung, Vervielfältigung, Bearbeitung, Verbreitung und Wiedergabe in jeglichem Medium und Format erlaubt, sofern Sie den/die ursprünglichen Autor(en) und die Quelle ordnungsgemäß nennen, einen Link zur Creative Commons Lizenz beifügen und angeben, ob Änderungen vorgenommen wurden.
Die in diesem Buch enthaltenen Bilder und sonstiges Drittmaterial unterliegen ebenfalls der genannten Creative Commons Lizenz, sofern sich aus der Abbildungslegende nichts anderes ergibt. Sofern das betreffende Material nicht unter der genannten Creative Commons Lizenz steht und die betreffende Handlung nicht nach gesetzlichen Vorschriften erlaubt ist, ist für die oben aufgeführten Weiterverwendungen des Materials die Einwilligung des jeweiligen Rechteinhabers einzuholen.
Die Wiedergabe von allgemein beschreibenden Bezeichnungen, Marken, Unternehmensnamen etc. in diesem Werk bedeutet nicht, dass diese frei durch jedermann benutzt werden dürfen. Die Berechtigung zur Benutzung unterliegt, auch ohne gesonderten Hinweis hierzu, den Regeln des Markenrechts. Die Rechte des jeweiligen Zeicheninhabers sind zu beachten.
Der Verlag, die Autoren und die Herausgeber gehen davon aus, dass die Angaben und Informationen in diesem Werk zum Zeitpunkt der Veröffentlichung vollständig und korrekt sind. Weder der Verlag, noch die Autoren oder die Herausgeber übernehmen, ausdrücklich oder implizit, Gewähr für den Inhalt des Werkes, etwaige Fehler oder Äußerungen. Der Verlag bleibt im Hinblick auf geografische Zuordnungen und Gebietsbezeichnungen in veröffentlichten Karten und Institutionsadressen neutral.

Springer Vieweg ist ein Imprint der eingetragenen Gesellschaft Springer-Verlag GmbH, DE und ist ein Teil von Springer Nature.
Die Anschrift der Gesellschaft ist: Heidelberger Platz 3, 14197 Berlin, Germany

Grußwort

Die Digitalisierung beeinflusst heutzutage nahezu jede Form der Erwerbsarbeit. Der Einsatz digitaler Technologien ermöglicht die Flexibilisierung und Vernetzung der Arbeit und hat damit Auswirkungen auf die Arbeitsorganisation, die Arbeitsbedingungen, auf Geschäftsmodelle, die Produktivität und die Wertschöpfung. Die Fragen nach den Konsequenzen für Erwerbstätige und Unternehmen sind Gegenstand vielfältiger Forschungstätigkeiten. Hierauf aufbauend gilt es, die digitale Transformation auch als soziale Innovation zu gestalten. Dabei sind unter Einbeziehung aller Akteure ganzheitliche Konzepte zu entwickeln, zu erproben und zu evaluieren. Das Ziel ist, dass die Menschen in unserer Gesellschaft weiterhin unter guten Bedingungen arbeiten und leben können.

Das Bundesministerium für Bildung und Forschung (BMBF) hat sich zum Ziel gesetzt, den Herausforderungen des digitalen Wandels proaktiv zu begegnen. Aus Bundesmitteln und aus Mitteln des Europäischen Sozialfonds (ESF) der Europäischen Union wurde der Förderschwerpunkt „Arbeit in der digitalisierten Welt" gefördert. In 29 Forschungs- und Entwicklungsvorhaben werden die technologischen Veränderungen, deren Auswirkungen und erforderliche Handlungsbedarfe analysiert und auf deren Basis entsprechende Handlungs- und Lösungsansätze entwickelt und erprobt.

Das Verbundprojekt TransWork begleitet und vernetzt den Förderschwerpunkt und unterstützt den Transfer der Ergebnisse in Wirtschaft und Wissenschaft. Eines der hierbei entstandenen Produkte ist der vorliegende Sammelband der Schwerpunktgruppe „Gestaltung vernetzt-flexibler Arbeit", der 15 Beiträge aus sechs Verbundprojekten enthält. Die Schwerpunktgruppe verfolgt insgesamt die Zielsetzung, verschiedene Lösungsansätze für eine innovative Arbeitsgestaltung aufzuzeigen, den inhaltlich-methodischen Erfahrungsaustausch zwischen den Vorhaben und gegenseitiges Lernen zu ermöglichen, die in den Projekten entwickelten Lösungsansätze zu bündeln und Ergebnisse und Erfahrungen in die wissenschaftliche Community, in interessierte Unternehmen und hin zu den Sozialpartnern als betriebliche und überbetriebliche Normsetzungsakteure zu transferieren. Aus dieser Intention heraus entstand der vorliegende Sammelband, in dem die Autorinnen und Autoren die Ergebnisse aus den vielfältigen Forschungs-, Erprobungs- und Evaluationsarbeiten darstellen und vermitteln, um die positiven Aspekte einer digitalisierten Arbeitswelt für Beschäftigte und Unternehmen zu erschließen.

Die Bekanntmachung „Arbeit in der digitalisierten Welt" ist Teil des Forschungs- und Entwicklungsprogramms „Zukunft der Arbeit" (2014–2020). Der Fokus liegt auf sozialen, innovativen Lösungsansätzen für die Arbeitswelt, von denen sowohl Beschäftigte als auch Unternehmen profitieren. Das Programm ist eine Säule des Dachprogramms „Innovation für die Produktion, Dienstleistung und Arbeit von morgen", die den Erhalt und Ausbau von Arbeitsplätzen in Deutschland in den Mittelpunkt rückt. Insgesamt wird ein wichtiger Beitrag geleistet, um den Wirtschaftsstandort Deutschland nachhaltig zu stärken und zugleich zukunftsfähige und gute digitale Arbeitsplätze zu schaffen.

Karlsruhe im Frühjahr 2020

Dr. Paul Armbruster

Projektträger Karlsruhe (PTKA)

Produktion, Dienstleistung und Arbeit

Karlsruher Institut für Technologie (KIT)

Förderhinweis

Im Förderschwerpunkt „Arbeit in der digitalisierten Welt" werden die Projekte EdA (FKZ 02L15A050 ff), Hierda (FKZ 02L15A220 ff.), ICU (FKZ 02L15A230 ff.), SANDRA (FKZ 02L15A270 ff.) und SB:Digital (FKZ 02L15A070 ff.) vom Bundesministeriums für Bildung und Forschung und dem Europäischen Sozialfonds gefördert und vom Projektträger Karlsruhe betreut. Diese Projekte bilden eine Schwerpunktgruppe zum Thema „Gestaltung vernetzt-flexibler Arbeit" und werden durch das Projekt TransWork (FKZ: 02L15A160 ff.) begleitet, das vom Bundesministerium für Bildung und Forschung gefördert und vom Projektträger Karlsruhe betreut wird. Die Verantwortung für den Inhalt der einzelnen Beiträge liegt bei den Autoren*innen.

GEFÖRDERT VOM

Bundesministerium
für Bildung
und Forschung

ESF
Europäischer Sozialfonds
für Deutschland

EUROPÄISCHE
UNION

Zusammen.
Zukunft.
Gestalten.

Inhaltsverzeichnis

Autorenverzeichnis

Andreas Boes (Kap. 6) gehört dem Vorstand und Institutsrat des ISF München an, ist außerplanmäßiger Professor an der TU Darmstadt und Mitglied des Direktoriums am Bayerischen Forschungsinstitut für Digitale Transformation. Er befasst sich seit mehr als dreißig Jahren mit der Informatisierung der Gesellschaft und der Zukunft der Arbeit. Mit seinem Team am ISF München forscht er aktuell zu den Herausforderungen des Übergangs zur Informationsökonomie und den Erfolgsbedingungen einer humanen Gestaltung dieser Entwicklung.

Ricarda B. Bouncken (Kap. 14) ist Lehrstuhlinhaberin des Lehrstuhls für Strategisches Management und Organisation an der Universität Bayreuth. Ihr Forschungsschwerpunkt liegt auf Koopetition, Unternehmensstrategien, der Organisationsgestaltung sowie dem Innovationsmanagement, insbesondere zwischen Organisationen. Aktuell beschäftigt sie sich als Projektleiterin des Projekts Hierda insbesondere mit neuen Organisationsstrukturen für neue Arten der Arbeit. Der Fokus liegt dabei auf der digitalen Transformation sowie kollaborativen Arbeitsplätzen zwischen Start-ups, etablierten Unternehmen und Freelancern. Sie hat mehr als 200 Publikationen.

Mario Daum (Kap. 1 und 2) war nach seinem Studium der Soziologie (M.A.) an der Universität Mannheim zwischen 2014 und 2015 wissenschaftlicher Mitarbeiter am Mannheimer Zentrum für Europäische Sozialforschung (MZES). Seit 2015 ist er wissenschaftlicher Mitarbeiter bei der INPUT Consulting gGmbH in Stuttgart mit den Arbeitsschwerpunkten Arbeits- und Industriesoziologie, Dienstleistungsarbeit, Entwicklung von Digitalisierung und Technik sowie deren Auswirkungen auf Arbeit sowie soziökonomische Entwicklungen in verschiedenen Dienstleistungsbranchen.

Karen Eilers (Kap. 13) ist wissenschaftliche Mitarbeiterin und Doktorandin am Fachgebiet Wirtschaftsinformatik des Wissenschaftlichen Zentrum für Informationstechnik-Gestaltung (ITeG) der Universität Kassel. Schwerpunkte ihrer Arbeit liegen dabei in der Erforschung von Organisationaler Agilität, agile Transformation und Strukturen sowie dem agilen Mindset von Mitarbeitenden.

Julia Friedrich (Kap. 8) hat einen Magister-Abschluss in Religionswissenschaft und In-dologie. Seit 2012 arbeitet sie als wissenschaftliche Mitarbeiterin am Institut für Ange-wandte Informatik (InfAI) in Leipzig, wo sie Teil der Forschungsgruppe „Efficient Tech-nology Integration: Service and Knowledge Management" ist. Ihr Forschungsschwerpunkt ist das Feld der Human-Computer-Interaction. Ihre Forschungsergebnisse, die sich neben Social Business vor allem mit den Bereichen Wissensmanagement oder Gamification be-fassen, wurden in internationalen Fachzeitschriften und im Rahmen von Konferenzen ver-öffentlicht.

Till Marius Gantert (Kap. 15) ist seit 2019 wissenschaftlicher Mitarbeiter und Dokto-rand am Lehrstuhl für Strategisches Management und Organisation der Universität Bay-reuth. Seit Beginn seiner Tätigkeit betreut er das Projekt Hierda. Sein Forschungsschwer-punkt liegt in der Erforschung neuartiger Geschäftsmodelle, die vor allem im Zuge der zunehmenden Digitalisierung entstehen. Des Weiteren beschäftigt er sich mit den Einflüs-sen der Digitalisierung auf etablierte Organisationsstrukturen und welchem Wandel diese unterliegen.

Lars Görmar (Kap. 14 und 15) ist Betriebswirt und seit 2017 wissenschaftlicher Mitar-beiter und Doktorand am Lehrstuhl für Strategisches Management und Organisation der Universität Bayreuth. Als solcher betreut er das Projekt Hierda. Sein Forschungsschwer-punkt liegt auf der Gestaltung und Ausrichtung von Coworking-Spaces als Innovations-zentren, der zentralisierten dezentralen Arbeit in Zeiten von Digitalisierung und der damit einhergehenden Humanisierung digitaler Arbeit. In diesem Zuge beschäftigt er sich eben-falls mit innovationsfördernden (Organisations)strukturen.

Daniel Grießhaber (Kap. 5) ist seit 2016 wissenschaftlicher Mitarbeiter an der Hoch-schule der Medien in Stuttgart. Im Forschungsprojekt S.A.N.D.R.A. ist er für die Imple-mentierung des Demonstrators und zur Unterstützung der technischen Umsetzung zustän-dig. Zuvor hat er sein Masterstudium an der HdM im Studiengang „Computer Science and Media" absolviert und ist aktuell eingeschriebener Promotionsstudent an der Universität Stuttgart.

Katrin Gül (Kap. 6 und 7) ist Soziologin und arbeitet seit 2008 als Wissenschaftlerin am ISF München. Seit über zehn Jahren setzt sie sich mit der Veränderung von Arbeit im Zuge der Digitalisierung und mit den Folgen für die Beschäftigten auseinander. Zu ihren For-schungsschwerpunkten zählen Gesundheit und Belastung in der Wissensarbeit sowie die Auswirkungen agiler Arbeitsformen auf die Beschäftigten. Aktuell beschäftigt sie sich mit dem Thema Empowerment in der agilen Arbeitswelt.

Nesrin Gül (Kap. 7) arbeitet in der IG Metall Bezirksleitung Bayern. Zur Gestaltung ei-nes Innovationsprozesses beizutragen, der direkt an der betrieblichen Praxis ansetzt, neue

Instrumente erprobt und den Erfahrungsschatz der Beschäftigten in den laufenden Forschungsdiskurs einbringt, ist Kern ihres Themenfelds Digitalisierung.

Oliver Hinz (Kap. 3), promovierte Wirtschaftsinformatiker, ist Inhaber der Professur für Wirtschaftsinformatik und Informationsmanagement an der Johann Wolfgang Goethe-Universität Frankfurt am Main. Seine Arbeiten wurden unter anderen in den Zeitschriften Information Systems Research, Management Information Systems Quarterly, Journal of Marketing, Journal of Management Information Systems und Business & Information Systems Engineering veröffentlicht.

Harald Huber (Kap. 10) ist Experte zu allen Themen rund um Customer Service, wie z. B. Wissensmanagement, Chatbots oder Social Customer Service. Seit 1991 ist er bei der USU GmbH angestellt und dort als Managing Director bei unymira für den Bereich Produktentwicklung verantwortlich. Darüber hinaus ist er langjähriger Autor und Referent für Wissensmanagement-Themen und Trends im Customer Service.

Tobias Kämpf (Kap. 6) ist Wissenschaftler am ISF München und Lehrbeauftragter an der FAU Erlangen-Nürnberg. Darüber hinaus engagiert sich als Vertrauensdozent der Hans-Böckler-Stiftung und ist Mitherausgeber der Zeitschrift „Arbeit". Als Soziologe forscht er seit mehr als 15 Jahren zur Digitalisierung von Arbeit und dem Wandel der Gesellschaft. Digitale Geschäftsmodelle und neue agile Arbeitsformen mit ihren Auswirkungen auf die Arbeitswelt und Beschäftigten zählen zu seinen Schwerpunkten.

Daniel Knapp (Kap. 7) arbeitet seit 2005 bei der andrena objects ag. Zwischen 2010 und 2016 leitete er zwei Softwareentwicklungs-Geschäftsfelder. Seit 2017 gehört er zur Standortleitung Karlsruhe. Sein Hauptinteresse gilt dem Agile Software Engineering, agilen Prozessen und cloud-nativer Softwareentwicklung.

Uwe Laufs (Kap. 5) ist Wissenschaftler am Fraunhofer-Institut für Arbeitswirtschaft und Organisation IAO und koordiniert das Forschungsprojekt SANDRA. Seit seinem Studium der Medieninformatik an der Hochschule der Medien Stuttgart und der angewandten Informatik an der FernUniversität Hagen beschäftigt er sich mit Fragestellungen im Umfeld der Softwaretechnik sowie der Gestaltung von Systemen hinsichtlich IT-Sicherheit.

Jan Marco Leimeister (Kap. 13) ist Leiter des Fachgebietes Wirtschaftsinformatik und Direktor am Wissenschaftlichen Zentrum für Informationstechnik-Gestaltung (ITeG) der Universität Kassel. Er ist zudem Ordinarius für Wirtschaftsinformatik und Direktor am Institut für Wirtschaftsinformatik (IWI HSG) der Universität St.Gallen. Seine Forschungsschwerpunkte liegen im Bereich Digital Business, Digital Transformation, Dienstleistungsforschung, Crowdsourcing, Digitale Arbeit, Collaboration Engineering und IT Innovationsmanagement.

Thomas Lühr (Kap. 6) ist seit 2011 am Institut für Sozialwissenschaftliche Forschung München als wissenschaftlicher Mitarbeiter beschäftigt und Lehrbeauftragter an der Technischen Universität Darmstadt. Die nachhaltige Gestaltung von Wissensarbeit im digitalen Zeitalter steht im Fokus der Forschungsarbeiten von Thomas Lühr. Dabei interessieren ihn besonders die subjektive Wahrnehmung der Digitalisierung und ihre langfristigen Folgen für die Mittelschichten sowie der Wandel der betrieblichen Stellung von Hochqualifizierten.

Ralf Mattes (Kap. 7) ist Sprecher Kommunikation Audi Gesamtbetriebsrat und Betriebsrat Ingolstadt. Seit 2014 arbeitet der studierte Politologe in Projekten des Betriebsrates Audi Ingolstadt rund um das Thema Digitalisierung der Arbeitswelt und Zukunft der Mitbestimmung.

Johannes Maucher (Kap. 5) ist seit 2004 Professor an der Hochschule der Medien Stuttgart. Dort ist er in den Studiengängen *Medieninformatik* und *Computer Science and Media* für alle Lehr- und Forschungsaktivitäten im Bereich der Künstlichen Intelligenz und des Maschinellen Lernens verantwortlich. An der HdM leitet er das 2019 gegründete Institute for Applied Artificial Intelligence (IAAI). Johannes Maucher hat an der Universität Ulm Elektrotechnik studiert und dort anschließend am Institut für Informationstechnik promoviert. Danach war er 5 Jahre beim Schweizer Technologiekonzern Ascom Systec AG als Forschungsingenieur, Projektleiter und Gruppenleiter angestellt.

Thomas Meiren (Kap. 9) ist Leiter der Forschungsgruppe „Service Engineering" am Fraunhofer-Institut für Arbeitswirtschaft und Organisation IAO in Stuttgart. Er beschäftigt sich bereits seit mit der Neunziger Jahre mit der sozio-technischen Gestaltung von Dienstleistungssystemen und trug maßgeblich zum Aufbau der Fachdisziplin Service Engineering in Deutschland bei.

Nadine Miedzianowski (Kap. 4) ist wissenschaftliche Mitarbeiterin der Projektgruppe verfassungsverträgliche Technikgestaltung (provet) im Wissenschaftlichen Zentrum für Informationstechnik-Gestaltung (ITeG) an der Universität Kassel. Dort arbeitete sie zunächst in dem Projekt „Untersuchung zur Kartografie und Analyse der Privacy Arena" (Privacy-Arena) und bearbeitet seit April 2017 das interdisziplinäre Projekt „Gestaltung der Arbeitswelt der Zukunft durch Erreichbarkeitsmanagement" (SANDRA). Seit September 2018 ist sie Doktorandin an der Universität Kassel bei Prof. Dr. Alexander Roßnagel und erforscht Lösungen aus technischer, datenschutzrechtlicher und arbeitsrechtlicher Sicht zur Problematik ständiger Erreichbarkeit im Arbeitskontext.

Christoph Peters (Kap. 13) ist Assistenzprofessor für Betriebswirtschaftslehre, insb. Wirtschaftsinformatik am Institut für Wirtschaftsinformatik der Universität St. Gallen und Forschungsgruppenleiter am Fachgebiet Wirtschaftsinformatik der Universität Kassel. Seine Forschungsinteressen liegen in den Bereichen Dienstleistungen/Dienstleistungssysteme und entsprechende Geschäftsmodelle sowie agile und digitale Arbeit. Querschnitts-themen sind hierbei Hybrid Intelligence sowie soziotechnische Systemgestaltung.

Vanita Römer (Kap. 10) studiert Kulturwissenschaften und ist als wissenschaftliche Hilfskraft im Projekt SB:Digital im Institut für angewandte Informatik in Leipzig be-schäftigt.

Zofia Saternus (Kap. 3 und 5) ist Wirtschaftswissenschaftlerin und seit 2017 wissen-schaftliche Mitarbeiterin an der Professur von Prof. Dr. Oliver Hinz tätig. Zu Beginn am Lehrstuhl für Wirtschaftsinformatik Electronic Markets an der Technischen Universität Darmstadt und seit September 2017 an der Professur für Wirtschaftsinformatik und Infor-mationsmanagement der Goethe-Universität Frankfurt. Der Schwerpunkt ihrer Forschung liegt in der Themenfeld User Präferenzen für Assistenzsysteme.

Christian Schiller (Kap. 9) ist wissenschaftlicher Mitarbeiter in der Forschungsgruppe „Service Engineering" am Fraunhofer-Institut für Arbeitswirtschaft und Organisation IAO und beschäftigt sich mit der Entwicklung, dem Testen und der Optimierung von Dienst-leistungsprozessen. Im Fokus liegen dabei aktuell insbesondere die Auswirkungen der Digitalisierung auf interne wie externe Dienstleistungssysteme.

Benedikt Simmert (Kap. 13) ist wissenschaftlicher Mitarbeiter und Doktorand am Fach-gebiet Wirtschaftsinformatik des Wissenschaftlichen Zentrum für Informationstechnik-Gestaltung (ITeG) der Universität Kassel. Seine Forschungsinteressen fokussieren sich auf die Themenschwerpunkte Agile Transformation & Agile Organisation, Digitale Arbeit, Crowd Work und Business Model Innovation.

Robert Sington (Kap. 15) betreut seit 2017 für die WITENO GmbH das cowork Greifs-wald, Vorpommerns ersten Coworking Space. Mit seiner langjährigen Berufserfahrung in verschiedenen Medienagenturen in Berlin ist er überdies verantwortlich für die Öffentlich-keitsarbeit der Greifswalder Gründungs- und Technologiezentren.

Katharina Staab (Kap. 3 und 5) ist Psychologin und seit 2017 wissenschaftliche Mitar-beiterin am Lehrstuhl für Marketing und Personalmanagement an der Technischen Uni-versität Darmstadt. Der Schwerpunkt ihrer Forschung liegt in den Themenfeldern Work Life Balance und Erreichbarkeitsmanagement sowie Boreout von Beschäftigten.

Ruth Stock-Homburg (Kap. 3), promovierte Wirtschaftswissenschaftlerin und Psycho-login, ist Inhaberin des Lehrstuhls Marketing und Personalmanagement an der Techni-schen Universität Darmstadt. Ferner ist sie Gründerin der leap in time GmbH, einem For-schungsinstitut, das sich der Untersuchung zukünftiger Arbeitswelten gewidmet hat. In ihrer Forschung beschäftigt sie sich insbesondere mit dem Einfluss der Digitalisierung auf die Arbeitswelt von morgen.

Hannah Ulbrich (Kap. 1, 11 und 12) ist als Soziologin (Dipl. Soz./MBA) am Lehrstuhl für Arbeitslehre/Technik und Partizipation an der Technischen Universität Berlin beschäftigt und leitet das vom BMBF und ESF geförderte Forschungsprojekt „Internes Crowdsourcing in Unternehmen". Neben der Tätigkeit als Projektleitung absolviert sie seit Oktober 2018 als Stipendiatin einen berufsbegleitenden MBA an der Berlin Professional School der Hochschule für Wirtschaft und Recht Berlin. Ihre Forschungsschwerpunkte sind Entrepreneurship & Innovation, New Work & agile Methoden sowie digitale Transformation & Leadership.

Carsten Voigt (Kap. 10) ist Experte in den Gebieten Social Customer Service und Chatbots im Social Media Umfeld. Er ist aktuell als Head of Client Service und Product Owner bei unymira tätig. Dabei beschäftigt er sich mit Kundenbedürfnissen im sozialen Umfeld und den Herausforderungen und Chancen, die sich dadurch für Unternehmen ergeben.

Marco Wedel (Kap. 1, 11 und 12) ist Politologe und wissenschaftlicher Mitarbeiter am Lehrstuhl für Arbeitslehre/Technik und Partizipation an der Technischen Universität Berlin. Neben Studienaufenthalten in Boston, Konstanz und Berlin war er u. a. im Energiesektor und Wissenschaftsmanagement tätig. Seine Forschungstätigkeiten konzentrieren sich auf die Themen „Zukunft der Arbeit", Entrepreneurship, Digitalisierung und Medienkompetenz. Daneben stehen Europäische Integration, Demokratiekompetenz und Nachhaltige Entwicklung im Forschungsfokus. Marco Wedel ist Mitherausgeber des Wissenschaftsjournals „Innovation – The European Journal of Social Science Research".

Stephanie Weinhardt (Kap. 5) ist seit 2017 Wissenschaftlerin am Fraunhofer IAO und hat Ihren Forschungsschwerpunkt in den Bereichen Usability/User Experience. Nach Ihrem Studium der Medieninformatik studierte Frau Weinhardt im Master Elektronische Medien und arbeitete im Anschluss in der Industrie im Usability-Umfeld.

Mandy Wölke (Kap. 8) studierte interkulturelle Wirtschaftskommunikation, sowie Kunstgeschichte und Filmwissenschaften an der Friedrich-Schiller-Universität Jena. 2015 erlangte sie den Hochschulgrad Master of Arts. Derzeit arbeitet sie im Rahmen des Forschungsprojektes SB:Digital als wissenschaftliche Mitarbeiterin am Institut für angewandte Informatik (InfAI) in Leipzig.

Claus Zanker (Kap. 2) ist Geschäftsführer der INPUT Consulting gGmbH in Stuttgart, bei der er seit 1999 tätig ist. Nach dem Studium der Politik- und Verwaltungswissenschaft an der Universität Konstanz war er Referent bei der Deutschen Postgewerkschaft im Bezirk Südwest (1996–1999). Schwerpunkte seiner Arbeit sind die Analyse der Folgen digitaler Technik auf Beschäftigung und Arbeitsbedingungen sowie die Arbeitsbeziehungen und soziökonomische Entwicklung in verschiedenen Dienstleistungsbranchen.

Christian Zinke-Wehlmann (Kap. 1, 8 und 10) arbeitet als promovierter Soziologe im Bereich soziotechnische Unterstützungssysteme an der Schnittstelle Arbeit, Technik und Dienstleistungssysteme. Schwerpunkte seiner wissenschaftlichen Arbeit sind die design-orientierte Forschung, die Mensch-Technik-Interaktion, digitale Kollaborationsplattformen, die empirische Sozialforschung und die Entwicklung komplexer Dienstleistungssysteme.

Einführung

Gestaltung vernetzt-flexibler Arbeit

Mario Daum, Marco Wedel, Christian Zinke-Wehlmann und Hannah Ulbrich

Zusammenfassung

Die Arbeitswelt wird durch die digitale Transformation grundlegend verändert, wodurch sich die Gestaltung und Regulierung von Arbeit an neue Bedürfnisse und Herausforderungen ausrichten muss. Der vorliegende Sammelband umfasst fünfzehn Beiträge aus sechs Verbundvorhaben, die im Rahmen des Förderschwerpunkts „Arbeit in der digitalisierten Welt" des Bundesministeriums für Bildung und Forschung den Transformationsprozess analysiert und auf deren Basis konkrete Lösungsansätze entwickelt und erprobt haben. In diesem Kapitel führen die Herausgeber in den Sammelband ein und erläutern den Kontext.

1.1 Arbeitsgestaltung im Kontext der Digitalisierung

Die digitale Transformation der Arbeitswelt verändert die Art und Weise, wie wir bereits heute und vor allem in Zukunft arbeiten und wirtschaften. Digitale Geschäftsmodelle und Technologien beeinflussen schon heute bestehende Formen der Arbeitsorganisation und

M. Daum (✉)
Projekt TransWork, INPUT Consulting gGmbH, Stuttgart, Deutschland
E-Mail: daum@input-consulting.de

M. Wedel · H. Ulbrich
Lehrstuhl für Arbeitslehre/Technik und Partizipation, Technische Universität Berlin, Berlin, Deutschland
E-Mail: marco.wedel@tu-berlin.de; hannah.ulbrich@tu-berlin.de

C. Zinke-Wehlmann
Universitätsrechenzentrum, Universität Leipzig, Leipzig, Deutschland
E-Mail: christian.zinke-wehlmann@uni-leipzig.de

© Der/die Herausgeber bzw. der/die Autor(en) 2020
M. Daum et al. (Hrsg.), *Gestaltung vernetzt-flexibler Arbeit*,
https://doi.org/10.1007/978-3-662-61560-7_1

die Entwicklung von Arbeitsmitteln. Die Digitalisierung ermöglicht und verstärkt neue Arrangements der Zusammenarbeit und der Wertschöpfung. Die Erwerbsarbeit wird in den kommenden Jahren noch stärker von informations- und kommunikationstechnischen Arbeitsmitteln und digitalen Arbeitsgegenständen geprägt sein. Die Schnittstelle zwischen Mensch und Technik ist in den vergangenen zehn Jahren immer enger geworden. Der Arbeitsalltag wird bereits heute in vielen Branchen und Berufen durch Algorithmen und Sensorik begleitet, gesteuert und strukturiert.

Betrachtet man die digitale Transformation der Arbeitswelt aus der Perspektive der Gestaltung und Regulierung auf Basis wissenschaftlicher Erkenntnisse, werden verschiedenste Bedarfe im Sinne von guter und menschengerechter Arbeit deutlich. So ergeben sich durch die Digitalisierung Veränderungen in den Arbeitsprozessen, die wiederum Auswirkungen auf die Organisation von und auch auf die Bedingungen der Arbeit haben. Die Einführung digitaler Arbeitsmittel und die Überführung der Arbeitsgegenstände in die digitale Sphäre verändert das unmittelbare Arbeitsumfeld der Beschäftigten und die konkrete Erledigung der Arbeitsaufgaben. Diese Transformation der organisationalen und individuellen Aspekte der Arbeit führen im Ganzen zu einer Veränderung des Arbeitssystems, das unter anderem die räumlichen und zeitlichen Arbeitsstrukturen wie auch die Arbeitskultur umfasst.

In dieser Zeit der Transformation ist es von entsprechend großer Bedeutung, dass die Chancen und Risiken sowie die facettenreichen Gestaltungserfordernisse und -potenziale zielgerichtet identifiziert und analysiert werden. Basierend auf den wissenschaftlichen Erkenntnissen und anwendungsnahen Erprobungen sollten konkrete Hinweise, Leitlinien und Empfehlungen für die Gestaltung und Regulierung der Arbeit aufgestellt werden.

Der vorliegende Sammelband umfasst fünfzehn Beiträge aus sechs Verbundvorhaben, die im Rahmen des Förderschwerpunkts „Arbeit in der digitalisierten Welt" des Bundesministeriums für Bildung und Forschung unterschiedliche Entwicklungen im Transformationsprozess der Arbeitswelt analysieren, konkrete Lösungsansätze entwickeln und wissenschaftlich begleiten und evaluieren. Die Autoren der Beiträge geben Einblicke in ihre Erkenntnisse und die entwickelten Konzepte. Hieraus lassen sich für Akteure aus Politik und Wirtschaft entsprechende Handlungsempfehlungen ableiten und es ergeben sich neue Forschungsimpulse für Akteure aus der Wissenschaft.

1.2   Förderschwerpunkt „Arbeit in der digitalisierten Welt"

Das Bundesministerium für Bildung und Forschung (BMBF) hat es sich im Jahr 2015 zum Ziel gemacht, die Digitalisierung als soziale Innovation zu verstehen und zu gestalten. Einerseits sollen die Akteure der Erwerbsarbeit in die Entwicklung einbezogen werden und andererseits soll in Konzepte investiert werden, die in unserer Gesellschaft weiterhin gute Arbeit und ein gutes Leben ermöglichen. Die Chancen, die die digitale Transformation mit sich bringt, sollen auch im Sinne der Beschäftigten genutzt werden. Angemessene und durchdachte Arbeitsgestaltung und Arbeitsorganisation sowie eine Arbeits- und Organisationskultur sind für das BMBF wesentliche Bestandteile, um die Digitalisierung als soziale Innovation zu verstehen und im Sinne von guter Arbeit zu gestalten.

Das Forschungsprogramm „Zukunft der Arbeit" (2014–2020) hat das Ziel, im Zusammenspiel von Theorie und Praxis die Möglichkeiten der digitalen Transformationen zu identifizieren und innovative Lösungen zu entwickeln und nutzbar zu machen. Im Kontext dieses Forschungsprogramms ist die Absicht des BMBF-Forschungsschwerpunkts „Arbeit in der digitalisierten Welt", dass Forschungseinrichtungen und Unternehmen gemeinsam praxisorientierte Konzepte erarbeiten, erproben und evaluieren, um Erwerbsarbeit und Wertschöpfung in Deutschland zu erhalten und weiterzuentwickeln.

Der BMBF-Forschungsschwerpunkt umfasst 30 Verbundprojekte, die mit einer Fördersumme von rund 50 Millionen Euro ausgestattet sind. In den Verbundprojekten arbeiten etwa 70 Forschungseinrichtungen und rund 90 Unternehmen zusammen, um die Ziele des Forschungsschwerpunkts zu erreichen und Beiträge zur Weiterentwicklung der Erwerbsarbeit in Deutschland im Sinne von guter Arbeit zu leisten.

1.3 Begleitung durch TransWork

Das Verbundprojekt „TransWork – Transformation der Arbeit durch Digitalisierung" ist eines der Verbundprojekte und zugleich das Begleitvorhaben. TransWork begleitet und vernetzt die 29 Verbundprojekte untereinander und unterstützt und fördert den Transfer der Ergebnisse in Richtung (Fach-)Öffentlichkeit über Publikationen und Veranstaltung. Die Verbundprojekte wurden in fünf themengeleitete Schwerpunkgruppen gefasst, um die zielgerichtete Forschung und die inhaltliche Vernetzung gleichermaßen zu unterstützen.

- Assistenzsystem und Kompetenzentwicklung
- Projekt- und Teamarbeit in der digitalisierten Arbeitswelt
- Produktivitätsmanagement
- Gestaltung vernetzt-flexibler Arbeit
- Arbeitsgestaltung im digitalen Veränderungsprozess

Auf diese Weise wurden Verbundprojekte mit ähnlichen und sich ergänzenden Inhalten vernetzt und der Austausch in regelmäßigen zeitlichen Abständen zu entsprechenden Themen gefördert. Neben den Treffen der Schwerpunktgruppen dienten auch schwerpunktgruppenübergreifende Veranstaltungen dem internen wie auch externen Austausch. Darüber hinaus erfolgt der Transfer der Ergebnisse in die (Fach-) Öffentlichkeit unter anderem über folgende gemeinsame OpenAccess-Publikationen, die aus dem Verbundprojekt TransWork heraus initiiert wurden:

- Broschüre mit Übersicht der Verbundprojekte im Förderschwerpunkt (OpenAccess)
- Broschüre mit Zwischenergebnissen aus den Verbundprojekten im Förderschwerpunkt (Bauer et al. 2019)

- Sammelband der Schwerpunktgruppe Projekt- und Teamarbeit in der digitalisierten Welt (Mütze-Niewöhner et al. 2020)
- Buch der Schwerpunktgruppe Produktivitätsmanagement (Jeske und Lennings 2020)
- Buch der Schwerpunktgruppe Gestaltung vernetzt-flexibler Arbeit (vorliegender Band)
- Buch als Abschlusspublikation des Förderschwerpunkts (Bauer et al. in Vorbereitung)

1.4 Die Schwerpunktgruppe „Gestaltung vernetzt-flexibler Arbeit"

Die fünf Verbundprojekte der Schwerpunktgruppe „Gestaltung vernetzt-flexibler Arbeit" erforschen die Besonderheiten digitalisierter Arbeit und entwickeln Gestaltungsansätze, wie eine gute, humane Arbeit auch unter veränderten Bedingungen einer vernetzten, zeitlich und örtlich flexibilisierten Erwerbsarbeit gelingen kann. Die entwickelten Lösungsansätze für eine gute digitale Arbeitsgestaltung umfassen unterschiedliche Gestaltungsfelder. Sie zielen erstens auf eine stärkere Befähigung zur Eigenverantwortung von Beschäftigten und Führungskräften. Zweitens stehen neue Kooperationsformen bei standortverteiltem Arbeiten in Coworking-Spaces im Fokus. Drittens werden Fragen eines angemessenen Erreichbarkeitsmanagements bei mobiler Arbeit adressiert. Und viertens wird untersucht, wie soziale Medien im Betrieb für eine gute Arbeitsgestaltung, zur Einbindung der Beschäftigten und zur Steigerung der Produktivität genutzt werden können. Im Zusammenwirken von Wissenschaft und Wirtschaft wurden geeignete Konzepte umgesetzt, um die positiven Aspekte einer digitalisierten Arbeitswelt für Unternehmen und Beschäftigte zu erschließen und zu evaluieren.

Die Schwerpunktgruppe umfasst folgende Verbundprojekte:

• EdA	Empowerment für die digitale Arbeitswelt – Nachhaltige Konzepte für die Digitalisierung entwickeln
• Hierda	Humanisierung digitaler Arbeit in Coworking-Spaces
• ICU	Internes Crowdsourcing in Unternehmen: Arbeitnehmergerechte Prozessinnovationen durch digitale Beteiligung von Mitarbeiter/innen
• SANDRA	Gestaltung der Arbeitswelt der Zukunft durch Erreichbarkeitsmanagement
• SB:Digital	Social Business: Digitale soziale Netzwerke als Mittel zur Gestaltung attraktiver Arbeit

1.5 Überblick zum Sammelband

Im vorliegenden Herausgeberband stellen die fünf Verbundprojekte sowie der TransWork-Projektpartner INPUT Consulting aktuelle Ergebnisse im Kontext der Gestaltung und Regulierung vernetzt-flexibler Erwerbsarbeit in einer digitalen Arbeitswelt vor. Das übergreifende Ziel ist hierbei, der Leserin bzw. dem Leser konkrete Eindrücke aus den hier dargestellten Vorhaben und aus deren Forschungs-, Erprobungs- und Evaluationsarbeiten zu geben. Einerseits werden in den Beiträgen theoretische Fragestellungen thematisiert, andererseits werden auch Gestaltungskonzepte und deren Ergebnisse präsentiert. Die Beiträge sind im Sammelband thematisch zusammengestellt und beleuchten jeweils die adressierten Themenfelder aus dem Kontext ihrer Verbundprojekte in Zusammenwirken mit den Anwendungsunternehmen. Die Transformation hin zur digitalen Arbeitswelt ist insbesondere dadurch geprägt, dass ein größer werdender Teil der Erwerbsarbeit an jedem Ort und zu jeder Zeit erledigt werden kann. Diese Entwicklung, deren Auswirkungen sowie die Gestaltungserfordernisse und Lösungsansätze sind Gegenstand von sechs Beiträgen in diesem Sammelband.

Daum und Zanker (TransWork) widmen sich in ihrem Beitrag Kap. 2 dem Status quo und den Perspektiven der staatlichen Regulierung von orts- und zeitflexibler Arbeit und analysieren auf Basis arbeits- und rechtswissenschaftlicher Literatur und des politischen Diskurses, inwieweit Reformbedarf bei der Regulierung von Orts- und Zeitflexibilität besteht und wie die Chancen digitalisierter Arbeit genutzt werden können und gleichzeitig die hohen Arbeitsschutzstandards gewahrt bleiben. Der Beitrag von Saternus et al. (SANDRA) Kap. 3 knüpft an diese Debatte an. Die Autoren präsentieren ihre Forschungsergebnisse zu den Erwartungen der Nutzenden an ein technisches System des Erreichbarkeitsmanagements auf Grundlage von qualitativen und quantitativen Erhebungen. Miedzianowski (SANDRA) Kap. 4 geht in ihrem Beitrag auf die rechtlichen Anforderungen eines technischen Systems zur Erreichbarkeitssteuerung ein und zeigt auf, welche technischen Anforderungen aus den teils abstrakten und unbestimmten rechtlichen Anforderungen abgeleitet werden können. Grießhaber et al. (SANDRA) Kap. 5 geben einen Überblick über organisatorische und technische Lösungsansätze, um die zeitliche Flexibilität der digitalisierten Arbeit beherrschbar zu machen. Ihren Erkenntnissen aus dem Testbetrieb zufolge ist davon auszugehen, dass der Einsatz eines Erreichbarkeitsassistenten zu einer Verringerung der Belastung führt.

Auf die neuen Herausforderungen der digitalen Arbeitswelt reagierend, stellen Boes et al. (EdA) Kap. 6 Ansatzpunkte einer konsequenten Stärkung des Empowerments in Unternehmen vor. Die Ziele sind Autonomiezuwachs und echte Handlungsfähigkeit für Beschäftigte, um in der agilen Arbeitsorganisation den Aufgaben gerecht zu werden. Gül et al. (EdA) Kap. 7 haben auf diesen Erkenntnissen aufbauend unterschiedliche zukunftsweisende Gestaltungsansätze für das Empowerment entwickelt und getestet.

Die Nutzung digitaler sozialer Netzwerke gewinnt im Unternehmenskontext als Kollaborationsmittel stetig an Bedeutung. Zinke-Wehlmann et al. (SB:Digital) Kap. 8 gehen in ihrem Beitrag auf die Gestaltung dieser Prozesse der digitalen Zusammenarbeit ein. Anhand des eigens entwickelten Reifegradmodells zeigen sie methodische sowie technische Möglichkeiten auf, um digitale Kollaboration bedarfsorientiert und zielgerichtet im Unternehmen zu etablieren. Schiller und Meiren (SB:Digital) Kap. 9 verdeutlichen, dass der Einsatz von Social Business-Systemen kein Selbstläufer ist, sondern konkreten Handlungsempfehlungen folgen sollte. Ihr Referenzmodell, das Rollen und Verantwortlichkeiten im Kontext von sozialen Netzwerken definiert, soll Unternehmen dabei unterstützen, die Akzeptanz der Beschäftigten sicherzustellen. Huber et al. (SB:Digital) Kap. 10 schließen in ihrem Beitrag daran an und gehen auf den Einsatz eines Social Media Tools zur Kanalisierung von interner und externer Kommunikation ein. In ihrem Fallbeispiel werden die technischen wie auch organisatorischen Hindernisse durch den Datenschutz beschrieben und Lösungsansätze hierfür erläutert.

Unternehmensinternes Crowdsourcing ist Gegenstand von drei Beiträgen in diesem Sammelband. Wedel und Ulbrich (ICU) Kap. 11 stellen ihre Ergebnisse zur Erarbeitung systemtheoretischer Grundlagen für diese neue Form der Arbeitsorganisation vor. Sie bieten theoretische Empfehlungen zur Konzeption und Systematik von internem Crowdsourcing und tragen dazu bei, die bestehende Forschungslücke in diesem Feld zu verkleinern. Darauf aufbauend, legen Ulbrich und Wedel (ICU) Kap. 12 den Entwurf eines Prozess- und Rollenmodells zum internen Crowdsourcing dar. Das theoretisch fundierte Modell basiert auf der projektbezogenen Praxisanwendung von internem Crowdsourcing beim Anwendungspartner GASAG AG und orientiert sich an der Konzeption des agilen Vorgehensmodells von Scrum. Simmert et al. (EdA) Kap. 13 gehen in ihrem Beitrag der Frage nach, inwiefern das Empowerment in einer internen Crowd einen zentralen Erfolgsfaktoren darstellt. Sie zeigen dabei auf, wie sich die Aufgabenverteilung und die Zusammenarbeit im Rahmen dieser digitalen Arbeitsform grundlegend verändert, was wiederum einer neue Organisations- und Führungskultur bedarf.

Die Digitalisierung der Arbeitswelt erweitert neben der zeitlichen auch die räumliche Komponente, bedeutet jedoch nicht, dass Menschen in vollkommener Flexibilität arbeiten wollen. Ein neues, zunehmend verbreitetes und örtlich gebundenes Arbeitsmodell ist das Coworking, das Gegenstand des Beitrags von Görmar und Bouncken (Hierda) Kap. 14 ist. Die Autoren beleuchten die Entstehung und Nutzung von Coworking und Coworking-Spaces (CWS) und zeigen auf, welche Unterschiede es unter den Anbietern sowie den Nutzenden gibt und was zentrale Treiber und Barrieren für deren Erfolg sein können. Sington et al. (Hierda) Kap. 15 beschreiben in ihrem Beitrag anhand eines konkreten Anwendungsfalls vor welchen Herausforderungen CWS-Betreibende stehen und welche Ansätze erprobt wurden, um die Chancen dieser neuen Arbeitsform zu nutzen.

Die Herausgeberin und Herausgeber bedanken sich bei den beitragenden Autorinnen und Autoren und freuen sich mit diesem Sammelband einen facettenreichen Beitrag für die Gestaltung vernetzt-flexibler Arbeit präsentieren zu können.

Literatur

Bauer, W., Stowasser, S., Mütze-Niewöhner, S., Zanker, C., & Brandl, K. H. (Hrsg.). (2019). *Arbeit in der digitalisierten Welt – Stand der Forschung und Anwendung im BMBF-Förderschwerpunkt.* Fraunhofer-Institut für Arbeitswirtschaft und Organisation IAO. http://publica.fraunhofer.de/dokumente/N-548964.html. Zugegriffen am 20.11.2019.

Bauer, W., Mütze-Niewöhner, S., Stowasser, S., Zanker, C., & Müller, N. (in Vorbereitung). *Arbeit in der digitalisierten Welt – Praxisbeispiele und Gestaltungslösungen aus dem BMBF-Förderschwerpunkt.* Berlin: Springer Vieweg.

Jeske, T., & Lennings, F. (Hrsg.). (2020). *Produktivitätsmanagement 4.0. Praxiserprobte Vorgehensweisen zur Nutzung der digitalisierung in der Industrie.* Berlin: Springer Vieweg.

Mütze-Niewöhner, S., Hacker, W., Hardwig, T., Kauffeld, S., Latniak, E., Nicklich, M., & Pietrzyk, U. (Hrsg.). (2020). *Projekt- und Teamarbeit in der digitalisierten Arbeitswelt – Herausforderungen, Strategien und Empfehlungen.* Berlin: Springer Vieweg.

Open Access Dieses Kapitel wird unter der Creative Commons Namensnennung 4.0 International Lizenz (http://creativecommons.org/licenses/by/4.0/deed.de) veröffentlicht, welche die Nutzung, Vervielfältigung, Bearbeitung, Verbreitung und Wiedergabe in jeglichem Medium und Format erlaubt, sofern Sie den/die ursprünglichen Autor(en) und die Quelle ordnungsgemäß nennen, einen Link zur Creative Commons Lizenz beifügen und angeben, ob Änderungen vorgenommen wurden.

Die in diesem Kapitel enthaltenen Bilder und sonstiges Drittmaterial unterliegen ebenfalls der genannten Creative Commons Lizenz, sofern sich aus der Abbildungslegende nichts anderes ergibt. Sofern das betreffende Material nicht unter der genannten Creative Commons Lizenz steht und die betreffende Handlung nicht nach gesetzlichen Vorschriften erlaubt ist, ist für die oben aufgeführten Weiterverwendungen des Materials die Einwilligung des jeweiligen Rechteinhabers einzuholen.

Vernetzt, flexibel und gesund?

Status quo und Perspektiven der Regulierung von orts- und zeitflexibler Arbeit

2

Mario Daum und Claus Zanker

Zusammenfassung

Der Wandel der Erwerbsarbeit infolge der Digitalisierung eröffnet neue Optionen aber birgt auch einige Gefahren. Die Autoren verfolgen in diesem Beitrag einen interdisziplinären Zugang zu orts- und zeitflexiblen Arbeitsformen, die durch den digitalen Wandel verstärkt möglich sind. Sie stellen die gegenwärtigen Forderungen nach Deregulierung bzw. Regulierung des Arbeitsrechts dar und ordnen diese auf Grundlage von Erkenntnissen der Arbeits- und Rechtswissenschaft ein. Auf ihren Ergebnissen basierend, geben sie Handlungsempfehlungen für Akteure aus Politik und Wirtschaft zur Gestaltung und Regulierung von orts- und zeitflexiblem Arbeiten.

2.1 Einleitung

Die Erwerbsarbeit in einer digitalisierten Welt ist mit einer Reihe von Spannungsfeldern verbunden, die sich durch die Digitalisierung von Arbeitsprozessen neu ergeben oder in ihrer Wirkung von diesen verstärkt werden. Eines dieser Spannungsfelder ist das zwischen Flexibilisierung und Arbeitsschutz, welches durch die digitale Transformation eine neue Qualität erfährt und vor neuen und wachsenden Herausforderungen steht. Durch die Nutzung digital-mobiler Arbeitsmittel und die Digitalisierung von Informationen als wesentliche Arbeitsgegenstände bei vielen insbesondere wissensbasierten Tätigkeiten ergeben sich erweiterte Möglichkeiten von örtlicher Mobilität und zeitlicher Flexibilität bei der Arbeit. Dies eröffnet einerseits Optionen für selbstbestimmtes Arbeiten und kann die

M. Daum (✉) · C. Zanker
Projekt TransWork, INPUT Consulting gGmbH, Stuttgart, Deutschland
E-Mail: daum@input-consulting.de; zanker@input-consulting.de

© Der/die Herausgeber bzw. der/die Autor(en) 2020
M. Daum et al. (Hrsg.), *Gestaltung vernetzt-flexibler Arbeit*,
https://doi.org/10.1007/978-3-662-61560-7_2

Vereinbarkeit von Beruf und Privatleben verbessern. Andererseits birgt es die Gefahr der Verwischung bisheriger Grenzen von Beruflichem und Privatem, was wiederum mit wachsenden Belastungen einhergehen kann. Eine Reihe von wissenschaftlichen Untersuchungen haben die Folgen der Digitalisierung auf die Arbeitswelt in den zurückliegenden Jahren in den verschiedenen Facetten analysiert. Gleichzeitig ist eine wissenschaftliche und politische Debatte darüber entbrannt, ob und wie sich die Regulierung von Arbeit angesichts dieses Wandels in der Arbeitswelt verändern muss.

Der Fokus dieses Beitrags liegt auf der Einordnung der arbeitsbezogenen Orts- und Zeitflexibilität sowie der interdisziplinären Analyse des Spannungsfeldes. Wir erachten die Zusammenführung der politisch geprägten Debatte hinsichtlich des arbeitsrechtlichen Handlungsbedarfs einerseits mit den wissenschaftlichen Erkenntnissen aus den Forschungsdisziplinen der Arbeitssoziologie, Arbeitswissenschaft (inkl. Arbeitsmedizin und Arbeitspsychologie) und des Arbeitsrechts andererseits als einen wertvollen Beitrag, um die wesentlichen Regelungslücken zu identifizieren. Dabei wird deutlich, dass manche Forderungen nach Veränderung der Arbeitsregulierung – wenig überraschend – stark interessengeleitet sind. Anhand unserer Analysen haben wir einige Maßnahmen für die Regulierung und Gestaltung abgeleitet, die den Ausgleich zwischen einem Mehr an Flexibilität und Selbstbestimmung einerseits sowie der Vermeidung von Selbstüberforderung und der Gewährleistung eines effektiven Arbeits- und Gesundheitsschutzes andererseits zum Ziel haben.

Der vorliegende Beitrag ist eine Kurzfassung unseres im Februar 2020 erschienenen TransWork-Projektberichts, für den wir die politische und wissenschaftliche Debatte und Literatur bis Oktober 2019 berücksichtigt haben.

2.2 Digitale Arbeitswelt: Arbeit Zwischen Flexibilität und Entgrenzung

Digitalisierte Arbeit ist Erwerbsarbeit, welche unter maßgeblicher Nutzung von informations- und kommunikationstechnologischen Arbeitsmitteln wie Computern, Tablets, Smartphones und sonstigen digitalen Geräten an Arbeitsgegenständen verrichtet wird, die in wesentlichen Anteilen als Informationen in digitalisierter Form existieren (vgl. Schwemmle und Wedde 2012, S. 14). Mit der zunehmenden Nutzung digitaler Arbeitsmittel und der wachsenden Bedeutung digitalisierter Informationsverarbeitung in vielen Berufen steigt der Anteil an Tätigkeiten, die unter dem Begriff der digitalisierten Arbeit zu subsumieren sind. Einer im Auftrag des Bundesministeriums für Arbeit und Soziales im Jahr 2015 durchgeführten Studie zufolge nutzen im Durchschnitt 83 Prozent der Beschäftigten bei ihrer beruflichen Tätigkeit digitale Technologien (Bundesministeriums für Arbeit und Soziales (BMAS) 2016a, b). Dabei zeigen sich jedoch in Abhängigkeit von Qualifikation und Berufsgruppe unterschiedliche Nutzungsraten digitaler Arbeitsmittel (siehe Abbildungen) (Abb. 2.1 und 2.2).

Nutzen Sie bei Ihrer Tätigkeit digitale Informations- und Kommunikationstechnologien, wie z. B. Computer, Internet, Laptop, Tablet oder Smartphone? (Antworten „ja" in Betrieben mit mehr als 50 sozialversicherungspflichtig Beschäftigten)

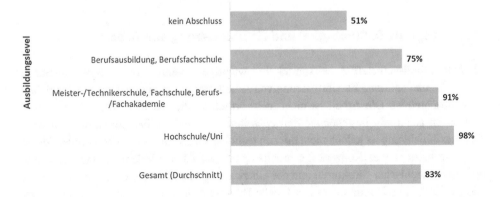

Abb. 2.1 Nutzung digitaler Technologien am Arbeitsplatz nach Ausbildungsniveau

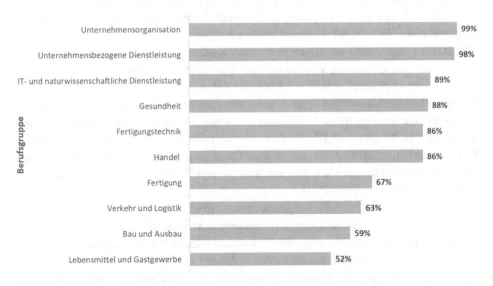

Abb. 2.2 Nutzung digitaler Technologien am Arbeitsplatz nach Berufsgruppe

Unterschiedliche Nutzungsquoten sind zudem nach der beruflichen Stellung im Unternehmen feststellbar. So ist bei Führungskräften die Verbreitung mobil-vernetzter Arbeitsmittel mit einem von der Unternehmensgröße abhängigen Anteil zwischen 61 Prozent und 82 Prozent weitaus größer als im Durchschnitt aller Beschäftigten (14 bis 19 Prozent) (ebd., S. 8). Insgesamt lässt sich feststellen, dass digitalisierte Arbeit vor allem in typischen Büroberufen den Großteil der Tätigkeiten ausmacht und die Nutzung digital-mobiler Arbeitsmittel bei den Beschäftigten insgesamt stark zunimmt. Vor allem in Branchen und

Tätigkeiten mit wissensintensiven Aufgaben, bei größeren Unternehmen und bei Beschäftigten mit Führungsverantwortung nutzt mittlerweile ein großer Anteil der Arbeitnehmerinnen und Arbeitnehmer mobile digitale Endgeräte für ihre beruflichen Aufgaben.

2.2.1 Digitale Technologien und Flexibilisierung von Arbeit

Digitale, mobil-vernetzte Arbeitsmittel sind wichtige „Enabler" für eine weitreichende räumliche und zeitliche Flexibilisierung von Arbeit, wie sie in vielen Tätigkeitsbereichen zu beobachten ist. Die Arbeit ist nicht mehr örtlich an die Betriebsstätte gebunden und kann auch außerhalb bestehender Betriebszeiten orts- und zeitflexibel erledigt werden. Die Flexibilisierung ist jedoch nicht nur den technischen Möglichkeiten geschuldet. Sie ist auch ein betriebliches Konzept der arbeitsorganisatorischen Modernisierung durch den Abbau hierarchischer Strukturen und der Übertragung von mehr Eigenverantwortung auf die Beschäftigten. Damit sollen zusätzliche Produktivitätsreserven freigesetzt und letztlich eine höhere Innovationsdynamik erreicht werden. Dieses als „Entgrenzung" bezeichnete Reorganisationskonzept einer umfassenden Flexibilisierung der Arbeitsverhältnisse ist bereits seit rund zwei Jahrzehnten in der betrieblichen Praxis zu beobachten und Gegenstand einer Vielzahl arbeitssoziologischer Analysen (vgl. Voß 1998; Gottschall und Voß 2003). Entgrenzung von Arbeit findet insbesondere in der zeitlichen und räumlichen Dimension statt. Ausgehend von der traditionellen fordistisch-tayloristisch organisierten Normalarbeit verflüssigt sich die Betriebsförmigkeit von Arbeit mit einer räumlichen Trennung von Produktion und Reproduktion, wenn arbeitsorganisatorische und technische Möglichkeiten den Zugriff auf betriebliche Daten und Kommunikationsprozesse auch von außerhalb des Betriebs, auf Dienstreisen oder zuhause erlauben. Auch die in zeitlicher Hinsicht herkömmlich bestehenden strikten Grenzen zwischen Arbeitszeit und Freizeit erodieren mit einer zunehmenden Flexibilisierung und Pluralisierung von Arbeitszeitregimen (vgl. Kratzer und Sauer 2003, S. 94).

Die räumliche und zeitliche Entgrenzung von Arbeit nur als betriebliches Instrument effizienter Arbeitsorganisation oder Rationalisierung zu betrachten, greift jedoch zu kurz. Flexibles Arbeiten entspricht auch den Wünschen vieler Beschäftigter. Insbesondere Angehörige höherer beruflicher Statusgruppen verbinden mit den neuen technischen und arbeitsorganisatorischen Optionen den Anspruch auf ein selbstbestimmteres Arbeiten und die Hoffnung auf eine bessere Vereinbarkeit von Berufs- und Privatleben. Die Flexibilisierung der Arbeitszeit und des Arbeitsortes ist für diese Gruppe eine wichtige Voraussetzung, um die berufliche Tätigkeit mit familiären Betreuungspflichten und „Sorgearbeit" besser in Einklang zu bringen. Zudem wandeln sich auch die Ansprüche an die eigene berufliche Arbeit. Dazu gehört auch der Wunsch nach mehr Zeitsouveränität und Selbstbestimmtheit hinsichtlich der Arbeitszeiten und -orte im Rahmen der betrieblichen Erfordernisse (vgl. Bundesministerium für Arbeit und Soziales 2016b, S. 47). Mit der Digitalisierung erhält diese weitreichende Entgrenzung im Raum-Zeit-Gefüge der Arbeitswelt eine neue Dimension, weil die digitale Durchdringung vieler Arbeitsprozesse und die voranschreitende Verbreitung mobil-vernetzter Arbeitsmittel immer mehr Möglichkeiten für orts- und zeitflexibles Arbeiten bieten und sich bestehende Grenzen zwischen Betrieb und Wohnung, zwischen Arbeitszeit und Freizeit sowie zwischen Arbeit und Privatleben immer mehr verflüssigen.

2.2.2 Verbreitung orts- und zeitflexibler Arbeit

Wenngleich die Digitalisierung als Treiber flexibler Arbeitsformen wirkt, sind hiervon nicht alle Tätigkeiten in gleichem Maße betroffen. Nicht alle Unternehmen nutzen die technischen Möglichkeiten zu einer weiterreichenden Flexibilisierung von Arbeit, ebenso wie nicht alle Beschäftigte sich per se mehr Zeit- und Ortsflexibilität wünschen. Trotz der fortschreitenden Durchdringung der Arbeitsprozesse mit digitalen Technologien ist zudem ein relevanter Teil von Arbeit nicht oder nur sehr eingeschränkt orts- und zeitflexibel zu organisieren, weil die Tätigkeit beispielsweise an Öffnungs- und Betriebszeiten gebunden ist oder ausschließlich im Betrieb oder beim Kunden vor Ort erbracht werden kann. Deshalb ist vor allem die Wissensarbeit als Form geistiger Arbeit, die überwiegend die Generierung von Wissen sowie die Erzeugung, Bearbeitung und Weitergabe von (digitalisierten) Informationen zum Gegenstand hat, besonders geeignet für diese Form der digital-flexiblen Arbeit (vgl. Arlinghaus 2017).

Die Ergebnisse der Arbeitszeitbefragung der Bundesanstalt für Arbeitsschutz und Arbeitsmedizin (BAuA) des Jahres 2017 zeigen, dass die meisten Beschäftigten – trotz Digitalisierung – nur über geringe Zeitautonomie bei der Arbeit verfügen (vgl. Brauner et al. 2018). Rund 40 Prozent können tatsächlich Beginn und Ende ihrer Arbeitszeit bestimmen, wenngleich sich zwei Drittel der Befragten mehr Zeitautonomie bei der Arbeit wünschen (ebd., S. 27). Flexible Arbeitszeitmodelle sind vor allem bei höheren beruflichen Statusgruppen wie Beschäftigten mit Management- und Führungsaufgaben oder bei hochqualifizierten Beschäftigten verbreitet. Arbeitnehmerinnen und Arbeitnehmer, die nicht zu diesen Berufsgruppen gehören, haben in der Regel feste oder nur wenig flexible Arbeitszeiten (vgl. Lott 2017, S. 9). Ebenso ist ein hohes Maß an (selbstbestimmter) Ortsflexibilität der Arbeit nur für einen kleinen Teil der Beschäftigten Realität. Die Mehrheit der Beschäftigten arbeitet an einem festen Arbeitsort, nämlich in der Betriebsstätte des Arbeitgebers, in der auch die Arbeitsmittel (Maschinen, Arbeitsgeräte) und die Arbeitsgegenstände (Werkstücke, Kunden) örtlich gebunden sind (vgl. Brauner et al. 2018). Nach einer Studie des Deutschen Instituts für Wirtschaftsforschung (DIW) sind 40 Prozent der Beschäftigten der Meinung, dass sich ihre Tätigkeit unter Nutzung moderner Informations- und Kommunikationstechnologien auch von zu Hause aus erledigen ließe (Brenke 2016, S. 98).

Dennoch bleibt die Verbreitung von mobiler Arbeit[1] in Deutschland weit hinter den Wünschen der Beschäftigten sowie den technischen und arbeitsorganisatorischen

---

[1] Mobile Arbeit bezeichnet das Arbeiten außerhalb der Betriebsstätte und umfasst neben der Arbeit von zu Hause (Homeoffice, Telearbeit) auch die Arbeit beim Kunden (Projekt, Service, Vertrieb) oder von unterwegs (Dienstreisen) unter Nutzung digitaler Informations- und Kommunikationsmittel.

Möglichkeiten zurück. Verschiedene Studien beziffern den Anteil von Beschäftigten, die zumindest gelegentlich im Homeoffice arbeiten, zwischen 12 und 17 Prozent (vgl. Brenke 2016; Deutscher Bundestag 2019). Die Sonderauswertung der BAuA-Arbeitszeitbefragung 2017 für den Deutschen Bundestag zeigt, dass die Verbreitung von Arbeit im Homeoffice vor allem von der Branche, der Qualifikation, dem Einkommen und der Haushaltsgröße abhängt. Deutlich über dem Durchschnitt wird mobiles Arbeiten in den Branchen Information und Kommunikation, Finanz- und Versicherungsdienstleistungen sowie freiberufliche/wissenschaftliche und technische Dienstleistungen genutzt. Ebenso haben vor allem Beschäftigte mit Kindern unter 18 Jahren sowie hochqualifizierte und gut Verdienende zu einem höheren Anteil Homeoffice oder Telearbeit mit ihrem Arbeitgeber vereinbart als der Durchschnitt der Beschäftigten.

Die Gründe, (warum die Mehrheit der Beschäftigten nicht von zu Hause oder unterwegs arbeitet, sind vielfältig): Die häufigste Ursache ist die Art der Arbeit (68 Prozent), die eine Tätigkeit nur in der betrieblichen Arbeitsstätte zulässt. Mehr als ein Viertel der Beschäftigten, die nicht ortsflexibel arbeiten, geben als Grund an, dass der Arbeitgeber dies nicht erlaube. Für 15 Prozent ist der persönliche Kontakt zu Kolleginnen und Kollegen wichtiger als der Wunsch, von zu Hause aus zu arbeiten. Es gibt jedoch auch einen relevanten Anteil von Beschäftigten, die sich eine klare Trennung von Berufs- und Privatleben sowie verlässliche und feste Arbeitszeiten wünschen und deshalb nicht orts- oder zeitflexibel arbeiten möchten (vgl. Schicke und Lauenstein 2016, S. 79).

2.3 Flexibilität des Arbeitsorts und der Arbeitszeit – Wissenschaftliche Erkenntnisse über die Folgen Flexibler Arbeit

Ein Mehr an Flexibilität von Arbeitsort und -zeit hat sowohl für Arbeitgeber als auch für Arbeitnehmer*innen erhebliche Vorteile. Für Unternehmen dürfte vor allem der flexible Umgang mit Auftragsspitzen sowie die Flexibilität in der Reaktion auf Kundenwünsche und Nachfrageänderungen im Vordergrund stehen (vgl. Bundesanstalt für Arbeitsschutz und Arbeitsmedizin (BAuA) 2017, S. 33). Aber auch das gesteigerte unternehmerische Verantwortungsbewusstsein der Beschäftigten sowie die Steigerung der Attraktivität des Arbeitgebers und die längere Bindung älterer Arbeitnehmer*innen stellen wichtige Argumente dar (vgl. ebd., S. 36, 41). Für Beschäftigte ergeben sich insbesondere Chancen in der Verbesserung der Work-Life-Balance und damit die flexible Organisation ihres Alltags. Zudem führen die Möglichkeiten zu orts- und zeitflexiblem Arbeiten zu einer höheren Arbeitsmotivation sowie -zufriedenheit, das wiederum positiv auf die Gesundheit wirkt (vgl. u. a. Amlinger-Chatterjee 2016; Hanglberger 2010). Darüber hinaus kann das ortsflexible Arbeiten Belastungen reduzieren, die mit arbeitsbedingten Pendelzeiten einhergehen (vgl. Rüger und Ruppenthal 2011, zit. n. Beermann et al. 2018, S. 14). Allerdings zeigen mehrere Untersuchungen, dass die positiven Effekte für die Beschäftigten nur dann zum Tragen kommen können, wenn die Flexibilität auch zu einem hohen Grad selbstbestimmt gestaltet werden kann (vgl. hierzu im Überblick Biemann und Weckmüller 2015).

Orts- und zeitflexibles Arbeiten ist jedoch auch mit erheblichen Risiken für die Beschäftigten und damit auch die Unternehmen verbunden. Im Allgemeinen besteht die Gefahr, dass flexible Arbeitsmodelle zu einer erweiterten arbeitsbezogenen Erreichbarkeit führen, was wiederum negativ auf Arbeitsmotivation, Gesundheit und allgemeines Wohlbefinden wirkt (vgl. Arlinghaus und Nachreiner 2014, zit. n. Kauffeld 2019, S. 293; Mellner 2016 zit. n. Kauffeld 2019, S. 293; Sonnentag 2012, zit. n. Kauffeld 2019, S. 293). Insbesondere das ortsflexible Arbeiten kann zu neuen Formen des Präsentismus, längeren Arbeitszeiten, Selbstausbeutung sowie negativer Beeinflussung der Work-Live-Balance führen.

Letztlich wird aus arbeitswissenschaftlicher Perspektive deutlich, dass die zuvor aufgeführten ambivalenten Folgewirkungen von orts- und zeitflexiblem Arbeiten von den Rahmenbedingungen und damit von der Gestaltung und Regulierung der Arbeit abhängig sind. Es besteht somit die Notwendigkeit einer Reduzierung der Belastungsexposition flexibler Arbeitsformen (Beermann et al. 2018, S. 32). Wesentliche Bestandteile einer risikominimierenden und chancenentfaltenden Arbeitsgestaltung sind die Möglichkeit der Mitgestaltung der Beschäftigten, die Festlegung transparenter Rahmenbedingungen und die Reduzierung fremdbestimmter Flexibilisierung.

2.4   Digital-Flexible Arbeit – Herausforderungen für das Arbeitsrecht

Die öffentliche Aufmerksamkeit über die Verbreitung digital-flexibler Arbeitsmöglichkeiten sowie die damit einhergehenden arbeitswissenschaftlichen Erkenntnisse in Bezug auf Chancen und Risiken haben eine breite politische und juristische Debatte über Regulierung orts- und zeitflexibler Arbeitsformen sowie über Reformbedarf bestehender Gesetze ausgelöst. Der Kern der Diskussion dreht sich um die Frage, inwieweit Regelungsgegenstand und Regelungszweck vorhandener Rechtsvorschriften den Erfordernissen orts- und zeitflexibler Arbeit entsprechen und ob die Zielsetzung der Rechtsvorschriften mit den vorhandenen Regelungsinstrumenten unter den geänderten Bedingungen in der digitalisierten Arbeitswelt (noch) zu erreichen sind.

2.4.1   Zeitflexibilität: Diskussionen und potenzieller Reformbedarf

Bei Vorschlägen zu einer Anpassung des Arbeitsrechts an die Herausforderungen der digitalisierten Arbeitswelt ist nicht nur den vermeintlich erweiterten Flexibilisierungserfordernissen

Rechnung zu tragen. Es sind vor allem auch die besonderen gesundheitlichen Belastungen und der arbeitsmedizinische Erkenntnisstand zu den Folgen orts- und zeitflexibler Arbeit zu berücksichtigen. Hierbei wird wieder das bereits aufgezeigte Spannungsfeld zwischen arbeitnehmerorientierter selbstbestimmter Flexibilität und unternehmensorientierter Flexibilität sichtbar, das sich auch in der gesellschaftlichen und politischen Debatte und letztlich auch in der rechtswissenschaftlichen Diskussion widerspiegelt.

So manifestiert sich der zuvor skizzierte Flexibilisierungskonflikt in den unterschiedlichen Positionen zum Arbeitszeitrecht. Angesichts der Herausforderungen für die Unternehmen, die mit der Digitalisierung einhergehen, bedarf es nach Meinung der Bundesvereinigung der Deutschen Arbeitgeberverbände (BDA) eines neuen Rechtsrahmens, der die mit Arbeiten 4.0 einhergehenden Chancen für flexibleres Arbeiten und der Entwicklung neuer Geschäftsmodelle eröffnet und nicht beschränkt. Deshalb fordert die BDA die Umstellung der Höchstarbeitszeiten von einer täglichen auf eine wöchentliche Obergrenze und eine erweiterte gesetzliche Grundlage für die Verkürzung von Ruhezeiten per tarifvertraglicher Regelung (vgl. Bundesvereinigung der Deutschen Arbeitgeberverbände (BDA) o. J., S. 5).

Von Gewerkschaftsseite wird der Flexibilisierungsspielraum des geltenden Arbeitszeitgesetzes dagegen als ausreichend betrachtet und kein Änderungsbedarf konstatiert. Der Deutsche Gewerkschaftsbund (DGB) sah seinerseits dagegen die Notwendigkeit, der Flexibilisierung der Arbeitszeit und der zunehmenden Inanspruchnahme der Arbeitnehmerinnen und Arbeitnehmer außerhalb der regulären Dienstzeiten neue Grenzen zu setzen und die Schutzfunktion des Arbeitszeitgesetzes in einer dynamischen Arbeitswelt zu erneuern (DGB Bundesvorstand 2015, S. 4).

Die Enquete-Kommission des Deutschen Bundestags „Internet und digitale Gesellschaft" kam bereits 2013 zu dem Ergebnis, dass die Betriebsparteien und Tarifpartner den negativen Effekten digital erweiterter Erreichbarkeit und Verfügbarkeit durch geeignete Vereinbarungen entgegenwirken sollten. Für mehr Flexibilität im Arbeitszeitgesetz hat sich die Enquete-Kommission nicht ausgesprochen. Auch das Weißbuch Arbeiten 4.0 des Bundesministeriums für Arbeit und Soziales stellt fest, dass der bestehende gesetzliche Rahmen bereits ein hohes Maß an Flexibilität bietet. „Eine allgemeine Öffnung des Arbeitszeitgesetzes wie eine Abkehr von der Norm des 8-Stundentages zugunsten nur noch einer Wochenhöchstarbeitszeit ist aus Sicht des BMAS mit den Zielen des Arbeitsschutzes und der Zeitsouveränität nicht vereinbar" (Bundesministerium für Arbeit und Soziales (BMAS) 2017, S. 124).

Die Positionierung der politischen Parteien ist in dieser Frage sehr unterschiedlich. Allein die FDP hat sich in ihrer Programmatik für eine Reform des Arbeitszeitgesetzes ausgesprochen, um mehr Flexibilität zu ermöglichen. Die CDU und CSU bleiben hier etwas vage und fordern beispielsweise in ihren Wahlprogrammen zur Bundestagswahl 2017 eine Modernisierung des Arbeitszeitgesetzes, welches zusätzliche Flexibilitätsspielräume für die Tarifpartner eröffnen sollte. Der Verweis auf die EU-Arbeitszeitrichtlinie kann hier als Hinweis verstanden werden, dass die Unionsparteien die tägliche Höchstarbeitszeit des Arbeitszeitgesetzes aufheben und gegen eine wöchentliche Höchstarbeitszeit eintauschen wollten. SPD, BÜNDNIS90/Die Grünen und Die Linke sehen keinen Bedarf, das Arbeitszeitgesetz angesichts der Digitalisierung zu flexibilisieren, sondern erachten eher mehr Selbstbestimmung bei der Arbeitszeitgestaltung der Beschäftigten als erforderlich.

2.4.1.1 Rechtswissenschaftliche Einordnung des Reformbedarfs

Höchstarbeitszeit

In der rechtswissenschaftlichen Diskussion gibt es einige Autoren, welche die im Arbeitszeitgesetz verankerten täglichen Höchstarbeitszeiten (§ 3 ArbZG) als teilweise zu starr beurteilen und eine wöchentliche anstelle einer täglichen Höchstarbeitszeit für sinnvoller erachten (vgl. Jacobs 2016, S. 736). Eine Reihe von Rechtswissenschaftlerinnen und Rechtswissenschaftler beurteilt den Anpassungsbedarf gesetzlicher Vorschriften zu Höchstarbeitszeiten aufgrund neuer Herausforderungen der Digitalisierung eher skeptisch – zumal solche Änderungen alle Beschäftige betreffen würden (vgl. Däubler 2016; Krause 2016; Thüsing 2016). Das Gutachten von Rüdiger Krause „Digitalisierung der Arbeitswelt – Herausforderungen und Regelungsbedarf" für den 71. Deutschen Juristentag sieht keinen erkennbaren Grund für eine Öffnung des Acht-Stunden-Tags und erachtet die derzeit möglichen Flexibilisierungsoptionen des § 3 ArbZG als ausreichend, um die wirtschaftlichen Bedürfnisse der Unternehmen zu befriedigen (vgl. Krause 2016, B40).

Ruhezeiten

Bezüglich der 11-stündigen Ruhezeit zwischen Arbeitsende und Arbeitsbeginn (§ 5 ArbZG) empfehlen Krause und andere Autoren (vgl. Jacobs 2016, S. 737; Krause 2016, B45) eine konditionierte Öffnung des Arbeitszeitgesetzes für abweichende tarifvertragliche Regelungen, um den gestiegenen Bedürfnissen der Arbeitnehmer nach einer flexibleren Verteilung der individuellen Lage der Arbeitszeit im Sinne einer verbesserten Work-Life-Balance zu entsprechen. Eine unmittelbare Flexibilisierung und Verkürzung von Ruhezeiten durch eine gesetzliche Regelung wäre nach den Vorgaben der EU-Arbeitszeitrichtlinie 2003/88/EG allerdings nicht zulässig. Um mit einer gesetzlichen Öffnung für eine tarifvertraglich abweichende Regelung eine generelle Verkürzung der ununterbrochenen Ruhezeiten zu verhindern, dürfte, so Krause, „das Ventil allerdings nicht zu weit geöffnet werden" (Krause 2016, B45). Er plädiert deshalb für eine Beschränkung dieser Ausnahme auf eine bestimmte Anzahl von Fällen pro Jahr (ebd.). Dafür sprechen auch arbeitsmedizinische Erkenntnisse, die die negativen gesundheitlichen Folgen kurzer und nicht zusammenhängender Erholungszeiten belegen, die durch das Arbeiten in „geteilten Schichten" an den Tagesrandlagen und am Wochenende entstehen.

Unterbrechung von Ruhezeiten

Wird durch eine stärkere Ortsflexibilität Arbeit „anytime, anyplace" ermöglicht, stellt sich bei der mobilen Arbeit außerhalb des Betriebs mithin die Frage, welche Tätigkeiten der Beschäftigten tatsächlich als Arbeitszeit im Sinne des Arbeitszeitgesetzes zu gelten haben. Generell ist Arbeitszeit definiert als „der Zeitraum, innerhalb dessen der Arbeitnehmer tatsächlich für den Arbeitgeber arbeitet" (Baeck et al. 2014, § 2 ArbZG, Rn. 4). Mit der dienstlichen Nutzung digital-mobiler Arbeitsmittel wie Smartphones oder Notebooks und geänderten Kommunikationsgewohnheiten kann auch außerhalb der gewöhnlichen Dienstzeiten Arbeit geleistet werden. Meist erfolgt dies jedoch nur in geringfügigem zeitlichem Umfang in Form einer kurzen telefonischen Auskunft und durch das Schreiben einer E-Mail am Abend. Einige Autoren argumentieren, dass es sich hierbei um eine „nicht nennenswerte Arbeitsleistung" handele, welche den Erholungszweck nicht gefährde und deshalb keine Unterbrechung der Ruhezeiten nach sich ziehe. Um den geänderten Kommunikationsgewohnheiten durch die dienstliche Nutzung von Smartphones Rechnung zu tragen, plädieren einige Autoren für die gesetzliche Klarstellung einer Erheblichkeitsschwelle (vgl. Jacobs 2016, S. 737; Thüsing 2016, S. 98 f.). Ob die gesetzliche Definition einer „nicht nennenswerten Arbeitsleistung" rechtssicher anwendbar und in Übereinstimmung mit EU-Recht ist, muss angezweifelt werden. Krause verweist hinsichtlich der Diskussion um die Einführung einer zeitlichen Geringfügigkeitsgrenze bei der Unterbrechung von Ruhezeiten auf die EU-Rechtslage und die bisherige Rechtsprechung des Europäischen Gerichtshofs, die keinen Graubereich zwischen Arbeit und Freizeit vorsieht (Krause 2016, B46–B47).

Erreichbarkeit außerhalb des regulären Arbeitszeitrahmens

Während das abendliche Schreiben einer E-Mail oder eine kurze telefonische Auskunft außerhalb der Dienstzeiten als Ausnahmefall aus Arbeitsschutzsicht noch als tolerabel gelten dürfte, wachsen sich die geänderten Kommunikationsgewohnheiten durch die dienstliche Nutzung von Smartphones und Notebooks zum Problem aus, wenn sie sich zu einer generell erweiterten Erreichbarkeit der Beschäftigten auch außerhalb der vereinbarten Arbeitszeiten entwickeln. Rund 15 Prozent der Beschäftigten führen täglich oder mehrmals pro Woche in ihrer Freizeit dienstliche Telefonate oder bearbeiten E-Mails. Mobil-Arbeitende werden deutlich häufiger vom Arbeitgeber außerhalb der Arbeitszeit kontaktiert als Beschäftigte, die ausschließlich im Büro arbeiten (vgl. Richter et al. 2017; Schröder 2019) Um dieser Form einer erweiterten bzw. ständigen Erreichbarkeit der mit mobilen Endgeräten ausgestatteten Arbeitnehmerinnen und Arbeitnehmer Schranken zu setzen, empfiehlt Krause, diesen Tatbestand als Rufbereitschaft zu qualifizieren und diese Zeiten „auf eine bestimmte Anzahl von Tagen im Monat zu beschränken, um zu verhindern, dass sich ein Arbeitnehmer praktisch kontinuierlich entweder im Arbeitsmodus oder im Erreichbarkeits- bzw. Rufbereitschaftsmodus befindet" (Krause 2016, S. B46).

Ein von den Gewerkschaften gefordertes „Recht auf Nichterreichbarkeit" zum Schutz der Beschäftigten vor einer Kontaktaufnahme außerhalb der Dienstzeiten durch Vorgesetzte, Kollegen und Kunden lässt sich im Rahmen des Mitbestimmungsrechts des Betriebsrats dadurch realisieren, dass bestimmte Zeiten von der Rufbereitschaft und einer geforderten Erreichbarkeit durch Betriebs- oder Dienstvereinbarung ausgeklammert werden (vgl. Däubler 2016, S. 19). Den Handlungsbedarf sieht auch das Bundesarbeitsministerium auf der betrieblichen Ebene und nicht beim Gesetzgeber und verweist auf eine Reihe von Betriebs- und Dienstvereinbarungen zur Nichterreichbarkeit (vgl. Bundesministerium für Arbeit und Soziales (BMAS) 2017, S. 119). Bereits nach jetziger Rechtslage hat der Arbeitgeber kein Recht, den Arbeitnehmer in arbeitsfreien Zeiten außerhalb der regulären Arbeitszeit am Abend oder am Wochenende in Anspruch zu nehmen. Dies im Arbeitszeitgesetzt ausdrücklich festzuschreiben, könnte dem bestehenden Rechtszustand allerdings mehr „Nachdruck verleihen" (vgl. Däubler 2016, S. 19).

Sonntagsarbeit

Die verschiedentlich geforderte Zulässigkeit der (digitalen) häuslichen bzw. mobilen Arbeit an Sonn- und Feiertagen ist nach Einschätzung von Krause „im Grundsatz nicht statthaft, auch wenn sie den Arbeitnehmer nur geringfügig in Anspruch nimmt und für außenstehende Dritte nicht wahrnehmbar ist" (Krause 2016, S. B48). Das gleiche gilt für die Anforderung einer Erreichbarkeit der Beschäftigten an Sonn- und Feiertagen. Solche Überlegungen zur Freigabe von Sonn- und Feiertagsarbeit als Maßnahme zur verbesserten Vereinbarkeit von Beruf und Familie dürften regelmäßig die „Sogwirkung unterschätzen, die durch die Möglichkeit ‚freiwilliger' Arbeit geschaffen wird und die den Sonn- und Feiertagsschutz auf breiter Front aushöhlen würde" (ebd.).

Bei allen Reformvorschlägen zum Arbeitszeitgesetz ist zu berücksichtigen, dass hiervon auch die Mehrheit von Beschäftigten, die in traditionellen Arbeitsformen tätig sind und somit nicht überwiegend selbstbestimmt orts- und zeitflexibel arbeiten, von solchen Änderungen erfasst würde. Für diese würde eine Erhöhung der täglichen Höchstarbeitszeit und eine weitgehende Verkürzung von Ruhezeiten „einen schlichten Sozialabbau bedeuten, dem keine Produktivitätsgewinne gegenüberstehen. Helfen kann hier nur eine differenzierende Lösung, die am besten auf betrieblicher Ebene anzusiedeln wäre" (Däubler 2016, S. 19). Auch Thüsing hält angesichts der Herausforderungen der Digitalisierung in der Arbeitswelt den Ruf nach dem Gesetzgeber allenfalls im Sinne einer Präzisierung der geltenden Arbeitszeitvorschriften für erforderlich und empfiehlt eine flexible und den Arbeitsschutz wahrende Gestaltung auf der betrieblichen Ebene innerhalb des geltenden Rahmen des Arbeitszeitgesetzes (vgl. Thüsing 2016, S. 98 f.).

2.4.2 Ortsflexibilität: Diskussion und potenzieller Reformbedarf

2.4.2.1 Positionen und Diskussionen zum Reformbedarf der Flexibilität des Arbeitsorts

Zuvor wurde bereits aufgezeigt, dass ein räumlich selbstbestimmtes Arbeiten für viele Beschäftigte noch weit von der Realität entfernt ist. Fraglos erweitern digitale Technologien die Möglichkeiten der Ortsflexibilität, dennoch gib es nach wie vor eine große Lücke zwischen Wunsch und Wirklichkeit der Beschäftigten, neben Lage und Verteilung der Arbeitszeit auch den Arbeitsort mitbestimmen zu können.

Von Gewerkschaftsseite wird vor diesem Hintergrund ein „Recht auf Homeoffice" für ein selbstbestimmtes mobiles Arbeiten gefordert, welches als gesetzlicher Rechtsanspruch zu normieren und durch Tarifvertrag und betriebliche Regelungen auszugestalten ist (vgl. DGB-Bundesvorstand 2019, S. 2). Die Bundesvereinigung der Deutschen Arbeitgeberverbände hingegen lehnt ein solches Ansinnen ab. Der Arbeitgeberverband verweist auf den hohen Anteil von Unternehmen, die ihren Beschäftigten bereits mobiles Arbeiten ermöglichen und befürchtet u. a. eine Spaltung der Belegschaften, da es eine Reihe von Beschäftigtengruppen gibt, wie Pflegekräfte oder Kraftfahrer, die aufgrund ihrer Tätigkeit von einem solchen Rechtsanspruch ausgeschlossen blieben (Bundesvereinigung der Deutschen Arbeitgeberverbände (BDA) 2019).

Während in der Parteienlandschaft SPD, Die Linke und BÜNDNIS 90/Die Grünen für mehr Selbstbestimmung der Beschäftigten bei der Frage des Arbeitsorts eintreten, lehnen CDU, CSU und FDP einen gesetzlichen Anspruch auf mobiles Arbeiten bislang ab. Die Linke betont in der Diskussion, dass „Homeoffice (…) kein gesellschaftlicher Gewinn werden [kann], wenn die Beschäftigten dabei ausbrennen" (Die Linke 2019) und fordert „gesetzliche Leitplanken" für diese ortsflexible Arbeitsform. Die Enquete-Kommission des Deutschen Bundestags sprach sich bereits 2013 mehrheitlich für die Förderung von Arbeit im Homeoffice aus, aber schränkte dies zugleich ein, sodass bei den möglicherweise erforderlichen gesetzlichen Maßnahmen zur Förderung mobilen Arbeitens und zur Verbesserung der Work-Life-Balance die letzte Entscheidung darüber, „ob und wieweit Tätigkeiten an einem von dem Beschäftigten selbst zu bestimmenden Arbeitsplatz erbracht werden dürfen (…), der unternehmerischen Freiheit vorbehalten bleiben (soll)" (Deutscher Bundestag 2013, S. 99).

In vielen, meist größeren Unternehmen besteht ein Anspruch der Beschäftigten auf mobiles Arbeiten im Homeoffice auf Grundlage eines Tarifvertrags oder einer betrieblichen Vereinbarung. Um die Verbreitung mobiler Arbeit über Großunternehmen hinaus zu fördern, will das Bundesministerium für Arbeit und Soziales prüfen, „einen gesetzlichen Anspruch auf mobile Arbeit zu schaffen, den der Arbeitgeber z. B. aus betrieblichen Gründen ablehnen kann" (Bundesministerium für Arbeit und Soziales (BMAS) 2019, S. 21). Der Bundeswirtschaftsminister erachtet hingegen einen solchen Rechtsanspruch zur Förderung mobilen Arbeitens als nicht erforderlich (Drebes und Quadbeck 2019).

2.4.2.2 Rechtswissenschaftliche Einordnung des Reformbedarfs

Das durch die Digitalisierung verstärkt mögliche ortsflexible Arbeiten wirft – wie dargestellt – zahlreiche Fragen hinsichtlich des Reformbedarfs des Arbeitsschutzgesetzes und der darunter gefassten Verordnung auf. Adressiert werden im Folgenden der vielfach geforderte Rechtsanspruch auf mobiles Arbeiten, die Anforderungen des Arbeitsschutzes bei mobiler Arbeit sowie die Anwendung des Bildschirmarbeitsrechts bei mobiler Arbeit.

Rechtsanspruch auf mobiles Arbeiten

In der rechtswissenschaftlichen Diskussion um einen Rechtsanspruch auf mobiles Arbeiten schlagen mehrere Autoren eine Regelung analog zum Teilzeit- und Befristungsgesetz (TzBfG) vor, um die Ortssouveränität der Beschäftigten zu stärken (vgl. Schwemmle und Wedde 2012; Krause 2016; Thüsing 2016). Auf einer solchen gesetzlichen Grundlage könnten Arbeitnehmerinnen und Arbeitnehmer verlangen, zeitweise im Homeoffice zu arbeiten, sofern keine betrieblichen Gründe entgegenstehen. Ablehnungsgründe wären demnach eine wesentliche Beeinträchtigung der Organisation, des Arbeitsablaufs oder der

Sicherheit im Betrieb oder wenn durch das Homeoffice unverhältnismäßige Kosten verursacht würden. Gemeinsam mit Thüsing schlägt Krause in seinem Gutachten für den 71. Deutschen Juristentag vor, mit einer Stärkung der Selbstbestimmung über den Arbeitsort auch eine höheren Souveränität der Beschäftigten hinsichtlich der Lage und Verteilung der Arbeitszeit gesetzlich zu verankern, um damit die positiven Wirkungen orts- und zeitflexibler Arbeit sowohl für die Beschäftigten wie auch für die Unternehmen zu stärken (vgl. Krause 2016, B48). Eine solche Stärkung einer selbstbestimmten orts- und zeitflexiblen Arbeit führt nicht nur zur Verbesserung der Work-Life-Balance der Beschäftigten, sondern verbessert auch die subjektive Belastungsverarbeitung und wirkt somit als wirksamer Belastungspuffer für eine mögliche psychische Beanspruchung, die mit mehr Flexibilität einhergehen kann.

Anwendung der Vorschriften der Arbeitsstättenverordnung bei mobiler Arbeit
Im Jahr 2016 hat die Bundesregierung nach einer intensiven politischen Debatte die Arbeitsstättenverordnung reformiert und die Bildschirmarbeitsverordnung in diese Vorschrift integriert. Angesichts der wachsenden Bedeutung und Verbreitung ortsflexibler Arbeitsformen wurden die konkreten Anforderungen für Telearbeitsplätze und „wie diese Arbeitsplätze außerhalb des Betriebes zum Schutz der Beschäftigten zu gestalten sind" (Bundesrat 2016, S. 34), neu geregelt. Nach der Reform der ArbStättV findet diese nunmehr auch Anwendung auf „Telearbeitsplätze", bei denen es sich gemäß § 2 Abs. 7 ArbStättV um fest eingerichtete Bildschirmarbeitsplätze im Privatbereich der Beschäftigten handelt. Für Telearbeit als außerbetriebliche Arbeitsform gelten jedoch nur die Vorschriften der Arbeitsstättenverordnung zur Gefährdungsbeurteilung (§ 3 ArbStättV) und zur Unterweisung der Beschäftigten (§ 6 ArbStättV) sowie die Regelungen zur Bildschirmarbeit (Anhang Nr. 6 ArbStättV) – und auch diese nur mit weiteren Einschränkungen und Vorbehalten.

Mit der in der Arbeitsstättenverordnung definierten „Telearbeit" wird jedoch nur eine in der betrieblichen Praxis eher wenig angewandte Variante der ortsflexiblen Arbeit außerhalb des Betriebs von der Arbeitsschutzvorschrift erfasst – nämlich die eines vertraglich vereinbarten und vom Arbeitgeber fest eingerichteten Telearbeitsplatzes in der Wohnung der Beschäftigten. Nicht unter den Geltungsbereich der ArbStättV fällt die aktuell eher verbreitete Form ortsflexibler Arbeit, bei der das Unternehmen in Absprache mit den Vorgesetzten oder auf Grundlage einer betrieblichen Regelung auf die tägliche Anwesenheit der Beschäftigten im Betrieb verzichtet. Die Beschäftigten können bei dieser Form ortsflexibler Arbeit einen Teil ihrer Arbeit zu Hause, unter Nutzung des dienstlichen Notebooks und Mobiltelefons im „Homeoffice" erledigen, ohne dass der Arbeitgeber hierfür einen häuslichen Arbeitsplatz eingerichtet hat. Ebenso wenig unterliegt der Arbeitsstättenverordnung auch das mobile Arbeiten auf Dienstreisen oder beim Kunden (vgl. ebd., S. 36).

Anforderungen an den Arbeitsschutz bei mobiler Arbeit
Auch wenn sich die Anwendung der Arbeitsstättenverordnung nur auf „Telearbeit" beschränkt, ist es unstrittig, dass vom rechtlich übergeordneten Arbeitsschutzgesetz alle

Formen von (mobiler) Arbeit erfasst werden. Dies bestätigt auch die Bundesregierung in einer Antwort auf eine Bundestagsanfrage: „Das Arbeitsschutzgesetz gilt grundsätzlich in allen Tätigkeitsbereichen und findet auch bei orts- und zeitflexibler Arbeit Anwendung. Der Arbeitgeber hat mögliche Gefährdungen für die Gesundheit und Sicherheit der Beschäftigten zu ermitteln und die notwendigen Schutzmaßnahmen zu treffen" (Deutscher Bundestag 2019, S. 9). Dass der Gesundheitsschutz bei ortsflexibler Arbeit schwieriger zu organisieren und zu implementieren ist, ändert nichts an der Pflicht des Arbeitgebers zur Einhaltung der rechtlichen Vorschriften und arbeitswissenschaftlichen Standards zum Arbeitsschutz. Gemäß §§ 3 ff. ArbSchG obliegt dem Arbeitgeber generell die Beachtung grundlegender Arbeitsschutzpflichten zur Gewährleistung von Sicherheit und Gesundheit der Beschäftigten bei der Gestaltung ihrer Arbeit. Der Arbeitgeber hat die Pflicht, die erforderlichen Maßnahmen des Arbeitsschutzes unter Berücksichtigung der Umstände zu treffen, die Sicherheit und Gesundheit der Beschäftigten bei der Arbeit beeinflussen.

Die hierzu zu ergreifenden Schutzmaßnahmen bei ortsflexiblem Arbeiten können von der Bereitstellung mobiler, ergonomisch gestalteter Arbeitsmittel über regelmäßige Unterrichtung und Unterweisung der Arbeitnehmer hinsichtlich möglicher Gefährdungspotenziale und einzuhaltender Schutzmaßnahmen bis hin zum Verbot der Arbeitsleistung unter für den Arbeitnehmer erkennbar gesundheitsgefährdenden Umständen reichen (vgl. Deutscher Bundestag 2017, S. 9). Trotz der analogen Übertragungsmöglichkeit der Arbeitsstättenverordnung auf ortsflexibles Arbeiten besteht weiterhin rechtliche Unklarheit bezüglich der Anwendung des Bildschirmarbeitsrechts und einer Konkretisierung des Arbeitsschutzrechts bei Tätigkeiten, die am Notebook oder unter Nutzung von Tablets und Smartphones außerhalb des betrieblichen Arbeitsplatzes erledigt werden.

Anwendung des Bildschirmarbeitsrechts

Rechtsunsicherheit bei der Anwendung der Arbeitsstättenverordnung ergibt sich zudem bei der Unterscheidung zwischen Telearbeit nach der Definition der Arbeitsstättenverordnung und der überwiegend angewandten Praxis der regelmäßigen Arbeit im Homeoffice, die mit dem Arbeitgeber oftmals auch nur mündlich vereinbart ist. Inwieweit eine regelmäßige und ganztägige Arbeit im Homeoffice unter Nutzung von Notebooks ohne externe Eingabegeräte den Arbeitsschutznormen und den Vorgaben von Ziffer 6.4. Anhang 6 ArbStättV entspricht, wonach solche Geräte an Arbeitsplätzen nur kurzzeitig genutzt werden dürfen, ist zumindest strittig und muss im Einzelfall im Rahmen einer Gefährdungsbeurteilung bewertet werden. Grundsätzlich kann der Arbeitgeber aufgrund seiner allgemeinen Schutzpflichten gemäß §§ 3, 4 ArbSchG eine regelmäßige Arbeit an einem Arbeitsplatz in der Wohnung der Beschäftigten nur zulassen, wenn gewährleistet ist, dass damit keine Gefahren für die Sicherheit und die Gesundheit der Arbeitnehmerinnen und Arbeitnehmer ausgehen. Die Erfüllung von Grundanforderungen an eine ergonomische Arbeitsplatzgestaltung muss deshalb auch bei der Arbeit im „Homeoffice" der Beschäftigten gewährleistet sein.

2.5   Resümee: Regelungsbedarf im Kontext Orts- und Zeitflexibler Arbeit

Die Ausführungen in diesem Beitrag zeigen, dass die Digitalisierung mit ihren erhöhten Möglichkeiten für orts- und zeitflexibles Arbeiten zu einer deutlichen Veränderung der Arbeit führt. Zwar arbeitet nach derzeitigem Stand nur ein eher kleiner, wenngleich steigender Teil der Beschäftigten örtlich und zeitlich flexibel. Dabei können meist eher hochqualifizierte Beschäftigte in wissensintensiven Bereichen orts- und zeitflexibel arbeiten und von den Vorteilen von mehr Arbeitsautonomie, einer besseren Vereinbarkeit von Arbeit und Privatem und einer höheren Arbeitsmotivation sowie -zufriedenheit profitieren. Jedoch wünscht sich ein weitaus größerer Teil der Beschäftigten mehr zeitliche Flexibilität bei der Arbeit und die Möglichkeit, im Homeoffice zu arbeiten – letzteres scheitert jedoch nicht selten am Arbeitgeber, der eine höhere Autonomie der Beschäftigten bei der Wahl des Arbeitsorts nicht zulässt.

Orts- und zeitflexibles Arbeiten kann jedoch auch negative Folgen für die Beschäftigten haben. In vielen Fällen zeigt sich eine Ausdehnung der Arbeitszeiten infolge flexibler Arbeitsmodelle, einer Verschiebung von Arbeitszeiten in die Randlagen des Tages und auf das Wochenende sowie eine erweiterte Erreichbarkeit auch außerhalb regulärer Dienstzeiten. Die Analysen der Auswirkungen dieser Veränderungen auf Wohlbefinden und Gesundheit zeigen ein klares Ergebnis: Die einerseits positiven Wirkungen erweiterter Autonomie und verbesserter Work-Life-Balance drohen durch eine erhöhte Arbeitsintensität und steigende psychische Belastungen überkompensiert zu werden. Insbesondere ein hohes Maß an fremdbestimmter Flexibilität verstärkt nicht nur die Belastungssituation, sondern führt gleichzeitig dazu, dass aufgrund des eingeschränkten Handlungsspielraums eine positive subjektive Belastungsverarbeitung durch mehr Arbeitsautonomie nicht erfolgen kann.

Aus Sicht der Arbeitswissenschaft ergibt sich die Notwendigkeit, die Belastungsexposition flexibler Arbeitsformen zu reduzieren sowie lange Arbeitszeiten und kurze Ruhezeiten zu vermeiden. Zudem sollten der Handlungsspielraum der Beschäftigten erweitert werden, um somit die subjektive Belastungsverarbeitung zu verbessern. Letztlich besteht die Herausforderung der Arbeitsregulierung im Ausgleich zwischen einem Mehr an Flexibilität und Selbstbestimmung einerseits sowie der Vermeidung von Selbstüberforderung und der Gewährleistung eines effektiven Arbeits- und Gesundheitsschutzes auf der anderen Seite.

Nachfolgend zeigen wir auf, welche Handlungsfelder bzw. -erfordernisse mit Blick auf die Regulierung flexibler Arbeitsformen besteht. Eine ausführliche Darstellung findet sich bei Daum und Zanker (2020).

Arbeitszeitgesetz: ausreichenden Arbeitsschutz erhalten

Das Arbeitszeitgesetz bietet bereits ausreichende Flexibilitätsspielräume für tägliche Arbeitszeiten von bis zu zehn Stunden und eröffnet bereits die Möglichkeit einer Verkürzung von Ruhezeiten auf Grundlage eines Tarifvertrages, sofern dies die Arbeit erfordert. Der Wunsch nach mehr Flexibilisierung der Arbeitszeit mag aus Sicht der Unternehmen nachvollziehbar sein. Es besteht keine Notwendigkeit nach einer weiteren Flexibilisierung des gesetzlichen Arbeitszeitrahmens, die aus der Option für mehr orts- und zeitflexible Arbeit in der digitalisierten Welt resultiert. Es besteht eher der Bedarf nach effektiverem Arbeitsschutz, der durch die verstärkte Orts- und Zeitflexibilität gefährdet sein kann. Ein Recht auf Nichterreichbarkeit, umgesetzt und kontrolliert auf der betrieblichen Ebene, wird beispielsweise als allgemein erforderlich erachtet. Zudem könnte im Arbeitszeitgesetz klargestellt werden, dass der Arbeitgeber dafür Sorge zu tragen hat, dass Arbeitnehmer*innen außerhalb ihrer regulären Arbeitszeit sowie von wirksam angeordneten bzw. vereinbarten Rufbereitschaftszeiten grundsätzlich nicht in dienstlichen Belangen kontaktiert werden.

Mehr selbstbestimmtes Arbeiten ermöglichen
Ein Rechtsanspruch auf mobiles Arbeiten könnte einen Beitrag leisten, mehr Beschäftigten eine höhere Ortssouveränität zu ermöglichen. Die dargestellten Möglichkeiten einer gesetzlichen Grundlage analog zum Teilzeit- und Befristungsgesetz zu schaffen, sind praktikabel und ausgewogen zugleich. Somit würde ein grundsätzlicher Rechtsanspruch auf Homeoffice eröffnet, sofern sich die Arbeit hierzu eignet und keine betrieblichen Gründe dagegenstehen. Die Ausgestaltung muss dann über einen Tarifvertrag oder eine betriebliche Vereinbarung erfolgen.

Rechtliche Klarstellung der Anwendung der Arbeitsschutzvorschriften bei mobiler und ortsflexibler Arbeit
Der Gesetzgeber sollte die dargelegte bestehende Regelungslücke bei ortsflexibler Arbeit schließen bzw. rechtlich klarstellen, denn der Rückschluss, dass beim mobilen Arbeiten von unterwegs oder im Homeoffice der gesetzliche Arbeitsschutz nicht zu beachten sei oder gesetzliche Vorschriften keine Anwendung fänden, ist falsch. Es gibt keinen Dissens in der Einschätzung, dass das Arbeitsschutzgesetz als die zentrale Vorschrift zum Gesundheitsschutz der Arbeitnehmerinnen und Arbeitnehmer auf jede Form mobiler Arbeit anzuwenden ist. Es herrscht jedoch zum Teil Rechtsunsicherheit, was die konkrete analoge Anwendbarkeit der Arbeitsstättenverordnung und der Bildschirmarbeitsvorschriften auf ortsflexible Arbeitsformen außerhalb der Telearbeit betrifft. Hier ist eine rechtliche Klarstellung erforderlich.

Mobile Arbeit kollektivvertraglich regeln
Viele Regulierungsfelder orts- und zeitflexibler Arbeit sind nicht (nur) auf der staatlichen Ebene zu verorten, sondern liegen im Zuständigkeitsbereich der Tarifvertrags- und Betriebsparteien. So sind sowohl Lage und Verteilung der Arbeitszeit, Erreichbarkeits- und Nichterreichbarkeitszeiten, konkrete Maßnahmen des Arbeits- und Gesundheitsschutzes sowie die in diesem Beitrag nicht thematisierten Fragen der Qualifizierung und des Datenschutzes bei orts- und zeitflexibler Arbeit in betriebsnahen Vereinbarungen zu regeln. Mobile Arbeit ist eine der Arbeitsformen, die sich wirksam auf der betrieblichen Ebene umsetzen und kontrollieren ließen. Der zwischen ver.di und Deutsche Telekom im Juni 2016 abgeschlossene Tarifvertrag zu „Mobile Working" kann hier als Beispiel gelten. Die Vereinbarung regelt die wesentlichen Eckpunkte von mobiler Arbeit bei der Deutschen Telekom und enthält an verschiedenen Stellen explizite Aufträge für die betriebliche Ausgestaltung (vgl. Zanker 2017).

Arbeitszeit- und Arbeitsschutzrecht als Konfliktfeld digitaler Arbeitspolitik

In unserem Beitrag und weiteren angeführten Analysen wird deutlich, dass das Arbeitszeit- und Arbeitsschutzrecht eines der Konfliktfelder arbeitspolitischer Akteure ist. Arbeitsrechtliche Weiterentwicklungen im Sinne von Beschäftigten und Unternehmen sucht man vergebens. Schwemmle und Wedde (2018) ziehen deshalb auch das eher ernüchternde Resümee einer weitgehenden Ergebnislosigkeit der Arbeitspolitik angesichts der vielfältigen Herausforderungen, die mit der Digitalisierung einhergehen (Schwemmle und Wedde 2018, S. 48). Unter anderem sei es der Politik in den „vergangenen Jahren (…) nicht gelungen, offenkundig notwendige arbeitsrechtliche Anpassungsschritte durchzuführen" (ebd.), die den Arbeitnehmerinnen und Arbeitnehmern auch in der digitalisierten Welt die bisherigen Standards von Arbeitsschutz und Qualität der Arbeitsbedingungen sicherstellen.

Zwei Jahre später lässt sich konstatieren, dass dieser „offenkundig notwendige" Anpassungs- und Konkretisierungsbedarf im Arbeitsrecht weiterhin besteht. Die Politik konnte sich bislang zu keiner Reform der entsprechenden arbeitsrechtlichen Vorschriften durchringen, obwohl eine Reihe von konkreten Regelungsvorschlägen, wie hier gezeigt, vorliegen. Einige politische Initiativen befinden sich seit geraumer Zeit im Stadium politischer Ankündigung, wie das Beispiel des Anspruchs auf Homcoffice oder die Konkretisierungen der rechtlichen Anforderungen an den Arbeitsschutz bei mobiler Arbeit zeigen. Dass bislang daraus keine gesetzgeberischen Initiativen entstanden sind, dürfte vor allem daran liegen, dass viele der hier analysierten Handlungsfelder bei der Regulierung orts- und zeitflexibler Arbeit innerhalb der Regierungskoalition und zwischen Arbeitsgeberverbänden und Gewerkschaften politisch äußerst strittig sind. Der politische Kompromiss zwischen unterschiedlichen Auffassungen zum arbeitsrechtlichen Anpassungsbedarf scheint daher die Bewahrung des Status quo zu sein.

Literatur

Amlinger-Chatterjee, M. (2016). *Psychische Gesundheit in der Arbeitswelt. Atypische Arbeitszeiten.* Dortmund/Berlin/Dresden: Bundesanstalt für Arbeitsschutz und Arbeitsmedizin (BAuA).

Arlinghaus, A., & Nachreiner, F. (2014). Health effects of supplemental work from home in the European Union. *Chronobiology International, 31*(10), 1100–1107.

Arlinghaus, A. (2017). *Wissensarbeit. Aktuelle arbeitswissenschaftliche Erkenntnisse.* Düsseldorf: Hans-Böckler-Stiftung.

Baeck, U., Deutsch, M., & Kramer, N. (2014). *Arbeitszeitgesetz. Kommentar,* 3. Aufl. München: Beck-Online. https://beck-online.beck.de/?vpath=bibdata/komm/BaeckDeutschArbZG_3/cont/BaeckDeutschArbZG.htm.

Bundesanstalt für Arbeitsschutz und Arbeitsmedizin. (BAuA). (Hrsg.). (2017). *Flexible Arbeitszeitmodelle. Überblick und Umsetzung.* Dortmund/Berlin/Dresden.

Bundesministerium für Arbeit und Soziales (BMAS). (Hrsg.). (2019). *Zukunftsdialog Neue Arbeit – Neue Sicherheit. Ergebnisbericht.* Berlin.

Bundesvereinigung der Deutschen Arbeitgeberverbände (BDA). (2019). *Mobiles Arbeiten nur auf freiwilliger Basis.* https://www.arbeitgeber.de/www/arbeitgeber.nsf/id/8DD4C0B6B7C46382C1258402003FBEEF. Zugegriffen am 26.06.2019.

Bundesvereinigung der Deutschen Arbeitgeberverbände (BDA). (Hrsg.). (o. J.). *New Work. Zeit für eine neue Arbeitszeit.* Berlin.

Beermann, B., Amlinger-Chatterjee, M., Brenscheidt, F., Gerstenberg, S., Niehaus, M., & Wöhrmann, A. M. (2018). *Orts- und zeitflexibles Arbeiten: Gesundheitliche Chancen und Risiken* (2. Aufl.). Dortmund/Berlin/Dresden: Bundesanstalt für Arbeitsschutz und Arbeitsmedizin (BAuA) (Hrsg.).

Biemann, T., & Weckmüller, H. (2015). Effektives Arbeiten, wann und wo man will? Home-Office-Angebote erhöhen Arbeitszufriedenheit und Arbeitgeberattraktivität, Vertrauensarbeitszeit wirkt zudem produktivitätssteigernd. *Personal Quarterly, 67*, 46–49.

Bundesministerium für Arbeit und Soziales (BMAS). (Hrsg.). (2016a). *Monitor: Digitalisierung am Arbeitsplatz. Aktuelle Ergebnisse einer Betriebs- und Beschäftigtenbefragung.* Berlin.

Bundesministerium für Arbeit und Soziales (BMAS). (Hrsg.). (2016b). *Wertewelten Arbeiten 4.0.* Berlin.

Bundesministerium für Arbeit und Soziales (BMAS). (Hrsg.). (2017). *Weißbuch Arbeiten 4.0.* Berlin.

Brauner, C., Wöhrmann, A. M., & Michel, A. (2018). *BAuA-Arbeitszeitbefragung: Arbeitszeitwünsche von Beschäftigten in Deutschland.* Dortmund/Berlin/Dresden: Bundesanstalt für Arbeitsschutz und Arbeitsmedizin (BAuA) (Hrsg.).

Brenke, K. (2016). Home Office: Möglichkeiten werden bei weitem nicht ausgeschöpft. *DIW Wochenbericht, 5*, 95–104.

Bundesrat. (Hrsg.). (2016). *Entwurf einer Verordnung zur Änderung von Arbeitsschutzverordnungen.* Verordnungsentwurf des Bundesrates. Berlin (Drucksache, 506/16).

Däubler, W. (2016). *Digitalisierung und Arbeitsrecht.* Abhandlung. In *Soziales Recht* (6, Sonderausgabe).

Daum, M., & Zanker, C. (2020). *Digitale Arbeitswelt – vernetzt, flexibel und gesund? Status quo und Perspektiven der Gestaltung und Regulierung von Orts- und Zeitflexibilität.* Arbeitspapier. https://www.input-consulting.de/files/inpcon-DATA/download/2020_Regulierung_orts-zeitflexibles-Arbeiten_Transwork_INPUTConulting.pdf. Zugegriffen am 23.03.2020.

Deutscher Bundestag. (Hrsg.). (2013). *Achter Zwischenbericht der Enquete-Kommission „Internet und digitale Gesellschaft". Wirtschaft, Arbeit, Green IT.* Berlin (Drucksache, 17/12505).

Deutscher Bundestag. (Hrsg.). (2017). *Telearbeit und Mobiles Arbeiten. Voraussetzungen, Merkmale und rechtliche Rahmenbedingungen* (Sachstand, WD 6 – 3000 – 149/16).

Deutscher Bundestag. (Hrsg.). (2019). *Homeoffice: Stand, Chancen und Risiken für Arbeitnehmerinnen und Arbeitnehmer.* Antworten der Bundesregierung auf die kleine Anfrage der Abgeordneten Jessica Tatti, Susanne Ferschl, Matthias W. Birkwald, weiterer Abgeordneter und der Fraktion DIE LINKE. – Drucksache 19/8494 – (Drucksache 19/9032 (03.04.2019)).

DGB-Bundesvorstand. (Hrsg.). (2015). *Digitalisierung der Arbeitswelt. Kommentar des DGB-Bundesvostands zum Positionspapier der Bundesvereinigung der Deutschen Arbeitgeberverbände (BDA) zur Digitalisierung von Wirtschaft und Arbeitswelt.* Berlin.

DGB-Bundesvorstand. (Hrsg.). (2019). *Diskussionspapier des DGB für einen gesetzlichen Ordnungsrahmen für selbstbestimmtes mobiles Arbeiten.* Berlin

Die Linke. (2019). Viel heiße Luft, wenig Verbesserung bei Heils „Arbeit von morgen"-Vorschlägen. Pressemitteilung von *Jessica Tatti*, 20. September 2019. https://www.linksfraktion.de/presse/pressemitteilungen/detail/viel-heisse-luft-wenig-verbesserung-bei-heils-arbeit-von-morgen-vorschlaegen/. Zugegriffen am 26.01.2020.

Drebes, J., & Quadbeck, E. (2019). *Ein Rechtsanspruch auf Homeoffice ist nicht notwendig.* Interview mit Wirtschaftsminister Peter Altmaier. https://rp-online.de/politik/deutschland/wirtschaftsminister-peter-altmaier-ein-rechtsanspruch-auf-homeoffice-ist-nicht-notwendig_aid-37327077. Zugegriffen am 13.09.2019.

Gottschall, K., & Voß, G. G. (Hrsg.). (2003). *Entgrenzung von Arbeit und Leben. Zum Wandel der Beziehung von Erwerbstätigkeit und Privatsphäre im Alltag.* München: Hampp (Arbeit und Leben im Umbruch, 5).

Hanglberger, D. (2010). *Arbeitszufriedenheit und flexible Arbeitszeiten. Empirische Analyse mit Daten des Sozio-oekonomischen Panels.* Berlin (*SOEPpapers, 304*): DIW Berlin (Hrsg.).

Jacobs, M. (2016). Reformbedarf im Arbeitszeitrecht. *Neue Zeitschrift für Arbeitsrecht*, 733–737.

Kauffeld, S. (Hrsg.). (2019). *Arbeits-, Organisations- und Personalpsychologie für Bachelor* (3. Aufl.). Berlin/Heidelberg: Springer Verlag.

Kratzer, N., & Sauer, D. (2003). Entgrenzung von Arbeit. Konzept, Thesen, Befunde. In K. Gottschall & G. G. Voß (Hrsg.), *Entgrenzung von Arbeit und Leben. Zum Wandel der Beziehung von Erwerbstätigkeit und Privatsphäre im Alltag* (S. 87–123). München: Hampp (Arbeit und Leben im Umbruch, 5).

Krause, R. (2016). *Digitalisierung der Arbeitswelt – Herausforderungen und Regelungsbedarf. Gutachten B zum 71. Deutschen Juristentag.* Essen: C. H. Beck (Verhandlungen des 71. Deutschen Juristentages, Band I: Gutachten/Teil B).

Mellner, C. (2016). After-hours availability expectations, work-related smartphone use during leisure, and psychological detachment. *International Journal of Workplace Health Management, 9*(2), 146–164.

Lott, Y. (2017). *Flexible Arbeitszeiten: Eine Gerechtigkeitsfrage?* Hans-Böckler-Stiftung (Hrsg.). Düsseldorf (Forschungsförderung Report, 1).

Richter, M., Kliner, K., & Rennert, D. (2017). Ergebnisse der BKK-Umfrage „Digitalisierung, Arbeit und Gesundheit". In F. Knieps & H. Pfaff (Hrsg.), *Digitale Arbeit – digitale Gesundheit. Zahlen, Daten, Fakten* (S. 105–124). Berlin: Medizinisch Wissenschaftliche Verlagsgesellschaft.

Rüger, H., & Ruppenthal, S. (2011). Berufsbedingte räumliche Mobilität – Konsequenzen für Wohlbefinden und Gesundheit. *BKK* 120–125.

Schicke, A., & Lauenstein, O. (2016). Flexibel, aber selbstbestimmt – Arbeitszeitwünsche heute. In Bundesministerium für Arbeit und Soziales (BMAS) (Hrsg.), *Werkheft 02 – Wie wir arbeiten (wollen)* (S. 74–79). Berlin.

Schröder, H. (2019). *Digitalisierung   gesundes Arbeiten ermöglichen. Repräsentative Beschäftigtenbefragung.* Chartpräsentation zur Pressekonferenz zum Erscheinen des Fehlzeitenreports 2019 am 17. September 2019 in Berlin, Wissenschaftliches Institut der AOK (WIdO).

Schwemmle, M., & Wedde, P. (2012). *Digitale Arbeit in Deutschland: Potenziale und Problemlagen.* Bonn: Friedrich-Ebert-Stiftung Medienpolitik.

Schwemmle, M., & Wedde, P. (2018). Alles unter Kontrolle? Arbeitspolitik und Arbeitsrecht in digitalen Zeiten. In *Wiso Diskurs 02/2018.* Bonn: Friedrich-Ebert-Stiftung.

Sonnentag, S. (2012). Psychological detachment from work during leisure time. *Current Directions in Psychological Science, 21*(2), 114–118.

Thüsing, G. (2016). Digitalisierung der Arbeitswelt – Impulse zur rechtlichen Bewältigung der Herausforderung gewandelter Arbeitsformen. *Soziales Recht, 3,* 87–108.

Voß, G. G. (1998). Die Entgrenzung von Arbeit und Arbeitskraft. Eine subjektorientierte Interpretation des Wandels der Arbeit. *Mitteilungen aus der Arbeitsmarkt- und Berufsforschung, 31*(3), 473–487.

Zanker, C. (2017). Mobile Arbeit – Anforderungen und tarifliche Gestaltung. Das Beispiel Deutsche Telekom. *WSI Mitteilungen, 6/2017,* 456–459.

Open Access Dieses Kapitel wird unter der Creative Commons Namensnennung 4.0 International Lizenz (http://creativecommons.org/licenses/by/4.0/deed.de) veröffentlicht, welche die Nutzung, Vervielfältigung, Bearbeitung, Verbreitung und Wiedergabe in jeglichem Medium und Format erlaubt, sofern Sie den/die ursprünglichen Autor(en) und die Quelle ordnungsgemäß nennen, einen Link zur Creative Commons Lizenz beifügen und angeben, ob Änderungen vorgenommen wurden.

Die in diesem Kapitel enthaltenen Bilder und sonstiges Drittmaterial unterliegen ebenfalls der genannten Creative Commons Lizenz, sofern sich aus der Abbildungslegende nichts anderes ergibt. Sofern das betreffende Material nicht unter der genannten Creative Commons Lizenz steht und die betreffende Handlung nicht nach gesetzlichen Vorschriften erlaubt ist, ist für die oben aufgeführten Weiterverwendungen des Materials die Einwilligung des jeweiligen Rechteinhabers einzuholen.

Ein nutzergerechtes Erreichbarkeitsmanagement: Wissenschaftliche Erkenntnisse und Implikationen

3

Zofia Saternus, Katharina Staab, Oliver Hinz und Ruth Stock-Homburg

Zusammenfassung

Durch die breite Nutzung moderner Informations- und Kommunikationstechnologien ist es heutzutage möglich, nahezu immer und von überall aus zu arbeiten und für berufliche Belange erreichbar zu sein. Dies birgt Chancen, aber auch Risiken für Beschäftigte und Unternehmen. Um diese Chancen wahrzunehmen und die Risiken zu minimieren, bedarf es eines evaluierten Erreichbarkeitsmanagements, das die Bedürfnisse der potenziellen Nutzer adäquat adressiert. Das folgende Kapitel fasst die Ergebnisse des Forschungsprojekts SANDRA zu einem solchen nutzergerechten Erreichbarkeitsmanagement zusammen. Dabei stehen insbesondere die Ergebnisse der beiden Studien im Fokus, die im Rahmen von SANDRA durchgeführt wurden.

3.1 Kontext und Relevanz

3.1.1 Die Bedeutung des Erreichbarkeitsmanagements

Moderne Informations- und Kommunikationstechnologien wie E-Mail, Instant Messaging oder Web-Meetings sind in unserem Arbeits- und Privatleben inzwischen allgegenwärtig

Z. Saternus (✉) · O. Hinz
Professur für Wirtschaftsinformatik und Informationsmanagement, Goethe Universität Frankfurt, Frankfurt am Main, Deutschland
E-Mail: saternus@wiwi.uni-frankfurt.de; ohinz@wiwi.uni-frankfurt.de

K. Staab · R. Stock-Homburg
Fachgebiet Marketing & Personalmanagement, Technische Universität Darmstadt, Darmstadt, Deutschland
E-Mail: katharina.staab@bwl.tu-darmstadt.de; RSH@bwl.tu-darmstadt.de

© Der/die Herausgeber bzw. der/die Autor(en) 2020
M. Daum et al. (Hrsg.), *Gestaltung vernetzt-flexibler Arbeit*,
https://doi.org/10.1007/978-3-662-61560-7_3

geworden. Die Nutzung dieser Technologien bietet dabei für die einzelne Person zahlreiche Vorteile, ist aber gerade im Arbeitsleben auch mit zahlreichen Risiken verbunden, weswegen sie oft als „zweischneidiges Schwert" (Diaz et al. 2012) bezeichnet wird: Auf der einen Seite haben Beschäftigte durch die Nutzung solcher Technologien die Möglichkeit, arbeitsrelevante Aufgaben auch außerhalb der üblichen Büroräumlichkeiten oder Arbeitszeiten auszuführen, d. h. z. B. per Videokonferenz an Teammeetings teilzunehmen, während sie im Stau stehen, oder auf E-Mail-Nachrichten während eines Flugs zu antworten. Dies erhöht die Flexibilität und Gestaltungsfreiheit und macht es in vielen Fällen einfacher, Arbeit und Privatleben auf die individuell passende Art miteinander zu vereinbaren. Darüber hinaus profitieren viele Beschäftigte von der grenzüberschreitenden Kommunikation (d. h. dem Austausch mit Familie und Freunden während der Arbeitszeit oder der Kommunikation nach der Arbeit mit dem Vorgesetzten oder Kunden) (Clark 2002), wenn sie z. B. ihre Kinder anrufen und sich vergewissern können, dass diese sicher von der Schule nach Hause kommen, oder am Samstag von Zuhause aus entspannt an einer Präsentation für einen Kunden weiterarbeiten können, die sie im Arbeitsalltag nicht oder nur unter sehr großem Zeitdruck hätten beenden können.[1] Gleichzeitig bergen moderne Informations- und Kommunikationstechnologien das Risiko, dass Beschäftigte sich auch in der Freizeit nicht mehr von ihren beruflichen Verpflichtungen lösen können, was zu einer riskanten Verwischung der Grenze zwischen Arbeit und Privatleben führen kann (Mann und Holdsworth 2003). Die gegenwärtige Forschung weist auf schädliche Konsequenzen einer ständigen Verbindung zum Arbeitsplatz hin, so z. B. Überlastung (Barley et al. 2011), soziale Isolation (McPherson et al. 2008) und Überarbeitung (Prasopoulou et al. 2006). Darüber hinaus kann die entstehende „Always-On"-Kultur zu sogenanntem „Technostress" führen (Ayyagari et al. 2011), der mit gesundheitlichen Problemen wie z. B. Burnout (Diaz et al. 2012) in Verbindung gebracht wird. Tatsächlich sind die Ergebnisse von Umfragen alarmierend: Daten von Wissensarbeitern (d. h. Beschäftigte, deren Beruf sich nicht durch körperliche Arbeit, sondern vor allem durch die Anwendung von erworbenem Wissen auszeichnet (Drucker 1993)), deuten auf einen weltweiten Trend hin, ständig mit dem Arbeitsplatz verbunden zu sein. In Europa erhalten 40 Prozent der Wissensarbeiter regelmäßig Arbeitsanfragen außerhalb ihrer regulären Arbeitszeit (Arlinghaus und Nachreiner 2013). 64 Prozent der Wissensarbeiter gaben an, selbst in im Urlaub per Telefon, E-Mail oder Messenger für die Arbeit zur Verfügung zu stehen. Sechs von zehn Fachkräften (61 Prozent) lesen in der Freizeit Kurznachrichten über iMessage oder WhatsApp. 57 Prozent bleiben telefonisch für ihre Vorgesetzten, Kollegen oder Kunden erreichbar und jeder vierte (27 Prozent) liest berufsbezogene E-Mails (Bitkom 2018).

---

[1] An dieser Stelle und im Folgenden ist darauf hinzuweisen, dass das Arbeitszeitgesetz Vorgaben zur werktäglichen Arbeitszeit sowie zur Ruhezeit macht. Die Vorgaben zur Arbeitszeit können unter bestimmten Voraussetzungen verlängert sowie die Vorgaben zur Ruhezeit verkürzt werden. Details dazu finden sich in Kap. 2 sowie in Kap. 4.

3.1.2 Bestehende Ansätze zur Verbesserung des Erreichbarkeitsmanagements

Mehrere Unternehmen ergreifen aktuell die Initiative und versuchen, das Erreichbarkeitsmanagement ihrer Beschäftigten zu verbessern, indem sie entweder konsequente technologische Ansätze oder verschärfte Erreichbarkeitsrichtlinien einführen. Beispielsweise versuchen verschiedene Automobilhersteller, den Zugriff ihrer Beschäftigten auf E-Mails außerhalb der regulären Arbeitszeit einzuschränken. Dies geschieht durch das Ausschalten der E-Mail-Server (Handelsblatt.com 2011) oder die Löschung aller eingehenden E-Mails von Beschäftigten während deren Urlaubszeit (Daimler AG 2014). Andere Unternehmen reagieren mit dem Aufstellen informeller Regeln auf die erhöhte Erreichbarkeit, indem sie z. B. leitende Angestellte dazu anregen, ihre Beschäftigten nach Feierabend oder im Urlaub nicht zu kontaktieren (Deutsche Telekom AG 2012; Evonik 2014). Ein weiteres Beispiel kommt aus der Beratungsbranche, die für sehr hohe Erreichbarkeitserwartungen bekannt ist: Die Boston Consulting Group entwickelte ein eigenes Konzept namens PTO (Predictable Time Off) für ihre Beschäftigten, um Beratern und Beraterinnen einen freien Abend in der Woche ohne ständige Erreichbarkeit zu ermöglichen (Perlow 2012). Ebenso nimmt das politische Bewusstsein für das Erreichbarkeitsproblem der Beschäftigten zu: Unter Druck der Gewerkschaften hat Frankreich ein Arbeitsgesetz eingeführt, das dem Personal das „Recht auf Nichterreichbarkeit" von arbeitsbezogenen E-Mails und Anrufen garantieren soll (The Guardian 2016). Außerdem wurden die Arbeitsgesetze beispielsweise in Italien und auf den Philippinen hinsichtlich der Erreichbarkeit der Beschäftigten konkretisiert (Senato della Repubblica 2017; The Manila Times 2017).

Wenn die Maßnahmen der Unternehmen als unzureichend empfunden werden, haben Beschäftigte die Möglichkeit, selbstregulierende Maßnahmen zu ergreifen, um ihre Erreichbarkeit besser zu managen. Hierfür existieren verschiedene Anwendungen (z. B. Moment, Laufzeit, Social Link, Menthal Balance) für eine Reihe technischer Geräte, die darauf abzielen, Nutzer bei der Überwachung der Nutzung und dem Management ihrer Erreichbarkeit zu unterstützen. Grundsätzlich können diese Anwendungen die Verwendung eines Smartphones einschränken und Anrufe, Nachrichten und Benachrichtigungen für einen bestimmten Zeitraum blockieren. Die Wirksamkeit dieser Lösungen für die einzelne Person variiert jedoch stark, da sie die Komplexität der Erreichbarkeitspräferenzen von Individuen nicht abbilden können (Schneider et al. 2017). Aktuelle Forschungen belegen, dass sich Beschäftigte darin unterscheiden, wie und in welchem Maße sie ihre Arbeits- und Privatbereiche voneinander trennen oder miteinander verbinden möchten (Kreiner 2006; Kossek und Lautsch 2012) (vgl. auch Abschn. 3.3). Während z. B. Arbeitskräfte mit Kindern es bevorzugen könnten, auch einmal spät am Abend ein paar E-Mails am Laptop zu schreiben, wenn sie dafür während der Arbeitszeit ihre Kinder von der Schule abholen und etwas Zeit mit ihnen verbringen können, könnte der Gedanke, sich auch nach der Arbeit noch mit Arbeitsthemen zu beschäftigen, bei anderen Beschäftigten ein starkes Stresserleben und eine hohe Ablehnung hervorrufen. Diese Heterogenität von Präferenzen und beruflichen wie privaten Konstellationen lässt sich aktuell weder durch eine unternehmensinterne Regelung noch durch eine der bestehenden Anwendungen wirklich abbilden.

3.2   Ziele und Vorgehen der durchgeführten Forschung

Im Rahmen des Projekts „Gestaltung der Arbeitswelt der Zukunft durch Erreichbarkeitsmanagement" (SANDRA) sollten Modelllösungen für Unternehmen und ihre Beschäftigten entwickelt werden, um das Erreichbarkeitsmanagement nachhaltig und effizient zu verbessern. Ziel war sowohl die Entwicklung von organisatorischen Maßnahmen zur Unterstützung von Beschäftigten im Umgang mit Informations- und Kommunikationstechnologien als auch die Entwicklung einer intelligenten Anwendung (sog. Erreichbarkeitsassistent) zur bedarfsgerechten und passgenauen Unterstützung von Mitarbeitern in ihrem Erreichbarkeitsverhalten (vgl. Kap. 4 und 5). Hierdurch sollte es ermöglicht werden, die Vorteile von modernen Informations- und Kommunikationstechnologien zu nutzen und ihren Risiken gleichzeitig vorzubeugen.

Um dies zu erreichen, ist es essenziell, die Bedürfnisse und Ansprüche möglicher Nutzer zu kennen und zu verstehen. Dies betrifft sowohl generelle Präferenzen in Bezug auf Erreichbarkeitsverhalten, Nutzung von Informations- und Kommunikationstechnologien und den Umgang mit verschiedenen Gruppen (z. B. berufliche und private Kontakte; Vorgesetzte und Kollegen) als auch spezifische Ansprüche an ein smartes System zur Unterstützung des Erreichbarkeitsmanagements. Hierbei verfolgten wir einen mehrstufigen Ansatz: In einem ersten Schritt wurde über eine ausführliche Literaturrecherche der Status Quo zum Thema Erreichbarkeitspräferenzen von Beschäftigten zusammengetragen (Abschn. 3.3). Darauf aufbauend folgte eine qualitative Interviewstudie mit 21 Beschäftigten und Managern (Abschn. 3.4). Die Ergebnisse wurden zuletzt im Rahmen einer groß angelegten quantitativen Studie mit 821 Teilnehmenden validiert und vertieft (Abschn. 3.5). Der Fokus dieses Buchkapitels liegt auf der Beschreibung der zentralen Erkenntnisse der beiden selbstdurchgeführten empirischen Erhebungen.

Ziel unserer Forschung war dabei auch, herauszufinden, wie ein nutzergerechtes Erreichbarkeitsmanagement aussehen könnte.

3.3   Erreichbarkeitspräferenzen von Mitarbeitern: Indizien aus der bisherigen Forschung

Die aufkommende und durchdringende Verbreitung von Informations- und Kommunikationstechnologien quer durch alle Funktionsbereiche eines Unternehmens hat in den letzten zwei Jahrzehnten zu umfangreichen Forschungsarbeiten, insbesondere in den Bereichen Organisationsverhalten und Informationssysteme, geführt. Die Mehrheit dieser Forschungsarbeiten konzentriert sich dabei auf die Untersuchung der Verwendung von arbeitsbezogenen Geräten und arbeitsbezogener Kommunikation während der Nichtarbeitszeit sowie auf die negativen Auswirkungen der dadurch entstehenden erhöhten Erreichbarkeit, wie zum Beispiel Konflikte hinsichtlich der Vereinbarkeit von Beruf und Familie, empfundene Erschöpfung oder unzureichende Erholung von der Arbeit (Boswell und Olson-Buchanan 2007; Derks et al. 2014; Lanaj et al. 2014; Middleton 2008).

Als zentraler Faktor hat sich dabei herausgestellt, wie (un-)starr und (un-)durchlässig der einzelne Mitarbeiter die Grenzen zwischen Arbeit- und Privatleben gestalten möchte und inwieweit ihm das in seinem Alltag tatsächlich ermöglicht wird. Vielen Beschäftigten ist aufgrund der Charakteristika ihres Beschäftigungsverhältnisses oder der Art sowie Anforderung der Arbeit durch z. B. feste Öffnungs- oder Einsatzzeiten eine individuelle Grenzziehung kaum möglich, während andere Beschäftigte in einem gewissen Ausmaß Mitbestimmungsmöglichkeiten besitzen. Studien zeigen, dass Beschäftigte sehr unterschiedliche Präferenzen haben, inwieweit ihre Arbeit von ihrem Privatleben abgegrenzt sein sollte (sog. Boundary Theory (Ashforth et al. 2000)). Diese individuelle, ideale Grenzziehung ist sehr komplex und von persönlichen Einstellungen, äußeren Umständen und der aktuellen Situation abhängig (Bulger et al. 2007). Solche Präferenzen bezüglich der Grenzgestaltung spiegeln sich im Nutzungsverhalten von Kommunikationstechnologien von Beschäftigten wider: So wird zum Beispiel eine Mitarbeiterin, der eine prinzipielle Trennung von Arbeit und Privatleben wichtig ist, ihren Arbeits-Laptop ungern mit nach Hause nehmen. Sie möchte aber bei einem echten Notfall im Unternehmen durchaus angerufen werden, so dass sie direkt reagieren kann. Die Trennung zwischen Arbeit und Privatleben kann sich auch auf private Kontaktanfragen während der Arbeitszeit beziehen: So möchte eine solche Mitarbeiterin vielleicht nicht von ihren Freunden auf der Arbeit kontaktiert werden; es ist jedoch vorstellbar, dass sie bei bestimmten Personen, wie beispielsweise den eigenen Kindern, eine Ausnahme macht. Ein anderer Mitarbeiter, der eine Vermischung von Arbeit und Privatleben bevorzugt, verlässt seine Arbeitsstelle zum Beispiel gerne früh und arbeitet von zuhause aus weiter. Ihn stört es weder, wenn er abends von seinem Arbeitgeber oder Kollegen angerufen wird, noch, wenn ihn Freunde während seiner Arbeitstätigkeit kontaktieren. Für ihn ist eine weite Überschneidung beider Lebensbereiche akzeptabel und sogar erwünscht. Im Urlaub möchte er allerdings ggf. allerdings keinen Kontakt mit der Arbeit haben.

An diesen Beispielen lässt sich bereits erkennen, wie individuell und situationsspezifisch Grenzen gezogen werden können. Relevant ist außerdem nicht nur der Grad, zu dem eine Person in ihrer Freizeit für berufliche Themen erreichbar sein möchte; auch für die Erreichbarkeit durch private Kontakte während der Arbeit existieren individuelle und heterogene Präferenzen.

Grenzen können darüber hinaus physischer, psychologischer oder emotionaler Natur sein. Im ersten Fall erstreben Beschäftigte Zeitabschnitte an, in denen sie *faktisch* für ihren Arbeitgeber, Kunden und Kollegen nicht verfügbar sind, arbeitsbezogene Nachrichten nicht überprüfen können und sich völlig vom Arbeitsplatz distanzieren. Im Fall der psychologischen Grenzen ist eine *gedankliche* Fokussierung auf die aktuelle Lebenswelt erwünscht, indem Beschäftigte sich zum Beispiel in ihrer Freizeit nur auf persönliche

Themen und während der Arbeitszeit nur auf arbeitsbezogene Themen konzentrieren. Schließlich gibt es auch *emotionale* Grenzen, bei denen eine Person ihre Gefühle und Emotionen, die sie während des Arbeitstages erlebt, vom Privatleben trennen möchte, indem sie beispielweise einen harten Tag im Büro hinter sich lässt, wenn sie nach Hause zurückkehrt, um bei der Familie zu sein und sich zu entspannen (Kossek 2016). Darüber hinaus stellten Kossek und Lautsch (2012) fest, dass Individuen in ihrem Grenzmanagement asymmetrisch sein können: So akzeptieren manche Beschäftigte durchaus private Kontaktaufnahmen während der Arbeitszeit, während sie andersherum arbeitsbezogene Themen nicht von Zuhause aus erledigen möchten.

In der psychologischen Forschung gilt es als gesichert, dass Individuen sowohl die Kompetenz benötigen, effektiv auf Dinge Einfluss nehmen zu können, als auch die Freiheit, die Dinge so beeinflussen zu können, wie sie es für richtig halten. Dies führt zu einer anhaltenden, von innen kommender Motivation und ermöglicht ein gesundes Leben und Arbeiten (Ryan und Deci 2000). Solange mobile Kommunikationstechnologien die selbstgesetzten Grenzen zwischen Arbeit und Privatleben nicht überschreiten, können sie deshalb dabei helfen, die gewünschte Freiheit zu ermöglichen; eine Überschreitung allerdings schränkt die eigene Freiheit ein und erzeugt statt Motivation ein Gefühl von Zwang und Fremdbestimmung, welche sich negativ auf das Wohlbefinden auswirken können. In einer Studie von Reinke et al. (2016) zeigt sich die besondere Bedeutung dieses Autonomiebedürfnisses: So konnte ein beruflicher Anruf nach Feierabend von derselben Person sowohl als negativ als auch als positiv erlebt werden, abhängig von verschiedenen Aspekten wie der Dringlichkeit des Anrufs oder der Häufigkeit. Umso eher das Individuum das Geschehen beeinflussen konnte – wenn es beispielsweise selbst wählen konnte, wann, wie lange und wie oft es kommunizierte –, desto positiver war der Eindruck und desto seltener entstand Technostress (Bieling et al. 2015; Reinke et al. 2016).

Insgesamt lässt sich schlussfolgern, dass ein nutzergerechtes Erreichbarkeitsmanagement unter Beachtung der arbeits- und tarifrechtlichen Grundlagen vergleichsweise individuell und autonom anpassbar sein muss, um wirklich als hilfreich und gesundheitsförderlich erlebt zu werden. Um dies zu überprüfen und gleichzeitig relevante Stellschrauben zu identifizieren, an denen das Erreichbarkeitsmanagementsystem von SANDRA ansetzen kann, wurde in einem nächsten Schritt die qualitative Interviewstudie durchgeführt.

3.4 Qualitative Analyse der Nutzerpräferenzen (vgl. Saternus und Staab 2018)

3.4.1 Aufbau und Durchführung der Interviews

Bei den Interviews handelte es sich um qualitative Tiefeninterviews, die mit Wissensarbeitern (definiert nach Drucker 1993, vgl. Abschn. 3.1.) geführt wurden. Neben Beschäftigten unterschiedlicher Branchen und Berufsfelder wurden auch Manager und Arbeitnehmervertreter gezielt zu ihren Einschätzungen befragt, um deren spezifische Perspektiven im Unternehmen zu berücksichtigen.

Um die Vergleichbarkeit zwischen den Interviews zu gewährleisten, wurde ein Interviewleitfaden verwendet, der aus drei Fragenblöcken mit größtenteils offenen Fragen bestand: Im ersten Fragenblock ging es um Fragen zur Person und zum Beruf, zur Nutzung von Kommunikationstechnologien und zur Trennung und Verknüpfung von Arbeit und Privatleben. Der zweite Fragenblock enthielt Fragen zu Erfahrungen mit grenzüberschreitender Kommunikation; hierbei wurde sowohl nach Erfahrungen als Empfänger als auch als Sender derartiger Nachrichten und Anrufe gefragt. Der dritte Themenblock erfragte Ideen für ein sinnvolles Erreichbarkeitsmanagement und einen hilfreichen Erreichbarkeitsassistenten. Für Vertreter des Managements und des Arbeitnehmerbeirats existierte darüber hinaus jeweils ein verkürzter Interviewleitfaden. Die Fragen wurden während des Interviews auf Basis des Leitfadens gestellt, wobei Nachfragen gestattet waren, um einzelne Aspekte zu vertiefen oder Details genauer zu erfahren. Alle Interviews wurden aufgezeichnet und anschließend für die weitere Analyse wörtlich transkribiert.

Die Interviewteilnehmer und -teilnehmerinnen arbeiteten in kleinen und mittleren Unternehmen sowie Großunternehmen, die aus verschiedenen Branchen stammten. Das ausführliche Interview wurde mit achtzehn Wissensarbeitern (elf Männer und sieben Frauen im Alter von 26 bis 57 Jahren) geführt, die aus unterschiedlichen Hierarchieebenen stammten (von der ersten bis zur sechsten Führungsebene) und von denen acht über Führungsverantwortung und sechs über Budgetverantwortung verfügten. Zusätzlich wurden drei Vertreter des Managements und ein Arbeitnehmervertreter anhand der verkürzten Interviewleitfäden zu den Eindrücken in ihrem Unternehmen interviewt.

Die transkribierten Interviews wurden jeweils einzeln auf ihren wesentlichen Aussagen hin analysiert. Anschließend wurden Cluster von Präferenzen, Wünschen und Ideen herausgearbeitet, die im Folgenden vorgestellt werden.

3.4.2 Zentrale Ergebnisse

3.4.2.1 Nutzung moderner Kommunikationstechnologien

Alle Interviewpartner gaben an, für arbeitsbezogene Kommunikation ein Mobiltelefon und einen Laptop und/oder Desktop-PC zu benutzen. Darüber hinaus erwähnte etwa die Hälfte der befragten Personen ein Festnetztelefon und einzelne Personen ein Tablet. Kommuniziert wird insbesondere über E-Mails sowie über herkömmliche Anrufe und Messenger. Ein kleinerer Teil der Interviewpartner versendet berufliche Kurznachrichten, nutzt Videochat-Anrufe und -Videokonferenzen und/oder arbeitet mit Kollaborationstools.

Für die Kommunikation im privaten Rahmen nutzen alle Befragten ein Mobiltelefon sowie der Großteil der Befragten einen Laptop oder Desktop-PC. Ebenso spielen das Festnetztelefon sowie das Tablet für private Kommunikation eine gewisse Rolle. Unter den Kommunikationskanälen wurden Messenger am häufigsten genannt, gefolgt von Anrufen und E-Mails.

3.4.2.2 Erreichbarkeitspräferenzen für grenzüberschreitende Kommunikation

3.4.2.2.1 Bevorzugte und abgelehnte Kommunikationskanäle

Die genannten Kommunikationskanäle werden in unterschiedlichem Maße als geeignet empfunden, wenn sie für berufliche Themen in der Freizeit und private Themen während der Arbeitszeit genutzt werden sollen. So werden Textnachrichten und E-Mails als vergleichsweise positiv bewertet: Die Mehrheit der Interviewpartner benannte sie als bevorzugten Kommunikationskanal für grenzüberschreitende Kommunikation. Begründet wird dies mit der Asynchronität des Kanals sowie dem hohen Informationsgehalt: Da eine Textnachricht keine sofortige Reaktion verlangt, behält der Empfänger eine gewisse Entscheidungsfreiheit darüber, ob und wann er auf eine solche Nachricht reagiert. Durch den Inhalt der Textnachricht lässt sich darüber hinaus zu jedem Zeitpunkt nachvollziehen, worum es thematisch geht. Dies zeigen auch beispielhaft die folgenden Zitate von zwei Interviewteilnehmern, die über berufliche Nachrichten in der Freizeit sprechen:

> „SMS kommt schon öfter vor, das ist jetzt nicht so die Seltenheit, aber die kann man ja flexibel beantworten. Ein Anruf ist halt so, dass man gleich rangehen muss; eine SMS sehe ich vielleicht auch erst später und dann ist auch eigentlich auch die Antwort nur kurz ‚ja, okay, mache ich‘. Oder manchmal ist es schon für den nächsten Tag eine Nachricht ‚ja, kannst du bitte da und da noch mal danach schauen‘ und dann ist so ein Reminder für mich für den nächsten Tag praktisch. Und dann kann ich es auch einfach beiseite liegen lassen."

> „[Ich schreibe zuerst die SMS,] damit der Mitarbeiter oder der Kollege erst einmal die Möglichkeit hat, sich darauf einzustellen, und man weiß ja nicht, ob man ihn gerade stört."

Bei privaten Kontaktaufnahmen während der Arbeit werden hauptsächlich Messenger verwendet. Anrufe werden häufig dann bevorzugt, wenn es sich um dringliche oder sehr wichtige Kontaktaufnahmen handelt. So erklärt eine befragte Person:

> „Also, wenn es unwichtig ist, dann ist E-Mail sowieso immer gut, weißt du, dann kannst du das lesen, wenn du gerade Bock darauf hast. Wenn es aber was Wichtiges ist, dann schon per Telefon, wenn ich drangehen kann, weil da kannst du einfach viel genauer sagen, was du haben möchtest."

Anrufe aus unwichtigen Gründen werden hingegen mehrheitlich abgelehnt und als störend empfunden.

3.4.2.2.2 Präferenzen für grenzüberschreitende Kommunikation

Die Mehrheit der befragten Personen bevorzugt eine teilweise Verknüpfung von Arbeit und Privatleben, wie in Abb. 3.1 schematisch auf Basis der Boundary-Theory (Kossek 2016) dargestellt. Einige Teilnehmer präferieren allerdings auch eine vollständige Trennung von Arbeits- und Privatleben oder eine Öffnung der Grenzen in nur eine Richtung. Die genauen beschriebenen Präferenzen sind als individuell eher unterschiedlich zu beurteilen.

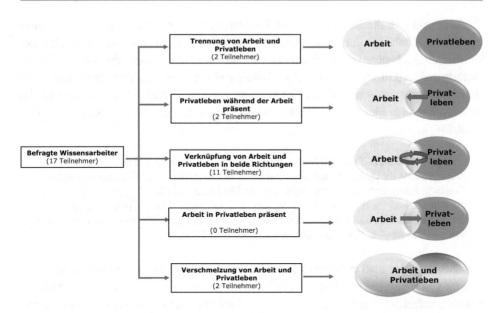

N = 17. Ein Teilnehmer wollte sich nicht auf eine Präferenz festlegen. Vertreter des Managements und des Arbeitnehmerbeirats wurden nicht zu ihren Präferenzen befragt.

Abb. 3.1 Persönliche Präferenzen der Studienteilnehmer für die Trennung und Verknüpfung von Arbeit und Privatleben (schematische Darstellung nach Kossek 2016)

3.4.2.2.3 Ausnahmesituationen hinsichtlich Erreichbarkeit

Mit einer Ausnahme gibt es für alle Interviewteilnehmer private Situationen, in denen sie eine berufliche Kontaktaufnahme in besonderem Maße ablehnen würden. Es handelt sich dabei vor allem um Situationen wie Beerdigungen, Hochzeiten, Familienfeiern oder Urlaube. Krankheitszeiten stellen ebenfalls für viele Teilnehmer eine Situation dar, in der eine solche Kontaktaufnahme fehl am Platz wäre.

Private Kontaktaufnahmen während der Arbeit sind vor allem in Situationen unerwünscht, in denen ein enger Austausch mit Kollegen oder dem Vorgesetzten stattfindet (z. B. wichtige Sitzungen oder Termine). Mehrere Teilnehmer betonen, dass vor allem Anrufe als störend erlebt werden und Textnachrichten eher unproblematisch sind. Enge private Kontakte, wie die Familie, sollen sich oftmals immer melden können.

> „In irgendwelchen sehr wichtigen Besprechungen, also vor allem, wenn ich so mit anderen Leuten am Tisch sitze, und dann, würde ich dann ungern angerufen werden. […] Also Anrufe sind dann No Go. Gegebenenfalls so Nachricht, Whatsapp, Messenger so, ja. […] Also meine Mama oder […] meine Familie, wenn sie mich kontaktieren würden, oder meine beste Freundin. Eine von denen (…). Ein No Go [gibt es nicht für sie]. Die sind Ausnahmen."

In beiden Fällen verwiesen Interviewteilnehmer erneut auf den Inhalt der Kontaktaufnahme: So wird eine Kontaktaufnahme aus unwichtigem Grund als störender und deplatzierter empfunden als eine aus einem wichtigen Grund.

Einig sind sich die Befragten in der Schilderung von Situationen, in denen sie einen beruflichen Kontakt in der Freizeit oder einen privaten Kontakt während der Arbeit unbedingt erreichen können möchten: Dies ist bei Ausnahmesituationen – also Situationen, die wichtig und zeitkritisch sind – der Fall. Beispiele sind kurzfristige Terminverschiebungen und dringende technische Probleme im Arbeitskontext sowie Notfälle wie ein Todesfall im privaten Rahmen. Eine befragte Person schildert das folgende Beispiel aus ihrer beruflichen Tätigkeit:

> „Also, wir hatten die Situation: Ich fahre in Urlaub […]. Und dann war es so, dass wir in der Zeit irgendwie ein Update für eine App veröffentlich hatten, das leider einen riesen Bug hatte. Und zwar hat es dazu geführt, dass ganz, ganz viele Leute nicht ihre Dokumente mehr abrufen können. […] Da reden wir über sehr, sehr wichtige Sachen, ja? […] Die App ist einfach abgestürzt, wenn du halt irgendwie auf einen anderen Ordner gedrückt hast. Und dann war es halt wirklich so: ‚Ok, Shit. Das müssen wir übergeben.'"

3.4.2.3 Impulse und Implikationen für einen Erreichbarkeitsassistenten

Die Interviewteilnehmer lieferten vielfältige Anregungen dafür, wie ein Erreichbarkeitsassistent aufgebaut sein könnte, wie er arbeiten könnte und welche weiteren Aspekte und mögliche Hürden er berücksichtigen sollte.

3.4.2.3.1 Individuelle Anpassbarkeit bei vorhandenen Standard-Modi

Ein Erreichbarkeitsassistent sollte nach Ansicht der Befragten auf mehreren Ebenen individualisierbar sein: So möchten die Teilnehmer selbst entscheiden, wann sie erreichbar sind, für wen sie erreichbar sind und über welche Kanäle sie erreichbar sind. Hierdurch entstehen unterschiedliche Erreichbarkeitssituationen, die den individuellen Bedürfnissen am besten entsprechen. Die Einstellungen sollten dabei flexibel sein und sich auch situativ immer wieder neu anpassen lassen.

Gleichzeitig wurde der Wunsch nach Standard-Modi geäußert, die direkt auszuwählen sind und auf die eine Person zurückgreifen kann, ohne sie selbst erstellen zu müssen. Diese Standard-Modi sollten einfach und verständlich gehalten sein. So berichtet eine befragte Person:

> „Ich glaube, die Metaphern, die man da letztendlich bei so einem System wählt, müssen einfach sehr gut gewählt sein. […] Also irgendwelche Begrifflichkeiten bei so einem System, die für jeden einfach sofort verständlich sind und die man einfach auch gut nachvollziehen kann. […] Keine Ahnung, „ich will irgendwie nicht gestört werden", und dann eben auf allen Kanälen."

Eine Verbindung beider Wünsche lässt sich beispielsweise durch Standard-Modi verwirklichen, die individuell anpassbar und/oder um eigene Modi erweiterbar sind.

3.4.2.3.1.1 Filterfunktion

Inhaltlich sollte ein Erreichbarkeitsassistent nach Meinung vieler Interviewteilnehmer vor allem folgendes tun: Er sollte eingehende Anrufe und Textnachrichten nach verschiedenen

Kriterien filtern und – in Abhängigkeit vom gewählten Modus und der genauen Einstellung – weiterverarbeiten. Hierbei sprechen sich einige Teilnehmer für ein Abfangen unerwünschter Kontaktaufnahmen aus. Andere schlagen die Möglichkeit einer prinzipiellen „kodierten Weiterleitung" vor: Dabei erhalten Nachrichten verschiedener Dringlichkeit unterschiedliche Farben oder Anrufe unterschiedliche Klingeltöne.

> „Das wäre schon sehr toll, wenn […] [man] das mit Farben filtern könnte, dass ich genau weiß ‚Okay, rot, da brennt es gerade irgendwo, da muss ich jetzt nachgucken.‘ […] Und wenn das jetzt z. B. irgendwie so gestaltet werden könnte, dass es halt nicht nur blinkt, wenn eine Nachricht da ist, sondern rot blinkt, wenn halt ganz schwierig, und gelb, wenn, da ist jetzt etwas ganz Unnötiges. Das wäre schon ganz toll. Es würde, glaube ich, Zeit sparen, vieles erleichtern, man könnte schneller auf wichtige Dinge reagieren und auch schneller unnötige Sachen beiseiteschaffen."

Insgesamt äußerten die Befragten den Wunsch, dass nach der kontaktierenden Person und dem gewählten Kanal, aber vor allem auch nach der Wichtigkeit des Kontaktinhalts gefiltert würde. Anrufe sollten beispielsweise durchgestellt werden, wenn es um ein Thema mit sehr hoher Priorität geht oder es sich um einen Notfall handelt.

Zur Beurteilung der Wichtigkeit einer Nachricht wurde sowohl ein automatisches Auslesen aus dem Inhalt der Nachricht (durch ein intelligentes System) als auch eine Angabe durch den Sender der Nachricht vorgeschlagen: So soll dieser die Wichtigkeit selbst einschätzen können, indem er beispielsweise eine Nachricht erhält, die ihn dazu anhand einer Skala auffordert, wenn er eine Person kontaktiert hat, obwohl diese sich eigentlich in einem eingeschränkten Erreichbarkeits-Modus befindet.

3.4.2.3.1.2   Kontaktaufnahme mit dem Sender

Eine Möglichkeit zur Kontaktaufnahme mit dem Sender wurde ebenfalls von vielen Interviewteilnehmern erwähnt und als hilfreich eingestuft. Neben Nachrichten mit Abfragen nach der Wichtigkeit der Kontaktaufnahme, ist dabei vor allem eine *Feedbackfunktion* wünschenswert: So soll eine Person, deren Kontaktaufnahme abgefangen oder als unwichtig eingestuft wurde, darüber auch informiert werden. Eine befragte Person erklärt das folgendermaßen:

> „Was mir halt persönlich […] noch wichtig wäre, […] dass er vielleicht auch ein gewisses Feedback denjenigen, die jemand erreichen möchten, gibt, in einer kurzen Form, dass man praktisch so Voreinstellungen vornehmen kann, um zu sagen, ich bin jetzt eben gerade bei dieser oder jener Sache beschäftigt, melde mich aber nachher. Weil manche Leute, die sind ja immer erreichbar, und wenn die dann plötzlich nicht mehr erreichbar sind, dann ist man ja auch irritiert oder der gegenüber."

Solche automatischen Antwortnachrichten sollten nach Ansicht der Interviewteilnehmer darüber informieren, dass eine Ansprechperson zurzeit nicht erreichbar ist, wann sie wieder erreichbar ist, über welche Kanäle sie ggf. erreichbar ist und was mit der Nachricht geschieht. Äquivalent dazu wurde für Anrufe eine automatisch generierte Sprachnachricht vorgeschlagen.

3.4.2.3.1.3 Lernfähigkeit und Kompatibilität

Einige Interviewteilnehmer sehen einen Vorteil darin, wenn es sich bei dem Erreichbarkeitsassistenten um eine lernfähige, intelligente Anwendung handelt. Eine solche Anwendung könnte beispielsweise aus dem bisherigen Verhalten ein Muster ableiten, wann eine
Person welchen Erreichbarkeits-Modus wünscht, und entsprechende Vorschläge unter-
breiten.

Nutzen viele Beschäftigte eines Unternehmens den Erreichbarkeitsassistenten,
könnte das System aus der bisherigen Erreichbarkeit der Personen und ihrem Standort
ableiten, wann diese für gewöhnlich verfügbar sind, und einem Beschäftigten schon vor
Versenden einer Nachricht oder Tätigen eines Anrufs eine Wahrscheinlichkeit übermit-
teln, dass der gewünschte Kontakt gerade (nicht) verfügbar ist. Auf diese Weise müssten
unerwünschte Anrufe und Textnachrichten gar nicht erst gesendet werden und das System könnte nach einer Weile recht selbstständig arbeiten. Eine interviewte Person erklärt dazu Folgendes:

> „So eine Statusmeldungsänderung, das ist okay. Aber die Leute vergessen das auch, das ist ein
> bisschen problematisch. Das heißt, theoretisch kannst du sowas mit Location Tracking oder
> sowas vornehmen, dass du weißt: ‚Okay, derjenige ist jetzt zu Hause […]‘, und dementspre-
> chend kann ich mit soundsoviel-prozentiger Wahrscheinlichkeit sagen, der wird wahrschein-
> lich nicht erreichbar sein."

Anknüpfend daran wurde eine Interaktion mit anderen Anwendungen, wie dem Kalender
auf dem Smartphone oder in Outlook, als sinnvolle Eigenschaft geschildert. Dies erleichtert dem System die Einschätzung, ob eine Person gerade erreichbar sein möchte und ob
beispielsweise ein Statuswechsel vorgeschlagen werden sollte. Insgesamt soll das Programm nach Möglichkeit auf allen relevanten Kommunikationskanälen funktionieren.
Auch die Zeitzone, in der sich eine Person und ggf. ein gewünschter Kontakt mit derselben
Anwendung gerade befindet, könnte ausgelesen und berücksichtigt werden, sofern das
unter Berücksichtigung des Datenschutzes möglich ist.

3.4.2.3.2 Hürden und Einsatzbereiche für den Erreichbarkeitsassistenten

Einige Interviewteilnehmer äußerten Bedenken, dass der Erreichbarkeitsassistent nicht
angenommen werden oder sogar gegen bestimmte Regelungen verstoßen könnte. So be-
tonte eine befragte Person, dass es die Akzeptanz deutlich verringern könnte, wenn man
zu viel von sich preisgeben müsste. Keinesfalls dürfe die Anwendung zur Kontrolle missbraucht werden können und es dürfe auch nicht der Eindruck entstehen, dass sie dafür
missbraucht werden könnte.

> „Bei uns wäre zu beachten, dass wir keine Ansätze für eine Verhaltens- und Leistungskon-
> trolle bieten."

Damit der Erreichbarkeitsassistent auch von der Unternehmensführung angenommen
wird, sollte das Kosten-Nutzen-Verhältnis positiv sein: Hierfür müsste der Bedarf nach

mehr Erreichbarkeitsmanagement im eigenen Unternehmen aufgezeigt und der Mehrwert des Erreichbarkeitsassistenten im Vergleich zu seinen Kosten (direkt wie indirekt) deutlich gemacht werden. Hierbei schlug eine interviewte Person die Vermittlung von fundierten Informationen zu ständiger Erreichbarkeit und den gesundheitlichen Folgen vor. Auch der Betriebsrat ist gemäß Mitbestimmungstatbeständen des Betriebsverfassungsgesetzes zu beteiligen und müsste daher miteinbezogen und von der Anwendung überzeugt werden. Dies sei schwierig, aber nicht unmöglich:

> „Man muss den Bedarf, also, der Bedarf muss erkannt werden, glaube ich […] Also, und es wird Diskussion bei dem Thema geben, wenn man generell über das Thema Erreichbarkeit und Arbeitszeit und Kernarbeitszeit [spricht], könnte ich mir vorstellen, dass eine Diskussion losgeht über so ganz grundsätzliche Fragen. Aber […] ich sehe jetzt keine unüberwindbare Hürde.“

Mehrere Interviewteilnehmer sind sich nicht sicher, ob es in ihrem Unternehmen Regelungen oder Anwendungen zur Erreichbarkeit gibt, von denen sie lediglich nichts wissen. Entsprechend wichtig erscheint es, Beschäftigte besser zu informieren und ihnen das Gefühl zu vermitteln, dass sie den Erreichbarkeitsassistenten nutzen können und dürfen. Dafür müssten möglicherweise in Abstimmung mit dem Betriebsrat und den Vorgesetzten Regeln festgelegt werden, in welchem Rahmen der Erreichbarkeitsassistent genutzt werden darf.

Ob der Erreichbarkeitsassistent insgesamt angenommen wird, dürfte nach Aussage mehrerer Teilnehmer auch stark mit der Unternehmenskultur zusammenhängen. Ein Großteil der Befragten hält den Erreichbarkeitsassistenten prinzipiell für eine gute Idee; einige sehen aber keinen konkreten Bedarf in ihrem Unternehmen oder bei ihrer Tätigkeit. Es wurde mehrmals erwähnt, dass sich eine solche Anwendung eher für große Unternehmen eignet; bei kleinen Unternehmen, in denen man sich gut kennt, würden Absprachen ausreichen. Insgesamt erscheint der Erreichbarkeitsassistent immer dann als wünschenswert, wenn es im Unternehmen ein tatsächliches Problem mit dem Erreichbarkeitsmanagement gibt.

3.5   Quantitative Nutzerstudie (vgl. Saternus et al. 2019)

3.5.1   Aufbau und Durchführung der Umfrage

Die quantitative Nutzerstudie diente dazu, die durch die Interviews gewonnenen Ergebnisse zu überprüfen und zu vertiefen. Hierzu wurde ein Fragebogen mit insgesamt 87 Fragen, aufgeteilt auf vier Themenblöcke, konstruiert.

Im ersten Block wurden vor allem demografische Daten wie Alter, Geschlecht und Familienstatus abgefragt. Der zweite Block befasste sich mit den aktuellen Beschäftigungsverhältnissen der Teilnehmenden, wobei Fragen zum Unternehmen (z. B. Größe und Tätigkeitssektor), der Unternehmenskultur (basierend auf dem Organizational Culture

Assessment Instrument (Cameron und Quinn 2011)) und dem Arbeitsverhältnis
(z. B. vereinbarte Arbeitszeit, Anzahl und Häufigkeit der Überstunden, Führungsverantwortung und Teamarbeit im Rahmen der Tätigkeit) gestellt wurden. Der Umgang mit Erreichbarkeit und grenzüberschreitender Kommunikation wurde im dritten Block des
Fragebogens ausführlich beleuchtet: Hierbei wurden sowohl Präferenzen als auch der tatsächliche Status Quo im Erreichbarkeitsmanagement abgefragt, Fragen zur Technologie-
nutzung und zur Kontaktaufnahme während und außerhalb der Arbeitszeit gestellt und
eventuelle Vereinbarungen im Unternehmen in Bezug auf das Erreichbarkeitsmanagement
erfragt. Der vierte und letzte Teil des Fragebogens konzentrierte sich auf einen Erreichbarkeitsassistenten und die erlebte Nützlichkeit und Sinnhaftigkeit verschiedener möglicher
Features und Einstellungen. Auch die generelle Nutzungsbereitschaft eines solchen technischen Systems wurde dabei abgefragt. Hierzu wurde den Teilnehmern der Begriff „Erreichbarkeitsassistent" vorab erläutert.

Da wir nur Personen mit einem gewissen Grad an Berufserfahrung einbeziehen wollten, wurden ausschließlich Wissensarbeiter mit mindestens 20 Arbeitsstunden pro Woche
befragt. Die Fragebögen wurden in digitaler Form über das Internet verbreitet und insgesamt 864-mal vollständig ausgefüllt, wobei 43 Datensätze aufgrund von unrealistisch hohen Bearbeitungszeiten ausgeschlossen werden mussten. Auf diese Weise entstanden insgesamt 821 nutzbare Datensätze. Die finale Stichprobe besteht aus Beschäftigten, die in
30 verschiedenen Ländern einer Arbeit nachgehen, hauptsächlich jedoch in Deutschland
(85 Prozent). Das Durchschnittsalter der befragten Personen beträgt 35 Jahre (zwischen
18 und 68 Jahren), wobei annähernd 50 Prozent weiblich und 50 Prozent männlich sind.
74 Prozent gaben an, aktuell in einer Beziehung zu leben. Darüber hinaus haben 29 Prozent der Teilnehmer Kinder und 5 Prozent pflegen aktuell mindestens einen Angehörigen.

Die Teilnehmer arbeiten für Arbeitgeber unterschiedlicher Größen und Sektoren. Der
am stärksten vertretene Sektor in dieser Studie ist dabei der Dienstleistungssektor (15 Prozent), gefolgt von Bildung (11 Prozent), IT, Beratung und Finanzwesen (jeweils 10 Prozent). 21 Prozent der befragten Personen arbeiten für einen Arbeitgeber mit weniger als 50
Beschäftigten, 15 Prozent für einen Arbeitgeber mit 51 bis 250 Beschäftigten, 15 Prozent
für einen Arbeitgeber mit 251 bis 1000 Beschäftigten und 49 Prozent für einen Arbeitgeber
mit mehr als 1000 Beschäftigten. In Bezug auf ihre Position gaben 31 Prozent der Teilnehmer an, Führungsverantwortung zu haben. Die Unternehmenskulturen der Teilnehmer
sind sehr unterschiedlich ausgeprägt.

Laut Arbeitsvertrag arbeiten die meisten Teilnehmer (61 Prozent) zwischen 31 und 40
Stunden pro Woche. Im Vergleich dazu scheint die tatsächliche Arbeitszeit länger zu sein:
12 Prozent arbeiten im Mittel 20 bis 30 Stunden, 30 Prozent 31 bis 40 Stunden, 39 Prozent
41 bis 50 Stunden, 8 Prozent 51 bis 60 Stunden und 3 Prozent mehr als 60 Stunden pro
Woche. Insgesamt stellte sich heraus, dass mehr als 50 Prozent der Teilnehmer im Durchschnitt mehr arbeiten als in ihrem Arbeitsvertrag vereinbart (Abb. 3.2).

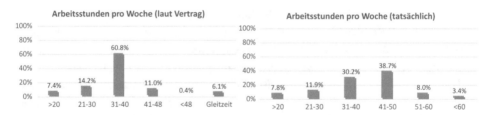

Abb. 3.2 Mittlere Anzahl Arbeitsstunden pro Woche laut Arbeitsvertrag (links) und tatsächlich (rechts)

3.5.2   Zentrale Ergebnisse

3.5.2.1   Nutzung moderner Kommunikationstechnologien

Die Teilnehmer verwenden verschiedene technische Geräte, um bei der Arbeit zu kommunizieren. Während Laptops/Computer (77 Prozent) und Smartphones (74,4 Prozent) die am weitesten verbreiteten Geräte darstellen, spielt auch das herkömmliche Telefon (30,4 Prozent) nach wie vor eine wichtige Rolle. Technologien wie Tablets (7,9 Prozent) und Smartwatches (1,4 Prozent) werden hingegen nicht in größerem Umfang für die berufliche Kommunikation eingesetzt. Die Teilnehmer nutzen auf diesen technischen Geräten unterschiedliche Kanäle für die arbeitsbezogene Kommunikation. Die klassischen Telefongespräche (75,2 Prozent) und E-Mails (89,5 Prozent) dominieren dabei, allerdings holen neuere Kommunikationskanäle mehr und mehr auf: So werden Videoanrufe (24,7 Prozent), Inhouse-Chat-Systeme (24,9 Prozent) und Instant Messenger (37,5 Prozent) von jeder vierten befragten Person verwendet, während Kurzmitteilungen (14,7 Prozent) eher selten genutzt werden.

3.5.2.2   Präferenzen und Status Quo bei grenzüberschreitender Kommunikation

In der quantitativen Studie kam der Erfahrung mit und den Einstellungen zu grenzüberschreitender Kommunikation und Erreichbarkeitsmanagement eine besondere Rolle zu. Dabei gaben 25 Prozent der Teilnehmer an, bei ihrer aktuellen Beschäftigung keine Probleme mit Erreichbarkeitsmanagement zu haben. Ein knappes Drittel befürwortet flexible und durchlässige Grenzen zwischen Arbeits- und Privatleben, während 40 Prozent der Teilnehmer während ihrer Freizeit eher nicht für Arbeitsangelegenheiten zur Verfügung stehen wollen. Etwa einem Drittel gelingt es dabei nicht, diese Präferenz auch in der Praxis umzusetzen. Die Anzahl der arbeitsbezogenen Kontaktaufnahmen in der Freizeit variiert stark zwischen den Teilnehmer und auch zwischen einzelnen Kommunikationskanälen: Insgesamt werden E-Mails häufiger als Anrufe empfangen, jedoch werden zwei Drittel dieser Kontaktaufnahmen als nicht zeitkritisch eingestuft. Tatsächlich gab nur ein Bruchteil der befragten Personen (3 Prozent) an, dass die meisten ihrer arbeitsbezogenen Kontaktanfragen sofort adressiert werden müssten.

Die Einstellung zur Trennung und Verknüpfung von Arbeit und Privatleben variiert zwischen den Befragten deutlich. Bezogen auf die Kategorien nach Kossek (2016, Abschn. 3.4.2.2.2) wünschen sich die meisten Teilnehmer entweder eine vollständige Trennung (36,4 Prozent) oder eine interaktive Integration (36,2 Prozent) beider Lebenswelten (Abb. 3.3). Die gewünschten Erreichbarkeitszustände unterscheiden sich dabei häufig von den tatsächlichen Zuständen: So erreicht beispielsweise nur die Hälfte der Befürworter einer vollständigen Trennung von Arbeit und Privatleben diesen Zustand auch tatsächlich. Im Gegensatz dazu war jede fünfte befragte Person (20,2 Prozent) zur Zeit der Befragung mit beruflichen Kontaktaufnahmen im Privatleben konfrontiert, während private Kontaktaufnahmen im Arbeitsalltag nicht möglich waren; ein Zustand, der nur von 4 Prozent der Teilnehmer aktiv präferiert wurde. Insgesamt ist die Diskrepanz zwischen tatsächlicher und gewünschter Erreichbarkeit beträchtlich: Jede zweite befragte Person erreicht in der Praxis nicht den Erreichbarkeitszustand, den sie selbst präferieren würde.

Darüber hinaus wurden die Teilnehmer zu ihrem Verhalten in Bezug auf arbeitsrelevante Kontaktanfragen während ihrer Freizeit befragt. Die Hälfte der Teilnehmer (47 Prozent) berichteten, eingehende berufliche E-Mails auch in der Freizeit zu prüfen und zu lesen, wobei vier Fünftel der Teilnehmer (79,4 Prozent) diese in der Regel auch beantworten. Eine deutliche Mehrheit der Befragten (87,3 Prozent), die auf arbeitsbezogene Kontaktaufnahmen während ihrer Freizeit reagieren, gab an, dies zu tun, weil sie sonst ihre Arbeitslast nicht erfolgreich bewältigen könnten. Ein Drittel der Teilnehmer (33,3 Prozent) hat das Gefühl, dass von ihnen erwartet wird, außerhalb der regulären Arbeitszeiten zur Verfügung zu stehen. Ebenfalls ein Drittel (35,3 Prozent) berichtete, arbeitsrelevante IT-Geräte wie den beruflichen Laptop oder das berufliche Smartphone auch in den Urlaub mitzunehmen.

Besonders hervorzuheben ist, dass etwa der Hälfte aller befragten Personen keine klaren Richtlinien im Unternehmen oder Team bekannt sind, wann genau eine Erreichbarkeit für arbeitsbezogene Themen in der Freizeit verlangt wird.

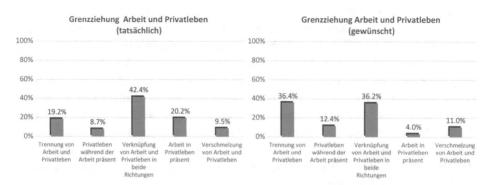

Abb. 3.3 Präferierte und tatsächliche Ausgestaltung der Trennung und Verknüpfung von Arbeit und Privatleben

3.5.2.3 Impulse und Implikationen für einen Erreichbarkeitsassistenten

Die Ergebnisse in Abschn. 3.5.2.2 bestätigen, dass bei vielen Wissensarbeiter nach wie vor Bedarf nach einem besser strukturierten und individuell passenderen Erreichbarkeitsmanagement besteht. Gleichzeitig gab nur eine geringe Anzahl (6 Prozent) an, bereits Erfahrungen mit einem technischen System zur Unterstützung des Erreichbarkeitsmanagements gemacht zu haben; diese Teilnehmer beriefen sich hauptsächlich auf herkömmliche Funktionen bei Webmail- und Kalenderdiensten (z. B. Microsoft Outlook, IBM Notes) und bei Instant Messenger (z. B. Skype, WhatsApp, Jabber) sowie auf die Möglichkeit, Geräte in den Flugmodus zu schalten und dadurch unerreichbar zu machen. Ein System ähnlich des im Rahmen von SANDRA geplanten Erreichbarkeitsassistenten wurde hingegen nicht genannt.

Bei der Analyse der Präferenzen der Teilnehmer für einen solchen Erreichbarkeitsassistenten wurden die Ergebnisse der qualitativen Studien größtenteils bestätigt. Die Möglichkeit, über Standardmodi schnell und unkompliziert die aktuelle Erreichbarkeitseinstellung anzupassen, wurde mehrheitlich als nützlich oder sehr nützlich bewertet. Dabei sollte einstellbar sein, dass man aktuell gar nicht erreichbar ist (von 62 Prozent als nützlich bewertet), nur über synchrone oder asynchrone Kommunikationskanäle erreichbar ist (so wurde eine Einstellung für eine Erreichbarkeit nur per Textnachricht von 71 Prozent als nützlich bewertet, eine Erreichbarkeit nur per Anruf von 50 Prozent) oder nur für eine bestimmte Gruppe von Personen oder zu einem bestimmten Thema erreichbar ist (dies wurde von 74 Prozent der Teilnehmer als nützlich bewertet).

Eine „Notfallfunktion", bei der eine Person in Notsituationen jederzeit kontaktiert werden kann, wurde ebenfalls als sehr positiv eingeschätzt, wobei privaten Notfällen eine höhere Priorität als beruflichen Notfällen zukommen sollte (Abb. 3.4).

Für den Fall, dass die Zustellung einer Nachricht durch einen Erreichbarkeitsassistenten verzögert oder ein Telefonanruf durch das System blockiert wird, halten es die Teilnehmer überwiegend für sinnvoll, dass der Assistent den Absender darüber informiert, wann sie wieder erreichbar sind (zu 87,1 Prozent als nützlich bewertet). In diesem Zusammenhang unterscheiden die meisten Teilnehmer nicht zwischen unterschiedlichen Absen-

Abb. 3.4 Rückmeldung auf die Aussagen: „Ich möchte, dass der Erreichbarkeitsassistent *berufliche* Notfälle unabhängig vom aktuellen Erreichbarkeitsstatus zustellt" (links) sowie „Ich möchte, dass der Erreichbarkeitsassistent *private* Notfälle unabhängig vom aktuellen Erreichbarkeitsstatus zustellt (rechts)"

dergruppen: Eine Benachrichtigung über eine Nichtverfügbarkeit wird sowohl bei Vorgesetzten als auch bei Kollegen und Kolleginnen oder Kunden als Absender mehrheitlich als nützlich angesehen.

Darüber hinaus bewerten es gut 60 Prozent der befragten Personen als sinnvoll, dass ein Erreichbarkeitsassistent Vorschläge für eine Änderung der aktuellen Erreichbarkeitseinstellungen des Benutzers macht. Eine eigenständige Änderung der Einstellungen durch den Assistenten wird hingegen eher abgelehnt. Dies unterstreicht das mehrheitliche Bedürfnis der Teilnehmer, selbst über ihr Erreichbarkeitsverhalten zu bestimmen und dem technischen System nicht allzu viel Spielraum einzuräumen.

3.5.2.4 Nutzungswahrscheinlichkeit eines Erreichbarkeitsassistenten in Abhängigkeit von Alter und beruflicher Umgebung

Die Verwendung einer Software zur Regulierung der Erreichbarkeit wird von den meisten Teilnehmer (53,6 Prozent) generell als nützlich oder sehr nützlich angesehen (Abb. 3.5). Allerdings würde ein gutes Drittel der Teilnehmer eine solche Anwendung selbst eher nicht benutzen, was hauptsächlich damit begründet wurde, dass aktuell keine Notwendigkeit für mehr Erreichbarkeitsmanagement gesehen wird (60 Prozent). Weitere Gründe für die Nichtbenutzung waren die persönliche Überzeugung, dass ein besseres Erreichbarkeitsmanagement nicht durch den Einsatz einer Software erreicht werden könnte (31 Prozent), die Befürchtung, dass ein Erreichbarkeitsassistent missbraucht werden könnte (20 Prozent), kein Bedarf nach einer generellen Einschränkung der Erreichbarkeit (17 Prozent) und schließlich die Erwartung, dass der Arbeitgeber (10 Prozent), die Kunden (8 Prozent) oder die Kollegen (5 Prozent) eine Restriktion der Erreichbarkeit nicht tolerieren würden (Mehrfachantworten waren möglich).

Darüber hinaus wurde überprüft, ob die Nutzungsbereitschaft eines Erreichbarkeitsassistenten von verschiedenen personenbezogenen Faktoren wie Alter oder Führungsverantwortung abhängt. Hierbei zeigen sich insbesondere das Alter der befragten Person, aber

Abb. 3.5 Rückmeldung auf die Frage: „Für wie sinnvoll halten Sie die Nutzung eines Erreichbarkeitsassistenten prinzipiell?"

auch die Größe des Unternehmens, die vorhandene Führungsverantwortung, die Anzahl von arbeitsbezogenen Anrufen nach der regulären Arbeitszeit und das Vorliegen einer Diskrepanz zwischen dem gewünschten und dem tatsächlichen Ausmaß grenzüberschreitender Kommunikation als relevant für die Nutzungsbereitschaft. Je älter eine Person ist, desto niedriger ist die Wahrscheinlichkeit, dass sie ein intelligentes System zur Steuerung der Erreichbarkeit nutzen würden. Diese Ergebnisse stehen im Einklang mit früherer Forschung, wonach die Entscheidung einer Person, neue Informationssysteme anzunehmen oder abzulehnen, stark vom Alter abhängt (Czaja et al. 2006; Mihale-Wilson et al. 2019). Darüber hinaus zeigte sich, dass insbesondere Teilnehmer, die in Unternehmen mit mehr als 50 Beschäftigten arbeiten, und solche, die Führungsverantwortung tragen, eher dazu neigen, einen Erreichbarkeitsassistenten zu nutzen. Auch Personen mit einer Abweichung zwischen präferierter und tatsächlicher Trennung und Verknüpfung von Arbeit und Privatleben und mit mehr arbeitsbezogenen Anrufen stehen einer solchen Lösung offener gegenüber. Zu der Anzahl der berufsbezogenen E-Mails nach Feierabend fand sich hingegen kein Zusammenhang, was sich damit erklären lässt, dass asynchrone Kommunikationskanäle – wie bereits im Rahmen der Interviewstudie von den Teilnehmer erklärt (Abschn. 3.4.2.2.1) – keine sofortige Antwort erfordern und einen hohen Informationsgehalt besitzen, so dass sie nicht als gleichermaßen störend erlebt werden wie synchrone Kommunikationskanäle.

3.6   Fazit

Moderne Informations- und Kommunikationstechnologien haben die traditionell starren Grenzen zwischen Arbeits- und Privatleben in den letzten Jahren zunehmend aufgeweicht (Boswell und Olson-Buchanan 2007). Die dadurch entstandene Flexibilität birgt Risiken und Chancen gleichermaßen und wirkt sich abhängig von den Präferenzen und der individuellen Situation sehr unterschiedlich auf den einzelnen Mitarbeiter aus. Eine pauschale Einschränkung der Erreichbarkeit kann dieser Komplexität nicht gerecht werden und sorgt nur dafür, dass die Chancen der neuen Technologien nicht hinreichend genutzt werden können; gleichzeitig ist ein passendes Erreichbarkeitsmanagement zwingend notwendig, um den negativen gesundheitlichen Folgen einer ungewollten, überhöhten Erreichbarkeit vorzubeugen.

Wie genau dieses Erreichbarkeitsmanagement aussieht, ist von der Arbeitssituation und dem Tätigkeitsfeld eines Beschäftigten abhängig und kann verständlicherweise nicht immer genau ihren Präferenzen entsprechen; es sollte aber dennoch versucht werden, die Wünsche der einzelnen Person nach Möglichkeit zu berücksichtigen und in das Erreichbarkeitskonzept einfließen zu lassen. Dies gibt den Beschäftigten die Möglichkeit, sich aktiv einzubringen, erhöht die Toleranz und Akzeptanz gegenüber einzelnen beruflichen Kontaktaufnahmen in der Freizeit und steigert das Wohlbefinden. Dies ist allerdings nur möglich, wenn Erreichbarkeitsmanagement ein Thema ist, über das in Unternehmen und Abteilungen offen gesprochen wird.

Die im Rahmen von SANDRA durchgeführten Studien unterstreichen, dass Erreichbarkeitserwartungen in Unternehmen nach wie vor nicht transparent genug sind. Viele Beschäftigte wissen nicht, welches Maß an Erreichbarkeit wann von ihnen verlangt wird oder ob es dazu gar Richtlinien in ihrer Abteilung gibt. Die Möglichkeit, die individuell präferierte Verknüpfung von Arbeit und Privatleben auch wirklich zu leben, scheint in vielen Fällen nicht gegeben zu sein, was sich an der hohen Anzahl befragter Personen zeigt, deren tatsächliche Erreichbarkeit deutlich von den eigenen Präferenzen abweicht. An dieser Stelle lässt sich durch organisatorische Maßnahmen und Regelungen (Kap. 5) sehr gut ansetzen. In diesem Zusammenhang besteht auch eine grundsätzliche Offenheit für einen Erreichbarkeitsassistenten als ergänzendes Tool, der intuitiv bedienbar und gleichzeitig individuell anpassbar ist und somit die Vielfalt und Komplexität der Erreichbarkeitspräferenzen der Menschen besser abbilden kann als bisherige Lösungen. Bei der Einführung einer solchen Anwendung sollten insbesondere ältere Personen gezielt angesprochen und geschult werden, um Hemmschwellen abzubauen und die Nutzungsbereitschaft zu steigern.

Das eine ideale Erreichbarkeitsmanagement, das für jeden passt, gibt es nicht. Gleichzeitig existiert für jede Person durchaus ein *individuell* ideales Erreichbarkeitsmanagement, das es ihr ermöglicht, Arbeit und Privatleben auf die für sie ganz speziell passende Weise miteinander zu verbinden oder voneinander abzugrenzen. Dies gibt ihr die nötige Handlungsfreiheit, motiviert sie zur Arbeit und lässt sie die Vorteile der Digitalisierung ausnutzen, was ihre Gesundheit fördert und erhält. Dieses ideale Erreichbarkeitsmanagement kann in der Praxis nicht immer erreicht werden, sollte aber zumindest thematisiert und angestrebt werden. Hierbei kann ein flexibles Softwaretool, das individuell auf die Bedürfnisse des Einzelnen anpassbar ist, sehr gut unterstützen.

Literatur

Arlinghaus, A., & Nachreiner, F. (2013). When work calls-associations between being contacted outside of regular working hours for work-related matters and health. *Chronobiology International, 30*(9), 1197–1202.

Ashforth, B. E., Kreiner, G. E., & Fugate, M. (2000). All in a day's work: Boundaries and micro role transitions. *Academy of Management Review, 25*(3), 472–491.

Ayyagari, R., Grover, V., & Purvis, R. (2011). Technostress: Technological antecedents and implications. *MIS Quarterly, 35*(4), 831–858.

Barley, S. R., Meyerson, D. E., & Grodal, S. (2011). E-mail as a source and symbol of stress. *Organization Science, 22*(4), 887–906.

Bieling G., Stock, R., Entringer, T. & Reinke, K. (2015). Use of ICTs for cross-border communication: Technostress or work-life balance support? In *Academy of management, annual meeting*, Vancouver, Canada.

Bitkom. (2018). *Web-Meeting am Strand: Zwei von drei Berufstätigen sind im Urlaub erreichbar.* https://www.bitkom.org/Presse/Presseinformation/Web-Meeting-am-Strand-Zwei-von-drei-Berufstaetigen-sind-im-Urlaub-erreichbar.html. Zugegriffen am 09.09.2019.

Boswell, W. R., & Olson-Buchanan, J. B. (2007). The use of communication technologies after hours: The role of work attitudes and work-life conflict. *Journal of Management, 33(4),* 592–610.

Bulger, C., Matthews, R., & Hoffman, M. (2007). Work and personal life boundary management. *Journal of Occupational Health Psychology, 12(4),* 365–375.

Cameron, K., & Quinn, R. (2011). *Diagnosing and changing organizational culture – Based on the competing values framework* (3. Aufl.). Chichester: Jossey Bass Wiley.

Clark, S. C. (2002). Communicating across the work/home border. *Community, Work & Family, 5,* 23–48.

Czaja, S. J., Charness, N., Fisk, A. D., Hertzog, C., Nair, S. N., Rogers, W. A., & Sharit, J. (2006). Factors predicting the use of technology: Findings from the Center for Research and Education on Aging and Technology Enhancement (CREATE). *Psychology and Aging, 21(2),* 333–352.

Daimler AG. (2014). *Daimler Mitarbeiter können im Urlaub eingehende Emails löschen lassen.* http://media.daimler.com/marsMediaSite/de/instance/ko/Daimler-Mitarbeiter-koennen-im-Urlaub-eingehende-E-mails-loeschen-lassen.xhtml?oid=9919305. Zugegriffen am 09.09.2019.

Derks, D., Van Mierlo, H., & Schmitz, E. B. (2014). A diary study on work-related smartphone use psychological detachment and exhaustion: Examining the role of the perceived segmentation norm. *Journal of Occupational Health Psychology, 19(1),* 74–84.

Deutsche Telekom AG. (2012). *Innovative Zeitmodelle für Mitarbeiter der Telekom.* https://www.telekom.com/de/medien/medieninformationen/detail/innovative-zeitmodelle-fuer-mitarbeiter-der-telekom-339246. Zugegriffen am 09.09.2019.

Diaz, I., Chiaburu, D. S., Zimmerman, R. D., & Boswell, W. R. (2012). Communication technology: Pros and cons of constant connection to work. *Journal of Vocational Behavior, 80(2),* 500–508.

Drucker, P. F. (1993). *Concept of the corporation.* New Brunswick: Transaction Publishers.

Evonik. (2014). *E-Mail-Bremse nach Feierabend zeigt bundesweit Wirkung.* https://corporate.evonik.de/de/presse/suche/pages/news-details.aspx?newsid=45859. Zugegriffen am 09.09.2019.

Handelsblatt.com. (2011). *Keine E-mails mehr nach Feierabend.* http://www.handelsblatt.com/unternehmen/industrie/volkswagen-keine-e-mails-mehr-nach-feierabend/5992370.html. Zugegriffen am 09.09.2019.

Kossek, E. E. (2016). Managing work-life boundaries. *Organisational Dynamics, 45,* 258–270.

Kossek, E. E., & Lautsch, B. A. (2012). Work-family boundary management styles in organizations: Cross-level model. *Organizational Psychology Review, 2(2),* 152–171.

Kreiner, G. E. (2006). Consequences of work-home segmentation or integration: A person-environment fit perspective. *Journal of Organizational Behavior, 27(4),* 485–507.

Lanaj, K., Johnson, R. E., & Barnes, C. (2014). Beginning the workday yet already depleted? Consequences of late-night smartphone use and sleep. *Organizational Behavior and Human Decision Processes, 124(1),* 11–23.

Mann, S., & Holdsworth, L. (2003). The psychological impact of teleworking: Stress, emotions and health. *New Technology, Work and Employment, 18(3),* 196–211.

McPherson, M., Smith-Lovin, L., & Brashears, M. E. (2008). Social isolation in America: Changes in core discussion networks over two decades. *American Sociological Review, 71(3),* 353–375.

Middleton, C. (2008). Do mobile technologies enable work-life balance? Dual perspectives on BlackBerry usage for supplemental work. In D. Hislop (Hrsg.), *Mobility and technology in the workplace* (S. 209–224). London: Routledge.

Mihale-Wilson, C., Zibuschka, J., & Hinz, O. (2019). User preferences and willingness to pay for in-vehicle assistance. *Electronic Markets, 29(1),* 37–53.

Perlow, L. A. (2012). *Sleeping with your Smartphone. How to break the 24/7 habit and change the way you work.* Boston: Harvard Business School Publishing Corporation.

Prasopoulou, E., Pouloudi, A., & Panteli, N. (2006). Enacting new temporal boundaries: The role of mobile phones. *European Journal of Information Systems, 15(3),* 277–284.

Reinke, K., Bieling, G., & Stock-Homburg, R. (2016). Mobile IKT-Nutzung im Arbeits- und Privatleben – Stressfaktor oder förderlich für die Life Balance? *Wirtschaftspsychologie, 2016*, 15–24.

Ryan, R. M., & Deci, E. L. (2000). Self-determination theory and the facilitation of intrinsic motivation, social development, and well-being. *American Psychologist, 55(1)*, 68–78.

Saternus, Z., & Staab, K. (2018). Towards a smart availability assistant for desired work life balance. In *International conference on information systems 2018*, San Francisco, CA.

Saternus, Z., Staab, K., & Hinz, O. (2019). Challenges for a smart availability assistant – Availability preferences. In *Americas conference on information systems 2019*, Cancun, Mexiko.

Schneider, K., et al. (2017). Aligning ICT-enabled availability and individual availability preferences: Design and evaluation of availability management applications. In *Proceedings of the international conference on information systems 2017*, Seoul, South Korea.

Senato della Repubblica. (2017). *Legislatura 17ª – Disegno di legge n. 2233-B*. http://www.senato.it/japp/bgt/showdoc/17/DDLMESS/0/1022243/index.html. Zugegriffen am 09.09.2019.

The Guardian. (2016). *French workers win legal right to avoid checking work email out-of-hours*. https://www.theguardian.com/money/2016/dec/31/french-workers-win-legal-right-to-avoid-checking-work-email-out-of-hours. Zugegriffen am 09.09.2019.

The Manila Times. (2017). *Workers have right to ‚disconnect'*. https://www.manilatimes.net/workers-right-disconnect-dole/310057. Zugegriffen am 09.09.2019.

Open Access Dieses Kapitel wird unter der Creative Commons Namensnennung 4.0 International Lizenz (http://creativecommons.org/licenses/by/4.0/deed.de) veröffentlicht, welche die Nutzung, Vervielfältigung, Bearbeitung, Verbreitung und Wiedergabe in jeglichem Medium und Format erlaubt, sofern Sie den/die ursprünglichen Autor(en) und die Quelle ordnungsgemäß nennen, einen Link zur Creative Commons Lizenz beifügen und angeben, ob Änderungen vorgenommen wurden.

Die in diesem Kapitel enthaltenen Bilder und sonstiges Drittmaterial unterliegen ebenfalls der genannten Creative Commons Lizenz, sofern sich aus der Abbildungslegende nichts anderes ergibt. Sofern das betreffende Material nicht unter der genannten Creative Commons Lizenz steht und die betreffende Handlung nicht nach gesetzlichen Vorschriften erlaubt ist, ist für die oben aufgeführten Weiterverwendungen des Materials die Einwilligung des jeweiligen Rechteinhabers einzuholen.

Rechtliche Anforderungen an ein System zur Erreichbarkeitssteuerung

Technische Umsetzung abstrakter rechtlicher Vorgaben an ein Erreichbarkeitsmanagement-System im Arbeitskontext

4

Nadine Miedzianowski

Zusammenfassung

Die zunehmende Verbreitung moderner Informations- und Kommunikationstechnologien prägt und verändert die Arbeitswelt. Vermehrt sehen sich Unternehmen und Beschäftigte daher mit dem Problem der ständigen technikbedingten Erreichbarkeit konfrontiert. Solche Technologien bieten neben Risiken, aber auch die Chance zur effektiven Gestaltung eines Erreichbarkeitsmanagements. Als technische Lösung wurde im Projekt „SANDRA" ein System zur Erreichbarkeitssteuerung entwickelt. Der Beitrag geht der Frage nach, welche rechtlichen Anforderungen an ein solches System zu stellen sind, das im Arbeitskontext zur Anwendung kommt, und welche technischen Anforderungen aus den teils abstrakten und unbestimmten rechtlichen Vorgaben abgeleitet werden können. Neben Bestimmungen aus dem Arbeits- und Betriebsverfassungsrecht, sind aufgrund der Daten, die bei der Nutzung eines technischen Systems verarbeitet werden, vor allem Vorgaben des Datenschutzrechts und der Datensicherheit ausschlaggebend.

4.1 Einleitung

Die Gestaltung und Organisation des Arbeitslebens und die Aufgabenfelder vieler Berufe sind stark durch Informations- und Kommunikationstechnologien, das Internet und verschiedene Kommunikationssysteme gekennzeichnet. Charakteristisch für die Digitalisierungsprozesse

N. Miedzianowski (✉)
Projektgruppe verfassungsverträgliche Technikgestaltung (provet), Universität Kassel, Kassel, Deutschland
E-Mail: n.miedzianowski@uni-kassel.de

© Der/die Herausgeber bzw. der/die Autor(en) 2020
M. Daum et al. (Hrsg.), *Gestaltung vernetzt-flexibler Arbeit*,
https://doi.org/10.1007/978-3-662-61560-7_4

sind sog. Mobile-Devices – mobile Endgeräte wie Smartphones, Wearables oder Tablet PCs
–, die durch ihre steigende Leistungsfähigkeit und Ortsunabhängigkeit neue Möglichkeiten
für die Gestaltung des beruflichen Alltags eröffnen. Sie gehen mit neuen Kommunikationsfor-
men einher und ermöglichen mittels E-Mail, SMS und Messenger-Nachricht eine einfache
und schnelle Kontakt- und Kommunikationsanfrage. Solche technischen Errungenschaften
können den Arbeitsalltag erleichtern, indem sie zu mehr Flexibilität und Autonomie bei der
individuellen Arbeitszeitgestaltung führen und einen ortsunabhängigen Zugriff auf Informationen ermöglichen. Sie bergen jedoch auch Risiken wie potenzielle Überlastung aufgrund einer dauerhaften Kommunikationsbereitschaft oder das Vermischen von Arbeits- und Freizeit
(s. zu den Chancen und Risiken auch Kap. 3). Ein zentrales Problem ist dabei die daraus resultierende Gefahr der ständigen technikbedingten Erreichbarkeit. Aus beruflichen Kontaktanfragen ergeben sich regelmäßig berufliche Tätigkeiten, die nicht nur darin bestehen, die
Kommunikationsanfragen zu beantworten. Die Problematik und die daraus entstehenden Risiken für Beschäftigte haben bereits einige Unternehmen erkannt. Die Lösungen sind meist
jedoch nicht für alle Beschäftigte praktikabel und können dem Problem ständiger Erreichbarkeit nur bedingt durch eine zeitweilige Unterbrechung der Kommunikationsverbindungen
entgegenwirken (Daimler 2014; Spiegel Online 2011). Neben organisatorischen Maßnahmen
zur Bewältigung technikbedingter Erreichbarkeit kann die Entwicklung einer technischen Lösung ein erfolgreiches Erreichbarkeitsmanagement ermöglichen. Welche Chancen und Risiken aus rechtlicher Sicht aus der Verwendung einer solchen Technologie im Arbeitskontext
prognostiziert werden können und welche rechtlichen Anforderungen daraus für die Technikgestaltung resultieren, wird im nachfolgenden Beitrag beleuchtet.

4.2   Chancen und Risiken eines Erreichbarkeitsmanagement-Systems

Im Rahmen des vom Bundesministerium für Bildung und Forschung (BMBF) und dem
Europäischen Sozialfonds (ESF) geförderten Projekts „Gestaltung der Arbeitswelt der Zukunft durch Erreichbarkeitsmanagement" (SANDRA) wurde ein System zur Erreichbarkeitssteuerung entwickelt (s. zum Projekt Miedzianowski 2017; Laufs et al. 2018; Miedzianowski et al. 2019). Das Erreichbarkeitsmanagement-System (EMS) wird in eine App
für das Smartphone sowie eine Serverkomponente unterteilt (s. zum System ausführlich
Kap. 5). Anhand der App können Beschäftigte unterschiedliche Erreichbarkeitseinstellungen vornehmen (z. B. individuelle Erreichbarkeitszeiträume, Erreichbarkeit abhängig von
Ereignissen wie einem Meeting oder Erreichbarkeit für Personen und Personengruppen)
und dadurch eingehende Kommunikationsversuche entsprechend ihrer persönlichen Erreichbarkeitspräferenzen steuern. Zudem kann die Funktion einer selbstlernenden Komponente zugeschaltet werden, die eigenständig mittels E-Mail-Informationen über die Zustellung einer E-Mail entscheidet. Bestehende Unternehmensregelungen zur beruflichen
Erreichbarkeit, spezifische Arbeitszeitregelungen oder Betriebsvereinbarungen des Ein-

satzunternehmens werden im Basisregelwerk des Systems abgebildet, sodass es den unterschiedlichen Anforderungen des Einsatzunternehmens gerecht werden kann.

4.2.1 Chancen eines Erreichbarkeitsmanagement-Systems

Mit dem Einsatz eines EMS sind viele Erwartungen verbunden, den Arbeitsalltag für Beschäftigte angenehmer zu gestalten sowie das Zusammenspiel zwischen Arbeits- und Freizeit deutlich zu verbessern. Das Ziel ist es, die Lebensqualität und Zufriedenheit der Beschäftigten zu erhöhen und dadurch aus Unternehmenssicht schließlich auch die Produktivität.

Mit Hilfe des Systems wird den Beschäftigten eine eigene Zeitgestaltung ermöglicht, indem sie eigenständig und flexibel ihre Ruhephasen, Zeiten des unterbrechungsfreien Arbeitens sowie Erreichbarkeitseinstellungen außerhalb ihrer regulären Arbeitszeit einstellen können. Da sie nicht durch eingehende Telefonanrufe oder E-Mails abgelenkt werden, können sie sich konzentriert ihrer Arbeit widmen. Auf diese Weise ist ein ruhigeres und damit produktiveres Arbeiten möglich. Diese Optionen vereinfachen zudem die Grenzziehung zwischen dem beruflichen und privaten Lebensbereich der Mitarbeiter, die diese Trennung wünschen (s. hierzu auch Kap. 3). Eine selbstbestimmte Arbeitsgestaltung führt schließlich zu einer verbesserten Vereinbarkeit von Beruf und Privatleben (Huber 2016, S. 88; Bundesanstalt für Arbeitsschutz und Arbeitsmedizin 2017, S. 57), sodass dahingehend mit positiven Auswirkungen für die Work-Life-Balance der Systemnutzer gerechnet werden kann. Denn eine bessere Vereinbarkeit beider Bereiche wird ermöglicht, wenn Beschäftigte selbstbestimmte Arbeitszeiten sowie die Möglichkeit zur Flexibilisierung von Arbeitszeit und -ort auch tatsächlich durchsetzen können (vgl. hierzu Hassler et al. 2016, S. 13; IG Metall 2017, S. 32). Dies ist insbesondere vor dem Hintergrund der veränderten Arbeitsbedingungen und -verhältnisse von Bedeutung und begünstigt die Planbarkeit der Arbeitszeit. Vor allem in projektbezogenen Arbeitsverhältnissen ist Flexibilität von hoher Bedeutung. Das System ermöglicht somit eine bessere autonome Gestaltung der eigenen Arbeitszeit bezogen auf die Dauer und die Verteilung der Arbeit und fördert eine selbstbestimmte zeitliche Flexibilität von Beschäftigten in unterschiedlichen Beschäftigungsverhältnissen. Dadurch wird schließlich die berufliche Beanspruchung und der Stress der Beschäftigten nicht nur während ihres Arbeitsalltags, sondern auch in ihrer Freizeit gemindert. Bereits kurzzeitige Unterbrechungen durch Telefonanrufe oder Nachrichten führen nämlich zu einer Unterbrechung der Erholungszeit, wobei gerade eine durchgängige Ruhezeit für die Erholung der Beschäftigten notwendig ist (Strobel 2013, S. 16). Dabei ist der positive Zusammenhang zwischen der guten Gestaltung der Arbeitszeit und einer besseren psychischen Gesundheit der Beschäftigten zu berücksichtigen (Bundesanstalt für Arbeitsschutz und Arbeitsmedizin 2017, S. 57). Zudem unterstützt ein System zur Erreichbarkeitssteuerung seine Nutzer auch bei der Gestaltung der eigenen Freizeit, was insbesondere für Arbeitsverhältnisse mit unregelmäßigen Arbeitszeiten als

Chance anzusehen ist. Durch eine gezielte Abgrenzung der Arbeitszeit von der Freizeit ist die Zeit für die Familie, die Pflege von Angehörigen oder private Aktivitäten planbarer.

Auf der Arbeitgeberseite soll ein solches System zu einer Verbesserung des Arbeitsumfelds und der Unternehmensproduktivität führen, indem die positiven Effekte der einzelnen Beschäftigten (z. B. erhöhtes Wohlbefinden, Stressreduktion, Produktivitätssteigerungen durch unterbrechungsfreie Arbeitsphasen) auf das Einsatzunternehmen ausstrahlen und sich nutzbringend auf dieses auswirken. So können viele der individuellen Chancen des Systems zu einer höheren Beschäftigtenzufriedenheit beitragen sowie negative gesundheitliche Folgen der dauerhaften Erreichbarkeit senken, was sich positiv auf die Anzahl krankheitsbedingter Fehltage auswirken kann (vgl. Arlinghaus und Nachreiner 2013, S. 1200; Lindecke 2015, S. 31). Bestehen im Unternehmen keine Regelungen dazu, wann und für wen die Mitarbeiter außerhalb ihrer Arbeitszeit für berufliche Belange erreichbar sein sollen, kann es schnell zu Missverständnissen sowie falschen Erwartungshaltungen an die Erreichbarkeit der Beschäftigten kommen. Durch den Einsatz eines EMS können bezüglich der Erreichbarkeit klare Regeln abgebildet werden. Dies erleichtert das Durchsetzen betrieblicher Regelungen und verbessert das Arbeitsklima, da der Arbeitgeber die Problematik ständiger Erreichbarkeit ernst nimmt und Zeiträume der Unerreichbarkeit Akzeptanz finden.

4.2.2 Risiken eines Erreichbarkeitsmanagement-Systems

Neben möglichen Chancen birgt der Einsatz eines EMS auch potenzielle Risiken. Vorrangig werden sich diese für die Beschäftigten als Systemverwender ergeben und sich auf diese auswirken. Für die Beurteilung sind die Zugriffsmöglichkeiten auf das System, die bei der Verwendung anfallenden Daten und die technische Ausgestaltung des Systems ausschlaggebend.

Damit das System die Kommunikationsversuche der Beschäftigten regulieren kann, benötigt es eine große Menge an Daten und Informationen über seine Nutzer. Zum einen fallen bereits durch den Systemgebrauch verschiedene Daten, wie Verbindungsdaten und Inhaltsdaten aus beispielsweise eingehenden E-Mails oder Kalendereinträgen, an. Zum anderen erstellen die Beschäftigten im System selbstständig eine Art Profil über ihre Erreichbarkeitswünsche und ihre Erreichbarkeitssituation (z. B. Beginn und Ende der Arbeitszeit). Auf diese und weitere Informationen über die Beschäftigten greift das System zur Entscheidungsfindung und Steuerung eingehender Kommunikationsversuche zu. Zudem eröffnet das Zuschalten der selbstlernenden Systemkomponente zur intelligenten und bedarfsgerechten Zustellung von Kommunikationsversuchen die Möglichkeit der Informationsgewinnung über die Kommunikationsinhalte (s. hierzu Kap. 5).

Mit Hilfe des technischen Systems und den bei der Systemnutzung anfallenden Daten wäre es dem Arbeitgeber oder Dritten somit möglich, dieses zur Überwachung der Beschäftigten zu missbrauchen und die Daten zweckentfremdet zu nutzen. Mit Hilfe der

Daten können ein Bewegungs-, Kommunikations- und Persönlichkeitsprofil über den Systemnutzer erstellt werden. Solche Profile lassen umfangreiche Rückschlüsse über diesen zu und sind nicht nur auf seine berufliche Situation beschränkt, da der Beschäftigte das System auch für seine private Kommunikation nutzen kann und sein Smartphone in der Regel nicht nur zu beruflichen Zwecken verwendet. Aus den spezifischen Systemeinstellungen können Informationen über die Persönlichkeit des Nutzers gewonnen oder es kann auf seine persönlichen Merkmale und Präferenzen geschlossen werden. Vor dem Hintergrund der privaten Nutzung besteht daneben die Gefahr, dass es zu einer allgegenwärtigen und dauerhaften Beobachtung des Beschäftigten durch den Arbeitgeber kommen könnte. Die dabei gewonnenen Informationen stehen gerade nicht im Zusammenhang mit seiner Arbeitsleistung. Daraus resultiert für den Systemnutzer ein Kontrollverlust über die eigenen Daten, da er nicht eigenständig festlegen und kontrollieren kann, inwiefern das System seine persönlichen Daten verwendet, an welchem Ort es die Informationen verarbeitet und analysiert und wer auf die Daten zugreifen kann.

Aus der möglichen Überwachung könnten ferner Informationen zur Anwesenheits-, Leistungs- und Verhaltenskontrolle herangezogen werden. Mit solchen Informationen kann einfach überprüft werden, ob die Beschäftigten ihren Arbeitspflichten nachkommen und entsprechend ihre Arbeitsleistung erbringen. Dadurch könnten sie das Gefühl bekommen, dauerhaft unter Beobachtung des Arbeitgebers zu stehen. Das Gefühl des Überwachtwerdens führt schließlich zu einer Beeinflussung des Verhaltens der Beschäftigten, sodass sie z. B. die Dauer eines Termins so anpassen, dass ihre Anwesenheit mit den Vorstellungen des Arbeitgebers konform ist. Dadurch kann bei ihnen ein psychischer Anpassungsdruck erzeugt werden, durch den sie nicht mehr ihr Handeln selbstbestimmt gestalten, sondern dabei gehemmt werden (vgl. BAG 2008, S. 1189). Dieses Gefühl führt schließlich zu Verunsicherungen bei den Beschäftigten und kann sich negativ auf das Betriebsklima auswirken. Letzteres wird zudem durch die Erreichbarkeitseinstellungen der Beschäftigten beeinflusst, indem sie wahrnehmen, dass einige Mitarbeiter von ihren Kollegen nur während ihrer Arbeitszeit erreichbar sind, bestimmte Personen diese aber jederzeit kontaktieren können. Dies lässt Rückschlüsse darauf zu, in welcher Beziehung der Systemnutzer zu solchen Kontakten steht und welche er eventuell gegenüber anderen Personen bevorzugt.

Durch die Nutzung und den Einsatz eines EMS im Arbeitskontext können sich auch Risiken für den Arbeitgeber ergeben. Diese beschränken sich jedoch größtenteils auf die Technik selbst. Im Zusammenhang mit der Hauptfunktion des Systems, Kommunikationsversuche verzögert oder nicht zuzustellen, können durch einen unvorhersehbaren technischen Fehler, eine falsche Nutzung des Systems oder eine fehlerhafte Kategorisierung der Nachrichten und Anrufe durch den selbstlernenden Teil des Systems wichtige Kommunikationsversuche den Beschäftigten nicht oder zu einem zu späten Zeitpunkt erreichen. Eine fehlerhafte Zustellung wichtiger Kommunikationsinhalte führt nicht nur seitens des Arbeitgebers zu negativen Folgen wie verzögerter Leistungserbringung durch seine Mitarbeiter oder nicht fristgerechten Arbeitsergebnissen, sondern kann darüber hinaus bei den

Nutzern zu einem Vertrauensverlust gegenüber der Technik führen und dessen Einsatz gefährden. Zudem besteht bei jedem technischen System das Risiko einer mangelnden Datensicherheit. Auch bei einem EMS besteht somit das Risiko, dass die im System hinterlegten Daten durch Dritte missbraucht und ausspioniert werden könnten. Auf diese Weise könnten auch Unternehmensgeheimnisse abgegriffen werden. So kaufen etwa unbefugte Personen Daten ein, die Unternehmensgeheimnisse enthalten.

Schließlich ist jedoch anzumerken, dass ein System zur Verbesserung der beruflichen Erreichbarkeitssituation vor allem durch solche Arbeitgeber eingesetzt wird, die gerade kein Kontrollinteresse gegenüber ihren Mitarbeitern haben. Es kann davon ausgegangen werden, dass insbesondere moderne Arbeitgeber, deren Unternehmen durch dynamische und vertrauensvolle Arbeitsstrukturen gekennzeichnet sind, solche Systeme in ihren Unternehmen einsetzen möchten. Trotzdem ist ein EMS grundsätzlich geeignet zur Kontrolle und Überwachung der Systemnutzer verwendet zu werden. So kann nicht ausgeschlossen werden, dass dieses durch den Arbeitgeber oder Dritte zur Überwachung der Beschäftigten genutzt wird und folglich nicht nur zum Managen eingehender Kommunikationsversuche. Auch wenn das System eine Kontrolle der Beschäftigten potenziell ermöglicht, ist dies jedoch stets von den Zugriffsmöglichkeiten des Arbeitgebers und Dritter auf das System und dessen Ausgestaltung abhängig.

4.3   Rechtliche Vorgaben und Anforderungen

Um eine rechtskonforme Anwendung eines EMS zu gewährleisten, müssen bei der Gestaltung des Systems rechtliche Vorgaben eingehalten werden. Durch den Einsatz des Systems im Arbeitskontext, sind neben arbeitsrechtlichen Bestimmungen aufgrund der Verarbeitung von Daten auch das Datenschutzrecht zu berücksichtigen. Diesen Rechtsnormen können jedoch keine konkreten technikbezogenen Vorgaben an ein solches spezifisches System entnommen werden. Problematisch ist zudem, dass sie im Laufe der Zeit Überarbeitungsprozesse durchlaufen und daher nur für ihre Gültigkeitsdauer angewandt werden können. Anders verhält es sich bei Rechtsnormen der obersten Ebene der Rechtshierarchie. Diese sind durch ihre dauerhafte Gültigkeit gekennzeichnet, sind allgemeingültig und regeln das Zusammenleben der Menschen. Jedoch sind verfassungsrechtliche Vorgaben sehr allgemein und generalklauselartig formuliert. Trotzdem wird immer wieder aus ihnen in Gerichtsentscheidungen ein technischer Bezug hergestellt wie beispielsweise durch das Bundesverfassungsgericht, das im sog. Volkszählungsurteil das Recht auf informationelle Selbstbestimmung aus dem allgemeinen Persönlichkeitsrecht des Grundgesetztes ableitete, um der Gefahr moderner Techniken der Datenspeicherung, -verarbeitung und -vernetzung entgegenzuwirken (BVerfG 1983).

Die mit den Rechtsnormen der obersten Ebene der Rechtshierarchie verbundenen sozialen Regelungsziele werden durch den Einsatz eines Techniksystems gefährdet oder gefördert (Hammer et al. 1993, S. 45 f.). Daraus können Chancen und Risiken für die von dem technischen System Betroffenen abgeleitet werden (Abschn. 4.2), sodass ermittelt werden kann, welche verfassungsrechtlichen Vorgaben dabei betroffen und für die Systemgestaltung von Relevanz sind. Auf diese Weise ist es möglich, rechtliche Anforderungen an technische Systeme aus allgemeinen Normen des Verfassungsrechts abzuleiten. Das Ziel muss es dabei sein, mittels der Anforderungen die aus dem Gebrauch eines EMS ermittelten Chancen zu fördern und die Risiken zu minimieren.

4.3.1 Verhältnis zwischen nationalem und europäischem Recht

Bei der Gestaltung eines EMS sind sowohl Vorgaben des nationalen Rechts als auch des Unionsrechts zu berücksichtigen. Das Unionsrecht zeichnet sich dadurch aus, dass Verordnungen unmittelbar gelten und sich nicht nur an die Organe und Mitgliedstaaten der Europäischen Union richten, sondern auch für Bürger der Union und Unternehmen Rechte und Pflichten begründen (vgl. Biervert, in: Schwarze et al. 2012: Art. 288 AEUV, Rn. 5). Als autonome Rechtsordnungen bestehen das Recht der Mitgliedstaaten und das der Union nebeneinander, sodass sich Konflikte zwischen diesen ergeben können. Im Verhältnis zum nationalen Recht genießt das Unionsrecht daher immer dann Anwendungsvorrang, wenn sich nationale und europäische Regelungen widersprechen (Roßnagel, in: ders. 2018, S. 42 ff.).

Für das deutsche Rechtssystem ist das Grundgesetz für die Bundesrepublik Deutschland (GG) mit seinen Grundrechten kennzeichnend. Sie prägen aufgrund ihres Verfassungsrangs die gesamte Rechtsordnung und entfalten dadurch umfassend ihre Rechtswirkung (Herdegen, in: Maunz und Dürig 2019: Art. 1 GG, Rn. 4). Sie regeln das menschliche Zusammenleben und beinhalten Wahrnehmungsvoraussetzungen, damit sie ihre Freiheitsgarantien gewährleisten und von den Grundrechtsträgern praktisch wahrgenommen werden können (Kirchhoff, in: Merten und Papier 2004: § 21 Grundrechtsinhalte und Grundrechtsvoraussetzungen, Rn. 7 f.). Als Mitgliedstaat der Europäischen Union ist Deutschland aber auch an die Grundrechte der Europäischen Union gebunden, die durch die Charta der Grundrechte der Europäischen Union (GRCh) vorgegeben werden. Gemäß Art. 51 Abs. 1 Satz 1 GRCh gilt die Charta für die Organe, Einrichtungen und sonstige Stellen der Union sowie für die Mitgliedstaaten ausschließlich bei der Durchführung von Unionsrecht. Somit ist sie bei der Durchführung des Unionsrechts, wie z. B. bei der Vollziehung von Verordnungen oder bei der Umsetzung von Richtlinien, unmittelbar anzuwenden (Starke 2017, S. 724). Ermöglichen die Vorgaben den Mitgliedstaaten bei der Umsetzung oder Auslegung von Unionsrecht jedoch Spielräume, kann eine verfassungsrechtliche Prüfung nationaler Ausgestaltungen auch anhand des Grundgesetzes erfolgen (Hoidn, in: Roßnagel 2018, S. 61; BVerfG 2010; Starke 2017, S. 725). Im Ergebnis sind somit zwei verschiedene Normkomplexe zum Grundrechtsschutz sowie nationales Recht und Unionsrecht bei der Gestaltung eines EMS zu berücksichtigen.

4.3.2 Verfassungsrechtliche Vorgaben und Anforderungen

Mittels der Chancen und Risiken eines EMS können die dabei relevanten Grundrechte
anhand des Einflusses auf ihre Verwirklichungsbedingungen bestimmt werden. Aus ihren
Rechtszielen können soziale Anforderungen abgeleitet und auf die Systemgestaltung
übertragen werden, sodass für den Einsatz und die Gestaltung des Systems rechtliche Anforderungen hergeleitet werden können.

4.3.2.1 Geförderte Grundrechte

Der Einsatz eines EMS fördert eine autonome und flexible Arbeitszeitgestaltung, eine
einfachere Trennung zwischen Arbeits- und Freizeit und eine Verbesserung der Work-
Life-Balance, eine bessere Kontrolle über die eigene Erreichbarkeit, das Durchsetzen von
Unternehmensregelungen und kann in der Konsequenz die Beschäftigtenzufriedenheit erhöhen sowie das Arbeitsklima und die Produktivität optimieren. Diese Chancen wirken
sich positiv auf die allgemeine Handlungsfreiheit aus Art. 2 Abs. 1 i. V. m. Art. 1 Abs. 1
GG, die Berufsfreiheit und wirtschaftliche Betätigungsfreiheit gemäß Art. 12 Abs. 1 Satz 1
GG und die unionsrechtlichen Entsprechungen in Art. 15 Abs. 1 und Art. 16 GRCh, das
allgemeine Persönlichkeitsrecht gemäß Art. 2 Abs. 1 i. V. m. Art. 1 Abs. 1 GG, das Recht
auf Achtung des Privatlebens i. S. v. Art. 7 GRCh sowie das Recht auf körperliche Unversehrtheit gemäß Art. 2 Abs. 2 Satz 1 GG sowie das Recht auf körperliche und geistige
Unversehrtheit gemäß Art. 3 Abs. 1 GRCh aus.

Die allgemeine Handlungsfreiheit schützt jedes menschliche Verhalten im Sinne des
aktiven Elements der Entfaltung der Persönlichkeit (BVerfG 1980). Hierzu zählt jedes
Verhalten, das für den Handelnden eine gesteigerte Relevanz für seine Persönlichkeitsent-
faltung und Selbstverwirklichung hat (Murswiek, in: Sachs 2011: Art. 2 Rn. 49). Geschützt ist somit die freie Entscheidung über Tun und Unterlassen sowie das darauf beru-
hende Verhalten (Kube, in: Isensee und Kirchhof 2009: § 148 Rn. 49). Daneben
gewährleistet die Berufsfreiheit das Recht zur allgemeinen, selbstbestimmten Betätigungsfreiheit und ermöglicht es, jede erlaubte Tätigkeit zu ergreifen und auszuüben
(Panzer-Heemeier, in: Grobys und Panzer-Heemeier 2017: Persönlichkeitsrecht, Rn. 10).
Davon umfasst sind Fragen der Arbeitsverteilung, -planung und allgemeinen Arbeitsorganisation sowie Handlungs- und Entscheidungsrechte im unternehmerischen Bereich (Ebd.;
Schwarze, in: Schwarze et al. 2012: Art. 16 GRC, Rn. 3). Für den Arbeitgeber äußert sich
das Grundrecht ferner in der Organisationsfreiheit. Es liegt daher in seiner Entscheidungs-
befugnis die betriebliche Organisation eigenverantwortlich zu gestalten (Breuer, in: Isensee und Kirchhof 2010: § 170 Rn. 88) und in seinem Unternehmen ein EMS einzuführen.
Dadurch kommt er seiner Verpflichtung nach, den Gesundheitsschutz bei der Festlegung
von betrieblichen Regelungen zu beachten und seine Mitarbeiter vor Überbeanspruchun-
gen jeglicher Art zu schützen (vgl. BAG 1999: 2206 f.). Das Recht auf körperliche Unversehrtheit umfasst die menschliche Gesundheit im biologisch-physiologischen Sinn sowie
das psychische Wohlbefinden, sofern es sich dabei um im körperlichen Sinn vergleichbare
Schmerzen handelt (Murswiek, in: Sachs 2011: Art. 2 Rn. 149). Das Unionsgrundrecht

erstreckt sich daneben explizit auf die geistige Unversehrtheit. Geschützt ist demnach auch die geistige Gesundheit im Sinne der Gesamtheit kognitiver, emotionaler und kommunikativer Fähigkeiten eines Menschen (Borowsky, in: Meyer 2014: Art. 3 Rn. 1, 36). Dies ist vor allem vor dem Hintergrund von psychischen Erkrankungen in Zusammenhang mit beruflichem Stress – z. B. Burn-Out – von besonderer Bedeutung.

Das allgemeine Persönlichkeitsrecht schützt den Einzelnen vor einer möglichen Beeinträchtigung seiner immateriellen Integrität und Selbstbestimmung (Murswiek, in: Sachs 2011: Art. 2 Rn. 59). Es kennzeichnet ein weiter Schutzauftrag, sodass es vor allem geeignet ist den modernen Bedrohungen technischer Entwicklungen entgegenzuwirken. Vom Schutzbereich umfasst ist der autonome Bereich privater Lebensgestaltung, in dem der Mensch seine Individualität entwickeln und wahren kann (BVerfG 1973). In diesem Sinne adressiert auch das Unionsgrundrecht auf Achtung des Privatlebens einen schützenswerten Bereich, in dem jede Person für die Entfaltung der Persönlichkeit und ihrer Selbstbestimmung den nötige Freiraum haben soll (Wolff, in: Schantz und Wolff 2017: Rn. 31). Daher ist es wichtig, dass ein EMS den Systemnutzern mehr Handlungsoptionen und -freiräume eröffnet und es dadurch nicht nur die Entfaltungsmöglichkeiten im beruflichen, sondern auch im privaten Kontext verbessern kann.

4.3.2.2 Gefährdete Grundrechte

Neben einer Verbesserung der Grundrechtsverwirklichung ist der Einsatz eines EMS auch mit Risiken für die Entfaltung von Grundrechten verbunden. Diese äußern sich vor allem in einer möglichen Profilbildung und Überwachung der Beschäftigten, dem Verlust der Datenkontrolle und -sicherheit, der Informationsgewinnung über die Kommunikationsinhalte sowie einer falschen Behandlung eingehender Kommunikationsversuche aufgrund technischer Fehlfunktionen. Diese Risiken wirken sich negativ auf das Fernmeldegeheimnis gemäß Art. 10 Abs. 1 GG, das Recht auf Achtung des Privatlebens, das Recht auf Schutz personenbezogener Daten gemäß Art. 8 GRCh, die informationelle Selbstbestimmung und das Recht auf Vertraulichkeit und Integrität informationstechnischer Systeme aus Art. 2 Abs. 1 i. V. m. Art. 1 Abs. 1 GG, das allgemeine Persönlichkeitsrecht, die Berufsfreiheit und wirtschaftliche Betätigungsfreiheit, die unternehmerische Freiheit sowie die allgemeine Handlungsfreiheit aus.

Das Fernmeldegeheimnis sowie das Recht auf Achtung des Privatlebens schützen die Vertraulichkeit individueller nicht öffentlicher Kommunikation, die aufgrund der räumlichen Distanz zwischen den Kommunizierenden auf die Übermittlung durch Dritte angewiesen ist, und dienen damit der freien Entfaltung der Persönlichkeit durch einen Kommunikationsaustausch mittels Fernmeldeverkehr (BVerfG 2002, S. 35 f., 1992; Jarass 2016: Art. 7 Rn. 6). Zudem stellt auch das Zurückhalten, Verhindern oder Verzögern einer Kommunikation einen Grundrechtseingriff dar (Jarass 2016: Art. 7 Rn. 31). Dazu zählt daher auch die Übermittlung von Kommunikationsinhalten und das Verzögern von Kommunikationsversuchen mittels eines EMS auf einem Smartphone. Geschützt ist neben dem verwendeten Kommunikationsmedium insbesondere der Kommunikationsinhalt, der sowohl privater als auch geschäftlicher Natur sein kann (BVerfG 2002, S. 36 f., 1992; Jarass 2016:

Art. 7 Rn. 6 und 31). Im Sinne der informationellen Selbstbestimmung sowie dem Recht auf Schutz personenbezogener Daten hat der Einzelne zudem die Befugnis, grundsätzlich selbst Herr über seine persönlichen Daten zu sein und über die Preisgabe und Verwendung dieser zu bestimmen (BVerfG 1983; Kingreen, in: Calliess und Ruffert 2016: Art. 8 GRCh, Rn. 9). Als personenbezogene Daten gelten gemäß Art. 4 Nr. 1 der Datenschutz-Grundverordnung (DSGVO) alle Informationen, die sich auf eine identifizierte oder iden-tifizierbare natürliche Person beziehen. Identifizierbar ist eine Person, wenn sie direkt oder indirekt identifiziert werden kann. Davon umfasst sind zum einen solche Informationen, die der Privatsphäre oder der Intimsphäre der Person zuzuordnen sind, sowie zum anderen personenbezogene Daten, die beispielsweise den Beruf betreffen (Jarass 2016: Art. 8 Rn. 6; Bernsdorff, in: Meyer 2014: Art. 8 Rn. 13). Art. 8 GRCh normiert explizit das Recht auf Schutz personenbezogener Daten. Damit die freie Entfaltung der Persönlichkeit im Zuge der modernen Bedingungen elektronischer Datenverarbeitung gewährleistet werden kann, ist der Einzelne somit vor einer unbegrenzten Erhebung, Speicherung, Verwendung und Weitergabe seiner persönlichen Daten zu schützen (BVerfG 1983). Dies wirkt dem Gefühl der Systemnutzer, unter einer dauerhaften Beobachtung durch ihren Arbeitgeber zu stehen, entgegen. Nur dann sind die Nutzer in ihren Handlungen ungehemmt und kön-nen frei über diese entscheiden. Neben der Vertraulichkeit von Daten ist im Sinne des Rechts auf Vertraulichkeit und Integrität informationstechnischer Systeme schließlich auch die Integrität des Systems als solches zu gewährleisten.

4.3.3 Vorgaben und Anforderungen des einfachen und europäischen Rechts

Bei der Gestaltung eines EMS, das im Arbeitskontext zur Anwendung kommen soll, sind insbesondere die datenschutzrechtlichen Bestimmungen der DSGVO und des Bundesda-tenschutzgesetzes (BDSG), des Arbeitszeitgesetzes (ArbZG) sowie des Betriebsverfas-sungsgesetzes (BetrVG) einzuhalten.

Gemäß Art. 5 Abs. 1 lit. a Var. 1 DSGVO müssen personenbezogene Daten auf recht-mäßige Weise verarbeitet werden. Daraus folgt für die Gestaltung eines EMS, dass dieses nur auf der Grundlage einer Einwilligung i. S. v. Art. 6 Abs. 1 Satz 1 lit. a DSGVO oder gesetzlichen Ermächtigung nach lit. b oder lit. c personenbezogene Daten verarbeiten darf. Daneben ergeben sich weitere Erlaubnistatbestände aus Art. 9 Abs. 2 und 88 DSGVO, dem Arbeitsvertrag oder bestehenden Betriebsvereinbarungen im Einsatzunternehmen. Ferner sind die Vorgaben des § 26 Abs. 1 Satz 1 und Abs. 2 BDSG zu berücksichtigen.

Gemäß Art. 5 Abs. 1 lit. a Var. 3 DSGVO müssen personenbezogene Daten in einer für die betroffene Person nachvollziehbaren Weise verarbeitet werden. Eine intransparente Verarbeitung ist somit rechtswidrig. Demnach ist bei der Entwicklung eines EMS sicher-zustellen, dass dieses den Grundsatz der Transparenz realisiert. Wichtig ist dabei, dass alle Informationen i. S. v. Erwägungsgrund (Eg.) 39 DSGVO leicht zugänglich, verständlich und in einfacher Sprache formuliert sind. Im Sinne seiner Entscheidungsfreiheit muss der

Beschäftigte ferner über mögliche Folgen, die sich aus den Datenverarbeitungen ergeben, in Kenntnis gesetzt werden. Nur so kann er verstehen, welche Auswirkungen die Verarbeitung seiner personenbezogenen Daten durch das System haben wird und erleichtert ihm, eine Entscheidung bezüglich der Nutzung eines EMS zu treffen.

Gemäß Art. 25 Abs. 1 DSGVO muss der für die Datenverarbeitung Verantwortliche geeignete technische und organisatorische Maßnahmen (TOMs) treffen, um die Datenschutzgrundsätze aus Art. 5 Abs. 1 DSGVO wirksam umzusetzen. Dabei sind unter anderem die unterschiedlichen Eintrittswahrscheinlichkeiten und die Schwere der mit der Verarbeitung verbundenen Risiken für die Rechte und Freiheiten natürlicher Personen zu beachten. Zudem müssen die Maßnahmen gemäß Art. 5 Abs. 1 lit. f DSGVO eine angemessene Sicherheit für die verarbeiteten personenbezogenen Daten gewährleisten und sie vor unbefugter oder unrechtmäßiger Verarbeitung und vor unbeabsichtigtem Verlust, unbeabsichtigter Zerstörung oder Schädigung schützen. Je nach Einsatzunternehmen können sich demnach unterschiedlich notwendige Maßnahmen ergeben. Des Weiteren ist sicherzustellen, dass durch Voreinstellungen nur personenbezogene Daten, deren Verarbeitung für den jeweiligen bestimmten Verarbeitungszweck erforderlich ist, verarbeitet werden. Im Sinne des Zweckbindungsgrundsatzes aus Art. 5 Abs. 1 lit. b DSGVO müssen personenbezogene Daten für festgelegte, eindeutige und legitime Zwecke erhoben werden und dürfen nicht in einer mit diesen Zwecken nicht zu vereinbarenden Weise weiterverarbeitet werden. Die Zweckfestlegung und -bindung ist daher für die Datenverarbeitungtätigkeiten eines EMS ausschlaggebend. Jegliche Form der Datenverarbeitung für abstrakte und allgemeine Zwecke sowie die Verarbeitung von personenbezogenen Daten der Systemnutzer auf Vorrat für künftige, noch nicht absehbare Zwecke, ist rechtswidrig (Roßnagel, in: Simitis et al. 2019: Art. 5 DSGVO, Rn. 13). So können nur solche Informationen über den einzelnen Beschäftigten hierzu als geeignet angesehen werden, die einen Beitrag für die Zwecke der Erreichbarkeitssteuerung liefern oder diese fördern. Daran schließt der Grundsatz der Datenminimierung aus Art. 5 Abs. 1 lit. c DSGVO an, wonach personenbezogene Daten dem Zweck nach angemessen und erheblich sowie auf das für die Zwecke der Verarbeitung notwendige Maß beschränkt sein müssen. Maßstab ist hierbei die Notwendigkeit und Unverzichtbarkeit der Daten, ohne die eingehende Kommunikationsversuche und somit die Erreichbarkeit der Systemverwender nicht gesteuert werden kann. Dahingehend muss der für die Verarbeitung Verantwortliche eine Speicherfrist festlegen, die auf das unbedingt erforderliche Mindestmaß beschränkt ist (vgl. Eg. 39 DSGVO). Zudem sind die personenbezogenen Daten i. S. d. Art. 5 Abs. 1 lit. e HS 1 DSGVO in einer Form zu speichern, die die Identifizierung der betroffenen Person nur so lange ermöglicht, wie dies für die Verarbeitungszwecke erforderlich ist.

Bei der Einführung eines EMS im Unternehmen sind schließlich auch arbeitsrechtliche Regelungen einzuhalten wie die Mitbestimmungsrechte des Betriebsrats gemäß § 87 Abs. 1 Nr. 1 und 6 BetrVG. Ferner spielt in Zusammenhang mit der beruflichen Erreichbarkeit die werktägliche Arbeitszeit sowie die Ruhezeit eine große Rolle, da aus beruflichen Kommunikationsanfragen häufig die Erbringung von Arbeitsleistung resultiert (s. hierzu auch Kap. 2). Die Vorgaben zur Arbeitszeit können § 3 ArbZG entnommen werden, wonach die werktägliche Arbeitszeit acht Stunden beträgt und unter bestimmten Bedingungen auf zehn Stunden verlängert werden darf. Zudem ist bei der Leistungserbringung gemäß § 5 Abs. 1 ArbZG eine ununterbrochene Ruhezeit von mindestens elf Stunden nach Beendigung der täglichen Arbeitszeit einzuhalten, die gemäß Abs. 2 unter bestimmten Voraussetzungen und nur für bestimmte Berufsgruppen um eine Stunde verkürzt werden kann. Daneben können sich aus Tarif- oder Arbeitsverträgen, aber auch aus Betriebsvereinbarungen Abweichungen der täglichen Höchstarbeitszeit ergeben, wenn eine geringere werktägliche Arbeitszeit vereinbart wurde oder für bestimmte Berufsgruppen oder Personen in höheren beruflichen Positionen eine höhere Arbeitszeitgrenze zu berücksichtigen ist. Dies gilt insbesondere für leitende Angestellte, da für sie gemäß § 18 Abs. 1 Nr. 1 ArbZG das Arbeitszeitgesetz keine Anwendung findet. Ferner kann unter bestimmten Voraussetzungen und für bestimmte Berufsgruppen die Ruhezeit um zwei Stunden verringert oder anderweitig angepasst werden. Um den gesetzlichen und betriebsbezogenen Anforderungen und dadurch vor allem dem Gesundheits- und Arbeitsschutz nachzukommen, sollte ein EMS die für die jeweilen Berufsgruppen bestehenden, aber auch die individuell festgelegten Vereinbarungen zur Arbeits- und Ruhezeit abbilden.

4.4   Technische Anforderungen

Die rechtlichen Vorgaben und Anforderungen können durch abstrakte technische Anforderungen präzisiert werden, indem die Architektur und die Grundfunktionen des Systems nach diesen Anforderungen ausgestaltet werden.

Die Chancen eines EMS können nur dann zum Tragen kommen, wenn das System die Erreichbarkeit seiner Nutzer effektiv steuern kann. Hierfür muss es korrekt und eigenständig eingehende Kommunikationsversuche behandeln und anschließend effektiv eine Entscheidung bezüglich ihrer Zustellung treffen. Ausschlaggebend ist somit die Zuverlässigkeit der spezifischen Zustellungs- und insbesondere der Entscheidungsfunktion des Systems. Verlässlich ist ein System, wenn es keine unzulässigen oder undefinierten Zustände annimmt und seinen vorgegebenen Anforderungen genügt (Bedner und Ackermann 2010, S. 327). Daher sollten technische Maßnahmen bei der Gestaltung des Systems ergriffen werden (z. B. redundante und entkoppelte Systemkomponenten), die Abweichungen bei den Funktionalitäten des Systems frühzeitig erkennen, um diese schnell beheben zu können und daraus resultierende mögliche Schäden zu vermeiden. Zudem ist anhand geeigneter TOMs die Zerstörung, Schädigung oder der Verlust der personenbezogenen Daten der Beschäftigten sowie ihre unrechtmäßige Kenntnisnahme durch Dritte auszuschließen. Anhaltspunkte für die Maßnahmenentwicklung bieten die Art. 25 und 32 DSGVO sowie der Stand der Technik. Dabei ist stets zu berücksichtigen, welches Risiko eines unbefugten oder unrechtmäßigen Zugriffs auf die Daten prognostiziert wird, welches Ausmaß ein solches Ereignis annehmen kann und welche Art von Daten durch das System verarbeitet werden (Reimer, in: Sydow 2018: Art. 5 Rn. 52). So fordert Art. 32 Abs. 1 HS 2 lit. a und lit. b DSGVO TOMs, die die Vertraulichkeit und Integrität im Zusammenhang mit der Verarbeitung personenbezogener Daten auf Dauer sicherstellen, sowie die Verschlüsselung personenbezogener Daten, um ein den Risiken angemessenes Schutzniveau zu ermöglichen. Dies kann beispielsweise durch das Implementieren von Zugriffsrechten und -berechtigungen, Authentifizierungsverfahren, Verschlüsselungssoftware, kryptografisch sicheren Hashfunktionen oder Protokollierung sichergestellt werden.

Damit das System den Erwartungen der Systemnutzer an die Vertraulichkeit der im System abgelegten Informationen gerecht werden und den Gefährdungen für deren Persönlichkeit entgegen wirken kann, sollte es so ausgestaltet werden, dass eine nicht zweckgemäße Verarbeitung der personenbezogenen Daten der Nutzer ausgeschlossen wird und nur die Daten erhoben werden, die zur Zweckerfüllung geeignet und erforderlich sind. Dies ist gemäß Art. 25 Abs. 2 Satz 1 DSGVO durch technische Voreinstellungen sicherzustellen. Alle darüberhinausgehenden Daten, die zwar dem Zweck dienen, der Zweck jedoch auch ohne sie erreicht werden kann, sind demnach zu löschen. Die entsprechend der Verarbeitungszwecke festgelegten Speicherfristen sind technisch zu implementieren, sodass die Daten nach der Zweckerreichung und nach Ablauf der gesetzten Fristen automatisch gelöscht werden oder die Identifizierung der betroffenen Person verhindert wird. Letzteres kann durch Pseudonymisierung oder Anonymisierung der Daten ermöglicht werden. So normieren Art. 25 Abs. 1 und Art. 32 Abs. 1 HS 2 lit. a DSGVO die Pseudonymisierung personenbezogener Daten als geeignete TOMs zum Schutz der Rechte und Freiheiten natürlicher Personen. Dadurch kann technisch sichergestellt werden, dass die zur Erreichbarkeitssteuerung und zur Bearbeitung der Kommunikationsversuche notwendigen personenbezogenen Daten der Beschäftigten diese nur solange identifizieren, wie dies zur Entscheidungsfindung des EMS erforderlich ist. Dabei sind nur solche Daten zur Erreichbarkeitssteuerung zu erheben und zu verwenden, die einen Beitrag zur technischen Eindämmung ständiger beruflicher Erreichbarkeit leisten. Dies ist schließlich auch auf die Speicherung dieser Daten zu übertragen, die entsprechend der Verarbeitungszwecke getrennt erfolgen sollte. Alle über den Zweck der Erreichbarkeitssteuerung hinausgehenden personenbezogenen Daten sind von der Verarbeitung auszuschließen, sodass eine lückenlose Überwachung des Nutzers ausgeschlossen ist.

Für den Beschäftigten wird durch den Gebrauch des EMS nicht ersichtlich sein, auf welcher detaillierten Grundlage dieses seine Entscheidungen trifft und an welcher Stelle die Verarbeitung seiner Daten erfolgt. Dieser Kontrollverlust wird verstärkt, wenn er keine Kenntnis darüber hat, welche Daten bei der Nutzung anfallen oder zu welchen Zwecken diese verwendet werden. Wichtig ist daher, dass er über jegliche mit der Systemnutzung verbundenen Funktionsweisen und Datenverarbeitungstätigkeiten informiert wird. Dies kann z. B. durch Hinweise innerhalb der App, durch Verweise auf Hyperlinks mit umfangreicheren Informationen, aber auch durch Hinweise auf unternehmensinternes Informationsmaterial erfolgen.

Schließlich ist technisch sicherzustellen, dass die Beschäftigten bei der Verwendung des EMS tatsächliche und nachvollziehbare Wahlmöglichkeiten erhalten, die ihnen ermöglichen, einfach und eigenständig Erreichbarkeitseinstellungen vorzunehmen. Auf diese Weise sind sie keinen technischen Zwängen ausgesetzt, die ihnen eine bestimmte

Nutzungsweise auferlegen, sondern sie erhalten die Kontrolle über ihre Kommunikations-
situation und sind frei in ihrer Entscheidung. Durch die verschiedenen Einstellungsoptio-
nen des Systems, können sie zum Teil auch den Umfang der Datenverarbeitung steuern
und erweitern, indem sie selbstbestimmt über die eigenen Kommunikationsumstände entscheiden. Die Anpassungsfähigkeit des Systems ist des Weiteren auch aufgrund der Vorgaben des Arbeits- und Betriebsverfassungsrechts sowie bestehender betrieblicher Regelungen oder Betriebsvereinbarungen des Einsatzunternehmens technisch zu gewährleisten.
Bei der Entwicklung des Systems ist somit aufgrund unternehmensspezifischer Besonderheiten und möglicher Konfigurationswünsche des Betriebsrats ein hohes Maß an Anpas-
sungsoptionen zu gewährleisten.

4.5   Fazit

Technische Systeme werden zu ganz bestimmten Zwecken entwickelt und dienen der Erfüllung bestimmter Ziele. Sie werden in unterschiedlichen gesellschaftlichen Bereichen
eingesetzt und müssen innerhalb ihres Einsatzkontextes beurteilt werden. Die Sicherheit
von Daten und der Schutz der von der Verarbeitung ihrer Daten betroffenen Personen ist
dabei maßgeblich von der einzelnen Technologie abhängig. In der Regel ist zu beobachten, dass jedwede Probleme, die aus ihrem Gebrauch entstehen können, meist erst nach
einem gewissen Nutzungszeitraum erkannt werden. Als Reaktion darauf soll das nachträg-
liche Einbauen von Schutzmechanismen in diese Technologien die Probleme beheben.
Eine viel einfachere und praxistauglichere Lösung bietet die rechtliche Gestaltung eines
technischen Systems, die begleitend zur Technikentwicklung erfolgen, aber auch bereits in
einer konzeptionellen Phase der Entwicklung berücksichtigt werden kann. Diese Vorgehensweisen stellen sicher, dass der Einsatz der Technik nicht an rechtlichen Hürden scheitert oder Kosten im Nachgang, wenn ein System nicht rechtskonform gebaut wurde, vermieden werden. Zudem ist ein technischer Schutz von personenbezogenen Daten oder
Unternehmensdaten meist effektiver als ein rechtlicher Schutz, denn wenn etwas technisch nicht möglich ist, ist es unmöglich ein darauf bezogenes rechtliches Verbot zu umgehen. Das Zusammenspiel zwischen Recht und Technik und somit die Zusammenarbeit
zwischen den technischen Disziplinen und der Rechtswissenschaft ist maßgeblich, um der
schnellen Entwicklung und zunehmende Verbreitung neuer technischer Innovationen zu
begegnen, da sie zahlreiche Bereiche des gesellschaftlichen Lebens beeinflussen und
verändern.

Literatur

Arlinghaus, A., & Nachreiner, F. (2013). When work calls – Associations between being contacted outside of regular working hours for work-related matters and health. *Chronobiology International: The Journal of Biological & Medical Rhythm Research, 30*(9), 1197–1202.

Bundesarbeitsgericht (BAG). Urteil vom 19.01.1999. 1 AZR 499-98. *Neue Juristische Wochenschrift, 1999*(30): 2203–2207.

Bundesarbeitsgericht (BAG). Beschluss vom 26.08.2008. 1 ABR 16/07. *Neue Zeitschrift für Arbeitsrecht, 2008*(20): 1187–1194.

Bedner, M., & Ackermann, T. (2010). Schutzziele der IT-Sicherheit. *Datenschutz und Datensicherheit, 34*(5), 323–328.

Bundesanstalt für Arbeitsschutz und Arbeitsmedizin (Hrsg.). (2017). *Psychische Gesundheit in der Arbeitswelt. Wissenschaftliche Standortbestimmung.* https://doi.org/10.21934/baua:bericht20170421.

Bundesverfassungsgericht (BVerfG). Urteil vom 05.06.1973. 1 BvR 536/72. *BVerfGE* 35, 202 (220).

Bundesverfassungsgericht (BVerfG). Beschluss vom 03.06.1980. 1 BvR 185/77. *BVerfGE* 54, 148 (153).

Bundesverfassungsgericht (BVerfG). Urteil vom 15.12.1983. 1 BvR 209, 269, 362, 420, 440, 484/83. *BVerfGE* 65, 1 (41ff.).

Bundesverfassungsgericht (BVerfG). Beschluss vom 25.03.1992. 1 BvR 1430/88. *BVerfGE* 85, 386 (396).

Bundesverfassungsgericht (BVerfG). Beschluss vom 09.10.2002. 1 BvR 1611/96, 1 BvR 805/98. *BVerfGE* 106, 28.

Bundesverfassungsgericht (BVerfG). Urteil vom 02.03.2010. 1 BvR 256, 263, 586/08. *BVerfGE* 125, 260 (306).

Calliess, C., & Ruffert, M. (Hrsg.). (2016). *EUV/AEUV.* München: C.H. Beck.

Daimler. (2014). Daimler Mitarbeiter können im Urlaub eingehende E-Mails löschen lassen. *Pressemitteilung* vom 13.08.2014. http://media.daimler.com/marsMediaSite/de/instance/ko/Daimler-Mitarbeiter-koennen-im-Urlaub-eingehende-E-Mails-loeschen-lassen.xhtml?oid=9919305. Zugegriffen am 13.09.2019.

Grobys, M., & Panzer-Heemeier, A. (Hrsg.). (2017). *Arbeitsrecht.* Baden-Baden: Nomos.

Hammer, V., Pordesch, U., & Roßnagel, A. (1993). *Betriebliche Telefon- und ISDN-Anlagen rechtsgemäß gestaltet.* Berlin/Heidelberg: Springer.

Hassler, M., Rau, R., Hupfeld, J., & Paridon, H. (2016). *iga.Report 23. Auswirkungen von ständiger Erreichbarkeit und Präventionsmöglichkeiten. Teil 2.* https://www.iga-info.de/fileadmin/redakteur/Veroeffentlichungen/iga_Reporte/Dokumente/iga-Report_23_Teil2_Auswirkungen_staendiger_Erreichbarkeit.pdf. Zugegriffen am 16.09.2019.

Huber, M. O. (2016). Flexibel arbeiten in Zeit und Raum. In Bundesministerium für Arbeit und Soziales (Hrsg.), *Werkheft 02. Wie wir arbeiten (wollen)* (S. 88–93). https://www.bmas.de/SharedDocs/Downloads/DE/PDF-Publikationen/werkheft-02.pdf;jsessionid=EDE955817A0A2D-C06FF0388A23380355?__blob=publicationFile&v=2. Zugegriffen am 16.09.2019.

IG Metall. (2017). *Die Befragung 2017. Arbeitszeit – sicher, gerecht und selbstbestimmt.* https://www.igmetall.de/download/docs_20170529_2017_05_29_befragung_ansicht_komp_489719b89f16daca573614475c6ecfb706a78c9f.pdf. Zugegriffen am 16.09.2019.

Isensee, J., & Kirchhof, P. (Hrsg.). (2009). *Handbuch des Staats Rechts. Band VII Freiheitsrechte.* Heidelberg: C.F. Müller.

Isensee, J., & Kirchhof, P. (Hrsg.). (2010). *Handbuch des Staats Rechts. Band VIII Grundrechte: Wirtschaft, Verfahren, Gleichheit.* Heidelberg: C.F. Müller.

Jarass, H. D. (2016). *Charta der Grundrechte der Europäischen Union.* München: C.H. Beck.

Laufs, U., Maucher, J., Miedzianowski, N., Rost, K., & Saternus, Z. (2018). Erste Ergebnisse des Forschungsprojekts „SANDRA". *Zeitschrift für Datenschutz-Aktuell*, 06151.

Lindecke, C. (2015). Wem gehört die Zeit? Flexible Arbeitszeiten: Grenzenlose Freiheit oder grenzenlose Erreichbarkeit? *Zeitschrift für Arbeitswissenschaft, 69(1)*, 31–38.

Maunz, T., & Dürig, G. (Hrsg.). (2019). *Grundgesetz-Kommentar*. München: C.H. Beck.

Merten D. & Papier H. J. (Hrsg) (2004). *Handbuch der Grundrechte in Deutschland und Europa* (Bd. I). Heidelberg: C.F. Müller.

Meyer, J. (Hrsg.). (2014). *Charta der Grundrechte der Europäischen Union*. Baden-Baden: Nomos.

Miedzianowski, N. (2017). S@NDRA: Neues Forschungsprojekt zur ständigen Erreichbarkeit in der digitalisierten Arbeitswelt. *Zeitschrift für Datenschutz-Aktuell*, 05558.

Miedzianowski, N., Saternus, Z., & Staab, K. (2019). Stakeholderbezogene und rechtliche Anforderungen an ein Erreichbarkeitsmanagement-System. *Zeitschrift für Datenschutz-Aktuell, 04381* und *Zeitschrift für Datenschutz, 2019(11)*: XV–XIX.

Roßnagel, A. (Hrsg.). (2018). *Das neue Datenschutzrecht. Europäische Datenschutz-Grundverordnung und deutsche Datenschutzgesetze*. Baden-Baden: Nomos.

Sachs, M. (Hrsg.). (2011). *Grundgesetz Kommentar*. München: C.H. Beck.

Schantz, P., & Wolff, H. A. (2017). *Das neue Datenschutzrecht*. München: C.H. Beck.

Schwarze, J., Becker, U., Hatje, A., & Schoo, J. (Hrsg.). (2012). *EU-Kommentar*. Baden-Baden: Nomos.

Simitis, S., Hornung, G., & Spiecker gen. Döhmann, I. (Hrsg.). (2019). *Datenschutzrecht*. Baden-Baden: Nomos.

Spiegel Online. (2011). VW-Betriebsrat setzt E-Mail-Stopp nach Feierabend durch. 23.12.2011. http://www.spiegel.de/wirtschaft/service/blackberry-pause-vw-betriebsrat-setzt-e-mail-stopp-nach-feierabend-durch-a-805524.html. Zugegriffen am 13.09.2019.

Starke, C. P. (2017). Die Anwendbarkeit der Europäischen Grundrechtecharta auf rein nationale Gesetzgebungsakte. *Deutsches Verwaltungsblatt, 132(12)*, 721–730.

Strobel, H. (2013). *iga.Report 23. Auswirkungen von ständiger Erreichbarkeit und Präventionsmöglichkeiten. Teil 1*. https://www.iga-info.de/fileadmin/redakteur/Veroeffentlichungen/iga_Reporte/Dokumente/iga-Report_23_Staendige_Erreichbarkeit_Teil1.pdf. Zugegriffen am 16.09.2019.

Sydow, G. (Hrsg.). (2018). *Europäische Datenschutzgrundverordnung*. Baden-Baden: Nomos.

Open Access Dieses Kapitel wird unter der Creative Commons Namensnennung 4.0 International Lizenz (http://creativecommons.org/licenses/by/4.0/deed.de) veröffentlicht, welche die Nutzung, Vervielfältigung, Bearbeitung, Verbreitung und Wiedergabe in jeglichem Medium und Format erlaubt, sofern Sie den/die ursprünglichen Autor(en) und die Quelle ordnungsgemäß nennen, einen Link zur Creative Commons Lizenz beifügen und angeben, ob Änderungen vorgenommen wurden.

Die in diesem Kapitel enthaltenen Bilder und sonstiges Drittmaterial unterliegen ebenfalls der genannten Creative Commons Lizenz, sofern sich aus der Abbildungslegende nichts anderes ergibt. Sofern das betreffende Material nicht unter der genannten Creative Commons Lizenz steht und die betreffende Handlung nicht nach gesetzlichen Vorschriften erlaubt ist, ist für die oben aufgeführten Weiterverwendungen des Materials die Einwilligung des jeweiligen Rechteinhabers einzuholen.

Erreichbarkeitsmanagement in der betrieblichen Praxis

5

Daniel Grießhaber, Johannes Maucher, Uwe Laufs,
Katharina Staab, Zofia Saternus und Stephanie Weinhardt

Zusammenfassung

Smartphones und Laptops führen dazu, dass Arbeitnehmer über Handy oder E-Mail immer und überall arbeiten können und stets erreichbar sind. Da so die Grenzen von Privat- und Berufsleben immer mehr verschwimmen, befürchten Arbeitnehmervertreter und Politiker negative Folgen für Arbeitgeber und Beschäftigte. Deshalb suchen auch immer mehr Unternehmen nach Lösungen für ein effektives Erreichbarkeitsmanagement. Zur Umsetzung eines solchen Erreichbarkeitsmanagements können sowohl organisatorische als auch technische Ansätze verfolgt werden. Dieser Beitrag gibt Einblick in Ergebnisse des Forschungsprojekts SANDRA. Das Projekt entwickelt neben

D. Grießhaber · J. Maucher
Hochschule der Medien, Stuttgart, Deutschland
E-Mail: griesshaber@hdm-stuttgart.de; maucher@hdm-stuttgart.de

U. Laufs (✉)
Fraunhofer IAO, Stuttgart, Deutschland
E-Mail: uwe.laufs@iao.fraunhofer.de

K. Staab
Fachgebiet Marketing & Personalmanagement, Technische Universität Darmstadt,
Darmstadt, Deutschland
E-Mail: katharina.staab@bwl.tu-darmstadt.de

Z. Saternus
Goethe Universität Frankfurt, Frankfurt am Main, Deutschland
E-Mail: saternus@wiwi.uni-frankfurt.de

S. Weinhardt
Fraunhofer IAO, Stuttgart, Deutschland
E-Mail: stephanie.weinhardt@iao.fraunhofer.de

© Der/die Herausgeber bzw. der/die Autor(en) 2020
M. Daum et al. (Hrsg.), *Gestaltung vernetzt-flexibler Arbeit*,
https://doi.org/10.1007/978-3-662-61560-7_5

organisatorischen Lösungen auch einen Erreichbarkeits-Assistenten für Smartphones, der in Pilot-Unternehmen erprobt wird. Zudem zeigt der Beitrag die Erprobung und Evaluierung der Projektergebnisse in der betrieblichen Praxis auf.

5.1   Motivation

Die große Verbreitung moderner Informations- und Kommunikationstechnik (IKT), insbesondere des Internets und des Mobilfunks, prägen und verändern das Arbeitsumfeld grundlegend und nachhaltig (Sayah 2013; Tarafdar et al. 2007). Moderne IKT-Technologien steigern die Erreichbarkeit und die Möglichkeit zu arbeiten, unabhängig von Ort und Zeit im Sinne des „being connected 24/7". Nicht nur Arbeitsleistung und Produktivitätsdruck erhöhen sich durch die Nutzung moderner IKT, ebenso wird die Trennung zwischen Beruf und Privatleben sowohl in zeitlicher als auch räumlicher Hinsicht zunehmend aufgehoben (David et al. 2014; Fonner and Stache 2012). Angesichts steigender Fehltage aufgrund psychisch verursachter Erkrankungen (Ayyagari et al. 2011) fürchten insbesondere Arbeitnehmervertreter und Politiker negative gesundheitliche Folgen für Beschäftigte aufgrund zunehmender Entgrenzung von Privat- und Berufsleben durch permanente technologische Erreichbarkeit. Es ist zu beobachten, dass eine steigende Anzahl an Unternehmen nach Lösungen im Sinne eines gesundheitsfördernden und effektiven Erreichbarkeitsmanagements für ihre Beschäftigten sucht. Aktuell reichen diese von Schulungen der Mitarbeitenden bis hin zu „digitalen Sperrstunden", z. B. durch das Abschalten des E-Mail-Servers nach Feierabend. Vielfach bieten diese Lösungen allerdings eher globale Lösungen, ohne die individuellen Bedürfnisse der Beschäftigten zu berücksichtigen. So deuten beispielsweise die Ergebnisse einer qualitativen Studie von Stock-Homburg et al. (Stock et al. 2014) darauf hin, dass für Führungskräfte bzgl. unterschiedlicher Lösungen im Bereich des Erreichbarkeitsmanagements größerer Bedarf besteht als für Mitarbeitende ohne Führungsverantwortung. Darüber hinaus spielt der Grad der Internationalisierung der Tätigkeit eine Rolle für die Gestaltung des Erreichbarkeitsmanagements. Das Forschungsprojekt SANDRA adressiert das betriebliche Erreichbarkeitsmanagement sowohl mit organisatorischen Maßnahmen als auch mit einer technischen Lösung, einem Erreichbarkeitsassistenten für Smartphones.

5.2   Organisatorische Maßnahmen

Neben einer speziell entwickelten Software sind organisatorische Maßnahmen das Mittel der Wahl, um das Erreichbarkeitsmanagement in einem Unternehmen zu verbessern. Hierbei sollten sowohl die Beschäftigten als auch Arbeitgeber und Führungskräfte gezielt angesprochen werden und praxisnahe Maßnahmen erhalten, die sich schnell und intuitiv durchführen lassen. Im Rahmen von SANDRA wurde basierend auf den Ergebnissen der empirischen Erhebungen (vgl. Kap. Beitrag 1) ein Maßnahmenkatalog entwickelt, der diese Sichtweisen adressiert. Die Beschäftigten erhalten dabei beispielsweise anschaulich aufgearbeitete Informationen zu dem Prinzip und der Notwendigkeit von Erreichbarkeitsmanagement und können ihr eigenes Erreichbarkeitsverhalten auf Basis einfacher Materialien reflektieren, während bei Führungskräften der Fokus auf ihrer Funktion als Vorbild und Organisator von Teams liegt. Durch eine Sammlung von ergänzenden Materialien und Tools sowie rechtlichen und organisatorischen Maßnahmen wurden auch für Arbeitgeber gezielte Hilfsmittel entwickelt, um das Erreichbarkeitsverhalten im Unternehmen zu hinterfragen und ggf. zu verbessern.

Bei der Entwicklung des Maßnahmenkatalogs wurden insbesondere drei Ziele verfolgt:

1.) **Schaffung eines stärkeren Bewusstseins für Erreichbarkeitsmanagement**
    Ein erfolgreiches Erreichbarkeitsmanagement ist für die Gesundheit und das Wohlbefinden von Beschäftigten zentral und sollte daher überall dort, wo moderne Informations- und Kommunikationstechnologien für berufliche Tätigkeiten eingesetzt und auch außerhalb des Arbeitsplatzes verwendet werden, ein Thema sein. Gleichzeitig und Beschäftigten kaum eine Rolle spielt. Unsere Maßnahmen verfolgen daher das Ziel, das Bewusstsein für die Bedeutung von Erreichbarkeitsmanagement zu stärken.

2.) **Steigerung der Kommunikation über Erreichbarkeit und Erreichbarkeitsverhalten**
    Damit Erreichbarkeitsmanagement funktionieren kann, muss klar geregelt sein, unter welchen Umständen eine wie geartete Erreichbarkeit erwartet wird. Hier zeigen sich bei zahlreichen Mitarbeitern und Teams deutliche Defizite in der Kommunikation. Diese kommunikative Lücke soll durch unsere Maßnahmen geschlossen werden, um ein erfolgreiches Erreichbarkeitsmanagement zu ermöglichen.

3.) **Förderung der Möglichkeit eines individuell passenden Erreichbarkeitsmanagements**
    Wie bereits in Kap. 3 geschildert, kann es nicht „die eine" Erreichbarkeitslösung geben, die für alle Beschäftigten ideal funktioniert. Ein zentrales Ziel unserer Maßnahmen ist es daher, die Ermöglichung solcher Erreichbarkeitslösungen zu fördern, die die individuellen Präferenzen des einzelnen Mitarbeiters berücksichtigen.
    Im Folgenden wird eine Übersicht an Maßnahmen präsentiert, die auf Basis dieser Ziele entwickelt wurden.

5.2.1   Beispielhafte Maßnahmen für Arbeitgeber

Die Aufgabe des Arbeitgebers besteht darin, passende Voraussetzungen zu schaffen, die ein gesundes Erreichbarkeitsmanagement in seinem Unternehmen ermöglichen. Tab. 5.1 gibt eine Übersicht, an welchen Stellen Arbeitgeber ansetzen können, um das Erreichbarkeitsmanagement in seinem Unternehmen zu evaluieren und zu verbessern.

Tab. 5.1 Maßnahmen für Arbeitgeber

Titel der Maßnahme	Kurzerklärung der Maßnahme
Überprüfung des Erreichbarkeitsmanagements im Unternehmen	Untersuchungen zeigen, dass viele Beschäftigte glauben, dass von ihnen eine stärkere Erreichbarkeit erwartet wird, als dies tatsächlich der Fall ist. Dies trifft insbesondere in Unternehmen zu, in denen es wenig direkte Absprachen zur Erreichbarkeit gibt. Auch bei anderen erreichbarkeitsbezogenen Themen können sich die Wahrnehmungen unterscheiden. Überprüfen Sie daher die Situation in Ihrem Unternehmen, zum Beispiel durch eine anonyme Mitarbeiterbefragung.
Schaffen von Standards für Erreichbarkeitsmanagement im Unternehmen	Schaffen Sie Standards für Erreichbarkeitsmanagements. Legen Sie dazu Zeiten fest, in denen eine Erreichbarkeit erwartet wird, und Zeiten, in denen keine oder nur eine eingeschränkte Erreichbarkeit gilt. Definieren Sie zulässige Ausnahmen von diesen Regeln, wie individuelle Wünsche oder klar festzulegende Notfälle. Halten Sie diese Standards schriftlich fest, z. B. im Rahmen Ihrer Betriebsvereinbarung, und sorgen Sie dafür, dass Ihre Beschäftigten über diese Standards Bescheid wissen.
Fördern individueller Lösungen	Die Forschung zeigt, dass Beschäftigte unterschiedliche Bedürfnisse und Erwartungen haben, wie genau sie arbeiten wollen. Dies gilt auch für die Verknüpfung von Arbeit- und Privatleben, die in einem unterschiedlichen Ausmaß gewünscht wird. Respektieren Sie diese Wünsche und regen Sie über Ihre Erreichbarkeitsstandards hinaus individuelle Vereinbarungen innerhalb Ihrer Teams und Arbeitsgruppen an. Stellen Sie hierfür beispielsweise Leitfäden zur Verfügung und sorgen Sie dafür, dass die Vereinbarungen schriftlich festgehalten werden. Sehen Sie von starren Pauschallösungen ab: Diese können den individuellen Bedürfnissen der Beschäftigten und ihrer Situation kaum gerecht werden und führen oft dazu, dass die Chancen der flexibleren Arbeitswelt nicht ausgenutzt werden können.
Unterstützung der Beschäftigten durch passendes Informationsmaterial	Ihre Maßnahmen sind nur dann wirksam, wenn Ihre Beschäftigten ihre Bedeutung verstehen. Motivieren Sie Ihre Beschäftigten dazu, sich mit Erreichbarkeitsmanagement auseinandersetzen. Bieten Sie Ihnen dafür beispielsweise kostenlose Broschüren oder niedrigschwellige Workshops an, oder schulen Sie sie in der Nutzung von Erreichbarkeitsanwendungen.
Schaffung eines langfristig wirksamen Erreichbarkeitsmanagements	Eine gute Maßnahme sollte regelmäßig hinterfragt und überarbeitet werden. Führen Sie daher regelmäßig Evaluationen in Form von Befragungen durch. Geben Sie den Beschäftigten die Möglichkeit, sich zu Ihren Maßnahmen zu äußern. Dies steigert die Mitarbeiterzufriedenheit, erhöht die Akzeptanz Ihrer Maßnahmen und liefert Ihnen eine gute Datenbasis, um das Erreichbarkeitsmanagement in Ihrem Unternehmen noch effektiver zu gestalten.

5.2.2 Beispielhafte Maßnahmen für Beschäftigte

Auch wenn der Arbeitgeber viel unternehmen kann, um ein sinnvolles Erreichbarkeitsmanagement in seinem Unternehmen zu fördern, funktionieren all diese Maßnahmen doch nicht ohne die Mitwirkung der Beschäftigten. Eine Zusammenstellung an möglichen Maßnahmen ist in Tab. 5.2 zu finden. Tab. 5.3 stellt zusätzliche Maßnahmen für Beschäftigte dar, die eine Führungsposition innehaben. Zu beiden Tabellen wird jeweils ein Beispiel für ein mögliches Tool gegeben.

Beispiel für ein Tool: Reflexion der eigenen Erreichbarkeitspräferenzen
Anna ist Sachbearbeiterin mit neun Jahren Berufserfahrung bei einem großen Finanzdienstleister. Sie arbeitet Teilzeit und pendelt vier Tage in der Woche 40 Minuten zu ihrer Arbeitsstelle. Der Job und die berufliche Verwirklichung ist ihr sehr wichtig, aber ihr Lebensschwerpunkt liegt außerhalb ihrer Arbeit. Sie ist Ehefrau, die sich den Haushalt mit ihrem Mann teilt, und darüber hinaus Mutter von zwei Töchtern im Teenageralter. Anna spielt zweimal pro Woche Volleyball in ihren Heimatverein, singt in einem Kirchenchor und engagiert sich als freiwillige Deutschlehrerin bei einer Abendschule für Flüchtlingskinder, wo sie einmal pro Woche Deutschunterricht gibt. Außerdem nimmt sich Anna jeden Tag etwas Zeit für sich, um zu meditieren, zu lesen oder sich einfach zu entspannen.

Schauen Sie sich die Lebenswelten von Anna sowie ihre Zeitaufteilung an. Wie würde das Bild für Sie aussehen? Welche Lebenswelten gibt es bei Ihnen, und wie verteilen Sie Ihre Zeit? Wie würden Sie Ihre Zeit gern verteilen? Skizzieren Sie Ihr eigenes Bild (Abb. 5.1).

Beispiel für ein Tool: Wahrnehmung der Vorbildfunktion[1]
Markus leitet ein Team aus acht Beschäftigten bei einem großen Automobilhersteller. Er ist Familienvater und arbeitet, wie sein Team, von Montag bis Freitag. Jeden Samstag fährt er seine Kinder um 9:30 Uhr zum Schwimmunterricht und nutzt die Zeit im Wartebereich, um sich auf die nächste Woche vorzubereiten: So checkt er beispielsweise seine Emails und gibt Feedback zu Fragen seines Teams. Nach einiger Zeit fällt ihm auf, dass seine Teammitglieder inzwischen fast direkt auf die Emails antworten, die er ihnen am Samstagvormittag sendet.

Was ist in diesem Beispiel passiert? Wie sollte Markus reagieren und wie würden Sie mit einer solcher Situation umgehen?

---

[1] An dieser Stelle ist erneut darauf hinzuweisen, dass das Arbeitszeitgesetz Vorgaben zur werktäglichen Arbeitszeit sowie zur Ruhezeit macht. Die Vorgaben zur Arbeitszeit können unter bestimmten Voraussetzungen verlängert sowie die Vorgaben zur Ruhezeit verkürzt werden. Details dazu finden sich in Kap. 2 sowie in Kap. 4.

Tab. 5.2 Maßnahmen für Beschäftigte

Titel der Maßnahme	Kurzerklärung der Maßnahme
Reflexion der eigenen Erreichbarkeitspräferenzen	Machen Sie sich klar, wie Sie erreichbar sein möchten. Dies ist sehr wichtig und nicht so einfach, wie es vielleicht klingt. Wenn Sie einen Wunsch frei hätten: Wann und wie würden Sie sich wünschen, in Ihrer Freizeit für Ihre Arbeit erreichbar zu sein? Und wie ist es für andere Lebensbereiche? Möchten Sie gern nur für bestimmte Personen erreichbar sein, oder zum Beispiel nur per Email?
Treffen von Absprachen	Gibt es in Ihrem Team oder Ihrer Abteilung Regeln, wann genau Sie erreichbar sein müssen? Wenn es diese gibt und Sie nicht zu Ihren Präferenzen passen, machen Sie das zum Thema. Vielleicht lässt sich eine Lösung finden, mit der alle gut leben können. Vielleicht gibt es bei Ihnen auch – wie in vielen Unternehmen – keine oder keine wirklichen Regeln. Sprechen Sie auch in diesem Fall das Thema Erreichbarkeit unbedingt an. Dadurch sorgen Sie für klare Verhältnisse – und helfen damit nicht nur sich selbst, sondern auch Ihrer Kollegschaft.
Recht auf Nicht-Erreichbarkeit	Sie haben ein Recht auf Nicht-Erreichbarkeit. Machen Sie sich klar, dass Sie nicht immer erreichbar sein müssen, und machen Sie es anderen klar. Schaffen Sie die Voraussetzungen für Nicht-Erreichbarkeit: Machen Sie dafür deutlich, wann Sie erreichbar sind und wann nicht. Falls nötig, bestimmten Sie explizit einen Stellvertreter für Zeiten, in denen Sie nicht erreichbar sind. Erhöhen Sie durch automatische Antworten auf Emails oder gemeinsame Kalender die Transparenz für An- und Abwesenheiten auf Ihrer Arbeitsstelle.
Regelung der Erreichbarkeit für private Kontakte	Schaffen Sie auch in Ihrem Privatleben Transparenz. Erklären Sie Ihren privaten Kontakten, wann und warum sie auch während der Arbeit erreichbar sein möchten. Schaffen Sie Verständnis und beugen Sie Konflikten vor.

5.3   Erreichbarkeitsassistent für Smartphones

Technischer Ansatz zur Umsetzung eines betrieblichen Erreichbarkeitsmanagements ist eine Software für Smartphones, der Erreichbarkeitsassistent. Zur Demonstration der technischen Umsetzbarkeit sowie der Erprobung und Evaluation der technischen Maßnahme wurde im Rahmen des Projekts ein Demonstrator entwickelt. Grundidee hinter dem Erreichbarkeitsassistenten ist es, eingehende E-Mails und Telefonate vor dem Zustandekommen bzw. der Zustellung zu prüfen und ggf. möglichst intelligent zu unterbinden bzw. zu verzögern (z. B. Zustellung der E-Mail von samstags nachts erst montags zu Beginn der Arbeitszeit). Der Erreichbarkeitsassistent besteht aus zwei Softwarekomponenten: einerseits einer App, welche auf dem Smartphone Nutzerinteraktion erlaubt und ggf. die Unterdrückung von Anrufen durchführt und andererseits einer Serverkomponente, die eingehende Kommunikation mit einem vorab definierten Regelwerk zum Erreichbarkeitsmanagement vergleicht und

Tab. 5.3 Spezielle Maßnahmen für Führungskräfte

Titel der Maßnahme	Kurzerklärung der Maßnahme
Förderung der Kommunikation	Machen Sie Erreichbarkeitsmanagement zu einem Thema in Ihrem Team. Sprechen Sie über Erwartungen und Wünsche. Erarbeiten Sie gemeinsam eine gute Lösung und verbindliche Regeln. Halten Sie die Regeln am besten schriftlich fest und diskutieren Sie sie regelmäßig im Team, um einen Veränderungsbedarf aufzudecken.
Anregung von Tandembildungen	Ihre Mitarbeiter und Mitarbeiterinnen haben Aufgabenpakete, in denen nur sie sich auskennen? Das kann dazu führen, dass sie immer erreichbar sein müssen, wenn etwas in ihren Aufgabenpaketen nicht funktioniert – im Zweifel auch im Urlaub oder bei Krankheit. Bilden Sie daher, wenn möglich, Tandems, so dass eine gegenseitige Vertretung bei Urlaub und Krankheit möglich ist. Erarbeiten Sie einen Bereitschaftsplan für Notfälle. So stellen Sie sicher, dass auch bei spontanen Ausfällen immer jemand ansprechbar ist, ohne dass einzelne Personen ständig erreichbar sein müssen.
Wertschätzung der Einhaltung der Erreichbarkeitsregeln	Die Festlegung von Erreichbarkeitsstandards ist häufig nur der erste Schritt. Damit diese auch konsequent umgesetzt werden, sollten Beschäftigte das Gefühl haben, dass Sie als Führungskraft die Einhaltung auch wirklich begrüßen. Setzen Sie also keine falschen Anreize, indem Sie z. B. Mehrarbeit außerhalb der Arbeitszeit anerkennend kommentieren.
Wahrnehmung der Vorbildfunktion	Beschäftigte orientieren sich an ihren Führungskräften. Die Art, wie Sie selbst Ihre Erreichbarkeit gestalten, beeinflusst in entscheidendem Maße, wie Ihre Mitarbeiter und Mitarbeiterinnen ihre Erreichbarkeit gestalten. Wenn Sie in Ihrem Team Regeln aufstellen, an die Sie sich selbst nicht halten, wird auch Ihr Team sich nicht daranhalten.

E-Mails vor der Zustellung ggf. verzögert. Die Definition der Regeln kann individuell entsprechend der Anforderungen im Unternehmen mit einem Regeleditor vorgenommen werden, etwa im Rahmen einer Verhandlung zwischen Arbeitgeber und Betriebsrat. So können z. B. dienstliche E-Mails oder Telefonate in der Nacht entsprechend des Regelwerks unterdrückt bzw. zu einem späteren Zeitpunkt zugestellt werden. Für die Entscheidung, ob Kommunikation zugelassen, unterbunden oder verzögert wird, können je nach Verfügbarkeit im jeweiligen Unternehmen diverse Kriterien herangezogen werden, z. B. Beginn/Ende der Arbeitszeit, Rolle/Funktion (Mitarbeitende, Vorgesetzte, Geschäftsführung, Externe usw.) des Kommunikationspartners, belegte Zeiträume z. B. in einem Outlook-Kalender, direktes Nutzerfeedback und Einstellungen des Nutzers in der App.

5.3.1 Umsetzung des Demonstrators

Bei eingehender Kommunikation erfolgt im ersten Schritt die serverseitige Analyse, um die Funktionalität unabhängig von der verwendeten Client-Technologie (z. B. verwendeter E-Mail-Client) bereitstellen zu können. Dadurch bleibt der Empfangszeitpunkt einer

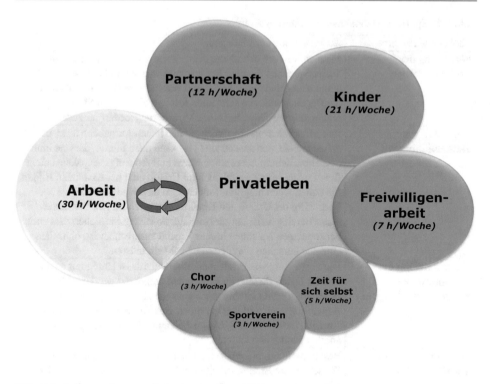

Abb. 5.1 Lebenswelten von Anna

E-Mail deterministisch und ist auf allen Abrufgeräten des Benutzers gleich, ohne dass eine spezielle Anwendung für jedes Gerät entwickelt werden muss. Zusätzlich bleibt der Einstellungsaufwand für den Mitarbeiter minimal, da die Serverkomponente die Funktion des bisherigen E-Mail Servers übernehmen und daher transparent für den Arbeitnehmer installiert werden kann. Die Serverkomponente des Demonstrators wird lokal bei dem Arbeitgeber installiert und ist für die Steuerung der Erreichbarkeit der Arbeitnehmer zuständig. Außerdem bietet sie einen zentralen Speicherort für die Benutzer Einstellungen und Kommunikationsregeln. Die zentrale Positionierung der Serverkomponente ermöglicht es, E-Mail-Kommunikation bereits vor Erreichen des Postfachs des Empfängers abzufangen und entsprechend der Benutzereinstellungen zu verzögern (Abb. 5.2).

Die *Informationsbereitstellung* der für die Entscheidungsfindung erforderlichen Daten erfolgt über einzelne Dienste, welche Daten jeweils aus bestimmten Quellen beschaffen, z. B. durch Auslesen von Urlaubszeiträumen aus den digitalen Kalendern von Mitarbeitern. Durch die Unterteilung in einzelne Dienste wird sowohl die Erweiterbarkeit durch Einbindung weiterer Dienste ermöglicht als auch das komplette Entfernen von Funktionalitäten, die im jeweiligen Anwendungsumfeld nicht erwünscht oder nicht erforderlich sind, wie z. B. die Ortung von Mitarbeitern über ihr Smartphone. Auf Basis der so verfügbar gemachten Daten kann durch Definition von Regeln erfolgen.

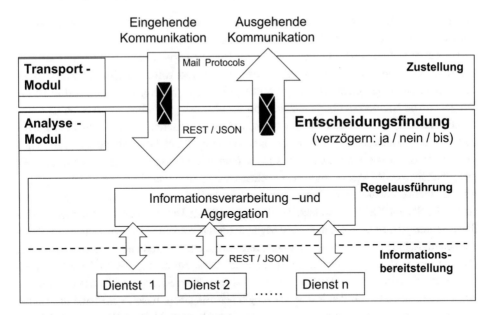

Abb. 5.2 Architekturüberblick Erreichbarkeitsassistent

Ausgehend vom definierten Regelwerk erfolgt dann nach der Auswertung der Regeln die automatische *Entscheidungsfindung*. Darauf basierend erfolgt entsprechend die Zustellung bzw. die Verzögerung der Zustellung. Das System bietet zudem die Möglichkeit, eingehende E-Mails nicht direkt an den designierten Empfänger weiterzuleiten und stattdessen nutzerdefiniert bis zu einem vorherbestimmten Zeitpunkt zurückzuhalten. Dies ermöglicht das Definieren von Nichterreichbarkeitszeiträumen, in welchen keine Zustellung von eingehender Kommunikation erfolgt. Stattdessen werden eingehende E-Mails bis Ende dieses Zeitraums zurückgehalten und schließlich gesammelt zugestellt.

Die gebündelte Zustellung funktioniert analog zu den Nichterreichbarkeitszonen, verfolgt aber das Ziel dem Nutzer Phasen der Konzentration zu ermöglichen, in denen dieser nicht durch eingehende E-Mail-Kommunikation abgelenkt wird. Dabei kann der Nutzer das System so konfigurieren, dass E-Mails lediglich periodisch (z. B. stündlich) zugestellt werden. Dies bedeutet, E-Mails, die während dieser Periode eingehen werden, zuerst gesammelt und am Ende der aktiven Periode zugestellt.

5.3.1.1 Weiterführende Funktionalitäten

Für die automatische Klassifikation eingehender E-Mails werden Techniken des maschinellen Lernens erprobt. Diese Systeme verwenden verschiedene Attribute der eingehenden Nachrichten (z. B. Absender und Empfänger, Betreff, Inhalt oder Absendezeitpunkt) und versuchen daraus weitere Attribute der Nachricht automatisch zu bestimmen. Diese zu bestimmenden Attribute können beispielsweise die Zugehörigkeit zu einem bestimmten Projekt oder die Dringlichkeit (auf einer diskreten oder kontinuierlichen Skala) der

Nachricht sein. Diese automatisch bestimmten Attribute können dann in Regeln verwendet werden, um die Entscheidung des Systems zu beeinflussen.

Dies erlaubt dem Nutzer beispielsweise das Erstellen von Regeln, welche an bestimmten Tagen die Kommunikation für ein bestimmtes Projekt sofort durchstellt, während andere Nachrichten nur gesammelt zugestellt werden. Ein weiterer Anwendungsfall ist das Umgehen von Nichterreichbarkeitszeiten für als sehr dringend eingestufte E-Mails.

Die Ansätze, die im Demonstrator getestet werden, basieren auf Maschinellem Lernen sowohl zur Vorverarbeitung der Nachrichten und zur Entscheidungsfindung. Klassischerweise benötigen diese Deep-Learning Ansätze eine große Menge an Trainingsdaten, um ein gut generalisierendes Modell zu lernen, welches auch in der Lage ist bisher ungesehene Datensätze korrekt einzuordnen. Diese Trainingsdaten bestehen aus der Eingabe in das System, so wie der Sollentscheidung, welche das System für dieses Datum ausgeben soll. Gerade aber diese Sollausgabe ist oft nicht in großen Mengen für das konkrete Problem vorhanden. Daher werden im Rahmen des Demonstrators mehrere Ansätze entwickelt und evaluiert, welche das Problem der geringen Trainingsmenge relativieren. Diese Ansätze umfassen das vorverarbeiten der Eingabedaten, z. B. durch Training eines generellen Sprachmodells das die Eingabe normalisiert und dadurch den Raum der möglichen Eingaben, welcher im Falle natürlicher und daher unstrukturierter Sprache sehr groß ist, versucht zu verkleinern (Mikolov et al. 2013; Devlin et al. 2018). Ein weiterer Ansatz ist das Transferlernen aus Daten, die aus einer ähnlichen Domäne stammen, aber die gesamt vorhandene Datenmenge vergrößert (Grießhaber et al. 2018). Normalerweise können Daten aus unterschiedlichen Domänen nicht einfach für das Training eines Modells verwendet werden, da dadurch das Modell sich eventuell zu stark an die Daten der „falschen" Domäne anpasst (overfitting) (Ganin et al. 2015).

Für den Fall, dass viele Trainingsdaten vorhanden sind, diese aber nicht über die Sollausgabe verfügen, gibt es außerdem das Konzept des „aktiven Lernens" bei dem das Modell mit einem kleinen Set an Trainingsdaten anfängt und dabei herausfindet welche Trainingsdaten durch den Nutzer mit einer Sollausgabe annotiert werden sollen um das Training am schnellsten voranzubringen. Dadurch wird der Aufwand des Nutzers möglichst geringgehalten, während sich das Modell möglichst effizient über die Zeit verbessern kann (Olsson 2009).

5.3.2 Einholung von Nutzerfeedback

Die Serverkomponente kann jeder eingehenden E-Mail eine Fußzeile hinzufügen, die es dem Nutzer erlaubt, dem System Feedback über dessen Entscheidung zu geben. Dieses Feedback erfolgt in Form einer einfachen, binären Entscheidung: Daumen hoch (positiv) oder runter (negativ). Das Feedback kann zur Verbesserung des Systems an mehreren Stellen genutzt werden. Einerseits kann die globale Auswertung des Feedbacks aller Nutzer dafür verwendet werden, um die Effektivität des Gesamtsystems zu evaluieren und die Konfiguration des Systems zu verbessern. Andererseits kann die Entscheidung für ein neues Trainingsdatum für das Training der automatischen Klassifikationssysteme des datenbasierten Ansatzes verwendet werden (Abb. 5.3).

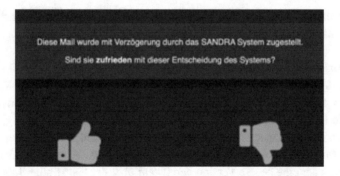

Abb. 5.3 Footer unter einer, durch das System verzögert zugestellten E-Mail

5.3.3 App

Jeder Benutzer des Systems hat die Möglichkeit sich verschiedene Profile anzulegen. Zu jedem Zeitpunkt ist eines dieser Profile aktiv. Abhängig vom ausgewählten Profil können verschiedene Erreichbarkeitseinstellungen mit unterschiedlichen Konfigurationen aktiv sein. Profile können dabei automatisch in Abhängigkeit verschiedener Bedingungen aktiviert, oder manuell durch den Nutzer ausgewählt werden. Die automatische Umschaltung kann beispielsweise durch die aktuelle Tageszeit oder durch Kalendereinträge erfolgen. Die manuelle Auswahl eines Profils kann jeder Zeit durch die Smartphone App erfolgen.

Die Smartphone App bietet dem Nutzer die Möglichkeit zur Personalisierung des Erreichbarkeitsmanagers durch Konfiguration des Verhaltens der Serverkomponente. Außerdem ist die App technisch für die Umsetzung der Anrufblockierung notwendig.

Für den Demonstrator wurde die Funktionalität lediglich für das Android Betriebssystem prototypisch entwickelt.

5.3.3.1 Visualisierung und Anpassung der aktuellen Einstellungen

Eine der Aufgaben der App ist die Visualisierung der aktuellen Erreichbarkeitseinstellungen. Dies umfasst das aktuell aktivierte Profil, sowie damit zusammenhängende Detaileinstellungen wie aktuell blockierte Telefonnummern, aktive und automatisierte E-Mail-Verzögerungen oder Kalendereinträge die u. U. die Entscheidung des Systems beeinflussen.

Diese Visualisierung dient nicht nur der Information des Nutzers. Vielmehr ist die Nachvollziehbarkeit der Entscheidungen, welche das System trifft, ein rechtliches Grundkriterium nach Erwägungsgrund 58 der DSGVO.

Neben dem Webinterface der Serverkomponente sollen die Erreichbarkeitseinstellungen des Systems auch über die mobile App anpassbar sein. Dies ermöglicht es dem Nutzer ein optimiertes Userinterface bereitzustellen, welches Bedienkonzepte verwendet die dieser bereits aus anderen mobilen Anwendungen gewohnt ist.

Außerdem können über die App zusätzliche Informationen zu den Einstellungen bereitgestellt werden. Wird beispielsweise eine Einstellung geändert, welche nach dem Grundsatz der DSGVO zusätzliche Daten des Nutzers benötigt, wird dieser über ein Popupdialog darüber informiert und zum expliziten Opt-in aufgefordert. Außerdem kann der Nutzer zusätzliche Informationen zur Funktionalität und Bedeutung bestimmter Einstellungen aufrufen.

5.3.3.2 Blockieren eingehender Anrufe

Versionen des Android Betriebssystems vor „Nougat" (Versionsnummer 7, Veröffentlichung 2016)[2] boten keine vereinheitlichte Schnittstelle zur Blockierung eingehender Anrufe (Google Inc. 2019). Da diese Schnittstellen jedoch für die Umsetzung des telefonischen Erreichbarkeitsmanagements im Demonstrator vorhanden sein müssen wurde diese Version als Mindestvoraussetzung zur Implementierung der App verwendet. Stand Mai 2019 ist diese oder eine neuere Version bereits auf über der Hälfte aller Smartphones mit dem Android Betriebssystem installiert.[3]

Des Weiteren bieten diese Schnittstellen lediglich die Möglichkeit eingehende Anrufe auf Basis einer Filterliste automatisch abzuweisen (Blacklisting). Es ist daher nicht möglich, eingehende Anrufe generell zu blockieren, umzuleiten oder den Anrufer darauf hinzuweisen, wann der Kontakt wieder verfügbar ist.

Im Demonstrator ist daher das explizite Blockieren von eingehenden Anrufen von bestimmten Nummern möglich. Jede Filterliste ist dabei einem Profil zugeordnet, was das automatische Umschalten der aktivierten Filterliste auf Basis der aktuellen Tageszeit oder eines aktiven Kalendereintrags ermöglicht. Dadurch kann z. B. der Anwendungsfall umgesetzt werden, außerhalb der Arbeitszeiten nicht für geschäftliche Kontakte erreichbar zu sein. Da die Telefonnummern explizit in der Filterliste hinterlegt werden müssen, ist es außerdem trivial Ausnahmen zu solchen Regeln hinzuzufügen und beispielsweise Anrufe von Familienmitgliedern nie zu blockieren.

5.3.3.3 Auslesen von Kalendereinträgen

Über die App hat der Anwender die Möglichkeit, das aktuelle Profil automatisch zu wechseln, während ein Kalendereintrag mit einem definierbaren Betreff stattfindet. Dies ermöglicht dem Anwender beispielsweise die automatische Erreichbarkeitsverwaltung basierend auf dem Urlaubsstatus, abhängig von aktuell stattfindenden Meetings oder Gleitfreizeiten.

Die App bietet dafür nicht nur die Möglichkeit zur Konfiguration der Funktionalität, sondern hat auch die Aufgabe auf die Kalender des Smartphones zuzugreifen, um etwaige Kalendereinträge zu finden. Dieser Ansatz vermeidet das Verwalten eines speziellen „Erreichbarkeitskalenders" auf der Serverseite, stattdessen kann der Nutzer wie gewohnt seinen bisherigen Kalender nutzen.

5.3.3.4 User Interface

Bei der Gestaltung der App wurden gängige Design Prinzipien und Normen, wie die ISO 9241-110 berücksichtigt. Insbesondere um der Erwartungskonformität der Nutzer gerecht

---

[2] https://developer.android.com/about/versions/nougat/index.html.

[3] https://developer.android.com/about/dashboards.

zu werden, wurden gängige UI Komponenten eingesetzt. Diese sind den Nutzern durch Verwendung anderer Apps bereits vertraut und müssen so nicht neu gelernt werden.

Öffnet der Nutzer die App bekommt er das aktuell aktive Profil angezeigt (Abb. 5.4).

Im Header werden die wichtigsten Infos des Profils kurz dargestellt (dies sind auch die Informationen, die der Nutzer als Notification auf seinem Smartphone angezeigt bekommt).

Unterhalb des Headers werden alle Eigenschaften und Einstellungen des Profils angezeigt. Der Nutzer hat die Möglichkeit das Profil manuell zu wechseln.

Hierzu tippt er auf den Kreis-Button unten rechts und bekommt dadurch alle verfügbaren Profile angezeigt (Abb. 5.5).

Über das Burger-Menü oben rechts, gelangt der Nutzer zur Profilübersicht, Kontoverwaltung, den Einstellungen und seinem Benutzerkonto. Diese Menü-Punkte stellen lediglich einen Vorschlag dar und können je nach Bedarf noch angepasst werden.

Unter dem Menüpunkt „Profile", erhält der Nutzer die Möglichkeit seine Profile zu verwalten, sie zu bearbeiten oder ein neues Profil hinzuzufügen.

5.3.4 Testbetrieb und Evaluation

Wie im vorangegangenen Abschnitt beschrieben, dient der Demonstrator zur Sicherstellung der Umsetzbarkeit der im Projekt erarbeiteten technischen Maßnahmen, sowie der

Abb. 5.4 Aktuell aktives
Profil in der App

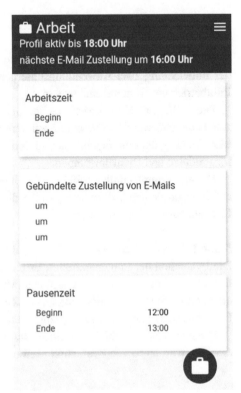

Abb. 5.5 Manuelle Auswahl
eines anderen Profils
in der App

Evaluation der Effektivität dieser Maßnahmen in der Praxis. Dazu wurden bereits früh in der Entwicklung zwei Anwendungsunternehmen aus verschiedenen Branchen für einen Pilotbetrieb des Systems einbezogen.

Die AGILeVIA GmbH ist ein technologieorientiertes Beratungsunternehmen mit Wurzeln in der angewandten Forschung mit dem Schwerpunkt auf Prozesse, beginnend bei der Ideenfindung, über die Erprobung und Serieneinführung, bis hin zur Marktdurchdringung für Produkte und Dienstleistungen.

Die AK Reprotechnik GmbH ist ein Unternehmen aus der Medienbranche mit Fokus auf Print on demand, die vorzugsweise die Automobilindustrie mit fahrzeugbegleiteter Literatur Just-in-Time beliefert.

5.3.4.1 Messverfahren

Die Evaluation der implementierten Erreichbarkeitsmaßnahmen wird in zwei getrennten Dimensionen gemessen. Die funktionale Messung verwendet Nutzer Feedback, um eine quantitative Auswertung der subjektiven Zufriedenheit mit den umgesetzten technischen Erreichbarkeitsmaßnahmen zu ermöglichen.

Um neben diesen subjektiven Einschätzungen der Nutzer auch objektive Ergebnisse zu erhalten, wurden für die Evaluation Methoden zur Stressmessung entwickelt, mit der Absicht dadurch einen Einblick in das Stresslevel der Testanwender zu erhalten. Diese Dimension der Auswertung begründet sich aus dem Ziel der allgemeinen Stressminderung durch das Erreichbarkeitsmanagement des Projektes.

Ein weiteres Ergebnis der Evaluation ist die Validierung der konzipierten Systemarchitektur in Bezug auf Umsetzbarkeit und Anwenderfreundlichkeit.

5.3.4.1.1 Funktionale Messung

Die funktionale Messung basiert auf Rückmeldung der Nutzer. Dafür wurde die Funktionalität des Demonstrators genutzt, bei jeder eingegangenen und zugestellten E-Mail über eine Fußzeile dem System Feedback zu geben ob der durch das System gewählte Zustellzeitpunkt korrekt war. Da E-Mails entweder sofort oder verzögert zugestellt werden, ergibt sich der Werteraum wie in Tab. 5.4 dargestellt.

Durch diese Zuordnung können für die quantitative Analyse die statistischen Kennzahlen aus Tab. 5.5 errechnet werden.

Durch die Zuordnung von positivem Feedback zu den positiv-Kategorien beschreibt die Genauigkeit bei dieser Auswertung die subjektive Zufriedenheit des Nutzers mit der Entscheidung des Erreichbarkeitsmanagers.

Die Kennzahl der Präzision beschreibt in diesem Kontext wie häufig das System richtigerweise die Entscheidung getroffen hat, eine eingehende Nachricht erst verzögert zuzustellen. Sie wird daher auch als positiver Vorhersagewert beschrieben.

Die Sensitivität ist ein Maß dafür, wie wahrscheinlich es ist, dass das System eine Nachricht, welche der Nutzer mit Verzögerung zugestellt haben will, auch wirklich verzögert.

Das F1-Maß ist ein Kombinationsmaß aus der Präzision und der Trefferquote. Da beide Kennzahlen die Güte der Entscheidungen beschreiben, wird durch die Kombination als harmonisches Mittel eine weitere relevante Kennzahl gebildet, die beide Aspekte abbildet.

Generell liefern alle beschriebenen Maße eine Zahl im Wertebereich von 0 bis 1, wobei Zahlen nahe 1 ein positives Ergebnis der Auswertung darstellen. Da während der Entwicklung des Demonstrators mehrere Messungen durchgeführt werden, deutet eine positive Entwicklung aller Kennzahlen auf die Einführung effektiver und funktionaler technischer Lösungen hin.

Tab. 5.4 Möglicher Wertebereich des Userfeedbacks

	verzögerte Zustellung	sofortige Zustellung
positives Feedback	wahrpositiv (WP)	wahrnegativ (WN)
negatives Feedback	falschpositiv (FP)	falschnegativ (FN)

Tab. 5.5 Auflistung der statistischen Kennzahlen zur quantitativen Auswertung des Userfeedbacks

Genauigkeit	Präzision (Olson and Delen 2008)	Trefferquote (Yerushalmy 1947)	F1-Maß (Yerushalmy 1947)
$ACC = \dfrac{WP + WN}{WP + WN + FP + FN}$	$P = \dfrac{WP}{WP + FP}$	$S = \dfrac{WP}{WP + FN}$	$F = \dfrac{2 * WP}{2 * WP + FP + FN}$

5.3.4.1.2 HRV Analyse zur Stressmessung

Akuter und chronischer Stress, insbesondere auch der durch Arbeit hervorgerufene chronische Stress, wirken sich vor allem auf das Autonome Nervensystem (ANS) aus (Henry 1997; Schroeder et al. 2003; Togo and Takahashi 2009). Die in Togo and Takahashi (2009) analysierten Studien stimmen darin überein, dass Arbeitsstress zu Veränderungen der Regulationsmechanismen des ANS führen, die sich nicht nur während der Arbeitszeit, sondern auch während des Nachtschlafs nachweisen lassen. Messbar sind die stressbedingten Veränderungen des ANS über die Herzratenvariabilität (HRV). Die American Heart Rate Association hat in Schroeder et al. (2003) Empfehlungen für die zuverlässige Messung der HRV-Parameter definiert. Diese Empfehlung gilt als quasi-Standard für die nicht-invasive HRV-basierte Stressindikation. U. a. ist darin auch die HRV-Bestimmung aus während des Nachtschlafs aufgenommenen Langzeitmessungen definiert.

Generell müssen für die Bestimmung der HRV-Parameter die RR-Abstände zwischen den Herzschlägen gemessen werden. Für diese Messung braucht es keine teuren EKG-Geräte. Wie z. B. in Togo and Takahashi (2009) nachgewiesen wurde, können die RR-Intervalle mit handelsüblichen Brustgurten, z. B. der Firma Polar, EKG-genau gemessen werden.

Das Autonome Nervensystem (ANS) ist der Teil des Nervensystems, der unserer willentlichen Kontrolle weitestgehend entzogen ist. Über das Autonome Nervensystem werden lebenswichtige Funktionen gesteuert. Hierzu gehört z. B. die Kontrolle der Atmung, der Verdauung, des Stoffwechsels und des Herz-Kreislaufsystems.

Unterteilt ist das ANS in zwei Bereiche:

- Das sympathische System sorgt dafür, dass wir in entsprechenden Situationen maximal leistungsfähig werden. Das sympathische System lässt das Herz schneller schlagen und sorgt für erhöhte Blutzufuhr zu Muskeln, Herz und Gehirn. Es erhöht den Blutzuckerspiegel und hemmt gleichzeitig andere Funktionen wie Verdauung, Wachstum, Nierentätigkeit oder Insulinsekretion.
- Das parasympathische System sorgt für Erholung, Entspannung und Wiederherstellung der Kräfte nach starker Belastung. Dafür verringert es z. B. die Herzrate, regt zur Nahrungsaufnahme und Verdauung an und verbessert die Immunreaktivität.

Bei einem gesunden Menschen sollte ein harmonisches Gleichgewicht zwischen parasympathischer und sympathischer Aktivierung herrschen. D. h. unter anderem, dass unser Körper sehr wohl in der Lage ist außergewöhnliche Leistung zu erbringen, aber nur wenn wir rechtzeitig dem parasympathischen System die Chance geben, Erholung und Regeneration anzustoßen. Eine Vielzahl physischer und psychischer Krankheiten wird dadurch verursacht, dass das parasympathische System nicht mehr rechtzeitig und ausreichend zum Einsatz kommt.

Die Analyse der HRV ermöglicht die Messung der parasympathischen und sympathischen Aktivierung und damit eine Früherkennung pathogener Zustände.

Für die Evaluation der Stressminderung wurde im Rahmen des Projekts eine Smartphone App zur Messung der HRV-Parameter implementiert. Die App empfängt die vom Brustgurt aufgenommenen RR-Intervalle über Bluetooth. Die Messung wird von der Smartphone-App an einen Server übertragen. Dort werden die HRV-Parameter berechnet. Ihr zeitlicher Verlauf kann über den Browser analysiert werden (Abb. 5.6).

Im Forschungsprojekt SANDRA wird die HRV-Messung eingesetzt, um die Auswirkung des Erreichbarkeitsmanagements auf die Erholung während des nächtlichen Schlafs zu messen. Die Hypothese ist, dass sich durch den Verzicht auf berufliche Kommunikation nach Feierabend, die HRV früher dem Erholungspegel annähert als im gegenteiligen Fall. Dazu werden Mitarbeiter der an der Evaluation teilnehmenden Partnerunternehmen unter beiden Prämissen – mit und ohne berufliche Korrespondenz am Abend – HRV-Messungen über die Nacht durchführen. Dafür sollte die Messung beim Zubettgehen gestartet und am nächsten Morgen unmittelbar nach Erwachen beendet werden. Nach dem Hochladen der Messung auf den Server und der Berechnung der HRV Parameter, kann diese über den Webbrowser analysiert werden.

Die HRV-Parameter nehmen nicht nur durch Belastung bzw. Stress am Vorabend niedrige Werte an, sondern auch durch

- Bewegung während der Messung
- Husten und Nießen während der Messung (temporär)
- Alkoholkonsum vor der Messung
- Üppiges und spätes Essen vor der Messung
- Körperliche Belastung (Sport) in den Stunden vor der Messung

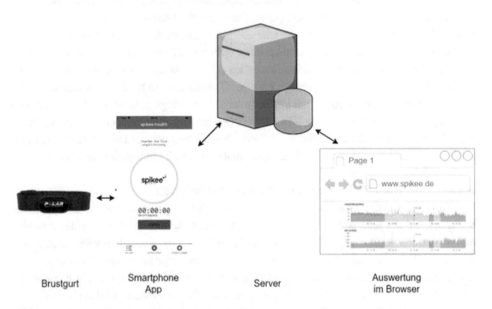

Abb. 5.6 Systematische Architektur des im Projekt eingesetzten System zur Stressmessung

- Erkältungen, grippale Effekte und andere Krankheiten
- Medikamenteneinnahme

Für die Studie im Rahmen des SANDRA Projektes ergibt sich daraus die Rahmenbedingung, an den Messtagen die oben genannten Faktoren auszuschließen bzw. konstant zu halten, sodass die variierende geschäftliche Email-Kommunikation am Abend als einzige Einflussgröße angenommen werden kann.

5.3.4.2 Einführung und Optimierung

Da es bei der Erprobung komplexer Systeme immer zu unerwarteten Problemen im Betrieb kommen kann, wurde bei der Einführung darauf geachtet, dass der normale Betrieb in den Partnerunternehmen sichergestellt ist. Dies ist besonders wichtig, da sich eine Störung der Kommunikation potenziell geschäftsschädigend auswirken kann. Daher wird, besonders in der Anfangszeit, der Demonstrator parallel zu den bisherigen E-Mailsystemen betrieben. In dieser Phase können anfängliche Fehler ohne negative Folgen für die Partnerunternehmen, z. B. durch verloren gegangene E-Mails, identifiziert und behoben werden. Mit voranschreitender Reife des Systems kann der Übergang auf den Demonstrator fließend erfolgen, bis schließlich die alten E-Mailserver gänzlich, durch das Erreichbarkeitsmanagement System gesteuerten Dienste ersetzt werden können.

Beide Partnerunternehmen verwenden bereits externe IT-Dienstleister für die Verwaltung ihrer Onlinekommunikation, sodass die Unternehmen selbst keine IT-Infrastruktur dafür vor Ort besitzen. Für die Bereitstellung der Serverkomponente wurden aus diesem Grund für jeden Projektpartner getrennte virtuelle Server bei einem externen Dienstleister gebucht (Hostingprovider). Bei der Auswahl des Anbieters wurde aus datenschutzrechtlichen Gründen besonders darauf Wert gelegt, dass sich nicht nur der Sitz des Unternehmens innerhalb Deutschlands befindet, sondern auch die Infrastruktur in innerländischen Rechenzentren bereitgestellt wird. Dadurch kann sichergestellt werden, dass schützenswerte Daten in Form von Kommunikationsprotokollen oder E-Mailnachrichten nie zur Verarbeitung in das Ausland transferiert werden müssen. Obwohl dies im Evaluationsbetrieb durchaus nach expliziter Zustimmung der Partnerunternehmen möglich wäre, ist dadurch sichergestellt, dass alle Daten beim Anbieter DSGVO-konform abgespeichert werden können. Neben diesen datenschutzrechtlichen Gründen hat ein Standort in Deutschland noch zusätzliche Vorteile hinsichtlich der Datensicherheit und Geschwindigkeit (Jäger 2018).

5.3.4.3 Kontinuierliche Einführung neuer Funktionen

Die Entwicklung des Demonstrators erfolgt nach dem Prinzip der agilen Softwareentwicklung, bei der jede neue Funktion oder Komponente schnellstmöglich in das Produktionssystem eingeführt wird (Continuous Deployment [CD]). Außerdem wird durch automatisierte Tests sichergestellt, dass neue Funktionen erwartungsgemäß funktionieren (Komponententests) und keinen negativen Einfluss auf die Arbeitsfähigkeit der bereits vorhandenen Komponenten haben (Regressionstest). Dieser Prozess wird auch als Continuous Integration (CI) bezeichnet.

Die Verwendung der CI/CD Praktiken ermöglicht einen kurzen Feedbackzyklus der Partnerunternehmen bei Einführung neuer Funktionen mit geringstmöglicher Störung des laufenden Betriebs (Shahin et al. 2017).

5.3.4.3.1 Evaluationsplan

In der ersten Evaluationsphase des Pilotbetriebs wurde zuerst ein simples und starres Regelwerk im Erreichbarkeitsmanager implementiert, ohne die Anpassung der Parameter durch den Nutzer zu ermöglichen. Dieses Regelwerk wurde durch die Partnerunternehmen spezifiziert und bildet die üblichen Geschäftszeiten in diesen ab.

In diesem Regelwerk wird zwischen drei Erreichbarkeitsstufen unterschieden:

1. Volle und uneingeschränkte Erreichbarkeit während der gesamten Kernarbeitszeit
2. Eingeschränkte Erreichbarkeit für bestimmte Kontakte
3. Störungsfreie Nachtruhe

Bei voller Erreichbarkeit werden alle E-Mails sofort und ohne Verzögerung zugestellt. Während der Nachtruhe werden alle eingehenden E-Mails bis zum nächsten Morgen zurückgehalten und, abhängig von der Sendeadresse, entweder bei Beginn der eingeschränkten Erreichbarkeit, spätestens aber mit Beginn der Kernarbeitszeit zugestellt.

Die eingeschränkte Erreichbarkeit bildet im Falle des Partnerunternehmens AGILeVIA GmbH den Anwendungsfall ab, außerhalb der Kernarbeitszeiten nur für bestimmte Kontakte erreichbar zu sein. Im konkreten Fall sind das internationale Geschäftspartner für welche, durch ihren Sitz im Ausland und der daher auftretenden Zeitverschiebung durch diese Erreichbarkeitsregeln ein realistischeres Kommunikationsfenster geschaffen wird. Eingehende Kommunikation dieser Geschäftskontakte wird während der eingeschränkten Erreichbarkeit ohne Verzögerung zugestellt, E-Mails von Absendern außerhalb dieser Ausnahmen werden, wie zur Nachtruhezeit, bis zum Beginn des nächsten Geschäftstages zurückgehalten. In der nächsten Evaluationsphase wurde es mit Einführung der Smartphone Applikation dem Nutzer ermöglicht, das in der vorherigen Phase eingeführte Regelwerk zu personalisieren. Dazu wurde die Möglichkeit geschaffen, die Anfangs- und Endzeiten der jeweiligen Erreichbarkeitsstufen zu wählen.

Nach der initialen Einführung der App und Bereitstellung von Testgeräten für die Evaluationspartner ist es möglich durch automatisierte Over-the-Air (OTA) Updates der App und die oben beschriebene Verwendung von CI/CD Techniken bei der Entwicklung der Serverkomponente, neue Funktionen des Demonstrators feingranularer und häufiger zu veröffentlichen. Durch die enge Zusammenarbeit zwischen den Evaluations- und Entwicklungspartnern ermöglicht dies eine iterative Verbesserung der Funktionalität. In den darauffolgenden Phasen wird der Erreichbarkeitsmanager im Folgenden erweitert. Eine Besonderheit dabei ist die Funktion der „gebündelten Zustellung" da diese im Partnerunternehmen AGILeVIA GmbH bereits als organisatorische Maßnahme in Form der 52/17 Regel (Bradberry 2015) umgesetzt ist. Diese Funktion dient daher als Beispiel für eine technische Maßnahme, die eine organisatorische Maßnahme ersetzt und somit im Idealfall den Mehraufwand der Selbstorganisation reduziert.

5.4 Fazit

Im Forschungsprojekt SANDRA werden sowohl ein Erreichbarkeitsassistent als auch organisatorische Maßnahmen in zwei Anwender-Unternehmen aus zwei verschiedenen Branchen erprobt. Die bisherigen Erkenntnisse aus dem Testbetrieb zeigen, dass sich durch eine technische Lösung Maßnahmen zur Verringerung der Belastung durch ständige Erreichbarkeit über Smartphones technisch umsetzen lassen und dass von einer Verringerung der Belastung durch ständige Erreichbarkeit über Smartphones ausgegangen werden kann. In der noch ausstehenden Evaluation werden mit den im Kapitel beschriebenen Verfahren sowohl die technische Leistungsfähigkeit des Erreichbarkeitsassistenten als auch die Stressreduktion durch Implementierung sämtlicher Maßnahmen (organisatorisch und technisch) gemessen, um belastbare Aussagen über Nutzen und Grenzen eines betrieblichen Erreichbarkeitsmanagements treffen zu können.

Für die Zukunft stellt sich zudem die Frage, ob weitere Kommunikationstechnologien in ein Erreichbarkeitsmanagement einzubeziehen sind. Hierbei relevant erscheinen aufgrund ihrer gestiegenen Verbreitung im Umfeld dienstlicher Kommunikation, z. B. Instant Messanging Systeme oder auch Varianten aus den Social Media – Umfeld.

Literatur

Ayyagari, R., Grover, V., & Purvis, R. L. (2011). Technostress: Technological antecedents and implications. *MIS Quarterly, 35*, 831. https://doi.org/10.2307/41409963.

Bradberry, T. (2015). Why the 8-hour workday doesn't work. https://www.linkedin.com/pulse/perfect-amount-time-work-each-day-dr-travis-bradberry. Zugegriffen am 15.09.2019.

David, K., Bieling, G., Bohnstedt, D., et al. (2014). Balancing the online life: Mobile usage scenarios and strategies for a new communication paradigm. *IEEE Vehicular Technology Magazine, 9*, 72–79. https://doi.org/10.1109/MVT.2014.2333763.

Devlin, J., Chang, M.-W., Lee, K., & Toutanova, K. (2018). BERT: Pre-training of deep bidirectional transformers for language understanding. arXiv: 1810.04805 [cs].

Fonner, K. L., & Stache, L. C. (2012). All in a day's work, at home: Teleworkers' management of micro role transitions and the work-home boundary: Teleworkers' role transitions. *New Technology, Work and Employment, 27*, 242–257. https://doi.org/10.1111/j.1468-005X.2012.00290.x.

Ganin, Y., Ustinova, E., & Ajakan, H., et al. (2015). Domain-Adversarial Training of Neural Networks. arXiv: 1505.07818 [cs, stat].

Google Inc. (2019). Implementing block phone numbers. https://source.android.com/devices/tech/connect/block-numbers. Zugegriffen am 13.09.2019.

Grießhaber, D., Vu, N. T., & Maucher, J. (2018). Low-resource text classification using domain-adversarial learning. arXiv: 1807.05195 [cs].

Henry, J. (1997). Psychological and physiological responses to stress: The right hemisphere and the hypothalamo-pituitary-adrenal axis, an inquiry into problems of human bonding. *Acta Physiologica Scandinavica Supplementum, 640*, 10–25.

Jäger, N. (2018). Hosting in Deutschland – Warum der Standort so wichtig ist. https://www.internetx.com/news/hosting-in-deutschland-warum-der-standort-so-wichtig-ist/. Zugegriffen am 29.06.2020.

Mikolov, T., Chen, K., Corrado, G., & Dean, J. (2013). Efficient estimation of word representations in vector space. arXiv: 1301.3781 [cs].

Olson, D., & Delen, D. (2008). Advanced data mining techniques. https://doi.org/10.1007/978-3-540-76917-0.

Olsson, F. (2009). *A literature survey of active machine learning in the context of natural language processing* (SICS technical report, 1). Kista: Swedish Institute of Computer Science. http://urn.kb.se/resolve?urn=urn:nbn:se:ri:diva-23510. Zugegriffen am 29.06.2020.

Sayah, S. (2013). Managing work-life boundaries with information and communication technologies: The case of independent contractors: Managing work-life boundaries with ICTs. *New Technology, Work and Employment, 28*, 179–196. https://doi.org/10.1111/ntwe.12016.

Schroeder, E. B., Liao, D., Chambless, L. E., et al. (2003). Hypertension, blood pressure, and heart rate variability: The atherosclerosis risk in communities (ARIC) study. *Hypertension, 42*, 1106–1111. https://doi.org/10.1161/01.HYP.0000100444.71069.73.

Shahin, M., Ali, B. M., & Zhu, L. (2017). Continuous integration, delivery and deployment: A systematic review on approaches, tools, challenges and practices. *IEEE Access, 5*, 3909–3943. https://doi.org/10.1109/ACCESS.2017.2685629.

Stock, R. M., Entringer, T. M., & Bieling, G. I. (2014). New directions for work-life balance research: A conceptual, qualitative approach. *AMPROC, 2014*, 16462. https://doi.org/10.5465/ambpp.2014.16462abstract.

Tarafdar, M., Tu, Q., Ragu-Nathan, B. S., & Ragu-Nathan, T. S. (2007). The impact of technostress on role stress and productivity. *Journal of Management Information Systems, 24*, 301–328. https://doi.org/10.2753/MIS0742-1222240109.

Togo, F., & Takahashi, M. (2009). Heart rate variability in occupational health – A systematic review. *Industrial Health, 47*, 589–602. https://doi.org/10.2486/indhealth.47.589.

Yerushalmy, J. (1947). Statistical problems in assessing methods of medical diagnosis, with special reference to X-ray techniques. *Public Health Reports (1896–1970), 62*, 1432–1449.

Open Access Dieses Kapitel wird unter der Creative Commons Namensnennung 4.0 International Lizenz (http://creativecommons.org/licenses/by/4.0/deed.de) veröffentlicht, welche die Nutzung, Vervielfältigung, Bearbeitung, Verbreitung und Wiedergabe in jeglichem Medium und Format erlaubt, sofern Sie den/die ursprünglichen Autor(en) und die Quelle ordnungsgemäß nennen, einen Link zur Creative Commons Lizenz beifügen und angeben, ob Änderungen vorgenommen wurden.

Die in diesem Kapitel enthaltenen Bilder und sonstiges Drittmaterial unterliegen ebenfalls der genannten Creative Commons Lizenz, sofern sich aus der Abbildungslegende nichts anderes ergibt. Sofern das betreffende Material nicht unter der genannten Creative Commons Lizenz steht und die betreffende Handlung nicht nach gesetzlichen Vorschriften erlaubt ist, ist für die oben aufgeführten Weiterverwendungen des Materials die Einwilligung des jeweiligen Rechteinhabers einzuholen.

Empowerment als Schlüssel für die agile Arbeitswelt

6

Ansatzpunkte für ein konsequentes Mitarbeitenden-Empowerment

Andreas Boes, Katrin Gül, Tobias Kämpf und Thomas Lühr

Zusammenfassung

Mit der digitalen Transformation stehen zahlreiche Unternehmen vor der Herausforderung, Neuland gestalten zu lernen. Richtungsweisend wirkt dabei das Leitbild der „agilen Organisation" mit einer ausgeprägten Kundenorientierung, beschleunigten Innovationszyklen und enger Kollaboration. In diesem Umbruch entstehen neue Anforderungen an die Beschäftigten: Die Mitarbeitenden sollen fachübergreifend zusammenarbeiten, selbstorganisiert agieren und eine hohe Veränderungsbereitschaft mitbringen. Diese Phase der Neueinstellung bietet die Chance, ein konsequentes Empowerment der Mitarbeitenden zu fördern. Dafür muss allerdings der Autonomiezuwachs auf Seiten der Beschäftigten in Organisationsstrukturen eingebettet sein, die echte Handlungsfähigkeit sowie nachhaltige Arbeitsbedingungen ermöglichen. In dem Beitrag werden Ansatzpunkte für eine Stärkung des Empowerments von Beschäftigten vorgestellt.

6.1 Die digitale Transformation: Unternehmen erfinden sich neu

Die digitale Transformation markiert einen grundlegenden Umbruch für die Organisation von Arbeit – historisch vergleichbar mit der industriellen Revolution im 19. Jahrhundert. Die Auswirkungen dieses Umbruchs betreffen jedoch nicht vor allem die unmittelbare Fertigung (vgl. z. B. Hirsch-Kreinsen 2014), wie durch die Zuspitzung der Diskussion auf „Industrie 4.0" oft impliziert wird, sondern sie reichen tief in die sogenannten „indirekten"

A. Boes · K. Gül (✉) · T. Kämpf · T. Lühr
ISF München e.V., München, Deutschland
E-Mail: andreas.boes@isf-muenchen.de; katrin.guel@isf-muenchen.de;
tobias.kaempf@isf-muenchen.de; thomas.luehr@isf-muenchen.de

© Der/die Herausgeber bzw. der/die Autor(en) 2020
M. Daum et al. (Hrsg.), *Gestaltung vernetzt-flexibler Arbeit*,
https://doi.org/10.1007/978-3-662-61560-7_6

Kopfarbeitsbereiche der Angestellten hinein. Die Veränderungen gehen weit über die bloße Frage der Automatisierung und des Verlusts von Arbeitsplätzen (vgl. dazu Frey und Osborne 2013; Brynjolfsson und McAfee 2011) hinaus. Sie stellen vielmehr insgesamt die bisherige Organisation von Arbeit und die Gestaltung von Innovationsprozessen bis hin zur Steuerung von Wertschöpfung infrage (vgl. für einen guten Überblick: BMAS 2015).

Im Zuge dieses Umbruchs sind die Unternehmen gegenwärtig dabei, sich neu zu erfinden. Sie suchen nach einem Bauplan für die digitale Transformation. Als Leitbild kristallisiert sich die „agile Organisation" (Boes et al. 2016) heraus, die einen Gegenentwurf zum fordistisch-bürokratischen Unternehmen mit seinen hierarchischen Entscheidungsprozessen und abgeschotteten „Silos" darstellt und eine Antwort auf die zunehmende Komplexität und Geschwindigkeit in den Unternehmensprozessen gibt. Den Hintergrund dieser Entwicklung bildet ein Produktivkraftsprung: So ist mit dem Aufstieg des Internets ein digitaler „Informationsraum" (Baukrowitz und Boes 1996) entstanden, der die abstrakte Welt der Daten und Informationen mit der Lebendigkeit einer neuen gesellschaftlichen Handlungsebene verbindet (vgl. Boes 1996). Als Fundament für die Arbeits- und Produktionsprozesse im 21. Jahrhundert kommt ihm dieselbe Bedeutung zu wie den Maschinensystemen im 19. und 20. Jahrhundert. Mit ihm wird die Informationsebene zum strategischen Zentrum für die Steuerung der Geschäfts- und Produktionsprozesse, die – von der manuellen Fertigung bis zur Kopfarbeit in den Büros – entlang des „flow of information" neu organisiert werden (vgl. Boes und Kämpf 2012). Als neuer „Raum der Produktion" (Boes 2004) bildet er zudem die Grundlage für neue Formen der Kollaboration, insbesondere in den indirekten Bereichen.

In dieser Phase der Neufindung experimentieren die Unternehmen mit vielfältigen agilen Konzepten und Methoden. Beispiele hierfür sind etwa die Einführung agiler Methoden, wie Scrum oder Kanban (siehe Infokasten), die Nutzung Community-basierter Ansätze von Wissenstransfer oder verschiedenste Formen eines agilen „Staffings", wie etwa Crowd Working bzw. die Nutzung von Formen interner „Crowd Work" (vgl. Simmert et al. in diesem Band; Durward et al. 2019) bis hin zu Formen der Schwarmorganisation. Gemeinsam ist diesen unterschiedlichen Ansätzen vor allem eines: Sie sind Ausdruck einer Suche nach Alternativen zu bürokratischen Organisationskonzepten. Es geht dabei vor allem um das Aufbrechen starrer Abteilungsgrenzen, um „flache Hierarchien", um mehr Flexibilität und um eine stärkere Kundenorientierung.

Auf der Ebene der Arbeitsorganisation kommt dabei der Übertragung von „agilen Methoden" aus der Software-Entwicklung eine strategische Bedeutung zu. Agile Methoden haben sich mittlerweile in breitem Maßstab in der IT-Welt durchgesetzt. Sie kommen auch in den großen Unternehmen wie Google, IBM, Microsoft oder SAP in der Fläche zum Einsatz (vgl. z. B. Woodward et al. 2010; Sutherland und Schwaber 2011; Dingsøyr et al. 2010) – vor allem in Gestalt von „Scrum", das als eine Art „Grassroot"- Bewegung gegen die Bürokratisierung der Software-Entwicklung entstanden war.

Was sind agile Methoden?

Neue Formen agiler Software-Entwicklung wurden seit Mitte der 1990er-Jahre von Pionieren wie Ken Schwaber, Mike Beedle oder Jeff Sutherland konzipiert und in Projekten angewendet (vgl. z. B. Beedle und Schwaber 2002; Sutherland und Schwaber 2011). Neben dem „Pair Programming", das auf eine Verbesserung des Wissensaustauschs im Arbeitsprozess zielt, und „Test Driven Development" zur frühzeitigen Fehleridentifizierung hat sich in der Praxis vor allem *Scrum* als agile Methode herausgebildet. Als agile Methode der Projektorganisation stellt Scrum einen Gegenentwurf zu den lange Zeit vorherrschenden, bürokratischen Wasserfallprojekten mit ihren langen Planungs- und teils mehrjährigen Projektlaufzeiten dar (zur Kritik vgl. exemplarisch DeMarco und Lister 1987). Es basiert auf der Grundidee, dass sich Software-Projekte a priori nicht exakt vorausplanen lassen. Das zentrale Prinzip sind daher *kurzzyklische Intervalle* von zwei- bis vierwöchigen „Sprints", die die Entwicklungszeit unterteilen. Am Ende jedes Sprints muss von jedem Team bereits lauffähige Software (*„Usable Software"*) vorgelegt werden, die dann schrittweise von Sprint zu Sprint erweitert, integriert und ausgebaut wird. Zu Beginn werden daher mit dem Kunden die zentralen Features der Software bestimmt und in eine Liste von Items (den *Backlog*) überführt, die dann über den Projektverlauf kontinuierlich aktualisiert wird. Die einzelnen Items werden erst von Sprint zu Sprint detailliert beschrieben und umgesetzt. Das kurzzyklische Vorgehen wird schließlich auch auf die *Meeting-Routinen* der Teams übertragen: Diese sollen sich z. B. täglich zum sog. „Daily Scrum" treffen, in dem sich alle Team-Mitglieder gegenseitig über den jeweiligen Arbeitsfortschritt in Kenntnis setzen.

Mit Scrum entstehen auch neue Rollen und eine veränderte Aufgabenteilung im Projekt. Insbesondere die Rolle des klassischen Projektleiters fällt weg. Stattdessen gibt es den sog. *Product Owner*, der gegenüber dem Team die Perspektive des Kunden vertritt. Anders als ein Projektleiter kann er jedoch nicht formell die Arbeitsteilung sowie die Zeit- und Kapazitätsplanung des Entwicklerteams bestimmen oder kontrollieren. Diese Aufgaben sollen idealtypisch wiederum eigenverantwortlich vom *Team* selbst übernommen werden, welches deshalb als *empowert* bezeichnet wird. Gerade weil dem Team eine tragende Bedeutung zugedacht wird, ist für die (soziale) Integration des Teams eine eigene Rolle, die des sog. *Scrum Masters*, vorgesehen.

Dabei ist wichtig zu sehen, dass die neuen Anforderungen an Organisation und Mitarbeitende keinesfalls Ausdruck eines kohärenten und abgeschlossenen Konzepts sind. Unsere empirischen Untersuchungen zeigen vielmehr, dass die Vorstellungen davon, was unter „Agilität" und „agile Organisation" zu verstehen ist, vielfältig und unterschiedlich ausgereift sind. Je nach Organisation und Unternehmensbereich lassen sich zudem unterschiedliche Deutungen und Spielarten identifizieren. Insofern muss man eher von einem strategischen Suchprozess sprechen. Der Umbau zu einer „agilen Organisation" dient damit als Chiffre für die Suche nach neuen Organisationskonzepten.

6.2 „Mündige Mitarbeitende"

Mit der agilen Organisation von Arbeit wird zumindest in den Vorreiter-Unternehmen ein neuer Typ von Arbeitskraft adressiert. Gebraucht werden „mündige Mitarbeitende", wie es einmal eine Führungskraft in einem unserer Interviews ausgedrückt hat. Damit ist gemeint, dass Unternehmen im Zuge der digitalen Transformation in vielen Bereichen auf Mitarbeitende angewiesen sind, die eng miteinander kollaborieren und dabei eine neue

„Kultur des Lernens" entwickeln, die eine hohe Veränderungsbereitschaft mitbringen und selbstorganisiert agieren:

- Das individuelle Expertenwissen soll offengelegt und neue Expertise permanent angeeignet werden: Sowohl über durchgängige IT-basierte Entwicklungs- und Kollaborationsumgebungen als auch durch die Installierung agiler Teams sollen die individuellen „Wissenssilos" aufgebrochen und die hochqualifizierten Experten in kollaborative und vernetzte Arbeitsprozesse eingebunden werden. Ziel ist es, individuelles Wissen in kollektives bzw. Organisationswissen zu überführen. Damit verbunden sind auch neue Anforderungen im Sinne einer „kommunikativen Fachlichkeit" (Bultemeier und Boes 2013).
- Es gilt, veränderungsflexibel zu sein und stets „über den eigenen Tellerrand hinauszublicken": Das „Mindset" der Mitarbeitenden soll an die Bedürfnisse der agilen Organisation angepasst werden. Sie sollen daran gewöhnt werden, dass es keine Gewissheiten mehr gibt und „nichts mehr fest ist". Sowohl Standort und Arbeitsplatz als auch Teamzugehörigkeit und Arbeitsinhalt können sich jederzeit ändern. Maßnahmen wie die Regelungen zu mobiler Arbeit oder die Umgestaltung der Bürowelten bis hin zum Verlust fester Arbeitsplätze, aber auch die Anforderung, zeitweilig im Ausland zu arbeiten, zielen darauf, die Flexibilität der Arbeitskräfte zu erhöhen, mit alten Gewohnheiten zu brechen und offen für neue Impulse von außen zu sein.
- Die Mitarbeitenden sollen lernen, eigenverantwortlich zu agieren und nicht mehr lediglich auf Vorgaben und exakte Anweisungen von Vorgesetzten zu reagieren. Umgekehrt müssen Führungskräfte lernen, „loszulassen" und als „Enabler" für das Empowerment und die Selbstorganisation des Teams zu fungieren. Ausgehend von der Annahme, dass die hochqualifizierten Experten selbst am besten wissen, wie ihre Arbeit funktioniert, sollen sie diese auch selbst organisieren und planen. Die bestehenden bürokratischen Prozesse sollen von den Mitarbeitenden hinterfragt und in „intelligente Prozesse" überführt werden, die immer wieder neu an die jeweils gegebenen Anforderungen angepasst werden können.

Eine wichtige Voraussetzung dafür, dass Mitarbeitende diesen Anforderungen gerecht werden können, ist, dass sie auch über die entsprechenden Freiräume in der Arbeit verfügen – z. B. um sich frei zu vernetzen, um an Informationen zu kommen oder einfach nur, um sich die Zeit zu nehmen, die Dinge in ihrer Tiefe zu durchdenken. Damit birgt diese gegenwärtige Phase der Neueinstellung auf die Herausforderungen des digitalen Umbruchs Chancen, ein Empowerment von Beschäftigten zu fördern. Voraussetzung dafür ist allerdings, dass der Autonomiezuwachs auf Seiten der Beschäftigten in Organisationsstrukturen eingebettet ist, die echte Handlungsfähigkeit sowie nachhaltige Arbeitsbedingungen ermöglichen. Und das ist keineswegs ein Selbstläufer in den Unternehmen.

6.3   Empowerment in der agilen Arbeitswelt

Doch was genau bedeutet Empowerment? Das Konzept des Empowerments wurde in den 70er-Jahren des 20. Jahrhunderts zunächst von der amerikanischen Bürgerrechtsbewegung geprägt und anschließend vor allem von der gemeindebezogenen Sozialen Arbeit aufgegriffen (insbesondere bei Julian Rappaport 1981) (vgl. Simon 1994). Im Mittelpunkt dieses Ansatzes steht eine ressourcenorientierte Perspektive, welche nicht die „Mängel" von Menschen in den Blick nehmen möchte, sondern vielmehr auf die Stärkung von Potenzialen abzielt. Im Kern geht es dabei um die Unterstützung bei der (Wieder-)Aneignung von Selbstbestimmung über die Umstände des eigenen Lebens. Die meisten Definitionen des Empowerment-Begriffs fokussieren dementsprechend sehr allgemein auf die Förderung der Autonomie und Selbstbestimmtheit von Menschen. Deutlich wird das z. B. bei Rappaport:

> „Unter ‚empowerment' verstehe ich, daß es unser Ziel sein sollte, für Menschen die Möglichkeiten zu erweitern, ihr Leben zu bestimmen." (Rappaport 1985, S. 269)

Obwohl die Wurzeln des Empowerment-Konzepts im Bereich der Sozialen Arbeit und Gemeindepsychologie liegen, wurde es von der betrieblichen Managementforschung schon früh adaptiert. Bereits in den 70er-Jahren entwickelte Rosabeth Moss Kanter (1977, 1989) das Konzept des strukturellen Empowerments. Es fokussierte darauf, Entscheidungsmacht an niedrigere Hierarchieebenen zu delegieren, um auf diese Art bessere Arbeitsresultate zu erhalten und die Produktivität des Unternehmens zu erhöhen. Kanter benennt fünf Bedingungen in der Arbeit, welche Voraussetzung für das Empowerment der Beschäftigten sind:

1. Möglichkeit, sich selbst weiterzuentwickeln und zu wachsen
2. Zugang zu relevantem Wissen
3. Zugang zu Unterstützungsleistungen (Feedback/Beratung durch Kollegen bzw. Vorgesetzte)
4. Zugang zu adäquaten Ressourcen (Zeit, Mittel)
5. Gelegenheit zum Aufbau und zur Nutzung von persönlichen Netzwerken

Auch wenn Kanter damit wichtige Faktoren von Empowerment hervorhob, galt die isolierte Perspektive auf das strukturelle Empowerment als unvollständig. So merkten Conger und Kanungo (1988, S. 474) an, dass eine alleinige Perspektive auf das strukturelle Empowerment die Selbstwirksamkeit der Mitarbeitenden unberücksichtigt lässt, und Spreitzer (2008) vermisste die Erfassung der Wahrnehmung von bestimmten Strukturen und Praktiken durch die Mitarbeitenden. Sie entwickelte daraufhin das in der Empowerment-Forschung fest etablierte und vielfach validierte Konzept des psychologischen Empowerments (vgl. Arneson und Ekberg 2006; Carless 2004; Laschinger et al. 2001).

Im Gegensatz zum strukturellen Empowerment steht beim psychologischen Empowerment weniger die tatsächliche Weitergabe von Autorität und Verantwortung im Mittelpunkt, sondern vielmehr die subjektive Wahrnehmung empowernder Arbeitsbedingungen durch die Mitarbeitenden und deren damit verbundene kognitive Zustände (Conger und Kanungo 1988; Spreitzer 1995). Die dahinterliegende Annahme ist, dass das Ausmaß, in dem die Organisation Empowerment-Maßnahmen implementiert, und das Ausmaß, in welchem sich Mitarbeiter empowert fühlen, nicht zwangsläufig übereinstimmen (Spreitzer 2008). Psychologisches Empowerment setzt sich nach Spreitzer aus vier Wahrnehmungen zusammen: das Empfinden von Bedeutsamkeit, Kompetenz, die Erfahrung von Selbstwirksamkeit sowie das Erleben von Einflussnahme (Spreitzer 1995). In ihrer Gesamtheit gelten diese Wahrnehmungen als motivierendes Element für eine proaktive Haltung in der Arbeit (Thomas und Velthouse 1990).

In der Empowerment-Literatur wurde jedoch – nicht zuletzt durch Spreitzer selbst – immer wieder darauf verwiesen, dass beide Perspektiven auf Empowerment – also die strukturelle und die psychologische – im Zusammenspiel zu betrachten sind. So betont Spreitzer (1996, 2008), dass eine Interdependenz zwischen der strukturellen und der psychologischen Form von Empowerment besteht und eine Integration beider Perspektiven erforderlich ist, um Empowerment vollständig zu verstehen.

Dieser Auffassung schließen wir uns an. Wir begreifen Empowerment als ein gelingendes Wechselverhältnis zwischen der Bereitschaft der Menschen, sich aktiv einzubringen, und den Rahmenbedingungen, welche die betriebliche Umwelt bereitstellt, um dieses Engagement zu ermöglichen und zu fördern. Empowerment entsteht demnach im Zusammenspiel der Bedingungen, die die Menschen umgeben, und der Wahrnehmung dieser Bedingungen durch die Menschen. Wichtig ist hierbei, dass die Rahmenbedingungen den Beschäftigten echte Handlungsfähigkeit ermöglichen. Das Konzept der Handlungsfähigkeit stammt aus der Kritischen Psychologie. „Handlungsfähigkeit" wird hier bestimmt als die „Fähigkeit, im Zusammenschluss mit anderen Verfügung über meine jeweiligen individuell relevanten Lebensbedingungen zu erlangen" (Holzkamp 1987). Motiviertes Handeln entsteht demnach, wenn die verfolgten Ziele dem Menschen eine Erweiterung der Lebensmöglichkeiten versprechen (ebd.). Empowerment im Arbeitsleben hat nach dieser Lesart also etwas mit dem Verfügen über die objektiven Arbeitsbedingungen zu tun sowie mit der subjektiven Wahrnehmung dieser Bedingungen.

6.4   Empowerment in der Praxis agiler Teams

Die Bedeutung, die der Frage des Empowerments in der Praxis einer agilen Arbeitswelt zukommt, konnten wir im Rahmen unserer Forschung zu agilen Teams nachvollziehen. Die empirische Basis dafür bilden zwei Fallstudien in Vorreiterunternehmen, die die Veränderungen der Arbeit im Zuge der Einführung von agilen Methoden in verschiedenen Anwendungsfeldern aufzeigen. Den Kontext bilden dabei die Forschungsprojekte „Lean im Büro – Neue Industrialisierungskonzepte für die Kopfarbeit und die Folgen für Arbeit und Beschäftigte" (gefördert von der Hans-Böckler-Stiftung, 2013–2016) sowie „Empowerment in einer digitalen Arbeitswelt (EdA)" (gefördert vom BMBF, 2016–2020).

Der Gegenstand der Fallstudie A ist ein großes europäisches Software-Unternehmen, in dem auf der Grundlage agiler Methoden ein neues Produktionsmodell implementiert wurde, das wir in mehreren Erhebungswellen intensiv empirisch beforschen konnten. Dabei konnten wir 70 Interviews mit Beschäftigten und 21 Expertengespräche mit Vertretern des Managements und des Betriebsrats führen. In Fallstudie B geht es um einen Forschungs- und Entwicklungsbereich eines großen, weltweit agierenden Industriekonzerns aus dem Bereich der Metall- und Elektroindustrie, der Scrum als agile Methode der Projektorganisation in einem begrenzten Projektrahmen eingeführt hat. In diese Fallstudie gingen insgesamt zwölf Intensivinterviews mit Beschäftigten und sieben Experteninterviews ein. Fasst man die Ergebnisse der beiden Fallstudien zusammen, so lassen sich verschiedene Entwicklungsstufen von Empowerment bei agilen Teams beobachten:

Werden agile Methoden ausgerollt, bekommen die Teams meist eine Schulung und fangen anschließend an, die neuen Methoden umzusetzen: Die Teams besetzen die neuen agilen Rollen, nutzen ein Scrum- oder Kanban-Board und treffen sich regelmäßig zu Daily Scrums oder Stand-up-Meetings. In dieser Entwicklungsphase handelt es sich um *formal* agile Teams, welche den Geist der Agilität noch nicht verinnerlicht haben. Die Teams befinden sich vielmehr noch in einer Art Findungsphase, in der viel ausprobiert wird und die neuen Routinen und Rollen noch nicht mit Leben gefüllt sind.

Entscheidend für die weitere Entwicklung der Teams ist nun, ob es gelingt, sie zu empowern. Nur dann kann die Schwelle zu einer wirklich agilen Arbeitskultur überschritten werden, in welcher die Mitarbeitenden zu einem funktionierenden Kollektivteam zusammenwachsen. Statt individueller Wissenssilos dominieren dann kollektive Wissensdomänen und starke Vertrauensbeziehungen. Das Team wird zu einem lernenden Team, es hinterfragt seine bisherigen Routinen und Prozesse und verbessert sich so kontinuierlich. Die Befragten sehen vor allem *Sinn* in ihrer Arbeit, haben das Gefühl, dass sie „die Dinge selbst entscheiden und auch zu Ende bringen" können, und berichten von einer ganz neuen Qualität von Teamarbeit, in der nicht nur „gemeinsam", sondern auch wirklich im Sinne eines echten Kollektivteams „zusammen" gearbeitet werde. Ein solch konsequentes Empowerment ist in der Praxis allerdings recht selten aufzufinden. Wir konnten es vor allem bei einigen hochqualifizierten Entwicklerteams in sogenannten „Leuchtturmprojekten" und in kleinen, innovativen Start-up-Unternehmen beobachten.

Wenn es allerdings nicht gelingt, Empowerment zu etablieren und die Schwelle zur agilen Kultur zu überschreiten, dann droht eine Verstetigung zu einem agilen Team „potemkinschen Typs". Ohne Empowerment werden die neuen Methoden nur nach außen hin umgesetzt, aber nicht wirklich gelebt. Unterhalb der Oberfläche arbeiten alle weiter wie bisher. Die Menschen unterminieren dann jegliche Formen der Transparenz und der Öffnung von Wissenssilos aus Angst, sich rechtfertigen zu müssen oder sich austauschbar zu machen. Es finden auch keine Lernprozesse statt und das Team stagniert in seiner Entwicklung.

Dabei zeigen die Ergebnisse deutlich, dass sich gerade in den potemkinschen Teams die Belastungssituation deutlich zuspitzt. Denn ohne Empowerment fehlt ihnen die Möglichkeit, ihre Arbeitslast selbst zu steuern. Dann sind sie der Taktung ihrer Arbeit und dem kurzzyklischen Lieferzwang wehrlos ausgeliefert – was bald zu einer permanenten Überforderung führt. Gleichzeitig fehlt ihnen ohne Empowerment auch das Gefühl von Selbstwirksamkeit, also das Gefühl, etwas bewirken zu können, und die Erfahrung von Sinn in der Arbeit. In unseren Interviews kommt das oft dadurch zum Ausdruck, dass selbst hochqualifizierte Software-Entwickler sich vergleichen mit einem „einfachen Arbeiter", der „an einem Fließband" steht.

Das bedeutet allerdings nicht, dass empowerte Teams vor dauerhaft hohen Beanspruchungen geschützt sind. Entscheidend ist bei ihnen, dass sie als Team lernen, nachhaltig mit den eigenen Ressourcen umzugehen und die steigende Produktivität vor allem für ein gesundes Arbeitstempo und die Stärkung der Sinnperspektive zu nutzen. Ohne ein Selbstverständnis des Teams als „permanent lernende Organisation" und ohne das Streben nach kontinuierlicher Verbesserung droht die Gefahr, wieder in alte Muster zurückzufallen und zu stagnieren – bis hin zu einer Abwärtsentwicklung, die schließlich unter die Schwelle der bürokratischen Kultur zurückfällt und in ein „verbranntes Team" münden kann. Notwendig ist es daher, die Lernprozesse im Team nicht lediglich eindimensional auf die Erhöhung der Geschwindigkeit und Verbesserung der Qualität zu richten, sondern vor allem darauf, die Potenziale der Produktivitätssteigerung für eine nachhaltige Geschwindigkeit und die Stärkung salutogener Potenziale, wie z. B. Spaß und Sinnorientierung in der Arbeit, zu nutzen.

Der Blick auf agile Entwicklerteams zeigt also: Empowerment ist der Schlüssel für die erfolgreiche und nachhaltige Gestaltung einer agilen Arbeitskultur. Ohne echtes Empowerment der Teams sind die Beschäftigten dem Belastungspotenzial des neuen Entwicklungsmodells – insbesondere im Zuge der Taktung und des kurzzyklischen Lieferzwangs – wehrlos ausgeliefert, weil ihnen keinerlei Kompensationsstrategien im Team zur Verfügung stehen. Ein „empowertes Kollektivteam" verfügt dagegen über die Fähigkeit, seine Arbeitsmenge eigenverantwortlich zu steuern. Mit der gemeinsamen Planung und selbstständigen Schätzung des Arbeitsaufwands entstehen grundsätzlich neue Instrumente, um ein nachhaltiges Arbeitstempo zu ermöglichen. Die Kollaboration im Team und die Entwicklung einer kollektiven Handlungs- und Strategiefähigkeit stellen eine entscheidende Ressource dar, salutogene Potenziale wie die Sinnperspektive oder die Handlungsfähigkeit in der Arbeit zu stärken und Belastungen zu reduzieren.

6.5   Empowerment stärken: Die wichtigsten Ansatzpunkte

Die spannende Frage ist jetzt: Was sind die expliziten Einflussfaktoren, die bestimmen, ob Mitarbeitende oder Teams empowert sind? Wir konnten im Rahmen des Verbundprojekts „Empowerment in der digitalen Arbeitswelt – nachhaltige Konzepte für die Digitalisierung entwickeln" (EdA) auf Basis unserer Empirie[1] in acht verschiedenen Unternehmen aus der IT-, Automobil-, Elektro- sowie Energiebranche die zentralen Ansatzpunkte identifizieren, auf die es ankommt, um ein Empowerment der Mitarbeitenden nachhaltig zu fördern (Abb. 6.1):

Führung: Die Organisation von Führung ist entscheidend bei der Frage, ob es gelingt, das Empowerment der Beschäftigten in den Unternehmen systematisch zu ermöglichen und zu fördern. In agilen Organisationen bedeutet das, dass Führung zu einer gemeinschaftlichen Aufgabe werden muss. Anstelle von hierarchischer Anweisung durch Einzelne wird ein Konzept von Führung benötigt, das auf sozialen Aushandlungsprozessen basiert. Dies betrifft Aushandlungsprozesse im Team ebenso wie zwischen verschiedenen funktionalen Rollen, die jeweils unterschiedliche Perspektiven auf das Ganze darstellen. Eng damit verbunden ist auch die Bereitschaft des Managements, die Autonomie agiler Teams zu akzeptieren. Das Führen empowerter Mitarbeiter bedeutet daher auch, dass sich die Rolle der Führungskraft grundlegend verändert: Statt Kontrolle gewinnen Unterstützung und Beratung als Funktionen von Führung an Bedeutung. Dies beinhaltet beispielsweise die Unterstützung beim Zugang zu wichtigen Ressourcen wie Informationen und

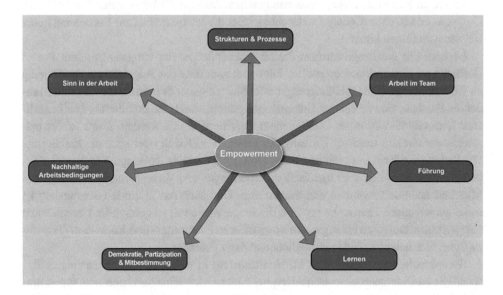

Abb. 6.1 Erfolgsfaktoren für Empowerment, eigene Darstellung

---

[1] Im Rahmen des Verbundprojekts „Empowerment in der digitalen Arbeitswelt – nachhaltige Konzepte für die Digitalisierung entwickeln" (EdA), gefördert vom Bundesministerium für Bildung und Forschung (BMBF) und vom Europäischen Sozialfonds für Deutschland (ESF), wurden insgesamt 86 Expertengespräche sowie Beschäftigteninterviews in acht verschiedenen Unternehmen aus der IT-, Automobil-, Elektro- sowie Energiebranche geführt. Weitere Informationen: www.eda-projekt.de.

notwendigem Know-how, beim Erwerb von Qualifikationen oder auch bei der Realisierung von Finanz- und Zeitplänen.

Strukturen & Prozesse: Für das Empowerment der Mitarbeitenden ist es entscheidend, dass sie im Unternehmen Strukturen und Prozesse vorfinden, welche eine flexible Anpassung an sich verändernde Ansprüche und Erfordernisse sowie einen offenen und leichten Austausch über Abteilungsgrenzen hinweg ermöglichen. Hierbei ist wesentlich, inwieweit die Beschäftigten eine Organisationsstruktur erleben, die sie in ihrer Eigeninitiative befördert und nicht durch starre und bürokratische Prozesse behindert. Dazu gehören auch ein offener Umgang mit Informationen, die Möglichkeit, neue Arbeitsformen auszuprobieren, sowie das Angebot von Plattformen und Tools, die eine weitgehend barrierefreie Zusammenarbeit ermöglichen.

Arbeit im Team: Ein empowertes Team verfügt über die entsprechenden Entscheidungsfreiräume, um Arbeitsabläufe selbstbestimmt zu gestalten und eine kollektive Strategie- und Handlungsfähigkeit zu entwickeln. Diese kann es zum einen zur Erschließung von Sinnpotenzialen und persönlicher Entfaltung nutzen und zum anderen zur Grundlage für die Steuerung der eigenen Arbeitsmenge sowie für einen schonenden Umgang mit der eigenen Arbeitskraft machen. Für das Empowerment der Teammitglieder entscheidend ist, ob sich solide und ausgeprägte Vertrauensbeziehungen ausbilden können, die einen konstruktiven Umgang mit Transparenz ermöglichen. Andernfalls können sich Formen eines Gruppen- und Rechtfertigungsdrucks entwickeln, die letztlich auch zur Entstehung neuer Belastungen führen können.

Lernen: Für das Empowerment der Mitarbeitenden ist der Umgang mit dem Thema „Lernen" im Unternehmen essenziell. Dies geht weit über das Angebot und den Zugang zu Weiterbildungs- und Qualifizierungsmaßnahmen hinaus. Es betrifft sehr viel umfassender die Frage, inwieweit es dem Unternehmen gelingt, durch die Etablierung kontinuierlicher Lernschleifen zu einer „intelligenten Organisation" zu werden. Dazu gehört beispielsweise ein konstruktiver Umgang mit Fehlern und Kritik oder auch die Etablierung von Freiräumen für Kreativität und Innovation. Eine wichtige Rolle spielt in diesem Kontext auch die Fähigkeit der Organisation, Erfahrungen und Verbesserungsvorschläge von Mitarbeitenden aufzunehmen und umzusetzen. Und auch das „Lernen voneinander" ist dabei ein wichtiges Thema: Es geht um die Frage, inwieweit es gelingt, im Unternehmen eine Vertrauenskultur zu erzeugen, die einen offenen Erfahrungs- und Know-how-Transfer zwischen den Mitarbeitenden ermöglicht und aktiv unterstützt.

Demokratie, Partizipation & Mitbestimmung: In welchem Maße partizipieren Beschäftigte an Unternehmensentscheidungen? Welche Möglichkeiten haben sie, selbst strategische Themen zu setzen und voranzutreiben? In welchem Umfang gibt es im Unternehmen kollektive Vereinbarungen, die das Empowerment der Beschäftigten nachhaltig sichern und das Vertrauen in neue Arbeitsformen stärken? Ein wichtiger Erfolgsfaktor für ein Empowerment der Beschäftigten ist eine beteiligungsorientierte Unternehmenskultur, die Selbstbestimmung durch Mitbestimmung ermöglicht. Gerade die institutionelle Absicherung der neuen Beteiligungsmöglichkeiten agiler Teams kann hier eine wichtige Grundlage schaffen. Dadurch ließe sich verhindern, dass z. B. die Dimensionen des

Empowerments immer wieder zur Disposition gestellt werden und von den Teams neu verhandelt werden müssen. Stattdessen könnten die Dimensionen des Empowerments über Vereinbarungen zwischen den Sozialparteien verstetigt und den Beschäftigten ein verbriefter Anspruch auf Empowerment gewährt werden.

Nachhaltige Arbeitsbedingungen: Die Möglichkeiten für zeit- und ortsflexible Arbeitsformen wie mobiles Arbeiten oder Home-Office haben mit der Digitalisierung zugenommen. Sie können Beschäftigte wie Führungskräfte prinzipiell in die Lage versetzen, eine bessere Vereinbarkeit von Arbeits- und Privatleben zu erreichen. In der Praxis entscheidet allerdings das Empowerment der Beschäftigten bzw. das Ausmaß ihrer Zeitsouveränität darüber, ob die Flexibilisierung von Arbeitszeit und Arbeitsort der Realisierung nachhaltiger Arbeitsbedingungen dient oder zu einer Verlängerung der Arbeitszeiten sowie ausufernden Verfügbarkeitserwartungen führt. Entscheidend ist hierbei auch die Frage, inwieweit Beschäftigte die Anforderungen der Arbeit mit den sich wandelnden Bedürfnissen in unterschiedlichen Lebensphasen vereinbaren können.

Sinn in der Arbeit: Eine zentrale Komponente des psychologischen Empowerments ist das Empfinden von Bedeutsamkeit in der Arbeit. Hierbei ist es entscheidend, in welchem Umfang es eine Übereinstimmung zwischen den Zielen in der Arbeit und den persönlichen Einstellungen und Wertvorstellungen gibt und ob die Beschäftigten Arbeitsbedingungen vorfinden, in denen sie ihren eigenen Ansprüchen an Inhalt und Qualität in der Arbeit gerecht werden können. Auch die Frage, ob Beschäftigte hierbei das Gefühl der „Handhabbarkeit" erfahren, also die Überzeugung, den Anforderungen gerecht werden zu können bzw. im Unternehmen etwas bewegen zu können, spielt bei der Erfahrung von Sinn eine wichtige Rolle.

6.6   Empowerment als humanistischer Gegenentwurf

Unter dem Eindruck des digitalen Umbruchs beginnt sich die agile Organisation als neue Leitorientierung in den Unternehmen durchzusetzen. Das eröffnet neue Chancen dafür, der Bedeutung des Menschen in der Digitalisierung gerecht zu werden und ihn in den Mittelpunkt zu stellen. Der Schlüssel dafür, dass das gelingen kann, ist die Frage des Empowerments: Nur wenn es gelingt, den Menschen im Arbeitsprozess zu empowern, kann er seiner neuen Rolle in der agilen Organisation gerecht werden.

Die Bedeutung des Empowerments selbst geht allerdings weit über die Frage des Gelingens der agilen Organisation hinaus. Das Konzept des Empowerments markiert vor allem einen humanistischen Gegenentwurf zum Bedrohungsszenario der Digitalisierung als einer Intensivierung von Arbeit und Belastung an digitalen Fließbändern, als Vernichter von Arbeitsplätzen und einer sicheren Zukunftsperspektive sowie als Beschleuniger von Überwachung und Kontrolle in Arbeit und Gesellschaft. Dagegen steht Empowerment für die Perspektive eines Aufbruchs in eine neue Humanisierung der Arbeitswelt, in der die Möglichkeiten der Digitalisierung für die Menschen genutzt werden – und nicht gegen sie! Und zwar indem der Mensch selbst zum Gestalter des Umbruchs wird. Damit dieser

Gegenentwurf sein Potenzial sowohl in den Unternehmen als auch in der Gesellschaft voll entfalten kann, kommt es darauf an, die reale Bedeutung des Empowerments in der Praxis auszubauen und zu entwickeln – und zwar: von einem Privileg einer kleinen Minderheit in unserer Arbeitsgesellschaft hin zu einer Art „kategorischem Imperativ" der digitalen Arbeitswelt und zu einer gesellschaftlichen Leitorientierung für die Gestaltung des digitalen Wandels.

Unsere Überlegungen und empirischen Befunde zeigen, dass mit dem Konzept der Agilität im Zuge der digitalen Transformation eine neue Leitorientierung in den Unternehmen entstanden ist. Diese zielt darauf, die Grenzen der fordistisch-bürokratischen Organisation zu überwinden, um die Produktivität zu steigern und die zunehmende Komplexität der Produktionsprozesse bewältigen zu können. So sollen mit agilen Konzepten die auf Basis des Informationsraums entstandenen Möglichkeiten zur Überwindung abgeschotteter Silostrukturen, bürokratischer Entscheidungskaskaden sowie des Expertenmodus praktisch wirksam gemacht werden – durch eine Neustrukturierung der Arbeits- und Organisationsprozesse im Team und eine Ausdünnung der Hierarchieebenen bzw. Erhöhung der Führungsspannen. Im Zuge dessen zeigen sich neue Möglichkeiten für eine Ausweitung der direkten Partizipation im Kontext des Empowerments von Mitarbeitenden und agilen Teams.

In unseren Fallstudien lassen sich diesbezüglich teils weitreichende Potenziale im Hinblick auf die Verfügungsmacht der Beschäftigten über ihren Arbeitsprozess erkennen. Entsprechende Dimensionen umfassen hier den Arbeitsumfang sowie die Art der Umsetzung der Projekte (also das „Wie" in der Arbeit) und können teilweise sogar bis hin zur Möglichkeit reichen, den Arbeitsinhalt zu bestimmen. Doch auch wenn es in der Unternehmenspraxis bereits einige erfolgreiche Beispiele für ein Empowerment von Beschäftigten gibt, haben diese Beispiele eher einen „Leuchtturm"-Charakter und prägen nicht das Bild in der Breite. Unsere empirischen Ergebnisse zeigen deutlich: Agilität bedeutet nicht automatisch Empowerment. Es lassen sich unterschiedliche Spielarten identifizieren – bis hin zu agilen Teams ohne wirkliches Empowerment.

Eine gezielte Gestaltung der betrieblichen Wirklichkeit in Richtung Empowerment ist daher erforderlich. Die identifizierten Ansatzpunkte sind die entscheidenden Hebel, um Empowerment im Unternehmen nachhaltig und konsequent zu fördern. Dabei ist das Empowerment der Schlüssel, die Menschen auf allen Ebenen dazu zu befähigen, die neuen Herausforderungen im Zuge der digitalen Transformation zu bewältigen. Darüber hinaus ist es aber auch entscheidend, durch Empowerment die Menschen selbst zu den Gestaltern des Umbruchs zu machen. Denn nur wenn gemeinsam mit den Menschen eine Vorwärtsstrategie entwickelt wird und nicht über ihre Köpfe hinweg gestaltet wird, kann es gelingen, anstelle von Angst und Verunsicherung bei den Menschen „Lust auf Zukunft" zu erzeugen.

Literatur

Arneson, H., & Ekberg, K. (2006). Measuring empowerment in working life: A review. *Work, 26*, 37–46.

Baukrowitz, A., & Boes, A. (1996). Arbeit in der „Informationsgesellschaft" – Einige grundsätzliche Überlegungen aus einer (fast schon) ungewohnten Perspektive. In R. Schmiede (Hrsg.), *Virtuelle Arbeitswelten – Arbeit, Produktion und Subjekt in der „Informationsgesellschaft"* (S. 129–158). Berlin: edition sigma.

Beedle, M., & Schwaber, K. (2002). *Agile software development with Scrum*. Upper Saddle River: Prentice Hall.

BMAS (Bundesministerium für Arbeit und Soziales). (2015). Arbeit weiter denken. Grünbuch Arbeiten 4.0. https://www.bmas.de/SharedDocs/Downloads/DE/PDF-Publikationen-DinA4/gruenbuch-arbeiten-vier-null.pdf?__blob=publicationFile. Zugegriffen am 26.10.2019.

Boes, A. (1996). Formierung und Emanzipation – Zur Dialektik der Arbeit in der „Informationsgesellschaft". In R. Schmiede (Hrsg.), *Virtuelle Arbeitswelten – Arbeit, Produktion und Subjekt in der „Informationsgesellschaft"* (S. 159–178). Berlin: edition sigma.

Boes, A. (2004). Offshoring in der IT-Industrie – Strategien der Internationalisierung und Auslagerung im Bereich Software und IT-Dienstleistungen. In A. Boes & M. Schwemmle (Hrsg.), *Herausforderung Offshoring – Internationalisierung und Auslagerung von IT-Dienstleistungen* (S. 9–140). Düsseldorf: edition der Hans-Böckler-Stiftung.

Boes, A., & Kämpf, T. (2012). Informatisierung als Produktivkraft: Der informatisierte Produktionsmodus als Basis einer neuen Phase des Kapitalismus. In K. Dörre, D. Sauer & V. Wittke (Hrsg.), *Kapitalismustheorie und Arbeit* (S. 316–335). Frankfurt a. M./New York: Campus Verlag.

Boes, A., Bultemeier, A., Kämpf, T., & Lühr, T. (2016). Arbeitswelt der Zukunft – zwischen „digitalem Fließband" und neuer Humanisierung. In L. Schröder & H.-J. Urban (Hrsg.), *Gute Arbeit. Digitale Arbeitswelt – Trends und Anforderungen* (S. 227–240). Frankfurt a. M.: Bund-Verlag.

Brynjolfsson, E., & McAfee, A. (2011). *Race against the machine. How the digital revolution is accelerating innovation, driving productivity and irreversibly transforming employment and the economy*. Lexington: Digital Frontier Press.

Bultemeier, A., & Boes, A. (2013). Neue Spielregeln in modernen Unternehmen – Chancen und Risiken für Frauen. In A. Boes, A. Bultemeier & R. Trinczek (Hrsg.), *Karrierechancen von Frauen erfolgreich gestalten* (S. 95–165). Wiesbaden: Springer Gabler.

Carless, S. A. (2004). Does psychological Empowerment mediate the relationship between psychological climate and job satisfaction? *Journal of Business and Psychology, 18*(4), 405–425.

Conger, J. A., & Kanungo, R. N. (1988). The empowerment process: Integrating theory and practice. *The Academy of Management Review, 13*, 471–482.

DeMarco, T., & Lister, T. (1987). *Peopleware: Productive projects and teams*. New York: Dorset House Publishing Co Inc.

Dingsøyr, T., Dybå, T., & Moe, N. B. (2010). *Agile software development. Current research and future directions*. Heidelberg: Springer.

Durward, D., Simmert, B., Peters, C., Blohm, I., & Leimeister, J. M. (2019). How to empower the workforce – Analyzing internal crowd work as a neo-socio-technical system. In *Hawaii International Conference on System Sciences (HICSS)*. Waikoloa.

Frey, C., & Osborne, M. A. (2013). The future of employment. How susceptible are jobs to computerisation?. www.oxfordmartin.ox.ac.uk/downloads/academic/The_Future_of_Employment.pdf. Zugegriffen am 26.10.2019.

Hirsch-Kreinsen, H. (2014). *Wandel von Produktionsarbeit – „Industrie 4.0"*. Soziologisches Arbeitspapier Nr. 38/2014. Herausgeber: Prof. Dr. H. Hirsch-Kreinsen, Prof. Dr. J. Weyer.

Holzkamp, K. (1987). Grundkonzepte der Kritischen Psychologie. In: Edition Diesterweg-Hochschule, Heft 1. Reprint in: AG Gewerkschaftliche Schulung und Lehrerfortbildung (Hrsg., 1987): Wi(e) die Anpassung. Texte der Kritischen Psychologie zu Schule und Erziehung. Verlag Schulze-Soltau: 13–19.

Kanter, R. M. (1977). *Men and women of the corporation*. New York: Basic Books.

Kanter, R. M. (1989). *When giants learn to dance*. New York/London: Simon & Schuster.

Laschinger, H. K., Finegan, J., & Shamian, J. (2001). Impact of structural and psychological empowerment on job strain in nursing work settings. Expanding Kanter's model. *Journal of Nursing Administration, 1*, 260–272.

Rappaport, J. (1981). In praise of paradox. A social policy of empowerment over prevention. *American Journal of Community Psychology, 9*(1), 1–25.

Rappaport, J. (1985). Ein Plädoyer für die Widersprüchlichkeit: Ein sozialpolitisches Konzept des „empowerment" anstelle präventiver Ansätze. *Verhaltenstherapie und psychosoziale Praxis, 2*, 257–278 (Übersetzung von: In praise of paradox: A social policy of empowerment over prevention. *American Journal of Community Psychology, 9*, 1–25, 1981).

Simon, L. (1994). *The empowerment tradition in American social work: A history*. New York: Columbia University Press.

Spreitzer, G. M. (1995). Psychological empowerment in the workplace: Dimensions, measurement, and validation. *Academy of Management Journal, 38*(5), 1442–1465.

Spreitzer, G. M. (1996). Social structural characteristics of psychological empowerment. *Academy of Management Journal, 39*(2), 483–504.

Spreitzer, G. M. (2008). Taking stock: A review of more than twenty years of research on empowerment at work. *Handbook of Organizational Behavior, 1*, 54–72.

Sutherland, J., & Schwaber, K. (2011). The Scrum papers: Nut, bolts, and origins of an agile framework. http://jeffsutherland.com/ScrumPapers.pdf. Zugegriffen am 26.10.2019.

Thomas, K. W., & Velthouse, B. A. (1990). Cognitive elements of empowerment: An „interpretive" model of intrinsic task motivation. *The Academy of Management Review, 15*(4), 666–681.

Woodward, E., Surdek, S., & Ganis, M. (2010). *A practical guide to distributed Scrum*. Munich: IBM Press.

Open Access Dieses Kapitel wird unter der Creative Commons Namensnennung 4.0 International Lizenz (http://creativecommons.org/licenses/by/4.0/deed.de) veröffentlicht, welche die Nutzung, Vervielfältigung, Bearbeitung, Verbreitung und Wiedergabe in jeglichem Medium und Format erlaubt, sofern Sie den/die ursprünglichen Autor(en) und die Quelle ordnungsgemäß nennen, einen Link zur Creative Commons Lizenz beifügen und angeben, ob Änderungen vorgenommen wurden.

Die in diesem Kapitel enthaltenen Bilder und sonstiges Drittmaterial unterliegen ebenfalls der genannten Creative Commons Lizenz, sofern sich aus der Abbildungslegende nichts anderes ergibt. Sofern das betreffende Material nicht unter der genannten Creative Commons Lizenz steht und die betreffende Handlung nicht nach gesetzlichen Vorschriften erlaubt ist, ist für die oben aufgeführten Weiterverwendungen des Materials die Einwilligung des jeweiligen Rechteinhabers einzuholen.

Empowerment in der agilen Arbeitswelt

Konzepte und Instrumente für eine ganzheitliche Gestaltung

7

Nesrin Gül, Katrin Gül, Daniel Knapp und Ralf Mattes

Zusammenfassung

Agilität ist die Antwort der Unternehmen auf die digitale Transformation und die neue Leitorientierung im gegenwärtigen Umbruch. Ohne Empowerment jedoch ist eine menschengerechte Gestaltung der agilen Arbeitswelt nicht möglich. Dabei machen die gemeinsamen Forschungsergebnisse des EdA-Projektverbundes allerdings deutlich, dass die Umsetzung von Empowerment in der Praxis kein Selbstläufer ist. Die Praxispartner des Verbundes haben verschiedene zukunftsweisende Gestaltungsansätze für Empowerment entwickelt und getestet. Dazu gehören ein Analyse- und Gestaltungstool für die Identifikation von betrieblichen Handlungsbedarfen, Methoden zur Weiterentwicklung von Partizipation und Mitbestimmung in den Unternehmen sowie die Entwicklung von Instrumenten für ein nachhaltiges Empowerment agil arbeitender Ent-

Mitarbeit: Jutta Witte

N. Gül
IG Metall Bezirk Bayern, München, Deutschland
E-Mail: nesrin.guel@igmetall.de

K. Gül (✉)
ISF München e.V., München, Deutschland
E-Mail: katrin.guel@isf-muenchen.de

D. Knapp
andrena objects ag, Karlsruhe, Deutschland
E-Mail: daniel.knapp@andrena.de

R. Mattes
AUDI AG, Ingolstadt, Deutschland
E-Mail: ralf.mattes@audi.de

© Der/die Herausgeber bzw. der/die Autor(en) 2020
M. Daum et al. (Hrsg.), *Gestaltung vernetzt-flexibler Arbeit*,
https://doi.org/10.1007/978-3-662-61560-7_7

wicklerteams. Sie zeigen exemplarisch, wie breit gefächert der Zugang zu Empowerment ist, welche Chancen es bietet und worauf es ankommt, wenn man es in der betrieblichen Praxis verankern will.

7.1 Empowerment in einer agilen Arbeitswelt: Das Verbundprojekt EdA

Der Blick in die betriebliche Praxis zeigt gegenwärtig deutlich: Agilität ist in den Unternehmen als neue Leitorientierung gesetzt (Boes et al. 2016). Die Abkehr vom hierarchischen Unternehmen fordistischer Prägung und die Transformation in eine agile Organisation ist das Konzept der Stunde, um die Herausforderungen der Digitalisierung zu bewältigen. Aber welche Bedeutung soll der Mensch in der agilen Arbeitswelt haben? Und wie können wir die agile Arbeitswelt im Sinne der Menschen gestalten? Von der richtigen Antwort auf diese Fragen wird wesentlich abhängen, ob es gelingen wird, die Potenziale der Agilität zu heben und die Risiken zu minimieren. Für eine nachhaltige und menschengerechte Gestaltung der agilen Arbeitswelt spielt das Empowerment von Beschäftigten und Führungskräften eine Schlüsselrolle. Dabei liegen die Optionen klar auf dem Tisch: Ohne Empowerment birgt eine agile Arbeitswelt zahlreiche negative Beanspruchungen für die Menschen. Mit einem ehrlichen und konsequenten Empowerment aber öffnet sie Wege zu einer neuen Humanisierung der Arbeitswelt (Boes et al. 2018).

Hierbei sind zwei Überlegungen bedeutsam:

Zum einen erleben wir gegenwärtig mit der digitalen Transformation einen Paradigmenwechsel hin zu einer Informationsökonomie (Boes et al. 2019, S. 122) mit weitreichenden Folgen für die Arbeitswelt. Richtungsweisend wirkt dabei das Leitbild der „agilen Organisation" mit einer ausgeprägten Kundenorientierung, beschleunigten Innovationszyklen und neuen Formen kollaborativer Arbeit. Dabei entstehen neue Anforderungen an die Beschäftigten: Die Unternehmen sind darauf angewiesen, dass ihre Mitarbeiterinnen und Mitarbeiter enger als bislang miteinander interagieren, ihr Wissen teilen, dass sie selbstorganisiert und eigenverantwortlich handeln, eine hohe Veränderungsbereitschaft mitbringen und eine neue Kultur des Lernens entwickeln. Kurzum: Sie brauchen „mündige", empowerte Mitarbeitende. Sie brauchen aber auch Führungskräfte, die sich nicht in einer Sandwich-Position zwischen dem Management und neu empowerten Beschäftigten aufreiben, die ihre eigene Rolle neu denken lernen und sich weiterentwickeln können zum orientierenden Coach und Enabler empowerter Teams. Wie sich dieses Wechselspiel zwischen Führungskräften, Beschäftigten und Teams weiter entwickeln wird, ist eine der spannenden Fragen im agilen Unternehmen der Zukunft.

Zum anderen wissen wir, dass wir es gegenwärtig nicht mit einem normalen Change-Prozess zu tun haben, sondern mit einem Umbruch auf allen Ebenen, für dessen Gestaltung es keine Blaupause gibt und den die Unternehmen nur gemeinsam mit ihren Belegschaften vollziehen können. Die erfolgreiche Bewältigung der digitalen Transformation kann nur mit Menschen gelingen, die diesen Wandel auch wollen und ihn aktiv mitgestalten. Beschäftigte, welche ihn lediglich als einen umfassenden Automatisierungsprozess erleben, der sie ihren Arbeitsplatz kosten könnte, werden statt der Lust auf Gestaltung lediglich Angst und Bedrohung empfinden. Es muss für die Menschen jedoch Sinn machen, sich mit dem eigenen Know-how und den eigenen Erfahrungen an der Gestaltung dieses Umbruchs zu beteiligen. Sie müssen einen Mehrwert für sich erkennen und erfahren, dass sie die Chance haben, mit der Gestaltung dieses Umbruchs ihre eigene Arbeitswelt zu formen. Genau diese Gestaltungsoptionen eröffnet ihnen ein konsequentes Empowerment.

Was bedeutet dies konkret? Wir begreifen Empowerment als ein gelingendes Wechselverhältnis zwischen der Bereitschaft der Menschen, sich aktiv einzubringen, und den passenden Rahmenbedingungen, welche Unternehmen bereitstellen, um dieses Engagement zu ermöglichen und zu fördern. Im Rahmen des Verbundprojekts „Empowerment in einer digitalen Arbeitswelt" (EdA) hat unser Team vom Institut für Sozialwissenschaftliche Forschung (ISF) München in enger Kooperation mit dem Betriebsrat der AUDI AG Ingolstadt, der IG Metall, der Universität Kassel sowie der andrena objects ag neue Ansätze für ein Empowerment der Beschäftigten erarbeitet.

Wir haben dabei die Handlungsfelder und Schwerpunktthemen Führung in der agilen Arbeitswelt, Gesundheit & Nachhaltigkeit, Crowd Work, Zeitsouveränität, agile Softwareentwicklung, Partizipation & Mitbestimmung und agile Organisationskonzepte umfassend analysiert und auf dieser Grundlage nachvollzogen, wie die Beschäftigten die digitale Arbeitswelt erleben und wo neue Möglichkeiten für Beteiligung entstehen. Darauf aufbauend haben wir gemeinsam mit unseren Verbundpartnern vielfältige Gestaltungsansätze, Konzepte, Instrumente und Methoden zur Stärkung von Empowerment und Partizipation entwickelt und begleiten sie weiter bei ihrer Umsetzung in die Praxis. Einige davon finden Sie auf den folgenden Seiten beschrieben. Sie zeigen beispielhaft, wie eine partizipative Gestaltung der Arbeitswelten der Zukunft gelingen kann.

7.2 Empowerment-Index – ein integriertes Analyse- und Gestaltungstool

Das Empowerment der Beschäftigten ist ein zentraler Erfolgsfaktor, wenn es darum geht, die aktuellen Herausforderungen im Zuge der digitalen Transformation nachhaltig und im Sinne der Beschäftigten zu bewältigen. Die große Frage ist aber: Worin genau besteht das Empowerment der Beschäftigten? Und woran müssen wir ansetzen, wenn wir es unterstützen wollen?

Im Rahmen des Forschungs- und Gestaltungsprojekts EdA wurden diese Fragen untersucht und auf Grundlage der Forschungsergebnisse der Empowerment-Index entwickelt – ein integriertes Analyse- und Gestaltungstool (vgl. zu den Forschungsergebnissen Boes et al. in diesem Band). Der Index ist ganzheitlich konzipiert, eingebettet in eine Theorie des digitalen Umbruchs und bezieht Aspekte wie Führung sowie Demokratie und Mitbestimmung mit ein. Das Tool soll die einzelnen Unternehmen dabei unterstützen, vor Ort mit den Beschäftigten und der Interessenvertretung spezifische Stärken, Schwächen und Bedarfe zu analysieren.

Dem Empowerment-Index liegt ein ganzheitliches Verständnis von Empowerment zugrunde, das strukturelle Elemente (z. B. Führung) ebenso wie psychologische Elemente (z. B. Sinn in der Arbeit) enthält und alle relevanten Dimensionen von Empowerment erfasst. Zu jeder dieser Dimensionen wurde Items formuliert, welche verschiedene Facetten von Empowerment adressieren. Die Beschäftigten können die Items auf einer vierstufigen Likert-Skala (Likert 1932) von 1 (stimme gar nicht zu) bis 4 (stimme voll zu) bewerten. Der Empowerment-Index enthält folgende Dimensionen:

Führung: Die Organisation von Führung ist entscheidend bei der Frage, ob es gelingt, das Empowerment der Beschäftigten in den Unternehmen systematisch zu ermöglichen und zu fördern. In agilen Organisationen bedeutet das, dass Führung zu einer gemeinschaftlichen Aufgabe werden muss. Anstelle von hierarchischer Anweisung durch Einzelne wird ein Konzept von Führung benötigt, das auf sozialen Aushandlungsprozessen basiert. Dies betrifft Aushandlungsprozesse im Team ebenso wie zwischen verschiedenen funktionalen Rollen, die jeweils unterschiedliche Perspektiven auf das Ganze darstellen. Eng damit verbunden ist auch die Bereitschaft des Managements, die Autonomie agiler Teams zu akzeptieren. Das Führen empowter Mitarbeiter bedeutet daher auch, dass sich die Rolle der Führungskraft grundlegend verändert: Statt Kontrolle gewinnen Unterstützung und Beratung als Funktionen von Führung an Bedeutung. Dies beinhaltet beispielsweise die Unterstützung beim Zugang zu wichtigen Ressourcen wie Informationen und notwendigem Know-how, beim Erwerb von Qualifikationen oder auch bei der Realisierung von Finanz- und Zeitplänen.

Strukturen & Prozesse: Für das Empowerment der Mitarbeiter ist es entscheidend, dass sie im Unternehmen Strukturen und Prozesse vorfinden, welche eine flexible Anpassung an sich verändernde Ansprüche und Erfordernisse sowie einen offenen und leichten Austausch über Abteilungsgrenzen hinweg ermöglichen. Hierbei ist wesentlich, inwieweit die Beschäftigten eine Organisationsstruktur erleben, die sie in ihrer Eigeninitiative befördert und nicht durch starre und bürokratische Prozesse behindert. Dazu gehören auch ein offener Umgang mit Informationen, die Möglichkeit, neue Arbeitsformen auszuprobieren, sowie das Angebot von Plattformen und Tools, die eine weitgehend barrierefreie Zusammenarbeit ermöglichen.

Arbeit im Team: Ein empowertes Team verfügt über Entscheidungsfreiräume, Arbeitsabläufe selbstbestimmt zu gestalten und eine kollektive Strategie- und Handlungsfähigkeit zu entwickeln. Diese kann es zum einen zur Erschließung von Sinnpotenzialen und persönlicher Entfaltung nutzen und zum anderen zur Grundlage für die Steuerung der eigenen Arbeitsmenge sowie für einen schonenden Umgang mit der eigenen Arbeitskraft machen. Für das Empowerment der Teammitglieder entscheidend ist, ob sich solide und ausgeprägte Vertrauensbeziehungen ausbilden können, die einen konstruktiven Umgang mit Transparenz ermöglichen. Anderenfalls können sich Formen eines Gruppen- und Rechtfertigungsdrucks entwickeln, die letztlich auch zur Entstehung neuer Belastungen führen können.

Lernen: Für das Empowerment der Mitarbeitenden ist der Umgang mit dem Thema „Lernen" im Unternehmen essenziell. Dies geht weit über das Angebot von und den Zugang zu Weiterbildungs- und Qualifizierungsmaßnahmen hinaus. Es betrifft sehr viel umfassender die Frage, inwieweit es dem Unternehmen gelingt, durch die Etablierung kontinuierlicher Lernschleifen zu einer „intelligenten Organisation" zu werden. Dazu gehört beispielsweise ein konstruktiver Umgang mit Fehlern und Kritik oder auch die Etablierung von Freiräumen für Kreativität und Innovation. Eine wichtige Rolle spielt in diesem Kontext auch die Fähigkeit der Organisation, Erfahrungen und Verbesserungsvorschläge von Mitarbeitenden aufzunehmen und umzusetzen. Und auch das „Lernen voneinander" ist dabei ein wichtiges Thema: Es geht um die Frage, inwieweit es gelingt, im Unternehmen eine Vertrauenskultur zu erzeugen, die einen offenen Erfahrungs- und Know-how-Transfer zwischen den Mitarbeitenden ermöglicht und aktiv unterstützt.

Demokratie, Partizipation & Mitbestimmung: In welchem Maße partizipieren Beschäftigte an Unternehmensentscheidungen? Welche Möglichkeiten haben sie, selbst strategische Themen zu setzen und voranzutreiben? In welchem Umfang gibt es im Unternehmen kollektive Vereinbarungen, die das Empowerment der Beschäftigten nachhaltig sichern und das Vertrauen in neue Arbeitsformen stärken? Ein wichtiger Erfolgsfaktor für ein Empowerment der Beschäftigten ist eine beteiligungsorientierte Unternehmenskultur, die Selbstbestimmung durch Mitbestimmung ermöglicht. Gerade die institutionelle Absicherung der neuen Beteiligungsmöglichkeiten agiler Teams kann hier eine wichtige Grundlage schaffen. Dadurch ließe sich verhindern, dass z. B. die Dimensionen des Empowerments immer wieder zur Disposition gestellt werden und von den Teams neu verhandelt werden müssen. Stattdessen könnten die Dimensionen des Empowerments über Vereinbarungen zwischen den Sozialparteien verstetigt und den Beschäftigten ein verbriefter Anspruch auf Empowerment gewährt werden.

Nachhaltige Arbeitsbedingungen: Die Möglichkeiten für zeit- und ortsflexible Arbeitsformen wie mobiles Arbeiten oder Home-Office haben mit der Digitalisierung zugenommen. Sie können Beschäftigte wie Führungskräfte prinzipiell in die Lage versetzen, eine bessere Vereinbarkeit von Arbeits- und Privatleben zu erreichen. In der Praxis entscheidet allerdings das Empowerment der Beschäftigten bzw. das Ausmaß ihrer Zeitsouveränität darüber, ob die Flexibilisierung von Arbeitszeit und Arbeitsort der Realisierung nachhaltiger Arbeitsbedingungen dient oder zu einer Verlängerung der Arbeitszeiten sowie ausufernden Verfügbarkeitserwartungen führt. Entscheidend ist hierbei auch die Frage, inwieweit Beschäftigte die Anforderungen der Arbeit mit ihren sich wandelnden Bedürfnissen in unterschiedlichen Lebensphasen vereinbaren können.

Sinn in der Arbeit: Eine zentrale Komponente des psychologischen Empowerments ist das Empfinden von Bedeutsamkeit in der Arbeit. Hierbei ist es entscheidend, in welchem Umfang es eine Übereinstimmung zwischen den Zielen in der Arbeit und den persönlichen Einstellungen und Wertvorstellungen gibt und ob die Beschäftigten Arbeitsbedingungen vorfinden, in denen sie ihren eigenen Ansprüchen an Inhalt und Qualität in der Arbeit gerecht werden können. Auch die Frage, ob Beschäftigte hierbei das Gefühl der „Handhabbarkeit" erfahren, also die Überzeugung, den Anforderungen gerecht werden zu können bzw. im Unternehmen etwas bewegen zu können, spielt bei der Erfahrung von Sinn eine wichtige Rolle.

Der Empowerment-Index lässt sich in der betrieblichen Praxis auf verschiedene Weise einsetzen:

Der Index kann einerseits als Analysetool eingesetzt werden. Auf Basis quantitativer Erhebungen in den Unternehmen können so gezielt verschiedene Dimensionen von Empowerment abgefragt werden. Hierbei kann der Empowerment-Index abbilden, wie die Beschäftigten ihre Gestaltungsspielräume in verschiedenen zentralen Bereichen der Arbeit wahrnehmen. Dabei kann er entweder in einzelnen Abteilungen oder auch in größeren Unternehmensbereichen eingesetzt werden. Er eignet sich auch für ein kontinuierliches Monitoring (Abb. 7.1).

Andererseits kann der Empowerment-Index als Arbeitsgrundlage für eine beteiligungsorientierte Gestaltung von Empowerment im Rahmen von Workshops genutzt werden. Entlang der zentralen Empowerment-Dimensionen kann gemeinsam mit den Beschäftigten der Ist- und der Soll-Zustand bestimmt, davon ausgehend Handlungsfelder für die Stärkung von Empowerment identifiziert und darauf aufbauend mögliche Gestaltungsansätze diskutiert werden.

7.3   Mehr Selbstbestimmung für mehr Mitbestimmung – Neue Partizipationsformen für die Arbeitswelt 4.0

Mit den grundlegenden Veränderungen in der Arbeitswelt werden auch Gewerkschaften, Betriebsrätinnen, Betriebsräte und Vertrauensleute vor neue Herausforderungen gestellt: So muss sich die Interessenvertretung nicht nur vorausschauend mit Zukunftstrends beschäftigen, sondern zugleich die Mitbestimmung und Partizipation in den Unternehmen weiterent-

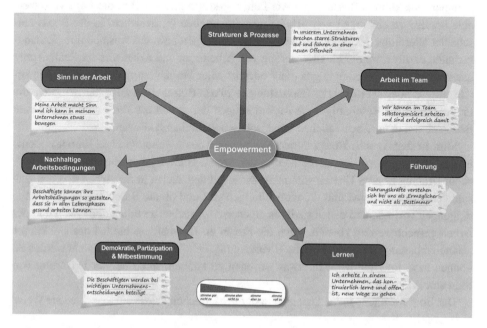

Abb. 7.1 Die zentralen Gestaltungsfelder für Empowerment, ISF München

wickeln (Mosch et al. 2018). Erst wenn Beschäftigte die Digitalisierung nicht als Bedrohung wahrnehmen, sondern sich auf Basis vertrauensbildender Maßnahmen auf die Veränderungen einlassen können und dabei auch aktiv ihre Sicht auf die digitale Arbeitswelt einbringen können, sind Unternehmen in der Lage, den digitalen Umbruch erfolgreich zu bewältigen.

Den Betriebsrätinnen, Betriebsräten und Vertrauensleuten kommt hier als Bindeglieder zwischen Betrieb und Beschäftigten eine tragende Rolle zu. Deshalb ist die Behandlung von folgenden konkreten Fragestellungen von vorrangiger Bedeutung: Wie können sich diese Multiplikatorinnen und Multiplikatoren in betriebsinterne Prozesse einbringen und Veränderungen mitgestalten? Mit welchen Methoden können sie die Beschäftigten an die Themen der Digitalisierung heranführen, sie an den Mitbestimmungsprozessen beteiligen und damit eine Demokratisierung einer Arbeitswelt 4.0 mit vorantreiben? Wie können sie selbst – auch mit Unterstützung der Gewerkschaften – in die Lage versetzt werden, ihre neue Rolle im Transformationsprozess auszufüllen? Und wie kann eine neue, direkte Beteiligung der Beschäftigten die bewährte Form der verfassten institutionellen Mitbestimmung ergänzen?

IG Metall Bayern
Vor diesem Hintergrund haben die IG Metall Bayern und der Betriebsrat der AUDI AG Ingolstadt im Rahmen des Verbundprojektes EdA innovative Formen der Partizipation und beteiligungsorientierte Gestaltungsformate entwickelt und erprobt. Diese bauen zum einen auf dem Empowerment der Beschäftigten und ihrer Interessenvertretung auf. Gleichzeitig verfolgen sie aber auch das Ziel, Empowerment nachhaltig in der betrieblichen Mitbestimmung zu verankern.

Den inhaltlichen Fokus des EdA-Teilprojektes der IG Metall Bayern bildete das Thema Zeitsouveränität, das hier seit langem prominent diskutiert wird. Eine groß angelegte bundesweite Beschäftigtenbefragung der Gewerkschaft aus dem Jahr 2017 mit über 680.000 Befragten aus rund 7000 Betrieben (Beschäftigtenbefragung IG Metall 2017) bildet hierfür die Grundlage. Sie zeigt klar, dass das Thema „mehr Selbstbestimmung bei der Arbeitszeit" viele Beschäftigte bewegt. Als Interessenschwerpunkte kristallisierten sich heraus: „flexible und finanziell abgesicherte Regelungen zur Vereinbarkeit von Arbeit und Familie beziehungsweise Arbeit und Pflege" sowie „zeitlich selbstbestimmtes Arbeiten." Die Ergebnisse der Umfrage flossen ein in einen Auswertungs- und Transferprozess, der in zwischenzeitlich umgesetzte Tarifforderungen für mehr zeitliche Selbstbestimmung mündete sowie in eine Gestaltungsoffensive für mehr Empowerment.

Diese wurde und wird maßgeblich durch die Beteiligung und die Erfahrungen der Beschäftigten sowie ihrer Interessenvertretungen strukturiert und vorangetrieben. Im Rahmen eines zweitägigen World Cafés identifizierten, diskutierten und bewerteten Beschäftigte, Betriebsräte und Vertrauensleute zunächst die Arbeitszeitthemen, die ihnen in der digitalen Arbeitswelt besonders wichtig sind. Auf der Grundlage der Beschäftigtenbefragung und der Erkenntnisse aus diesem Workshop definierte die Gewerkschaft die prioritären Punkte: mobiles Arbeiten, Arbeitszeitkonten, Umverteilung von Arbeitsvolumen, lebensphasenorientierte Arbeitszeit, Schichtarbeit, Vereinbarkeit von Familie, Leben und Beruf, nicht vergütete Arbeitszeit, flexible Arbeitszeiten. Darüber hinaus ermittelte sie Empowerment-Ansätze und die damit verbundenen Anforderungen.

Nach diesen Vorarbeiten rief die IG Metall Bayern im November 2017 das Netzwerk „Arbeit 4.0" ins Leben. In diesem Netzwerk engagieren sich rund 80 Betriebsräte und Betriebsrätinnen, ca. 30 davon nehmen dann immer je nach Interessenlage am Thema an dem Netzwerktreffen teil. Sie bilden einen Querschnitt der bayerischen Wirtschaft, bearbeiten gemeinsam mit den Beschäftigten zentrale Belange rund um die digitale Transformation und nehmen dabei die Möglichkeiten einer nachhaltigen Gestaltung in den Fokus. Topthemen sind dabei auch mobiles Arbeiten und Zeitsouveränität.

Grundlage der Netzwerkarbeit ist ein Themenpool, der an aktuelle Entwicklungen in der Praxis flexibel angepasst werden kann. Dieses Vorgehen gewährleistet eine dauerhafte Agilität und Innovationsbereitschaft des Netzwerks. Struktur, Ablauf und Setting der Treffen wurden von der IG Metall und den Teilnehmenden gemeinsam konzipiert. Letztere bestimmen auch die Praxisthemen, die auf die Agenda kommen.

Ein regulärer Workshop dieses Netzwerks befasst sich also mit einem zuvor demokratisch abgestimmten Themenfeld und startet mit einer Bestandsaufnahme zur aktuellen Situation in den Betrieben. Dadurch sind die Betriebsräte über den aktuellen Stand der Entwicklung im jeweiligen Themengebiet umfassend informiert und die Qualität der Diskussion steigt erheblich. So gelingt ein fundierter und lösungsorientierter Erfahrungsaustausch. Nach fachlichem Input und Abgrenzung des jeweiligen Themenfelds werden in Arbeitsgruppen vertiefende, intensive Diskussionen geführt und die gemeinsam entwickelten Ideen anschließend hinsichtlich der Rahmenbedingungen, der rechtlichen Handlungsmöglichkeiten und der Regelung durch Mitbestimmungsrechte durchleuchtet. Ein wichtiger Baustein sind die anschließenden Überlegungen zu den Beteiligungsmöglichkeiten der Beschäftigten, die sowohl auf den Erfahrungen der Betriebsräte basieren als auch auf den gemeinsam neu entwickelten Ideen. Nach einem Betriebsrundgang zum jeweiligen Themenschwerpunkt endet die Veranstaltung mit einer abschließenden kritischen Zusammenfassung. Dabei steht Zeitsouveränität stets auf der Agenda und wird mit folgenden Schlüsselfragen bearbeitet: Wem dient die Flexibilität? Welche Auswirkungen hat sie? Welche Rolle spielen Arbeitsumfeld und Leistungskontrolle?

Die Resultate der Netzwerkarbeit, die Ergebnisse der Beschäftigtenbefragung sowie die Erkenntnisse und Erfahrungen aus den Workshops fließen jetzt ein in die Entwicklung praxistauglicher Qualifizierungs- und Schulungsbausteine für Betriebsräte und Betriebsrätinnen. Im Rahmen des Projekts getestete und weiterentwickelte Methoden werden dabei mit den Teilnehmenden erprobt, im Rahmen eines „Methoden-Werkzeugkoffers" verschriftlicht und der Zielgruppe zugänglich gemacht. Im Ergebnis werden also Instrumente entwickelt, die neue Räume für selbstbestimmtes Handeln im Sinne von Empowerment erschließen.

Betriebsrat AUDI AG Ingolstadt

Selbstbestimmung braucht Mitbestimmung: Unter diesem Motto treibt auch der Betriebsrat der AUDI AG Empowerment voran. Getragen von der Überzeugung, dass mit dem Empowerment der Beschäftigten mittel- und langfristig eine Modernisierung der gegenwärtigen institutionalisierten Mitbestimmungsstrukturen einhergehen wird, haben die

Akteure im Rahmen ihres EdA-Teilprojektes die Anforderungen der Beschäftigten an das Empowerment analysiert und begleiten den Transformationsprozess in der Audi-Arbeitswelt mit neuen partizipativen Gestaltungskonzepten.

So entwickelte das Projektteam eine Szenarien-Methode zur Analyse der betrieblichen Mitbestimmung 2030. Die Prämisse war, dass es die bewusste Auseinandersetzung mit Szenarien ermöglicht, sich heute schon auf unterschiedliche Entwicklungen vorzubereiten und antizipierend Gestaltungsspielräume auszuloten. Die hier entwickelten Szenarien verstehen sich also als Einladung zum Dialog innerhalb des Betriebsrates sowie mit Vertrauensleuten und Beschäftigten über die Aspekte, die für die Zukunft der Mitbestimmung in Deutschland von entscheidender Bedeutung sein werden. Entlang der beiden Dimensionen „individuell-direkte Partizipation versus kollektiv-repräsentative Mitbestimmung" und „teilhabehemmende versus teilhabefördernde Unternehmenskultur" wurden vier Szenarien der möglichen betrieblichen Mitbestimmung entwickelt (Abb. 7.2).

Die Arbeit mit diesen Szenarien sieht aus wie folgt: Im ersten Schritt werden die vier unterschiedlichen Szenarien der betrieblichen Mitbestimmung von Moderatoren vorgestellt. Im Anschluss daran ordnen sich die Teilnehmer und Teilnehmerinnen einem der vier Szenarien zu. Diese Zuordnung erfolgt unter der Fragestellung, welches Wunschszenario sie verfolgen. Im dritten Schritt ordnen sich die Teilnehmenden dann dem Szenario zu, das sie für am wahrscheinlichsten halten. Im abschließenden vierten Schritt werden die Diffe-

Abb. 7.2 Mitbestimmung 2030 – Vier Szenarien

renzen zwischen „Wunsch-Szenario" und „wahrscheinlichstem Szenario" ausgewertet und konkrete Optionen diskutiert, was getan werden muss, um sich dem „Wunsch-Szenario" anzunähern.

Darüber hinaus konnte das Team im Laufe des Projektes Synergien herstellen zu einer Vielzahl unterschiedlicher Initiativen, die sich innerhalb der Audi-Belegschaft bereits in Eigendynamik zur Gestaltung der Unternehmenskultur herausgebildet hatten. Hierzu gehört unter anderem das von Audi-Beschäftigten entwickelte Kommunikationsinstrument „Anders Corner". Ähnlich wie bei dem berühmten „Speakers` Corner" im Londoner Hyde Park geht es hier um den freien Austausch von Ideen und Ansichten zu verschiedenen betrieblichen Themen, aber auch um Themen jenseits des Tellerrandes. Der „Anders Corner" versteht sich als Plattform zur aktiven Transformation, soll Menschen vernetzen, Kultur stiften, Bühne sein für die Auseinandersetzung mit Neuem, Themen und Projekten, aber auch Drehscheibe für Kompetenzentwicklung.

Ziel ist es, mit diesem Format inhaltliche Brücken zu bauen und Geschäftsbereiche zu verbinden. Der „Anders Corner" findet jeweils für eine Woche an einem anderen Standort auf dem Werksgelände statt. Über einen „Wochenplan" wissen alle Interessierten, dass montags von neun bis zehn Uhr auf der freien Bühne jede und jeder eigene Projekte vorstellen kann. Dienstags zwischen 15 und 16 Uhr kann dann an diesem Projekt vertieft gearbeitet werden. Auch wenn eine Interessentin oder ein Interessent am Anfang nicht dabei war, kann sie oder er an den Aushängen das Thema nachlesen, es als relevant erachten und sich einbringen. Moderatoren und Coaches begleiten den Gestaltungsprozess in dieser „anarchischen" Ecke der Kreativität. Dazu gehören auch eine Podcast-Station zu diversen Themen, die Beschäftigte hinterlassen haben, eine Literatur-Ecke mit Publikationen, die Kolleginnen und Kollegen anderen zum Lesen empfehlen, und Equipment zum Basteln.

Insgesamt zeigt sich: Neue beteiligungsorientierte Gestaltungskonzepte bewähren sich auch in der Mitbestimmung. Erfolgsentscheidend ist aber stets der individuelle Blick. So können klassische arbeitspolitische Bereiche zwar kollektiv geregelt werden, jedoch bringen Weiterentwicklungen in der technologischen Ausstattung und neue Arbeitsmethoden auch veränderte Herangehensweisen mit sich, bei welchen die Mitwirkung jedes Einzelnen wichtiger wird. Zuvor kollektiv geregelte Themen werden verstärkt in die gestalterische Verantwortung der Beschäftigten verschoben. Doch gerade im Neuland neuer Technologien und Arbeitsmethoden erhält die kollektive Regelung von Beschäftigungs- und Arbeitsbedingungen eine noch stärkere Bedeutung. Unterstützende betriebliche Rahmenbedingungen und Empowerment sind hierbei die wichtigste Grundlage für neue Handlungsansätze.

Die Chancen dieser Entwicklung liegen hierbei zum einen in der Stärkung der Selbstorganisation und der Selbstbestimmung („Empowerment") und zum anderen in der Entfaltung einer Mitbestimmungskultur 4.0 mit einem hohen Maß an Partizipation durch die Beschäftigten, die gemeinsam mit der Arbeitnehmervertretung dem Unternehmen gegenübertreten. Entscheidend für den Erfolg der hier dargestellten Konzepte und Instrumente ist: Nur unter dem Schirm starker Kollektivrechte können sich die einzelnen Beschäftigten frei entfalten. Das heißt, Selbstbestimmung und Mitbestimmung müssen zusammen gedacht werden und dürfen nicht in Konkurrenz zueinanderstehen.

7.4   Agile Softwareentwicklung: Tools für ein ganzheitliches Team-Empowerment

Um Nachhaltigkeit in der Arbeit von Softwareentwicklern sicherzustellen, ist es fundamental, die Teams im Hinblick auf den Aspekt des Befähigens zu fördern. Es reicht nicht, „Empowerment" auf die Handlungsbefugnis zu reduzieren. Denn handeln zu dürfen, ohne es zu können, führt zu Überlastung. Die andrena objects ag hat daher Instrumente entwickelt, die Teams befähigen, indem sie Wissenslücken schließen und unterstützende Werkzeuge bereitstellen. Damit ergänzen sie agile Methoden wirkungsvoll.

Im Rahmen des Forschungsvorhabens EdA wurden Empowerment-Lücken im Entwicklungs-Know-how und der Software-Werkzeug-Unterstützung identifiziert, dazu diente das etablierte ASE-Team-Empowerment-Programm als Benchmark. Handlungsfelder sind dabei die Identifizierung von Good Practices in der Anwendung des SAP-Tools Hybris, der Ausbau des Supports für die Programmiersprache Java und die Entwicklung von Curricula für „DevOps", einen Prozessansatz, der Softwareentwicklung und -administration („Development") sowie die Qualitätssicherung („Operations") zusammenführt.

Informationskasten: Agile Software Engineering (ASE)

„Agile Software Engineering" kombiniert agile Methoden wie Scrum mit dem sogenannten Software Engineering. Der Begriff des „Software Engineering" bezeichnet den Transfer der positiven Konnotationen des Ingenieurwesens wie Schnelligkeit, Verlässlichkeit und Solidität auf die Softwareentwicklung. Zugrunde liegt die Überzeugung, dass die Codequalität von bestimmten, klar umrissenen Fertigkeiten und Techniken abhängt. Besondere Bedeutung kommt hier dem Extreme Programming, kurz XP (Beck 2000), zu. XP verfolgt einen rein pragmatischen Ansatz in der Softwareentwicklung. Dazu gehören die Fokussierung auf den Code an sich, das kontinuierliche Testen dieses Codes und der Einsatz neuartiger Vorgehensweisen wie Pair Programming. Die angestrebte hohe Codequalität ist keineswegs Selbstzweck. Sie ist vielmehr die grundlegende Bedingung für eine dauerhafte Wart- und Anpassbarkeit der Software. Damit erfüllt sie den Anspruch der Agilität, dauerhaft auf Rückmeldungen des Marktes – und den daraus resultierenden Änderungsbedarf – reagieren zu können. Dafür spielt es keine Rolle, ob die Software eine komplette Eigenentwicklung darstellt oder ob es um individuelle Erweiterungen einer Standardsoftware geht. In beiden Fällen erlaubt die Codequalität, gemäß dem agilen Prinzip „Inspizieren und Adaptieren" flexibel zu bleiben – und damit markttauglich.

Während „Software Engineering" für die – handwerkliche – Art des Programmierens und die daraus resultierende Qualität steht, illustriert „Agile" die gewählte Art der Projektorganisation. Im Sinne des Empowerments deckt ASE damit beide Aspekte ab: das „Dürfen" über die selbstorganisierten, agilen Teams und das „Können" mittels der handwerklichen Prinzipien und Techniken.

Das Ziel war es, Tools und Methoden zu entwickeln, mit denen sich das Team-Empowerment in agilen Entwicklungsprozessen verankern lässt. Denn das Empowerment von Teams gezielt zu fördern leistet einen wichtigen Beitrag, um einer Überlastung der einzelnen Teammitglieder vorzubeugen. Dabei sind die beiden Facetten des Empowerments, der organisatorische Aspekt (Bevollmächtigung) und der das Know-how betreffende

Aspekt (Befähigung), gleichermaßen wichtig. Der organisatorische Aspekt bedingt eine Bereitschaft zum kulturellen Wandel, da Agilität einhergeht mit einer deutlichen Veränderung klassischer Prozesse und Strukturen. Verantwortung und Verantwortlichkeit verlagern sich. Diese Verlagerung ist kein Selbstzweck und auch nicht rein ideologisch motiviert, sie dient vielmehr sehr konkreten Zwecken.

Dazu gehört beispielsweise, die Entscheidungsgeschwindigkeit zu erhöhen und eine neue Balance zu etablieren: zum einen zwischen den drei Zielen „Produktivität und Geschwindigkeit", „Qualität" und „kontinuierliche Lieferung" sowie dem Wert des entwickelten Produkts. Zum anderen zwischen den jedes dieser Ziele verantwortenden Stakeholdern, dem Scrum Master, dem Team und dem Product Owner. Die Frage, ob eine Organisation bereit ist, jede dieser Rollen den Erfordernissen entsprechend zu empowern, muss jedes Unternehmen für sich selbst beantworten. Entsprechende Schulungen zu agilen Methoden, Workshops und individuelles Coaching können bei der Entscheidungsfindung hilfreich sein. Hier hält der Markt bereits ein breites Spektrum bereit.

Selbst das überzeugteste Bekenntnis zur Agilität nützt allerdings wenig, wenn die Akteure aufgrund mangelnden Wissens oder fehlender Erfahrung im Umgang mit neuen Methoden und Tools zwar handeln dürfen, aber nicht handeln können. Mitglieder der Belegschaft zu bevollmächtigen, aber nicht zu befähigen ist ein sicherer Weg zur Überlastung mit allen negativen Konsequenzen. Schnell verfügbare Innovationen in guter Qualität sind damit nicht zu erzielen. Die nachhaltige Gestaltung digitaler Arbeit wird damit blockiert statt gefördert.

Spezifische Curricula, beispielsweise für DevOps-Methodiken, die Erweiterung des Einsatzbereichs der SQI-Bestimmung und die Sammlung von Good Practices für den Umgang mit Standardsoftware sind wirksame Instrumente, um gerade die in dieser Beziehung oft weniger beachteten Entwicklerteams zu empowern.

Ein solches ganzheitliches Empowerment agiler Teams kann Teammitglieder darin bestärken, Situationen der Überlastung zu vermeiden beziehungsweise einen gesundheitsförderlichen Umgang mit solchen Situationen zu entwickeln. Der souveräne und selbstbestimmte Umgang auch mit herausfordernden Situationen hilft, Belastungen zu senken, gesundheitsschädliche Konsequenzen zu vermeiden und physischen Stress zu reduzieren.

Es ist allerdings davon auszugehen, dass auch der Status quo eben genau das ist, was der Name besagt: ein momentaner und damit temporärer Status. Ständig neu hinzukommende Programmiersprachen und Paradigmen, neue Technologien und Methoden werden es erforderlich machen, das bewährte ASE-Team-Empowerment-Programm laufend um neue Stacks zu erweitern, neue Tools zu konzipieren und mittels Feldstudien kontinuierlich weiter zu validieren, welche Praktiken auf Dauer tragfähig sind.

Aber selbst in diesem höchst volatilen Umfeld bleibt ein Grundsatz gültig: Guter Code ist die Basis guter Produkte. Die Teams auch dahingehend zu empowern, dass sie diesen guten Code selbstorganisiert erstellen können, bleibt damit ein vorrangiges Ziel im Sinne der Nachhaltigkeit.

Literatur

Boes, A., Bultemeier, A., Kämpf, T., & Lühr, T. (2016). Arbeitswelt der Zukunft – zwischen „digitalem Fließband" und neuer Humanisierung. In L. Schröder & H.-J. Urban (Hrsg.), *Gute Arbeit. Digitale Arbeitswelt – Trends und Anforderungen* (S. 227–240). Frankfurt a. M.: Bund.

Boes, A., Kämpf, T., Lühr, T., & Ziegler, A. (2018). Agilität als Chance für einen neuen Anlauf zum demokratischen Unternehmen? *Berliner Journal für Soziologie.* https://doi.org/10.1007/s11609-018-0367-5.

Boes, A., Langes, B., & Vogl, E. (2019). Die Cloud als Wegbereiter des Paradigmenwechsels zur Informationsökonomie. In A. Boes & B. Langes (Hrsg.), *Die Cloud und der digitale Umbruch in Wirtschaft und Arbeit: Strategien, Best Practices und Gestaltungsimpulse* (S. 115–147). Freiburg/München/Stuttgart: Haufe Group.

Likert, R. (1932). A technique for the measurement of attitudes. *Archives of Psychology, 22*(140), 55.

Mosch, P., Schlagbauer, J., Gergs, H.-J., & Mattes, R. (2018). Digitale Transformation braucht Mitbestimmung 4.0. *OrganisationsEntwicklung, 4*, 80–87.

Open Access Dieses Kapitel wird unter der Creative Commons Namensnennung 4.0 International Lizenz (http://creativecommons.org/licenses/by/4.0/deed.de) veröffentlicht, welche die Nutzung, Vervielfältigung, Bearbeitung, Verbreitung und Wiedergabe in jeglichem Medium und Format erlaubt, sofern Sie den/die ursprünglichen Autor(en) und die Quelle ordnungsgemäß nennen, einen Link zur Creative Commons Lizenz beifügen und angeben, ob Änderungen vorgenommen wurden.

Die in diesem Kapitel enthaltenen Bilder und sonstiges Drittmaterial unterliegen ebenfalls der genannten Creative Commons Lizenz, sofern sich aus der Abbildungslegende nichts anderes ergibt. Sofern das betreffende Material nicht unter der genannten Creative Commons Lizenz steht und die betreffende Handlung nicht nach gesetzlichen Vorschriften erlaubt ist, ist für die oben aufgeführten Weiterverwendungen des Materials die Einwilligung des jeweiligen Rechteinhabers einzuholen.

Social Business Transformation

8

Leitlinien zur nachhaltigen Etablierung von Social Business und dem Einsatz von Enterprise Social Networks

Christian Zinke-Wehlmann, Julia Friedrich und Mandy Wölke

Zusammenfassung

Unternehmen haben das Potenzial von Social Media im Hinblick auf Marketing und Kundenbindung lange erkannt. Zunehmend werden soziale Netzwerke und Technologien inzwischen auch unternehmensintern sowie in der überbetrieblichen Kommunikation eingesetzt. Diese sind elementare Bestandteile des Konzeptes Social Business. Social Business ist als Strategie oder Rahmenwerk zu verstehen, welche(s) einen sozialen, ökologischen oder ökonomischen Nutzen aus dem Einsatz digitaler sozialer Netzwerke generiert. Dieser Ansatz bietet insbesondere für die Gestaltung kollaborativer Arbeitsprozesse erhebliches Potenzial. Um Unternehmen bei der Umsetzung dieses Konzeptes zu unterstützen, werden im vorliegenden Beitrag methodische und technische Möglichkeiten aufgezeigt, um digitale Kollaboration bedarfsorientiert und zielgerichtet zu etablieren. Dies geschieht auf Basis eines eigens entwickelten Reifegradmodells. Anhand eines exemplarischen Anwendungsfalles, welcher sich auf den Einsatz innerbetrieblicher sozialer Netzwerke zur Unterstützung der Orientierung und Motivation von Mitarbeitende fokussiert, werden konkrete Zielstellungen und Leitlinien erarbeitet und umgesetzt.

C. Zinke-Wehlmann (✉) · J. Friedrich · M. Wölke
Institut für Angewandte Informatik e.V. an der Universität Leipzig, Leipzig, Deutschland
E-Mail: christian.zinke-wehlmann@uni-leipzig.de; friedrich@infai.org; woelke@infai.org

© Der/die Herausgeber bzw. der/die Autor(en) 2020
M. Daum et al. (Hrsg.), *Gestaltung vernetzt-flexibler Arbeit*,
https://doi.org/10.1007/978-3-662-61560-7_8

8.1   Einleitung

Soziale Medien und soziale Netzwerke sind allgegenwärtig. Laut dem Global Digital Report 2019 sind bereits 45 % der Deutschen aktive Nutzer von Social Media Plattformen (Kemp 2019). Durch ihre Omnipräsenz beeinflussen digitale soziale Netzwerke die Art und Weise, wie Menschen überall auf der Welt miteinander kommunizieren, Informationen austauschen und interagieren (Stocker et al. 2012). Der Erfolg von Social Media hat dazu geführt, dass soziale Plattformen wie Facebook, Wikis, Blogs und Instant Messenger (z. B. Slack) immer häufiger auch in Unternehmen genutzt werden und sich in einigen Branchen bereits als moderne betriebliche Kommunikationsmittel etabliert haben (Matthews et al. 2014). Ein gewisser Wildwuchs und eine unsystematische Einführung solcher Werkzeuge birgt jedoch auch Gefahren, bspw. Scheitern des Einsatzes, Überlastung des Personals und Überwachungstendenzen, um nur einige zu nennen. Daher bedarf es einer systematischen Strukturierung und methodischer Hilfestellung, damit der Einsatz sozialer Technologien erfolgreich ist und neben den ökonomischen nicht zuletzt auch den weiteren Anforderungen von Unternehmen, etwa nach Datenschutz und Mitarbeitergesundheit, gerecht wird.

Konkretes Ziel des Forschungsprojekt SB:Digital ist es zu untersuchen, inwiefern betriebliche soziale Netzwerke dazu dienen können, ökonomische, soziale und ökologische Mehrwerte zu schaffen. Social Business ist dabei als Unternehmenskonzept zu verstehen, welcher die inner- und überbetriebliche Nutzung von Social Software/Medien fördert, um (digitale) kollaborative Arbeitsprozesse zwischen internen (Gruppen, Abteilungen etc.) sowie externen Stakeholder (Angestellten, Lieferanten usw.) systematisch zu unterstützen und zu gestalten. Social media ist hierbei als eine Gruppe von „internet-based applications that build on the ideological and technological foundations of Web 2.0 [..] that allow the creation and exchange of User Generated Content"[1] (Kaplan und Haenlein 2010) zu verstehen. Als digitale Kollaboration wird das Abbilden vormals analoger Arbeitsprozesse innerhalb von digitalen Strukturen beschrieben, etwa in Form von collaborative writing (paralleles editieren von Textdokumenten), content co-creation (gemeinsamen Verfassen von Inhalten, z. B. in Form eines Wikis/Blogs) oder Projektmanagement.

Die zentralen Forschungsfragen, deren Beantwortung das Ziel des vorliegenden Beitrages ist, sind:

---

[1] Social Media und Social Software sind, neben kleinen definitorischen Nuancen, sehr ähnliche Konzepte. Social Software ist „a particular sub-class of software-prosthesis that concerns itself with the augmentation of human social and/or collaborative abilities through structured mediation (this mediation may be distributed or centralized, top-down or bottom-up/emergent)." http://plasticbag.org/archives/2003/05/my_working_definition_of_social_software. Ein weiterer Begriff der in der Literatur auftaucht sind Social Network Sites, diese sind eine spezielle Form der sozialen Medien Hevner und March (2003).

1. Wie kann der aktuelle Stand eines Unternehmens in Hinblick auf Social Business bzw. des systematischen Einsatzes von Social Media/Social Networks in Unternehmen analysiert werden?
2. Welche Erkenntnisse bzw. weitere Schritte lassen sich aus der Ermittlung des individuellen Stands in Hinblick auf Social Business für ein Unternehmen ableiten?

Ziel ist es, methodische und technische Möglichkeiten und Wege aufzuzeigen, um digitale Kollaboration zu stärken. Neben einer grundlegenden methodischen Einführung und einer Vorstellung des Reifegradmodelles werden im Sinne der Beantwortung der formulierten Forschungsfragen Ansätze zur Etablierung von Social Business diskutiert.

8.2   Social Business Transformation

Anhand der qualitativen Studie über den Einsatz interner sozialer Netzwerke in Unternehmen ist zu empfehlen, dass sich Unternehmen vorab der Grundfragestellung stellen sollten, wie in Ihrem Unternehmen kommuniziert, kollaboriert und zusammengearbeitet wird und wie die Zukunft aussehen soll. Somit ist der erste und wichtigste Schritt zum Social Business die Klärung der strategischen Ausrichtung im Unternehmen. Entscheidend wäre auch zu klären, ob die Implementierung von Enterprise Social Networks (ESN) für das Unternehmen überhaupt zielführend ist? Gibt es hier eine strategische Präferenz für die Etablierung neuer digitaler und kollaborativer Ansätze ist der Social Business Ansatz, welcher hier vorgestellt wird zu empfehlen.

Zur Entwicklung des Social Business Transformation Ansatzes erwies sich die Design Sciences Research, da sie auf die praktische Forschung ausgerichtet ist, als konstruktive Methode. Gemäß Hevner und March (2003) ist das Ziel der Design Sciences Research „to create innovations, or artifacts, that embody the ideas, practices, technical capabilities, and products required to efficiently accomplish the analysis, design, implementation, and use of information systems" (Frauchinger 2017). Um diesen Ansatz umzusetzen, wurde von Peffers ein generatives Verfahren für die Informatik entwickelt. Peffers geht in der designorientierten Forschung von sechs wesentlichen Schritten aus: 1. Die Problemerklärung, 2. Die Entwicklung eines Lösungsansatzes, 3. Das Artefaktdesign und -implementierung, 4. Die Demonstration, 5. Die Bewertung (und ggf. Einleitung eines weiteren Designzyklus) und 6. Die Ergebniskommunikation (Peffers et al. 2006). Der weitere Verlauf der Arbeit orientiert sich an Peffers entwickeltes Verfahren und zielt insbesondere auf die Entwicklung eines Vorgehens zur Transformation inkl. der Anwendung eines Reifegradmodells ab, um die individuelle digitale Reife eines Unternehmens zu verdeutlichen. Zur besseren und vor allem nachvollziehbareren Darstellung der Anwendung des entwickelten Reifegradmodells und der Herausarbeitung wirtschaftlicher Potenziale der Etablierung von Social Business entschied man sich im

Abb. 8.1 Darstellung des Vorgehens

Rahmen der Studie für ein Anwendungsbeispiel. Anhand dieser exemplarischen Anwendung soll der transformative Prozess hin zum Social Business verdeutlicht werden. Als Use-Case dient ein Unternehmen, welches bereits das technische Verständnis mitbringt und den Bedarf einer Modernisierung hin zum Social Business erkannt hat. Insbesondere die Potenziale im Bereich des Wissensmanagement und der Kollaborationsprozesse sowie dem Informationsfluss innerhalb des Unternehmens standen im Fokus des Vorhabens.

Um eine Social Business Transformation umzusetzen, schlagen die Autoren folgendes Vorgehen vor (Abb. 8.1):

1. Analyse der Situation
2. Entwicklung der Zielstellung auf Basis der Ausgangslage
3. Gestaltungs- und Transformationsprozesse für
   i. Technologische Grundlage
   ii. Organisation
   iii. Akteure (Mensch)
4. Implementierung

Es ist zu empfehlen, die Entwicklung als solche als kontinuierlichen Prozess im Unternehmen zu etablieren – wie es bei einigen Unternehmen schon der Fall ist – bspw. durch „continuous improvement" Prozesse[2] (Bessant et al. 1994).

---

[2] Definiert als „an organisation-wide process of focussed and sustained incremental innovation" (Bessant et al. 1994).

8.2.1 Analyse der Situation

Um den Status Quo eines Unternehmens hinsichtlich des Transformationsprozesses für Social Business zu ermitteln und daraus ggf. Handlungsempfehlungen ableiten zu können, wurde im Rahmen des Forschungsprojektes SB:Digital auf Basis qualitativer Interviews und einer umfangreichen Literaturstudie ein Reifegradmodell für Social Business entwickelt. Reifegradmodelle bilden unterschiedliche Entwicklungsstadien oder „eine Folge von Reifegraden für eine Klasse von Objekten [entlang eines] antizipierten, gewünschten oder typischen Entwicklungspfad[es] dieser Objekte in aufeinander folgenden diskreten Rangstufen; beginnend in einem Anfangsstadium bis hin zur vollkommenen Reife" (Knackstedt et al. 2009) ab.

8.2.1.1 Entwicklung des Reifegradmodells

Grundlage für das Reifegradmodell waren qualitative Interviews (18 Fragen, teilstandardisiert). Die verschriftlichten Interviews wurden in einem offenen Kodierverfahren im Sinne des Grounded Theory Ansatzes analysiert. Das zunächst offene Kodieren verfolgt das Ziel des „analytische[n] Herauspräparieren[s] einzelner Phänomene" (Strübing 2014). Nachdem zunächst jedes Interview einzeln bearbeitet wurde, erfolgte die axiale Kodierung, um ein „phänomenbezogene[s] Zusammenhangsmodell" (Strübing 2014) zu erarbeiten. Dabei wurde zunächst fallimmanent und später fallübergreifend vorgegangen. Auf diese Weise konnten Vergleichsdimensionen ermittelt, gruppiert und in Sinnzusammenhängen erfasst werden. Schließlich wurde eine Matrix von Aussagen entwickelt, welche die unterschiedlichen Perspektiven der Befragten bzw. Dimensionen von Social Business verdeutlichte und die jeweiligen Ausprägungen (Reifegrade) abbildbar machte.

Um den ersten Entwurf des lediglich auf den Erkenntnissen der qualitativen Interviews aufbauenden Reifegradmodells wissenschaftlich zu fundieren, wurde zudem ein Literatur Review vollzogen. Hierzu wurde eine Schlagwortsuche nach wissenschaftlichen Publikationen (peer-reviewed) mit Volltextzugriff in Englisch oder Deutsch auf den Datenbanken EBSCOhost sowie GoogleScholar durchgeführt. Zudem wurde eine Einschränkung auf Publikationen seit 2008 vorgenommen. Die konkrete Suche erfolgte nach Publikationen, deren Abstracts eine Kombination der Schlagworte Reifegradmodell bzw. maturity model und Enterprise 2.0, Enterprise Social Network, Social Business oder Kollaboration bzw, collaboration enthielten. Insgesamt wurden neun Reifegradmodelle ermittelt, die sich aufgrund ihrer inhaltlichen Schwerpunkte für einen Vergleich, mit dem auf Basis der qualitativen Studie entwickelten Reifegradmodell eigneten. Eine ausführliche Darstellung des Analyseprozesses und der gewonnenen Erkenntnisse findet sich in der noch nicht öffentlich verfügbaren Publikation „Ready for collaboration? An eight dimension maturity model for social business" (voraussichtlich veröffentlicht Anfang 2020 – Zinke-Wehlmann, Friedrich).

8.2.1.2 Das Reifegrademodell Social Business

Das resultierende Reifegradmodell dient als Theorierahmen, welches von Unternehmen bei der Umsetzung ihres Social Business Konzeptes unterstützen soll, indem es die vielfältigen Wirkungsmechanismen (Dimensionen) und ihre Zusammenhänge darstellt. Das Social Business Reifegradmodell umfasst insgesamt acht Dimensionen (Abb. 8.2).

Diese speisen sich aus drei Ebenen, die den Bereich Mensch, Organisation und Technik abdecken. Technisch betrachtet, erreicht ein Unternehmen den höchsten Reifegrad hinsichtlich der *Social Business Infrastruktur*, wenn es soziale Netzwerktechnologien vollständig und nahtlos in die technische Infrastruktur des Unternehmens eingebunden hat. Das Enterprise Social Network (ESN), welches als Austauschplattform dient und weitere genutzte Systeme integriert, spielt dabei eine zentrale Rolle. Denn es ermöglicht so einen unternehmensweiten Austausch von Informationen und Daten. Die Dimension der *Kollaborationprozesse* knüpft an die der Social Business Infrastruktur an und ermittelt, in welchem Umfang innerhalb des Unternehmens auf digitaler Ebene zusammengearbeitet werden kann. Während auf unterster Stufe Zusammenarbeit ohne technische Unterstützung und lediglich bilateral erfolgt, ist es auf höchster Stufe möglich, in Teams zusammenzuarbeiten, Dokumente parallel zu editieren und eng vernetzt innerhalb eines erweiterbaren Netzwerkes (B2B oder B2C) zu arbeiten. Dabei entsteht eine Art „virtuelle

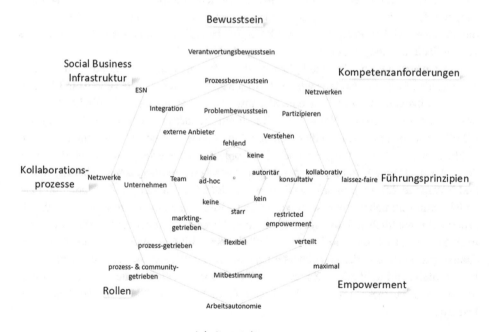

Abb. 8.2 Social Business Reifegradmodell

soziale Welt" (Geyer und Krumay 2015), in der sich kollaborative Arbeitsprozesse vollständig digital abbilden und ausführen lassen und die Kompetenzen aller Beteiligten strategisch gebündelt werden können (Sari et al. 2007).

Auch das Vorhandensein und Umsetzen von *Rollen* im Zusammenhang mit Social Business gibt Aufschluss über den Reifegrad eines Unternehmens. Neben Marketingverantwortlichen können das etwa Community-Manager oder Verantwortliche für Inhalte in Wissensmanagementsystemen sein. Während eine reine Beschränkung auf Marketingaktivitäten auf eine noch nicht allzu ausgeprägte Reife schließen lässt, spricht das Vorhandensein weiterer Zuständigkeiten bzw. die zunehmende Ausprägung eines strukturierten Rollensystems für eine höhere Reife. Die Frage nach dem Selbstbestimmtheitsgrad solcher Verantwortungsbereiche ist wiederum stark an die Art der *Unternehmensführung* geknüpft. Da Social Business vom freien Austausch und der Partizipation aller Angestellten lebt, stehen stark hierarchisch geprägte Strukturen dem Prinzip des Social Business konträr entgehen. Mitbestimmungsrechte, ob über Teamversammlungen oder Crowdvoting-Tools, und ein größtmöglicher Handlungsspielraum für die vernetzten Akteure sind hingegen Faktoren, die auf einen höheren Reifegrad hindeuten. Deutlich wird dies am Beispiel des Wissensmanagements. Restriktive Strukturen und strenge Hierarchien gelten als Barrieren, die Unsicherheit und Angst begünstigen und Mitarbeitende davon abhalten, an Wissensmanagementaktivitäten zu partizipieren. Offene Strukturen und Selbstbestimmungsrechte führen hingegen dazu, dass alle Arbeitskräfte frei und offen miteinander in Austausch treten können und ermutigt werden, den kollektiven Wert ihrer individuellen Kompetenzen zu erkennen. Eine weitere Dimension, welche aus unserer Sicht zur Bestimmung der Reife auf Ebene der Organisationsstruktur herangezogen werden sollte, ist die *Empowerment-Kultur*. Die Kultur des Empowerments in einem Unternehmen gibt Aufschluss darüber, wie selbstbestimmt die Belegschaft ihre Tätigkeiten ausführen und ist eng an die Führungsprinzipien geknüpft. Während restriktive Strukturen die Einhaltung von Vorgaben und Ausführungsbereitschaft in den Fokus rücken, beschreibt der höchste Reifegrad des Empowerments eine Situation, in der Mitarbeiter*innen ihre Arbeitsziele mit maximaler Eigenverantwortlichkeit erreichen. Dies betrifft sowohl die Wahl der Arbeitswerkzeuge als auch die Zusammenstellung von Teams. Autonomie und ergebnisorientierte Eigenverantwortung führen dabei zu einem hohen Engagement der Mitarbeitenden, welche sich für den Erfolg des Unternehmens direkt mitverantwortlich fühlen. Mit dem Grad des Empowerments einher geht auch die Dimension der *Arbeitsgestaltung*. Das Konzept des Social Business bietet die Möglichkeit zu agilen Prozessen und einer Flexibilisierung der Arbeitsorganisation. Dabei vollzieht sich ein Wandel von starren Rahmenbedingungen hinsichtlich Arbeitszeit und -ort hin zu flexiblen Strukturen und einer primär zielorientierten Arbeitsgestaltung, bei der auf Grundlage einer entsprechenden technischer Infrastruktur (mobiles Büro) die Wahl der Arbeitszeit und des Ortes, wiederum im Sinne des Empowerments, den Mitarbeiter*innen überlassen werden (McAfee 2009). Die beiden letzten Dimensionen des Reifegradmodells beziehen sich auf das Personal des Unternehmens. Um kollaborative digitale Arbeitsprozesse erfolgreich zu etablieren, bedarf es eines *Bewusstseins* für Social Business. Während das Fehlen eines Bewusstseins kennzeichnend für den niedrigen Reifegrad ist, steigt der Reifegrad mit zunehmendem Problem- und Prozessbewusstsein für Social Business Aktivitäten. Auf höchster Stufe haben die Mitarbeiter*innen ihre eigene Position und die Relevanz ihres Handelns für das Gelingen von Social Business vollends erkannt und initiieren eigenständig neue Kampagnen, machen Verbesserungsvorschläge und arbeiten aktiv an der Umsetzung mit. Dies geht einher mit erhöhten Anforderungen eines Unternehmens an die Belegschaft. Im Kontext von Social Business sind hier die benötigten *Kompetenzen* zur effizienten Nutzung der Social Networks gemeint. Je weiterentwickelt ein Unternehmen im Sinne des Social Business Gedankens ist, desto höher sind die Anforderungen hinsichtlich Selbstorganisation, Eigeninitiative und technischem Verständnis. Während zu Beginn des Transformationsprozesses (Stufe 2) lediglich ein grundlegendes Verständnis für Technologien und Funktionalitäten erforderlich ist, bedarf es bei zunehmender Reife eines Partizipationswillens und schließlich auch der Fähigkeit, aus einer zunehmenden Eigeninitiative heraus, Netzwerkaktivitäten anzustoßen und voranzutreiben.

8.2.1.3 Anwendung des Reifegrademodells

Um den aktuellen Reifegrad eines Unternehmens messen zu können, bedarf es einer Operationalisierung. Aus diesem Grund wurde ein Fragebogen entwickelt, welcher es Unternehmen ermöglicht, die eigene Social Business Reife im Self-Assessment zu ermitteln. Der Fragebogen beinhaltet insgesamt 36 Fragen, welche verschiedene Aspekte aller acht das Reifegradmodell umfassenden Dimensionen beleuchten. Beispielsweise wird zur Ermittlung der Reife für die Social Business Infrastruktur gefragt welche sozialen Technologien bereits im Unternehmen etabliert sind und zu welchem Zweck Social Media und sozialen Netzwerken im Unternehmen genutzt werden (etwa Recherche, externe Kommunikation bzw. Marketing, interne Kommunikation bzw. Vernetzung) sowie in welchem Umfang diese eingesetzt werden (etwa Teamintern oder auch in der Zusammenarbeit mit Unternehmenspartnern).

Die Auswertung des Fragebogens erfolgt durch einen gewichteten Score. Dabei wurde jedes Item (Frage) mit einem Faktor für die Wichtigkeit belegt. Die Ergebnisse werden im Anschluss normalisiert und ein Score zwischen 1 und 4 berechnet, welches die Stufe für die Dimension widerspiegelt. Die Einschätzung des Gewichtes war Teil der Operationalisierung – ist damit erst einmal ein Schätzwert aus Forschungssicht. Verortet sich ein Unternehmen in der Reife seiner Dimensionen eher zentral, ist davon auszugehen, dass im Unternehmen tayloristische Strukturen vorherrschen. In diesem Fall überwiegen klar strukturierte und kleinteilige Arbeitsprozesse mit festen Zuständigkeiten, starre Arbeitsbedingungen und Fremdbestimmung über den Arbeitnehmenden. Je weiter sich die ermittelte Reife auf dem Modell nach außen entwickelt, desto weiter ist der Transformationsprozess in Richtung Social Business vorangeschritten. Durch die visuelle Darstellung der Reifegrade wird es dabei möglich, Schwachstellen direkt zu erfassen. Dies ist etwa der Fall, wenn eine Dimension, deutlich zentraler verortet ist oder aber den anderen klar vorauseilt.

8.2.1.4 Zusammenfassung

In der Betrachtung des Reifegradmodells wird deutlich, dass Social Business ein Phänomen beschreibt, welches unter vielen verschiedenen Labeln bereits seit einigen Jahren als
moderne, zukunftsweisende Arbeitswelt propagiert wird. Terminologien wie New Work
(Hackl et al. 2017), Enterprise 2.0 aber auch Agilität oder collaborative work (McAfee
2009) betonen ausgewählte Aspekte dessen, was wir unter dem Terminus Social Business
subsumieren. Social Business ist zu verstehen als ein Unternehmenskonzept, welches basierend auf dem Einsatz sozialer Technologien und Netzwerken, die eigenen Mitarbeiter*innen zu einer selbstbestimmten und zielorientierten Arbeitsweise motiviert, um daraus einen ökonomischen, ökologischen oder sozialen Mehrwert zu generieren. Dies
unterscheidet sich signifikant von traditionellen Unternehmen mit ihren hierarchischen
Strukturen und klaren Weisungskonzepten. Das Reifegradmodell ist als Werkzeug zu verstehen, welches Unternehmen eine systematische Analyse verschiedener Dimensionen
von Social Business auf den Ebenen Mensch, Organisation und Technik Unterstützung
ermöglicht und eine Basis für die Weiterentwicklung in Richtung Social Business gibt.

8.2.2 Definition von Zielen

Ist die Ausgangssituation analysiert, sollten im nächsten Schritt Ziele definiert werden.
Hierbei muss bestimmt werden in welchem Umfang die Neuerungen umgesetzt werden
sollen (Arbeitsgruppe, Abteilung, Unternehmenswert). Um dies zu realisieren sind Zielpa-
rameter zu bestimmen, d. h. (individuelle und messbare) Parameter, welche im Unternehmen durch den Einsatz neuer sozialer Technologien verbessert werden sollen. Definiert
wird was sich von Änderungen innerhalb des Unternehmens erhofft wird. Beispielhafte
Parameter könnten sein:

- Zeitreduktion (bspw. bei der Wissensbereitstellung, oder kooperativer Tätigkeiten),
- Informations- und Wissensflussverbesserung (bspw. Vermeidung von Fehlkommunika-
  tion, bessere Dokumentationsqualität)
- Kostenreduktion (bspw. Reduktion organisatorischer Aufgaben)
- Erhöhung der Qualität der Arbeit (bspw. Mitarbeiterzufriedenheit) oder der
- Schaffung von ökologischem Nutzen (bspw. CO_2 Reduktion – Nachhaltigkeitskultur).

Manche der Zielsetzungen können sich durchaus überschneiden, andere stehen im
Konflikt jedoch haben alle Zielsetzungen Implikationen auf die Gestaltungselemente.
Gleichzeitig muss festgelegt werden welchen Umfang oder welcher Art die Transforma-
tion besitzen soll. Hierbei sind drei Szenarien denkbar:

- Optimierung des Bestehenden
  Das vorgefundene oder der derzeitige Stand hat ein erhebliches Potenzial und kann
  weiter optimiert werden.

- Erweiterung des Bestehenden
  Es kann auf bestehenden Lösungen aufgesetzt werden und damit auch an funktionie-
  rende Lösungen angeschlossen werden.
- Neuentwicklung
  Es muss etwas Neues entwickelt werden, da bisherige Lösungen nicht den Zielanforde-
  rungen entsprechen.

Gleichzeitig empfehlen Autoren wie Peter Schütt (2013), dass die geplanten Veränderungen mit einem Zeithorizont zu denken sind und empfehlen Sense-Making Modelle, wie beispielsweise von David Snowden vorgeschlagen wurde (Snowden 2005).

8.2.3 Gestaltungselemente Social Business

Um die gesetzten Ziele zu erreichen müssen verschiedene Ebenen des Unternehmens neu oder anders gestaltet werden. Angelehnt an das Reifegradmodell sind hierbei verschiedene Gestaltungsebenen zu unterscheiden. Es handelt sich um die Ebenen der Technik, der Organisation und des Menschen. Hierbei sind Gemeinsamkeiten und Unterschiede zu anderen Modellen zu nennen, beispielsweise zum 3-D KM Modell von Schütt (2013), welcher Organisation/Kultur, Prozess und Informationstechnologien betrachtet. Die explizite Betrachtung der menschlichen Fähigkeiten, Rollen und das Bewusstsein für Social Business scheint aus Sicht der Autoren in der Literatur bisher weitgehend vernachlässigt (Siehe auch Studie zum Reifegradmodell in Zinke-Wehlmann und Schiller 2019).

8.2.3.1 Gestaltungsebene Technik

Betrachtet man die Literatur um Enterprise 2.0 und Enterprise Social Networks (Media) kann schnell der Eindruck gewonnen werden, dass Technik allein die Veränderung in Unternehmen vorantreibt und sich quasi automatisch Social Business einstellt. Diese technikgetriebene Betrachtung des Phänomens führt jedoch zu einem erhöhten Risiko des Scheiterns der Anwendungen nach der Hype Phase (Trough of Disillusionment) (Fenn und Raskino 2008). Dennoch ist die technische Voraussetzung natürlich wichtig – jedoch nicht ausschließlich entscheidend für den Erfolg der Maßnahmen. Die Festlegung von Rollen und Verantwortlichkeiten sowie die Akzeptanz der Mitarbeiter*innen muss ebenso betrachtet werden, wie die Schaffung technischer Voraussetzungen. Ein maßgeblicher technischer Erfolgsfaktor ist die passgenaue Systemintegration. Die Studienergebnisse, siehe in Zinke-Wehlmann und Schiller 2019, haben gezeigt, dass bei der Wahl der zu integrierenden Tools zu beachten ist, welche Anforderungen sich aus der Arbeitspraxis ergeben und welche Präferenzen die Mitarbeiter*innen haben.

Gestaltungselemente sind hierbei immer Funktionalitäten, die je nach Zielsetzung umgesetzt werden sollten. Neben dem Einsatz und der Entwicklung von klassischen Web 2.0 Anwendungen und Funktionen sind auch viele Fragen der Integration und Interoperabilität von Anwendungen wichtig zu klären – bzw. zu gestalten. Neue Kommunikationsmöglichkeiten sollten erschlossen werden, welche die synchrone oder asynchrone Kommunikationskanäle beinhalten. Auch können Anforderungen zur Etablierung von kollaborativen und gleichzeitiger Bearbeitung von Dokumenten entstehen, was letztlich auf einen digitalen kollaborativen Arbeitsplatz hinausläuft. Diese Funktionalitäten bilden einen wichtigen Kern für Social Business. Darüber hinaus, dürfen „weiche" Anforderungen und Gestaltungselemente des User Interfaces sowie der Datensouveränität nicht außer Acht gelassen werden, um den Erfolg der Social Business Transformation zu ermöglichen.

8.2.3.2 Gestaltungsebene Organisation

Auf der Ebene der Organisation ist zunächst die Arbeitsumgebung zu betrachten, denn diese gilt es in den meisten Fällen zu verändern. Veränderte Kommunikation verändert nicht nur Prozesse, sondern auch die Arbeit selbst – bspw. durch veränderte zeitliche Abläufe und Anwesenheiten. Auf Prozessebene ist davon abzusehen, die Abläufe zu starr vorzugeben. Es gilt Freiräume und Empfehlungen zu schaffen – ein aktives Umfeld, in dem jeder lernen kann, Prozesse sinnvoll zu gestalten. Gleiches gilt für die Organisation von Teams und Projekten – aber auch von Arbeitstreffen und Arbeitszeiten. Mitarbeiter*innen sollten eigene Impulse zur Problemlösung und Zielerreichung umsetzen können. Gestaltungselemente sind hierbei die innerbetrieblichen Vorschriften und Verträge, wie auch die Arbeitsmittel. Zudem betrifft diese Gestaltungsebene die Rollen und deren Funktionen. Das Community-Management wird beispielsweise, gerade in sehr großen Unternehmen, eine wachsende Bedeutung innehaben. Gleichzeitig werden streng hierarchische Führungskonzepte und Kontrollstrukturen schrittweise aufgeweicht. Führungskräfte werden mehr und mehr zu Strukturgebern, die Strukturen schaffen um es den Mitarbeitenden zu ermöglich effizient zu arbeiten. Es ist weiterhin zu beobachten, dass Motivation und Partizipation der Belegschaft die Kernelemente für die Gestaltung der Arbeit sein werden. Hierfür sind sowohl kulturelle Rahmenbedingungen (bspw. zielorientiertes, interessengeleitetes Arbeiten) als auch Incentivierungssysteme (bspw. Gamification) zu gestalten.

8.2.3.3 Gestaltungsebene Mensch

Trends wie Working-Out-Loud[3] machen deutlich, dass der Erfolg von Social Business davon abhängt, inwieweit sich Menschen des Potenzials der sozialen Medien innerhalb und über unternehmensgrenzen hinweg bewusst sind. Erst wenn ein Bewusstsein geschaffen wurde und notwendige Kompetenzen vorhanden sind, kann Social Business überhaupt gelingen – und ist somit gleichermaßen elementar als Grundlage zu sehen wie die technischen Möglichkeiten und Funktionen. Sich dieser Restriktion bewusst zu sein, ermöglicht

---

[3] Working-Out-Loud bezeichnet eine Art Selbstlern-Methode zum gegenseitigen Wissensaustausch. In Anbindung sozialer Medien geht es darum sein Wissen zu teilen, statt für sich zu behalten. Es geht darum Beziehungen aufzubauen, Ideen und Kompetenzen weiterzuentwickeln und so die Ziele der Unternehmung in Kooperation zu erreichen. Man schafft sich auf diese Weise sein eigenes „Expertennetzwerk". Mehr dazu siehe: https://www.haufe-akademie.de/perspektiven/working-out-loud/. Zugegriffen am 12.12.2019.

es die Transformation zu meistern. Gestaltungselemente sind hier vor allem Angebote zur Erhöhung des Nutzenbewusstseins und Schaffung notwendiger Kompetenzen durch verschiedene Maßnahmen (Weiterbildung, Empfehlungen, Kampanien etc.). Zudem ist es wichtig, dass Feedback-Kanäle und Innovationsräume geschaffen werden, welche es ermöglichen überhaupt die individuellen Barrieren zu erkennen und Maßnahmen zur Beseitigung dieser gemeinschaftlich zu entwickeln. Ein weiterer essenzieller Erfolgsfaktor zur langfristigen Einführung von Social Business ist es nicht nur das Bewusstsein zu stärken, sondern auch der Technologieskepsis entgegenzuwirken. Eine abwehrende Haltung der Mitarbeiter*innen kann dem Transformationsprozess entscheidend im Weg stehen. Eine ganzheitliche Aufklärung, wie die transparente Darstellung der Wirkungs- und Arbeitsweisen der ESN, sowie Handlungsleitfäden ergänzt durch Benutzerbeispielen in Form von Erfolgsgeschichten, kann helfen Unsicherheiten abzubauen.

Weitere Empfehlungen zur Gestaltung der eben erörterten Ebenen sowie eine ausführliche Darstellung der einzelnen Dimensionen anhand der aus der qualitativen Studie gewonnenen Erkenntnisse findet sich in Zinke-Wehlmann und Schiller (2019).

8.3 Exemplarische Anwendung

Der Anwendungsfall handelt von einem Unternehmen, welches am Anfang des Transformationsprozesses steht und nach Möglichkeiten suchte, den steigenden Informationsmengen im Unternehmen Herr zu werden. Mit dieser Herausforderung begann das Unternehmen sich mit dem Thema Social Business auseinanderzusetzen. Social Business wurde als ein Modernisierungsansatz erkannt, der es ermöglicht, die Mitarbeiter*innen durch stärkere Beteiligung an Innovationsprozessen und einen unternehmensweiten kollegialen Austausch zu motivieren und gleichzeitig Möglichkeiten der besseren Informationsverteilung und Orientierung bietet. Entsprechend dem vorgestellten Vorgehen wurde zunächst die Reife des Unternehmens in Hinblick auf Social Business erhoben. Durch die Verortung des Unternehmens entsprechend seines Stands im entwickelten Reifegradmodell ließen sich potenzielle Lösungsansätze zur effizienteren Nutzung und erfolgreichen Implementierung von Social Business herausarbeiten.

8.3.1 Analyse der Situation

Das Unternehmen hatte zu Beginn des Prozesses keinerlei Social Business Infrastruktur – wobei erste Erfahrungen mit kollaborativen Arbeitsumgebungen in den Bereichen B2B Plattformen und Marketing über Social Media schon vorher gesammelt wurden. Aus dem vorab geführten Interview zur Ausgangsituation ging hervor, dass das Internet allein zur Wissensgenerierung und als Informationsquelle im Unternehmenskontext von der Belegschaft genutzt wurde. Zur Arbeitsorganisation bediente man sich dem klassischen Tool Microsoft Outlook. Diese wurde als zentrales Medium genutzt – alle Kollaborationsprozesse wurden über dieses Werkzeug geregelt. Die unternehmensinterne und außerbetriebliche Kommunikation vollzog sich ausschließlich über den E-Mail-Verkehr. Entsprechend der geringen Nutzungsrate sozialer Medien und Netzwerke wurden auch keine Social Business relevanten Rollen festgelegt. Es gab ein gewisses Verständnis davon, dass mittels des Einsatzes von digitalen sozialen Netzwerken verschiedene Problemstellungen angegangen werden könnten, außerdem wurden bereits entsprechende Kompetenzen im Bereich des Marketings gesammelt. Das heißt, dass das Unternehmen trotz fehlender Rahmenbedingungen, wie Infrastruktur und Rollen, bereits hohe Kompetenzanforderung an die Arbeitskräfte stellte, was den Transformationsprozess positiv beeinflussen konnte. Die Führungsprinzipien waren eher konsultativ. Dem entsprechend konnten Mitarbeiter*innen in einigen Bereichen Entscheidungen mit beeinflussen, aber die Entscheidungsgewalt oblag letztlich dem Vorgesetzten. Die Arbeit an sich war durch flexible Rahmenbedingungen gekennzeichnet. Hauptergebnis der Analyse war, dass die Dimensionen der Social Business Infrastruktur und Rollen als klare Schwachstellen in der Entwicklung identifiziert wurden (Abb. 8.3).

Abb. 8.3 Reifegrad des Anwenders zu Beginn des Projektes

8.3.2   Entwicklung der Zielstellung

Da das Potenzial zur Nutzung sozialer Netzwerke auch im innerbetrieblichen Kontext erkannt wurde, formulierte das Unternehmen mittels des Einsatzes von ESN folgende inei-
nandergreifende Zielstellungen:

1. Es sollte eine Plattform zum Informationsaustausch geschaffen werden (gemeinsame
   Wissensbasis). (*Social Business Infrastruktur*)
2. Es sollten Suchprozesse verkürzt werden.
3. Kommunikation innerhalb des Unternehmens verbessern (Silos aufbrechen – *Kollaboration*).
4. Die aktive Einbindung und Schaffung neuer Gestaltungsmöglichkeiten für die Mitarbeiter*innen soll die persönliche Bindung und die Identifikation mit dem Unternehmen
   stärken.
5. Es sollte eine Orientierungshilfe für unternehmen-internes Wissen und Information geschaffen werden (*Arbeitsgestaltung und Kollaboration*).
6. Ziel war hier die Reduktion der Einarbeitungszeit für neue Mitarbeiter*innen.
7. Reduktion der Recherchezeit für fachübergreifende Arbeiten.
8. Die Marketingprozesse sollten mithilfe dieser Plattform verbessert werden (Wissens-
   zugang und Zusammenarbeit) – d. h. das Marketing sollte besser mit den Entwick-
   lungsteams zusammenarbeiten.

8.3.3   Gestaltungselemente

Auf der technischen Gestaltungsebene sollte zunächst mittels des Aufbaus eines innerbetrieblichen sozialen Netzwerkes die technische Voraussetzung zur Zielerreichung geschaffen werden. Die technische Infrastruktur wurde so barrierefrei wie möglich in die Unternehmensprozesse integriert (keine Anmeldung, Offene Kollaboration und Content
Creation, einfaches User Interface). Es handelt sich um ein erweitertes und an die Bedarfe
angepasstes Blog-System. Dieses System wurde so gestaltet, dass keinerlei Möglichkeit
der aktiven Überwachung von Mitarbeiteraktivitäten möglich ist. Weiterhin verfügt das
System über Funktionen zur Informationsbereitstellung und -vermittlung.

Auf der organisatorischen Ebene sind die wichtigsten Gestaltungselemente auf verschiedenen Ebenen. Ein wichtiger Baustein für den Erfolg beim Einsatz von sozialen
Netzwerken, ob intern oder extern, in diesem Unternehmen war die Entwicklung eines
internen (Kommunikations-)Standards inkl. Rechten und Rollenkonzepten. Alle Mitarbeitenden wurden die gleichen Rechte zugewiesen und können beliebig viele Blogeinträge
verfassen. Gleichzeitig wurden die Rolle von technisch-administrativen Administratoren
geschaffen, um die Struktur des Netzwerkes zu warten. Die hierarchischen Strukturen im

Blog bewusst flach gehalten. Weithin wurde eine neue Rolle für die interne Kommunikation geschaffen, welcher marketingrelevante Inhalte in die entsprechenden Kanäle leiten soll.

Zusätzlich wurden Richtlinien erstellt und verschiedene Veranstaltung geplant. Diese Veranstaltungen zielten auf die Gestaltungsebene Mensch, da hier Fähigkeiten und Bewusstsein für die Nutzung der neuen Technik gelegt werden.

8.3.4 Implementierung

Konkret wurde zunächst ein internes Blog-Systems umgesetzt und zur Verfügung gestellt. Ausgewählt wurde ein System, welches über ein Multi-Autorensystem verfügt (Wordpress) und einfach zu bedienen ist. Hierfür wurden entsprechende technischen Voraussetzungen geschaffen (Server IIS etc.). Um die Nutzung zu fördern wurde der Blog als Startseite für die gesamte Belegschaft eingerichtet. Vorrangig dient der Blog dem Informationsaustausch, deshalb wurden alle Mitarbeiter*innen automatisch als Autoren eingestuft und können somit unternehmensrelevante Inhalte jederzeit einstellen. Diese können dann mit Schlagwörtern versehen werden, um so eine bessere Überschaubarkeit zu gewährleisten. Relevante Informationen lassen sich auf diese Weise schneller herausfiltern. Gleichzeitig ist die Kommentarfunktion standardmäßig eingeschalten, um die Möglichkeit für Feedback zu bieten. Der Aufbau der Seite unterscheidet sowohl fachliche als auch nicht-fachliche Informationen, um den Informationsaustausch und damit die Nutzung der Plattform zu erhöhen. Neben den allgemeinen Themen werden die Rubriken nach Abteilungen im Unternehmen aufgelistet, bspw. Vertrieb, Anwendungsbetreuung, Geschäftsleitung, Technik und Softwareentwicklung. Nicht-fachlicher Natur heißt im Blogsystem „Klamauk" – unter dieser Rubrik soll ein Austausch auf persönlicher Ebene stattfinden, um auf diese Weise ein gelebtes Miteinander im Unternehmen zu erreichen. u. a. werden auch verschiedene Speisepläne der umliegenden Dienstleister angezeigt. Zusätzlich werden ein Lexikon und eine Linksammlung zur Verfügung gestellt. Hierbei handelt es sich um die Sammlung wichtiger Links und Dokumente für die Abwicklung verschiedener Geschäftsprozesse (bspw. Aushangpflichtige Dokumente, Urlaubsanträge, Telefonliste, Schulungsunterlagen, Datenschutz, Arbeitsschutz), sowie Links zu verschiedensten Partnern und Datenportale. Das Lexikon dient der Wissensbereitstellung für alle Mitarbeiter*innen. Das gesammelte Knowhow aller unternehmensinterner Parteien wird hier dokumentiert und weitergegeben werden – Problemlösungsprozesse sollen auf diese Wiese effizienter gestaltet werden. Innerhalb des Netzwerkes herrscht eine sehr flache Hierarchie – wie oben beschrieben (Abb. 8.4).

Neben dem technischen Rahmen wurden erste Richtlinien für das Blogsystem entwickelt, welche ganz grundsätzlich die Nutzung und die Möglichkeiten erklärt. Um mögli-

Abb. 8.4 Das implementierte Blogsystem

chen Ängsten oder Skepsis vorzubeugen/entgegenzutreten werden auch die Themen Berechtigungen und Datenschutz diskutiert. Begleitend zu den Richtlinien wurden Arbeitstreffen organisiert, in denen die Mitarbeiter*innen das System kennenlernen konnten und die Nutzungsmöglichkeiten erklärt wurden. Nach diesen Maßnahmen konnte beobachtet werden wie verschiedene Mitarbeiter*innen begannen das System zu nutzen und Inhalte zu erstellen. Um jedoch eine nachhaltige Nutzung zu gewährleisten kam man zu dem Schluss, dass es einen Verantwortlichen „Community Manager" bedarf, der die Mitarbeiter*innen zum kontinuierlichen Kollaborationsprozess anregt und motiviert. Der seine Zuständigkeiten nicht nur auf Marketingebene sieht, sondern diese auch auf innerbetrieblicher Ebene begreift. Daher soll die Nutzung des Blogs künftig durch ein Community-Management unterstützt werden.

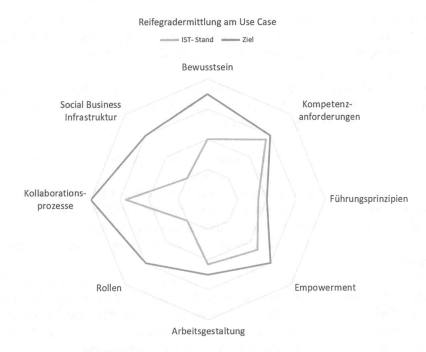

Abb. 8.5   Social Business Transformation – Vergleich der Reife

8.3.5   Analyse der Situation II

Nach der Implementierung der einzelnen Gestaltungselemente wurde die Situation im Unternehmen erneut mittels des vorgestellten Reifegradmodells analysiert und bewertet. Die implementierten Maßnahmen haben dazu geführt, dass vor allem die Infrastruktur aufgebaut und explizite Rollen für Social Business definiert wurden. Gleichzeitig erreichte man mit den Maßnahmen einen positiven Einfluss auf das Bewusstsein der Mitarbeiter*innen, sowie eine Erhöhung der Reife der Kollaborationsprozesse. Durch die Senkung von Einstiegshürden und somit auch durch den Abbau von Skepsis, bzgl. des Umganges mit dem neuen Medium, erreichte man eine Verbesserung des unternehmensweiten Austauschs von Informationen. Abb. 8.5 zeigt den Anstieg der einzelnen Dimensionen und den Erfolg der getroffenen Maßnahmen.

8.4   Ableiten von allgemeinen Leitlinien für die Social Business Transformation

Die Bestimmung des Social Business Reifegrades dient als Grundlage für die Formulierung von Zielen und die Ermittlung von Schwachstellen. Neben der geeigneten technischen Basis (Social Business Infrastruktur) ist die Unternehmenskultur von entscheidender

Bedeutung für einen erfolgreichen Transformationsprozess. Nur wenn sowohl die Belegschaft als auch die Führungs- und Managementebene, welcher es auch im Falle flacher Hierarchien bedarf, die Entwicklung mittragen, kann sich das Potenzial kollaborativer Arbeitsprozesse entfalten.

Neben den konkreten Anwendungen lassen sich hierbei durchaus allgemeine Leitlinien (guidance note) auf Basis der theoretischen Ausarbeitungen und praktischen Anwendungen für den Transformationsprozess ableitet:

- GN 1: Für erfolgreiche Umsetzung bedarf es einer entsprechenden Infrastruktur, welche die Basis für digitale Kollaboration bietet.
- GN 2: Unternehmen mit hohen Anforderungen an die eigenen Mitarbeiter*innen in der Selbstorganisation haben sehr gute Voraussetzungen zur Transformation.
- GN 3: Unternehmensführung muss die Entwicklung aktiv mittragen.
- GN 4: Mitarbeitenden Raum zu geben und Selbstbestimmung zulassen sonst scheitern Projekte.
- GN 5: Social Business ist kein Selbstzweck, das Definieren von Zielen auf allen Ebenen (sozial, ökonomisch, ökologisch) ist ein wichtiger Schritt für die Transformation.
- GN 6: Freiräume schaffen heißt auch Prozesse flexibler zu denken und durchzuführen, Anweisungen zu unterlassen, Hilfestellung und Struktur zu geben und Ziele zu stecken – das ist das was man mit dem Wort Agilität beschreiben kann.

8.5 Fazit und Ausblick

Es gibt eine Vielzahl hybrider Organisationsformen, die sich irgendwo zwischen tayloristischen Unternehmensstrukturen und New Work bewegen. Der vorliegende Anwendungsfall ist ein Beispiel dafür. Obgleich die infrastrukturellen Rahmenbedingungen noch die klassisch ausgerichtete Arbeitsteilung widerspiegeln, findet auf der Ebene der Arbeitsorganisation (Kollaborationsprozesse, Arbeitsorganisation) bereits ein Wandel statt.

Gerade im Falle solch hybrider Organisationsformen ist das Reifegradmodell für Unternehmen so wertvoll. In Anlehnung der vorangegangen Forschungsfrage unserer Arbeit, wie sich der aktuelle Stand eines Unternehmens in Hinblick auf Social Business bzw. des systematischen Einsatzes von Social Networks in Unternehmen systematisch analysieren lässt, entwickelten wir als Lösungsansatz ein Modell, welches Unternehmen mit der Beantwortung eines Fragebogens dabei unterstützt, die im Transformationsprozess relevanten Aspekte bzw. Dimensionen zu beleuchten. Anders als CMMI-Modelle, die sich auf die Darstellung homogener Entwicklungsstufen beschränken, dient das Social Business Reifegradmodell in Verbindung mit dem Assessment-Tool als individuelles Analysewerkzeug. Unternehmen werden in die Lage versetzt aktuelle Schwachstellen zu erkennen und in den verschiedenen Ebenen darauf zu reagieren und einen Wandel zu vollziehen. Grundvoraussetzung ist, dass eine entsprechende strategische Notwendigkeit gesehen wird – dabei hilft das vorgestellte Konzept wenig. Dies ist eines der größten Einschränkungen des

Konzepts, es unterstützt nicht die generelle Strategieentwicklung oder trifft darüber verallgemeinernden Aussagen. Gleichzeitig kann das Modell auf verschiedenen Ebenen zum Einsatz kommen (bspw. Unternehmen gleichermaßen wie für Arbeitsgruppen). Die Herausforderung in der Beantwortung der Frage, welche Ergebnisse bzw. weitere Schritte sich aus der Ermittlung des individuellen Stands in Hinblick auf Social Business für ein Unternehmen ableiten lässt, besteht konkret in der Beschreibung und Identifizierung der Gestaltungselemente. Im Verlauf der Arbeit zeigte sich, dass gerade diese für jede Anwendung unterschiedlich sein kann – entsprechend der hohen Variantenvielfalt bei den Unternehmen, Anwendungsbereichen und Reifen der Unternehmen. Trotz dieser Einschränkung wurde versucht hier erstmals grundsätzliche Leitlinien für Social Business zu entwickelt. Diese stehen in Ergänzung zu den 10 Grundsätzen von Hinchcliffe und Kim (2012) (direkt übersetzt):

1. Jeder kann mitmachen.
2. Es wird immer ein Wert erzeugt.
3. Die Partizipation ist Selbstorganisiert, aber der Fokus ist geschäftsorientiert
4. Stellen Sie eine ausreichend große Community zusammen, um das gewünschte Ergebnis zu erzielen.
5. Binden Sie die richtige Community für den Geschäftszweck ein.
6. Die Teilnahme kann in jede Richtung gehen. Sei darauf vorbereitet und nutze dies.
7. Beseitigen Sie alle potenziellen Hindernisse für die Teilnahme. Die Benutzerfreundlichkeit ist entscheidend.
8. Hören Sie zu und engagieren Sie sich kontinuierlich in allen relevanten Social Business Konversationen.
9. Der Ton und die Sprache des Social Business sind am effektivsten, wenn sie locker und menschlich sind.
10. Die effektiven Social Business Aktivitäten sind tief in den Arbeitsablauf integriert.

Die vorliegende Arbeit bietet die ersten Einblicke in die erfolgreiche Umsetzung von Social Business auf den verschiedensten Ebenen. Im weiteren Projektverlauf werden die verschiedenen Piloten evaluiert und der Nutzen des gezeigten Vorgehens diskutiert, differenziert und das Konzept weiterentwickelt.

Literatur

Bessant, J., Caffyn, S., Gilbert, J., Harding, R., & Webb, S. (1994). Rediscovering continuous improvement. *Technovation, 14*, 17–29.

Fenn, J., & Raskino, M. (2008). *Mastering the hype cycle: How to choose the right innovation at the right time.* Boston: Harvard Business Review Press.

Frauchinger, D. (2017). Anwendungen von Design Research in der Praxis. In E. Portmann (Hrsg.), *Wirtschaftsinformatik in Theorie und Praxis* (S. 107–118). Wiesbaden: Springer Fachmedien.

Geyer, S., & Krumay, B. (2015). Development of a social media maturity model – A grounded the-ory approach. In *2015 48th Hawaii International Conference on System Sciences*, IEEE, S. 1859–1868.

Hackl, B., Wagner, M., Attmer, L., & Baumann, D. (2017). Große Veränderungen Und Ansätze Für Eine Neue Welt Der Arbeit. In B. Hackl, M. Wagner, L. Attmer & D. Baumann (Hrsg.), *New Work. Auf Dem Weg Zur Neuen Arbeitswelt* (S. 1–46). Wiesbaden: Springer.

Hevner, A. R., & March, S. T. (2003). The information systems research cycle. *Computer, 36*(11), 111–113. https://doi.org/10.1109/MC.2003.1244541.

Hinchcliffe, D., & Kim, P. (2012). *Social business by design: Transformative social media strategies for the connected company*. Hoboken: Wiley.

Kaplan, A. M., & Haenlein, M. (2010). Users of the world, unite! The challenges and opportunities of Social Media. *Business Horizons, 53*(1), 59–68. https://doi.org/10.1016/j.bushor.2009.09.003.

Kemp, S. (2019). Digital in 2019: Global Internet Use Accelerates. We are Social/Hootsuite. January 30, 2018. Global digital report 2019. https://wearesocial.com/blog/2019/01/digital-2019-glo-bal-internet-use-accelerates. Zugegriffen am 06.12.2019.

Knackstedt, R., Pöppelbuß, J., & Becker, J. (2009). Vorgehensmodell zur Entwicklung von Reife-gradmodellen. *Wirtschaftsinformatik, 1*, 154–164.

Matthews, T., Whittaker, S., Badenes, H., & Smith, B. (2014). Beyond end user content to collabo-rative knowledge mapping: interrelations among community social tools. In *Proceedings of the 17th ACM conference on computer supported cooperative work & social computing* (CSCW '14, S. 900–910). New York: ACM.

McAfee, A. (2009). *Enterprise 2.0: New collaborative tools for your organization's toughest chal-lenges*. Boston: Harvard Business Press.

Peffers, K., Tuunanen, T., Gengler, C. E., Rossi, M., Hui, W., Virtanen, V., et al. (2006). The design science research process: A model for producing and presenting information systems research. In *Proceedings of the first international conference on Design Science Research in Information Systems and Technology (DESRIST 2006)* (S. 83–106). Claremont.

Sari, B., Sen, T., & Kili, S. E. (2007). Formation of dynamic virtual enterprises and enterprise networks. *The International Journal of Advanced Manufacturing Technology, 34*(11–12), 1246–1262.

Schütt, P. (2013). *Der Weg zum Social Business. Mit Social Media Methoden erfolgreich werden*. Berlin: Springer.

Snowden, D. (2005). Multi-onotology sense making: A new simplicity in decision making. https://doi.org/10.14236/jhi.v13i1.578.

Stocker, A., Richter, A., Hoefler, P., & Tochtermann, K. (2012). Exploring appropriation of enter-prise wikis. *Computer Supported Cooperative Work: CSCW: An International Journal, 21*(2–3), 317–356.

Strübing, J. (2014). Was ist Grounded Theory? In *Ground Theory. Qualitative Sozialforschung* (S. 9–35). Wiesbaden: VS Verlag für Sozialwissenschaften.

Zinke-Wehlmann, C., & Schiller, C. (2019). *Social Business: Studie über den Einsatz interner sozi-aler Netzwerke in Unternehmen*. Stuttgart: Fraunhofer.

Open Access   Dieses Kapitel wird unter der Creative Commons Namensnennung 4.0 International Lizenz (http://creativecommons.org/licenses/by/4.0/deed.de) veröffentlicht, welche die Nutzung, Vervielfältigung, Bearbeitung, Verbreitung und Wiedergabe in jeglichem Medium und Format erlaubt, sofern Sie den/die ursprünglichen Autor(en) und die Quelle ordnungsgemäß nennen, einen Link zur Creative Commons Lizenz beifügen und angeben, ob Änderungen vorgenommen wurden.

Die in diesem Kapitel enthaltenen Bilder und sonstiges Drittmaterial unterliegen ebenfalls der genannten Creative Commons Lizenz, sofern sich aus der Abbildungslegende nichts anderes ergibt. Sofern das betreffende Material nicht unter der genannten Creative Commons Lizenz steht und die betreffende Handlung nicht nach gesetzlichen Vorschriften erlaubt ist, ist für die oben aufgeführten Weiterverwendungen des Materials die Einwilligung des jeweiligen Rechteinhabers einzuholen.

Rollen und Verantwortlichkeiten für erfolgreiche Social-Business-Anwendungen

9

Handlungsempfehlungen für eine erfolgreiche Umsetzung in Unternehmen

Christian Schiller und Thomas Meiren

Zusammenfassung

Der Einsatz von Social Business bietet große Potenziale für Unternehmen, ist jedoch kein Selbstläufer. Um auf Dauer von Social Business profitieren zu können, müssen deshalb von Beginn an erfolgskritische Fragestellungen adressiert und geeignete Lösungen gefunden werden. So ergab eine Studie, die im Rahmen des vom Bundesministerium für Bildung und Forschung (BMBF) geförderten Projekts SB:Digital durchgeführt wurde, dass die dort befragten Unternehmen klar definierte Rollen und Verantwortlichkeiten sowie die Sicherstellung der Akzeptanz der Mitarbeitenden als die wichtigsten Erfolgsfaktoren für Social Business ansehen. Innerhalb des Projekts SB:Digital wurde deshalb ein Referenzmodell entwickelt, das Unternehmen bei der Entwicklung und Umsetzung von Social-Business-Anwendungen unterstützt und dabei methodische und praktische Hilfestellungen bietet. Eine wichtige Funktion innerhalb des Referenzmodells nehmen klar definierte Rollen und Verantwortlichkeiten ein, welche im vorliegenden Beitrag vorgestellt werden.

9.1 Einleitung

Soziale Netzwerke fördern den Austausch und die Kollaboration verschiedener Akteure zum gegenseitigen Informations- und Wissensaustausch. Die dafür notwendigen Funktionen werden zunehmend über digitale Plattformen, wie bspw. soziale Medien, zur Verfügung gestellt. Dadurch haben sich in den letzten Jahren bereits tiefgreifende Auswirkun-

C. Schiller (✉) · T. Meiren
Fraunhofer IAO, Stuttgart, Deutschland
E-Mail: Christian.Schiller@iao.fraunhofer.de; thomas.meiren@iao.fraunhofer.de

© Der/die Herausgeber bzw. der/die Autor(en) 2020
M. Daum et al. (Hrsg.), *Gestaltung vernetzt-flexibler Arbeit*,
https://doi.org/10.1007/978-3-662-61560-7_9

gen auf das gesellschaftliche Miteinander, insbesondere in der Kommunikation, ergeben. Auch Unternehmen haben inzwischen erkannt, dass sie sich diesem Trend nicht entziehen können und stellen sich dementsprechend zunehmend darauf ein. Neben der Kommunikation nach außen, bspw. zur Unterstützung von Marketing-Aktivitäten, spielt dabei auch die Unterstützung der Kommunikation im Inneren eines Unternehmens eine immer größere Rolle. Soziale Netzwerke können dabei helfen, effizientere und kollaborativere Verbindungen zwischen den Arbeitskräften zu ermöglichen, um Informationen und Daten auszutauschen (Kiron et al. 2012). Das hat Auswirkungen beispielsweise auf das Wissensmanagement in Unternehmen, welchem das Potenzial erwächst, kostengünstiger, allgegenwärtiger, standardisierter und mobiler zu werden, gleichzeitig personalisierter und effektiver im Hinblick auf die Erfüllung individueller Bedürfnisse (Krogh 2012). Auch das Innovationsmanagement eines Unternehmens kann davon profitieren, das soziale Netzwerk dient auch als „Verstärker" für Mitarbeiter*innen, die ansonsten kein Gehör finden würden (Recker et al. 2016). Die genannten Faktoren tragen allesamt dazu bei, Unternehmen auf dem Weg zu einem „Social Business" maßgeblich zu unterstützen. Social Business wird im Rahmen dieses Kapitels allgemein als Strategie und Rahmenwerk verstanden, mit dessen Anwendung die Generierung eines sozialen, ökologischen und ökonomischen Nutzens aus dem Einsatz digitaler sozialer Netzwerke als primärem Ziel verbunden wird.

Eine mittels digitaler sozialer Netzwerke optimierte interne Kommunikation kann einem Unternehmen u. a. folgende Vorteile bieten (Bruysten 2019):

- sie ist Treiber von Motivation und Innovation,
- sie kann als Frühwarnsystem für Verantwortliche im Unternehmen dienen,
- zuständige Experten und Abteilungen lassen sich schnell und einfach identifizieren,
- sie kann zu sinkenden Kosten und steigenden Umsatz und Gewinnen beitragen.

Viele Unternehmen gehen jedoch fälschlicherweise davon aus, dass sich interne Prozesse automatisch verändern und anpassen, sobald sie ihrer Belegschaft ein darauf ausgerichtetes digitales soziales Netzwerk zur Verfügung stellen. Allerdings muss ein Wandel der Kommunikationskultur immer auch Hand in Hand mit einem Wandel der Unternehmenskultur vonstattengehen (Fischer-Kienberger 2016). Um positive Auswirkungen auf den Output zu erlangen sind Leadership und strategisches Denken nötig (Hinchcliffe und Kim 2012). Es ist wichtig, sich Gedanken über Chancen und Risiken, über Erfolgsfaktoren und mögliche Gründe für ein Scheitern sozialer Netzwerke zu machen. Insbesondere müssen jedoch auch arbeitsorganisatorische Fragestellungen bedacht werden. Wer ist für die Einführung und Umsetzung eines solchen Netzwerkes verantwortlich? Wer organisiert die Kommunikation an die Mitarbeiter*innen? Und welche Aufgaben sind darüber hinaus notwendig, um ein digitales soziales Netzwerk erfolgreich am Laufen zu halten?

Diesen und weiteren Fragen möchte der folgende Beitrag nachgehen und Unternehmen möglichst praxisorientierte Handlungsempfehlungen mit auf den Weg geben.

9.2   Rollenkonzepte und Qualifikationsprofile

Die laufende Digitalisierung und Automatisierung stellt viele Unternehmen vor große Herausforderungen, bietet aber auch große Chancen, egal ob beispielsweise durch Industrie 4.0, Smart Services oder Servicerobotik (Schuh et al. 2017; Freitag et al. 2019; Schiller et al. 2019a). Neben technischen sowie prozess- und informationstechnischen Aspekten stellen die Folgen der Digitalisierung Unternehmen jedoch auch in arbeitsorganisatorischen Fragestellungen vor große Herausforderungen. Mitarbeiter*innen aus unterschiedlichsten Bereichen, wie beispielsweise Entwicklung, Vertrieb und Service, müssen auf sich verändernde Prozesse mit Hilfe von passenden Qualifizierungsangeboten vorbereitet werden. Viele Unternehmen machen in dieser Hinsicht jedoch noch deutlich zu wenig, so sind beispielsweise neue Formen der Kompetenzvermittlung an vielen Stellen wünschenswert aber bisher noch nicht weit verbreitet (Schletz et al. 2017). Außerdem stellt sich für viele Unternehmen zunächst die Frage, wie sich Arbeit und die entsprechenden Qualifikationsanforderungen überhaupt konkret verändern (Hamann et al. 2019). Die Digitalisierung interner Prozesse spielt dabei eine wichtige Rolle (Borchert et al. 2019). Physische und virtuelle Räume verschwimmen immer mehr miteinander und neue Formen mobiler Arbeit entstehen (Leimeister et al. 2015). Digitale soziale Netzwerke sind ein mögliches Werkzeug, um interne Kommunikationsprozesse im virtuellen Raum zu ermöglichen und damit zum Gelingen mobiler Arbeitsformen beizutragen.

Im Rahmen des vom Bundesministerium für Bildung und Forschung (BMBF) geförderten und vom Projektträger Karlsruhe (PTKA) betreuten Projekts „Social Business – Digitale soziale Netzwerke als Mittel zur Gestaltung attraktiver Arbeit (SB:Digital)" wurde deshalb ein Referenzmodell entwickelt, das Unternehmen bei der Entwicklung und Umsetzung von Social-Business-Anwendungen unterstützt und dabei methodische und praktische Hilfestellungen bietet. Eine wichtige Funktion innerhalb des Referenzmodells nehmen klar definierte Rollen und Verantwortlichkeiten ein. Hierbei werden wichtige Rollen für Social-Business-Anwendungen identifiziert und die entsprechenden Aufgaben zugeordnet und detailliert beschrieben. Daraus lassen sich anschließend für jede Rolle die erforderlichen Kompetenzen ableiten und Qualifikationsprofile erstellen. Dabei ist zu beachten, dass der Begriff der „Rolle" nicht mit einer „Stelle" in Unternehmen gleichzusetzen ist. Vielmehr ist mit einer Rolle lediglich die Ausführung bestimmter Aufgaben verbunden – unabhängig von der hierarchischen Position der ausführenden Person im Unternehmen. Im folgenden Beitrag wird ein konkretes Rollenkonzept für Social Business in Unternehmen vorgestellt, das auf der Basis der Analyse von Stellenanzeigen, der Befragung von Expertinnen und Experten sowie einer im Rahmen des Projektes durchgeführten Breitenerhebung – die Befragung von über 132 Unternehmen unterschiedlichster Branchen und Betriebsgrößen entwickelt wurde. Um das Rollenkonzept insbesondere in kleinen und mittleren Unternehmen einsetzen zu können, wurde die Zahl der Rollen bewusst überschaubar gehalten.

9.2.1 Rollen

Unter einer Rolle versteht man „die Beschreibung einer Menge von Aufgaben und Verantwortlichkeiten im Rahmen eines Projektes und einer Organisation" (V-Modell XT Bund 2010). Dabei sind „Rollen" nicht mit „Stellen" oder „Personen" zu verwechseln. In der Regel kann eine Person mehrere Rollen besetzen. Außerdem sind Rollen häufig auch mehrfach, d. h. durch mehrere Personen oder gar Organisationseinheiten, besetzt.

Möchte man übersichtlich darstellen, welche Aufgaben in einem Projekt oder einem Tätigkeitsfeld durch welche Rollen übernommen werden, empfiehlt sich die Erstellung eines Rollenkonzepts, idealerweise in Form einer Matrix (siehe Abb. 9.1). Anwendung findet dieses Verfahren u. a. bereits in der Softwareentwicklung (V-Modell), im Service Engineering und im Zusammenhang mit der Entwicklung neuer Elektromobilitätskonzepte (Bröhl und Dröschel 1995; Meiren und Barth 2002; DIN SPEC 91364 2018).

Rollenkonzepte dienen der Spezifizierung und schaffen Transparenz über die Zuordnung von Aufgaben und Verantwortlichkeiten. Der Grad der Verantwortlichkeit der jeweiligen Rollen für die unterschiedlichen Aufgaben wird durch die Kennzeichnungen „A" für „ausführend", „M" für „mitwirkend" und „B" für „beratend" transparent in der Matrix dargestellt. Dadurch unterstützen sie das Projektmanagement bei der Zusammensetzung von Projektteams sowie der Abschätzung von Personalbedarfen ebenso wie die Identifikation von Qualifizierungsbedarfen (Frings et al. 1999).

Ein weiterer Vorteil von Rollenkonzepten ist die Flexibilität bei der Zuordnung von Aufgaben zu konkreten Personen in der Organisation. Wie oben bereits beschrieben, liegt das insbesondere daran, dass eine Person meistens mehrere Rollen übernimmt, gleichzeitig jedoch auch viele Rollen von mehreren Personen ausgeübt werden (vgl. auch DIN SPEC 91364 2018). Eine Person ist also nicht fest an eine bestimmte Rolle gebunden. Stattdessen hat sie die Möglichkeit, flexible Rollen mit wechselnden Qualifikations- und Kompetenzanforderungen zu übernehmen. Damit wird es Unternehmen ermöglicht, zugleich wesentlich zielgerichteter mit vorhandenen und zukünftigen Humanpotenzialen umzugehen (Keith und Groten 2004).

Abb. 9.1 Beispiel eines Rollenkonzepts in Anlehnung an (Meiren und Barth 2002)

A ausführend M mitwirkend B beratend	Aufgabe 1	Aufgabe 2	Aufgabe 3
Rolle 1			
Rolle 2			
Rolle 3			

Um eine übersichtliche und möglichst umfangreiche Rollenbeschreibung zu verwirklichen, wird in der Literatur folgende Gliederung empfohlen (Meiren und Barth 2002; DIN SPEC 91364 2018; Keith und Groten 2004):

1. Namen:
   Die Bezeichnungen der Rollen sind prinzipiell frei wählbar, sollten allerdings sinnvollerweise einen Bezug zu den mit der Rolle zusammenhängenden Aufgaben haben. Zudem sollten sie nicht zu abstrakt, sondern leicht verständlich sein.
2. Aufgaben und Ergebnisse:
   Für jede Rolle ist klar zu definieren, wie die jeweiligen Aufgaben und Verantwortlichkeiten sind. Das ist ein wesentliches Abgrenzungsmerkmal der Rollen zueinander.
3. Kompetenzen und Qualifikationen:
   Jede Rolle beinhaltet eine Beschreibung der für die Bearbeitung der rollenspezifischen Aufgaben notwendigen Kompetenzen und Qualifikationen. Näheres dazu siehe Abschn. 9.2.2.
4. Beziehungen der Rollen untereinander:
   Rollen können Beziehungen zueinander haben, welche Informations- und Kommunikationsflüsse nach sich ziehen. Für die Bearbeitung eines Projektes ist es zielführend, diese möglichst transparent zu machen.

Da bei der Definition von Rollen die Erstellung von Qualifikations- und Kompetenzprofilen, neben der Festlegung von Verantwortlichkeiten für bestimmte Aufgaben, eine der Kernaufgaben darstellt, sollen diese im folgenden Abschnitt tiefgehender erläutert werden.

9.2.2 Qualifikationsprofile

Ein Profil bildet laut Duden eine „Gesamtheit von Eigenschaften ab, die unverwechselbar typisch für jemanden oder etwas sind". Dementsprechend werden in einem Qualifikationsprofil für eine vorher definierte Rolle diejenigen Qualifikationseigenschaften dargestellt, die jeweils charakteristisch für diese sind und zur erfolgreichen Bearbeitung der zugeteilten Aufgaben hilfreich oder gar erforderlich sein können. Allerdings können die Qualifikationsprofile der unterschiedlichen Rollen inhaltlich nicht immer disjunkt voneinander betrachtet werden, anders als die (ausführende) Verantwortlichkeit der Rollen. Die Abgrenzung der Rollen zueinander erfolgt deshalb eher in der Summe der Qualifikationseigenschaften und im jeweiligen Grad der Verantwortlichkeit. Formal bedeutet dies für die Beziehung von jeweiliger Rolle (R) zum entsprechenden Qualifikationsprofil (Q) folgendes:

$$Q \subseteq R :\Leftrightarrow \forall x \in Q : x \in R$$

Dagegen ist die ausführende Verantwortung (in Abschn. 9.2.1 mit „A" bezeichnet) einer Rolle 1 (V_{R1}) und einer Rolle 2 (V_{R2}) bezüglich einer Aufgabe klar voneinander abgegrenzt. Sie ist ein wesentliches Unterscheidungsmerkmal zwischen den Rollen und lässt sich wie folgt formal darstellen:

$$V_{R1} \cap V_{R2} = \varnothing$$

Die Qualifikationsprofile Q_1 und Q_2 der jeweiligen Rollen können jedoch durchaus gemeinsame Schnittmengen haben:

$$\cap \{Q_1, Q_2\} = \{x | (x \in Q_1) \wedge (x \in Q_2)\}$$

Es bietet sich an, die Qualifikationen der Rollen in unterschiedliche Kategorien zu gliedern. Dies sorgt für eine bessere Übersichtlichkeit und Strukturierung des Qualifikationsprofils. In praxisorientierten Veröffentlichungen ist eine Unterteilung in fachliche, methodische und soziale Qualifikationen üblich (Meiren und Barth 2002; DIN SPEC 91364 2018). Als Darstellungsform wird eine Tabelle empfohlen (siehe Abb. 9.2).

Unter Fachkompetenzen versteht man diejenigen Fertigkeiten und Kenntnisse, welche der Inhaber einer Rolle zur erfolgreichen und professionellen Bearbeitung der rollenspezifischen Aufgaben mitbringen sollte. Methodenkompetenzen geben Auskunft über die Fähigkeit zur systematischen Problemlösung in unterschiedlichen Kontexten. Unter Sozialkompetenzen werden die notwendigen Fähigkeiten einer Rolle zur effektiven Bewältigung der aufgabenspezifischen Kommunikations- und Interaktionsprozesse zusammengefasst.

9.3   Erstellung eines Rollenkonzeptes für Social Business

Zur Erstellung des Rollenkonzeptes und verschiedener Qualifikations- und Kompetenzprofile wurden unterschiedliche Quellen herangezogen und als Ausgangsbasis verwendet. Wichtigste Quelle ist die im Rahmen des Projekts SB:Digital durchgeführte Breitenerhebung unter 132 Unternehmen aus Deutschland. Neben den Chancen und Risiken, welche sich für Unternehmen durch den Einsatz interner sozialer Netzwerke ergeben, wurden hier auch die wichtigsten Erfolgsfaktoren und die häufigsten Gründe für ein Scheitern abge-

Fachlich	Methodisch	Sozial
Fachkompetenz 1	Methodenkompetenz 1	Sozialkompetenz 1
Fachkompetenz 2	Methodenkompetenz 2	Sozialkompetenz 2
…	…	…
Fachkompetenz n	Methodenkompetenz n	Sozialkompetenz n

Abb. 9.2 Beispiel für ein Qualifikationsprofil (eigene Darstellung)

fragt. Eine weitere wichtige Quelle zur Erstellung des Rollenmodells waren die Ergebnisse mehrerer von einem Projektpartner durchgeführten Experteninterviews. Dazu wurden fünf Experten mittels teilstrukturierter Fragebögen offen befragt. Die Ergebnisse von Breitenerhebung und Experteninterviews liefern zusammen die wesentliche Ausgangsbasis zur Formulierung von Aufgaben in einem Social Business.

Zur weiteren Detaillierung des Rollenkonzepts und der Qualifikationsprofile wurden über die genannten Erhebungen hinaus über 300 Stellenanzeigen aus dem Bereich „Social Media" analysiert. Die Stellenanzeigen wurden auf verschiedenen Jobbörsen, wie beispielsweise Stepstone, indeed und Xing recherchiert.

9.3.1 Definition der Aufgaben

Wie oben bereits erwähnt, bildete die im Rahmen von „SB:Digital" durchgeführte Breitenerhebung und die Experteninterviews die Ausgangsbasis zur Formulierung von Aufgaben für die zu definierenden Rollen für eine erfolgreiche Umsetzung eines internen und digitalen sozialen Netzwerkes. Im Folgenden sollen daher die in diesem Zusammenhang zentralen Aspekte dieser Erhebungen zusammengefasst und die sich daraus ergebenden Aufgaben hergeleitet werden.

Als besonders wichtig wird die Wahrnehmung potenzieller Chancen eingeschätzt (Schiller et al. 2019b; Schiller und Meiren 2018). Laut den Ergebnissen der durchgeführten Breitenerhebung unter 132 Unternehmen in Deutschland werden diese insbesondere in einer Verbesserung der Zusammenarbeit (Anforderungsnummer 1), in einer spürbaren Eindämmung an E-Mails (2) und in einer engeren Einbindung der Mitarbeiter*innen in wichtige Unternehmensentscheidungen (3) gesehen.

Weitere wichtige Punkte sind ein strukturiertes Vorgehen und die Definition klarer Rollen und Verantwortlichkeiten bei der Einführung und Umsetzung eines sozialen Netzwerkes im Unternehmen (4). Dadurch können bestehenden Ängsten, beispielsweise vor einer zu starken Vermischung von Privatleben und Arbeit, vor Datenmissbrauch und vor einem Gefühl der Überwachung, entgegengewirkt werden. Strukturiertes Vorgehen unterstützt auch die erforderliche Schaffung von Transparenz.

Die Akzeptanz unter den Angestellten zu fördern ist eines der wichtigsten Aspekte und Erfolgsfaktoren bei der Einführung interner sozialer Netzwerke. Dazu erforderlich ist eine professionelle und an den Bedürfnissen der Beschäftigten ausgerichtete Umsetzung (5), für die Mitarbeitenden interessante Inhalte (6) und die Schaffung von Feedback-Kanälen für die Mitarbeitenden (7). Im Einzelfall kann auch die Einführung von Incentives in einem Unternehmen sinnvoll sein.

Die zentralen Aspekte aus den Experteninterviews werden im Folgenden dargestellt (ebenfalls nach Schiller, Zinke-Wehlmann et al. 2019b); wichtig ist es demnach, eine geeignete Unternehmenskultur (8) zu fördern, in der sich Führungskräfte und Angestellte auf Augenhöhe begegnen. Die Arbeitsorganisation sollte ergebnis- und nicht präsenzorientiert sein. Einer der entscheidenden Erfolgsfaktoren für den Einsatz unternehmensinterner

sozialer Netzwerke und das damit einhergehende selbstbestimmte Arbeiten ist die individuelle Motivation der Belegschaft. Es sollte bei den Mitarbeitenden ein gewisses Grund-
verständnis darüber geschaffen werden, wie interne soziale Netzwerke funktionieren, welche Potenziale diese haben und wie wichtig ihr eigenes Engagement zur erfolgreichen
Umsetzung ist. Jeder sollte befähigt werden, soziale Netzwerke für sich selber nutzenbrin-
gend einzusetzen. Dementsprechend sollten Unternehmen Schulungs- und Weiterbildungsformate entwickeln, um ihren Arbeitskräften die entsprechenden Kompetenzen zu
vermitteln (9). Wichtig sind auch flache Hierarchien und wenig Bürokratie. Führung sollte
als Strukturgeber fungieren und dazu beitragen, dass alle an den Unternehmenszielen partizipieren und diese eigenständig voranbringen. Die Eigenständigkeit der Mitarbeiter*innen sollte dementsprechend gefördert werden (10).

Für die Experten ist es besonders wichtig, dass eine passende Infrastruktur für die Nutzung von sozialen Netzwerken geschaffen wird, was insbesondere eine weitgehende Systemintegration und die Möglichkeit einer direkten Kommunikation bedeutet (11).

Eine wichtige Aufgabe der Unternehmen ist es, den Nutzen von internen sozialen Netzwerken darzustellen und ein Problembewusstsein zu erzeugen. Das kann am ehesten durch
Transparenz und entsprechende Handlungsleitfäden erzeugt werden (12). Auch Erfolgsgeschichten anderer Angestellten sollten regelmäßig kommuniziert werden. Eine entsprechende Kommunikationskampagne sollte von daher Bestandteil einer erfolgreichen Um-
setzungsstrategie sein (13).

Die wichtigsten Aufgaben bei der Einführung eines internen sozialen Netzwerkes sind
in Abb. 9.3 übersichtlich dargestellt.

Die Aufgaben 14 bis 18 ergänzen die aus den Anforderungen aus der Breitenerhebung
und den Experteninterviews abgeleiteten Aufgaben. Sie stammen aus der Analyse von
Stellenanzeigen aus bekannten Jobbörsen im Internet (siehe oben).

9.3.2 Definition der Rollen

Nach Herleitung der wichtigsten Aufgaben wurden im Rahmen zweier Workshops verschiedene Rollen festgelegt, um die Verantwortlichkeit für die jeweiligen Aufgaben klar
zu definieren. Diese Rollen sind:

- Social Business Manager
- Content Manager
- Entwickler
- Kommunikationsmanager
- Mitarbeiter*innen
- Führungskraft

Die Zuordnung der Rollen zu den in Abschn. 9.3.1 hergeleiteten Aufgaben erfolgt über
eine Matrix. Diese ist das zentrale Element im Rollenkonzept (siehe Abb. 9.4). Wie oben
bereits erläutert, bedeutet „A" „ausführend", „B" „beratend" und „M" „mitwirkend". Die

Anf. Nr.	Aufgaben	Breitenerhebung	Experteninterviews	Stellenanzeigen
1	Kollaborationskanäle schaffen	x		
2	Chatmöglichkeiten schaffen und verwalten	x		
3	Mitarbeiterpartizipation ermöglichen	x		
4	Social-Business-Konzept und –Strategie erstellen	x		
5	Mitarbeiterbedürfnisse erfassen	x		
6	interessante Inhalte kontinuierlich erstellen	x		
7	Feedback-Kanäle schaffen und verwalten	x		
8	passende Unternehmenskultur fördern		x	
9	Schulungsformate entwickeln und durchführen		x	
10	Eigenständigkeit der Mitarbeiter fördern		x	
11	passende Infrastruktur schaffen (Systemintegration, direkte Kommunikation)		x	
12	Handlungsleitfäden und Best-Practice-Berichte für interne Kommunikation erstellen		x	
13	Kommunikationskampagnen planen und durchführen		x	
14	Analysen und Reportings erstellen			x
15	neue digitale Formate entwickeln			x
16	soziales Netzwerk betreuen und optimieren			x
17	Informationsrecherche für relevante Inhalte			x
18	Fragen der Community beantworten			x

Abb. 9.3 Wichtige Aufgaben in Unternehmen bei der Einführung eines internen sozialen Netzwerkes

Hauptverantwortung über die jeweilige Aufgabe hat immer die „ausführende" Rolle. Die zweithöchste Verantwortungsstufe ist „mitwirkend". Diese Rollen sind direkt um eine Mitwirkung bei der Bewerkstelligung der Aufgabe angehalten und die ausführende Rolle zu unterstützen. Bei Bedarf unterstützt darüber hinaus noch die beratende Rolle. Dies geschieht entweder auf Anfrage durch die ausführende Rolle oder falls die beratende Rolle eine relevante Information zur Bewältigung der Aufgabe erhält.

9.3.3   Herleitung der Qualifikationen und Kompetenzen

Wie in Abschn. 9.2.1 dargestellt, beinhaltet eine vollständige Rollenbeschreibung auch Angaben über empfohlene Kompetenzen und Qualifikationen. Zur Strukturierung sind diese in fachliche, methodische und soziale Kompetenzen unterteilt. Die für jede Rolle erforderlichen Qualifikationen und Kompetenzen ergeben sich aus den zu bewältigenden

A ausführend / M mitwirkend / B beratend	Kollaborationskanäle schaffen	Chatmöglichkeiten schaffen und verwalten	Mitarbeiterpartizipation ermöglichen	Social-Business-Konzept und -Strategie erstellen	Mitarbeiterbedürfnisse erfassen	interessante Inhalte kontinuierlich erstellen	Feedback-Kanäle schaffen und verwalten	passende Unternehmenskultur fördern	Schulungsformate entwickeln und durchführen	Eigenständigkeit der Mitarbeiter fördern	passende Infrastruktur schaffen (Systemintegration, dir. Kommunikation)	Handlungsleitfäden und Best-Practice-Berichte für int. Kommunikation erstellen	Kommunikationskampagnen planen und durchführen	Analysen und Reportings erstellen	neue digitale Formate entwickeln	soziales Netzwerk betreuen und optimieren	Informationsrecherche für relevante Inhalte	Fragen der Community beantworten
Social Business Manager	A	B	B	A	B	M	M	B	A		M	B	B	A	B	A	M	B
Content Manager						A									A	B	A	B
Entwickler	M	A	M				M		B		A		B					
Kommunikationsmanager	B			B	A	M	A						A	A			B	A
Mitarbeiter						M		M	M	M								
Führungskraft			A	M	M	B		A	M	A								

Abb. 9.4 Rollenkonzept für die erfolgreiche Anwendung interner sozialer Netzwerke in Unternehmen

Aufgaben und geben lediglich ein Idealbild ab. Bei der Zuordnung von konkreten Personen zu den Rollen kann es dabei in der Realität zu Abweichungen kommen. Sind diese Abweichungen zu groß, muss von der verantwortlichen Führungskraft entschieden werden, ob eine Weiterbildung der ausgewählten Person oder eine Neuzuordnung der Rolle zu einer anderen Person die bessere Alternative ist.

Im Folgenden soll am Beispiel der Rolle des Social Business Managers ein entsprechendes Qualifikationsprofil hergeleitet werden.

Fachlich: In Stellenanzeigen mit vergleichbaren Aufgaben, wie beispielsweise „Social Media Manager", wird in den allermeisten Fällen ein abgeschlossenes Studium vorausgesetzt. Im Idealfall sollte dieses Studium im Bereich Medien, Marketing oder Kommunikation erfolgt sein. Das passt auch sehr gut mit den in Abschn. 9.3.1 definierten Aufgaben und den in Abschn. 9.3.2 zugeordneten (Haupt)Verantwortungsbereichen für die Rolle „Social Business Manager" zusammen.

In den letzten Jahren gab es zunehmend Diskussionen um den Datenschutz. Spätestens nach Einführung der DSGVO im Mai 2018 ist das Thema in den meisten Unternehmen auf die Tagesordnung gekommen. Bei der Bewertung der Risiken durch den Einsatz interner sozialer Netzwerke in Unternehmen im Rahmen der Breitenerhebung in SB:Digital wurde das Risiko eines „Datenmissbrauchs" am zweithöchsten bewertet. Dementsprechend ist es für die Rolle eines „Social Business Managers" empfehlenswert, wenn die ausführende Person bereits Erfahrungen mit dem Thema Datenschutz aufweisen kann. Dadurch kann auch in der Kommunikation an die Mitarbeiter*innen eine Sensibilisierung bezüglich dieses Themas signalisiert werden.

Die weiteren fachlichen Qualifikationen runden das Profil ab. So sind Branchenkenntnisse, Kenntnisse in der Informationstechnik und Coaching Erfahrungen wünschenswert.

Methodisch: Da die Rolle eines „Social Business Managers" eine Vielzahl an Aufgaben hat und zudem schwerpunktmäßig mit Strategie- und Analyseaufgaben beschäftigt ist, sind ein strukturiertes Vorgehen und ein lösungsorientiertes Herangehen an Probleme erforderlich. Auch methodische Kenntnisse in Analyse und Statistik sind zur Bewältigung dieser Aufgaben äußerst wichtig. Darüber hinaus sollte natürlich die Fähigkeit vorhanden sein, verschiedene Social Media Tools bedienen und vergleichen zu können.

Empfehlenswert sind zudem Kenntnisse in Projekt-, Prozess- und Qualitätsmanagement, da man in der Rolle eines „Social Business Managers" das soziale Netzwerk betreut und optimiert und damit auch die Verantwortung über die Prozesse und Qualität sowie die erfolgreiche Umsetzung von Projekten in diesem Umfeld trägt.

Wünschenswert ist es, wenn Kenntnisse über agile Methoden, Wissensmanagement, Changemanagement sowie Netzwerkmanagement vorhanden sind.

Sozial: Da für die Rolle eines „Social Business Managers" durchaus eine Führungskraft oder eine Stabsstelle denkbar ist und er zudem als Spezialist und zentraler Ansprechpartner für dieses Thema im Unternehmen gilt, ist ein hohes Maß an Selbstmanagement sowie Durchsetzungsfähigkeit dringend notwendig. Wichtig sind zudem ein hohes Maß an Kommunikationsfähigkeit, Teamfähigkeit und Kundenorientierung. Zu beachten ist, dass „Kunden" in diesem Fall die eigenen Mitarbeiter*innen im Unternehmen sind.

Abgerundet werden die sozialen Qualifikationen durch ein ausreichendes Maß an Berufserfahrung und durch Fremdsprachenerfahrung. Ist der „Social Business Manager" auch Standorte in nicht-deutschsprachigen Ländern zuständig, sind Fremdsprachenerfahrung deutlich höher priorisiert und ebenfalls zwingend notwendig.

In Abb. 9.5 sind die für die Rolle „Social Business Manager" definierten Qualifikationen und Kompetenzen zusammengefasst dargestellt.

Fachlich	Methodisch	Sozial
Abgeschlossenes Studium (Medien, Marketing, Kommunikation)	Strukturiertes Vorgehen und Herangehen an Probleme	Selbstmanagement
Erfahrungen mit Datenschutz	Bedienung von Social Media Tools	Durchsetzungsfähigkeit
Branchenkenntnisse	Analyse und Statistik	Kommunikationsfähigkeit
Kenntnisse in Informationstechnik	Projektmanagement	Teamfähigkeit
Coaching Erfahrungen	Prozessmanagement	Kundenorientierung
	Qualitätsmanagement	Berufserfahrung
	Kenntnisse zu agilen Methoden	Fremdsprachenerfahrung
	Wissensmanagement	
	Changemanagement	
	Netzwerkmanagement	

Abb. 9.5 Qualifikations- und Kompetenzprofil für einen Social Business Manager

Das hergeleitete Qualifikations- und Kompetenzprofil ist bewusst relativ allgemein formuliert worden. Je nach Branche oder Unternehmen ändern sich die konkreten Aufgaben und damit auch die erforderlichen Qualifikationen und Kompetenzen oder müssen ergänzt werden. Abhängig ist die konkrete Ausformulierung des Rollenkonzepts und des Qualifikations- und Kompetenzprofils zudem von der jeweiligen Organisationsform des betroffenen Unternehmens.

9.3.4   Beziehungen zwischen den Rollen

Die Darstellung der Beziehungen zwischen den einzelnen Rollen ist ein wesentlicher Bestandteil einer Rollenbeschreibung (Keith und Groten 2004). Dadurch werden mögliche Schnittstellen besser identifiziert und die Aufgaben- und Verantwortungsbereiche der einzelnen Rollen weiter geschärft.

Im hergeleiteten Rollenkonzept nimmt der „Social Business Manager" die zentrale und koordinierende Rolle ein. Die Rollen des „Entwicklers" und des „Content Managers" bilden gewissermaßen das Back-Office und setzen die Konzepte des „Social Business Managers" technisch und inhaltlich um. Dabei sollten sie ein größtmögliches Maß an Freiheiten genießen, um auch eigenständig und initiativ Verbesserungsvorschläge an den „Social Business Manager" weiterzuleiten.

Die Schnittstelle zwischen Front-Office und „Social Business Manager" bildet die Rolle des „Kommunikationsmanagers". Er kommuniziert sowohl relevante Informationen und Neuigkeiten vom „Social Business Manager" und aus dem Back-Office nach außen. Auf der anderen Seite fungiert er als Sprachrohr der Angestellten aus der Front-Office nach Innen. Zu beachten ist allerdings, dass sich sowohl Angestellte als auch Führungskräfte auch direkt an den „Social Business Manager" wenden können sollten. Damit dieser sich jedoch auf seine Hauptaufgaben konzentrieren kann, sollte die Hauptschnittstelle jedoch der „Kommunikationsmanager" sein.

Die Rollen im Front-Office umfassen die Aufgaben, welche Angestellte und Führungskräfte im Rahmen ihrer Tätigkeiten im internen sozialen Netzwerk wahrnehmen. In der Rolle des „Mitarbeiters" geht es insbesondere darum, das soziale Netzwerk auch zu nutzen und gegebenenfalls konstruktives Feedback zu geben. Die Rolle der „Führungskraft" hat darüber hinaus auch noch die Aufgabe des Promotors und sie muss für Einführung und Förderung einer geeigneten Unternehmenskultur sorgen (Abb. 9.6).

9.4   Abschließende Betrachtung

An dieser Stelle möchten wir zum Abschluss unseres Beitrages noch einmal kurz zusammenfassen, wie wir dank der Ergebnisse der im Rahmen des Projekts „SB:Digital" erhobenen Studie zum internen Einsatz von sozialen Netzwerken in Unternehmen die Fragen nach den Chancen und Risiken, sowie möglichen Gründen für ein Scheitern der Implementie-

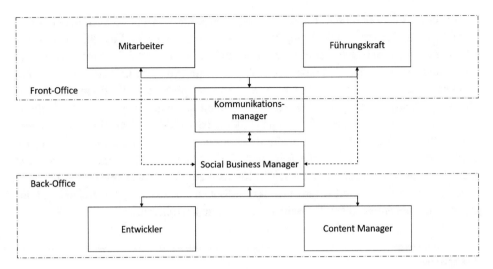

Abb. 9.6 Beziehungen zwischen den einzelnen Rollen

rung von sozialen Netzwerken auf konkrete Faktoren festlegen konnten. Anhand der Auswertung waren neben der Akzeptanz seitens der Mitarbeiter*innen die Festlegung klarer Rollen und Verantwortlichkeiten, der am häufigsten genannte Erfolgsfaktor (Schiller et al. 2019b). Zur Erarbeitung praxisorientierter Handlungsempfehlungen konzipierten wir ein Rollenkonzept, welches eine Hilfestellung bei der Umsetzung eines Social-Business-Ansatzes durch den Einsatz von internen sozialen Netzwerken geben soll. Des Weiteren lassen sich mit dem erarbeiteten Rollenkonzeptes auch die anfänglich definierten arbeitsorganisatorischen Fragestellungen klären. Wie beispielsweise, wer ist für die Umsetzung von Social-Business-Anwendungen zuständig, wer organisiert die interne Kommunikation und welche Qualifikationen sind überhaupt notwendig, um ein Enterprise Social Network erfolgreich am Laufen zu halten? Mit der Beantwortung dieser Fragen war es möglich ein entsprechendes Anforderungsprofil für das generierte Rollenkonzept zu definieren. Die Herleitung der wesentlichen Aufgaben, die zur erfolgreichen Umsetzung und Betrieb zu berücksichtigen sind, konzentrierte sich auf die Auswertungen der Studie (Experteninterviews und Breitenerhebung), sowie der Analyse von 306 Stellenanzeigen.

Nach der Definition von Rollen wurde mit Hilfe einer Zuordnungsmatrix ein Rollenkonzept aufgestellt, um die verschiedenen Tätigkeiten und Aufgaben den einzelnen Rollen zuzuordnen. Maßgeblicher Bestandteil eines solchen Konzeptes ist die Festlegung der jeweiligen Verantwortlichkeit, also ob jemand „ausführende", „mitwirkende" oder lediglich „beratende" Verantwortung für die jeweilige Aufgabe hat. Für jede Aufgabe sollte es nur eine Rolle „ausführender" Verantwortung geben. Das sorgt für Klarheit und Transparenz.

Auf Basis des Rollenkonzeptes wurden Qualifikations- und Kompetenzprofile hergeleitet, welche die Personalplanung bei der Zuordnung von konkreten Personen auf die verschiedenen Rollen unterstützen.

Sowohl bei dem in diesem Kapitel vorgestellten Rollenkonzept als auch bei dem vorgestellten Qualifikations- und Kompetenzprofil ist die allgemeine Formulierung zu berücksichtigen. Je nach Unternehmen und Branche sind unter Umständen Ergänzungen und Anpassungen notwendig. Zudem ist die strikte Trennung von „Rollen" und „Stellen", beziehungsweise „Personen", zu beachten. So kann beispielsweise die Rolle des „Social Business Managers" entweder von einer tatsächlich ausschließlich dafür ausgewählten Person übernommen werden oder von jemandem, der zusätzlich noch eine oder mehrere andere Rollen einnimmt, wie die Rolle des Leiters (internes) Marketing. Dementsprechend variiert allerdings auch die Kapazität, die individuell dafür aufgewendet werden kann. So ist es in einem zusätzlichen Schritt durchaus empfehlenswert, die in Abschn. 9.3.1 hergeleiteten Aufgaben mit unternehmensspezifischen Prozessen zu hinterlegen und auf dieser Basis die notwendigen Kapazitäten je Rolle zu kalkulieren.

Literatur

Borchert, M., Martinez, S., Bienzeisler, Mohr, O., Fregin, M. C., Becker, S., Schmidt, K., Straub, M., & Troch, S. L. (2019). Digitalisierung der Arbeitswelt in kommunalen Unternehmen. In W. Bauer, S. Stowasser, S. Mütze-Niewöhner, C. Zanker & K. H. Brandl (Hrsg.), *Arbeit in der digitalisierten Welt: Stand der Forschung und Anwendung im BMBF-Förderschwerpunkt* (S. 202–209). Stuttgart: Fraunhofer IAO.

Bröhl, A. P., & Dröschel, W. (1995). *Das V-Modell: der Standard für die Softwareentwicklung mit Praxisleitfaden* (2. Aufl.). München: Oldenbourg Verlag.

Bruysten, T. (2019). Interne Kommunikation: Social Media Learnings für Unternehmensnetzwerke. Online. http://bruysten.com/unternehmensberatung/interne-kommunikation-social-media-learnings-fur-unternehmensnetzwerke/. Zugegriffen am 31.01.2019.

DIN SPEC 91364. (2018). Leitfaden für die Entwicklung neuer Dienstleistungen zur Elektromobilität.

Fischer-Kienberger, C. (2016). Kommunikationskultur als Voraussetzung für erfolgreiche Geschäftsmodellinnovationen. In H. Granig et al. (Hrsg.), *Geschäftsmodellinnovationen* (S. 133–144). Wiesbaden: Springer/Gabler. https://doi.org/10.1007/978-3-658-08623-7_9.

Freitag, M., Korb, T., & Sommer, P. (2019). *Smart Services im Maschinen- und Anlagenbau – Eine Kurzstudie*. Stuttgart: Fraunhofer IRB.

Frings, S., Weisbecker, A., Lahr, W., & Reinsch, V. (1999). Rollenkonzept in der Software-Entwicklung. In U. Arend, E. Eberleh & K. Pitschke (Hrsg.), *Software-Ergonomie '99: Design von Informationswelten. Berichte des German Chapter of the ACM* (Bd. 53, S. 73–84). Stuttgart/Leipzig: Teubner.

Hamann, K., Link, M., Dworschak, B., & Schnalzer, K. (2019). Auswirkungen der Digitalisierung auf Arbeit und Kompetenzentwicklung. In W. Bauer, S. Stowasser, S. Mütze-Niewöhner, C. Zanker & K. H. Brandl (Hrsg.), *Arbeit in der digitalisierten Welt. Stand der Forschung und Anwendung im BMBF-Förderschwerpunkt* (S. 10–14). Stuttgart: Fraunhofer IAO.

Hinchcliffe, D., & Kim, P. (2012). *Social business by design: Transformation social media strategies for the connected company*. San Francisco: Jossey-Bass.

Keith, H., & Groten, C. (2004). Rollenkonzepte als moderne Instrumente für das Personalmanagement in Dienstleistungsprojekten. In H. Luczak, R. Reichwald & D. Spath (Hrsg.), *Service

Engineering in Wissenschaft und Praxis – Die ganzheitliche Entwicklung von Dienstleistungen (S. 61–93). Wiesbaden: Deutscher Universitäts-Verlag/GWV Fachverlage GmbH.

Kiron, D., Palmer, D., Phillips, A. N., & Kruschwitz, N. (2012). *Social business: What are companies really doing? MIT Sloan Management Review.* North Hollywood: Massachusetts Institute of Technology.

Krogh, G. (2012). How does social software change knowledge management? Toward a strategic research agenda. *Journal of Strategic Information Systems, 21*(2), 154–164. https://doi.org/10.1016/j.jsis.2012.04.003.

Leimeister, J. M., Zogaj, S., Durward, D., & Blohm, I. (2015). Arbeit und IT: Crowdsourcing und Crowdwork als neue Arbeits- und Beschäftigungsformen. In *ver.di – Vereinte Dienstleistungsgewerkschaft. Gute Arbeit und Digitalisierung: Prozessanalysen und Gestaltungsperspektiven für eine humane digitale Arbeitswelt* (S. 66–79). ver.di.

Meiren, T., & Barth, T. (2002). *Service Engineering in Unternehmen umsetzen – Leitfaden für die Entwicklung von Dienstleistungen.* Stuttgart: Fraunhofer IRB.

Recker, J., Malsbender, A., & Kohlborn, T. (2016). Using enterprise social networks as innovation platforms. *IT Professional, 18*(2), 42–49. https://doi.org/10.1109/MITP.2016.23.

Schiller, C., & Meiren, T. (2018). Enterprise social networks for internal communication and collaboration – Results of an empirical study. *Conference proceedings, 2018 IEEE International Conference on Engineering, Technology and Innovation (ICE/ITMC),* Stuttgart. S. 787–790.

Schiller, C., Graf, B., Fischbach, J., Baumgarten, S., Bläsing, D., Strunck, S., Fredl-Maurer, R. & Filitz, G. (2019a). Servicerobotik bei personenbezogenen Dienstleistungen – Abschlussbroschüre. Stuttgart: IAT Universität Stuttgart.

Schiller, C., Zinke-Wehlmann, C., Meiren, T., Friedrich, J., & Holze, J. (2019b). *Social Business – Studie über den Einsatz interner sozialer Netzwerke in Unternehmen.* Stuttgart: Fraunhofer.

Schletz, A., Martinetz, S., Wilke, J., Brzoska, S., Robers, D. I., Kaiser, S., Bähner, J., Baierl, M., Ludwig, F., & Frey, C. (2017). *Flexibilisierung von Personal- und Kompetenzmanagement im digitalen Wandel.* Stuttgart: Fraunhofer-Institut für Arbeitswirtschaft und Organisation.

Schuh, G., Anderl, R., Gausemeier, J., ten Hompel, M., & Wahlster, W. (2017). *Industrie 4.0 Maturity Index. Die digitale Transformation von Unternehmen gestalten (acatech Studie).* München: Herbert Utz.

V-Modell XT Bund. (2010). Teil 1: Grundlagen des V-Modells, Version 1.0 (Basis V-Modell XT 1.3).

Open Access Dieses Kapitel wird unter der Creative Commons Namensnennung 4.0 International Lizenz (http://creativecommons.org/licenses/by/4.0/deed.de) veröffentlicht, welche die Nutzung, Vervielfältigung, Bearbeitung, Verbreitung und Wiedergabe in jeglichem Medium und Format erlaubt, sofern Sie den/die ursprünglichen Autor(en) und die Quelle ordnungsgemäß nennen, einen Link zur Creative Commons Lizenz beifügen und angeben, ob Änderungen vorgenommen wurden.

Die in diesem Kapitel enthaltenen Bilder und sonstiges Drittmaterial unterliegen ebenfalls der genannten Creative Commons Lizenz, sofern sich aus der Abbildungslegende nichts anderes ergibt. Sofern das betreffende Material nicht unter der genannten Creative Commons Lizenz steht und die betreffende Handlung nicht nach gesetzlichen Vorschriften erlaubt ist, ist für die oben aufgeführten Weiterverwendungen des Materials die Einwilligung des jeweiligen Rechteinhabers einzuholen.

Weiterentwicklung von Enterprise Social Networks in Großunternehmen – Herausforderungen beim Thema Datenschutz

10

Analyse eines Praxisbeispiels einer Social Business Transformation

Harald Huber, Vanita Römer, Carsten Voigt und Christian Zinke-Wehlmann

Zusammenfassung

Die Digitalisierung fordert auch von Unternehmen eine Anpassung an moderne Kommunikationsmodelle und Arbeitsgestaltung. Vor allem große und internationale Unternehmen stehen dabei gleichzeitig vor großen Innovationspotenzialen und großen Herausforderungen: Einerseits bildet der Einsatz von sozialen Technologien innerhalb des betrieblichen Kontextes (Social Business) die Möglichkeit der Nutzung des gesamten Innovationspotenzials und damit einer Effizienzsteigerung. Andererseits stellen die notwendigen Umstrukturierungen bisher unbekannte Herausforderungen an das Unternehmen dar. Im hier beschriebenen Fall wird der Einsatz eines Social Media Tools zur Kanalisierung von interner und externer Kommunikation gezeigt. Dabei werden am Beispiel des Datenschutzes sowohl die technischen als auch die organisatorisch-kulturellen Hindernisse beschrieben. Schließlich werden Lösungsansätze erläutert und weitere, im Beispiel nicht beachtete Aspekte aufgezeigt.

H. Huber
USU Software AG, Möglingen, Deutschland
E-Mail: h.huber@usu.de

V. Römer · C. Zinke-Wehlmann (✉)
Institut für Angewandte Informatik e.V. an der Universität Leipzig, Leipzig, Deutschland
E-Mail: roemer@infai.org; christian.zinke-wehlmann@uni-leipzig.de

C. Voigt
USU GmbH, Berlin, Deutschland
E-Mail: c.voigt@usu.de

© Der/die Herausgeber bzw. der/die Autor(en) 2020
M. Daum et al. (Hrsg.), *Gestaltung vernetzt-flexibler Arbeit*,
https://doi.org/10.1007/978-3-662-61560-7_10

10.1   Einleitung

Soziale Medien und Technologien sind der Motor einer gesamtgesellschaftlichen Transformation (Frommert et al. 2018). Seit einiger Zeit sind sie nicht mehr nur Medium für private Kommunikation und privates Netzwerken, sondern erobern nun auch Bereiche, die bisher noch nicht „sozial" erschlossen waren. Die Prophezeiung „Ultimately, everything that can be social will be social" der Social Business Experten Hinchcliffe und Kim (2012) scheint sich zu bewahrheiten.

Ein Aspekt dieser Transformation wird im Arbeits- und Wirtschaftskontext sichtbar. Der Begriff *Social Business* beschreibt dabei die Entwicklung, in der Unternehmen soziale Medien und Technologien für Geschäftszwecke und -prozesse einsetzen (Frommert et al. 2018). Die Gründe für die digitale soziale Transformation in der Arbeitswelt sind vielfältig: Einerseits wird der Eintritt der sogenannten Generation Y in die Arbeitswelt und deren Aufwachsen mit dem Internet und Sozialen Medien als Erklärung herangezogen. Ein Beispiel liefert die Aussage des damaligen Vorstandsvorsitzenden der Henkel AG, Kasper Rorsted, der 2015 in einem Interview mit der Frankfurter Allgemeinen Zeitung (Meck 2015) erklärte:

> „Konzerne müssten sich nach den Wünschen der sogenannten Generation Y richten […]: Die sind privat bei Facebook, Instagram, Snapchat, und erwarten das auch im Büro. Wir haben deshalb im Oktober Yammer, eingeführt, eine Art internes Facebook von Microsoft, da machen jetzt schon 20.000 Mitarbeiter*innen mit."

Andererseits sind es nicht grundsätzlich Arbeitnehmende, die diesen Wandel anstoßen. Immer mehr Führungsetagen erkennen das große Potenzial, das Social Business birgt: Die Nutzung sozialer Technologien wie Unternehmensblogs bietet etwa neue Möglichkeiten zur Interaktion mit der Kundschaft oder schlicht für Marketing und PR. Aber auch die innerbetriebliche Nutzung zur Vernetzung, wie von Rorsted beschrieben, birgt viele Vorteile. Das Unternehmensmanagement erhofft sich dadurch beispielsweise eine erleichterte Zusammenarbeit und ein besseres Innovationsmanagement (Wehner et al. 2017).

Im Forschungsprojekt SB:Digital[1] haben wir uns die „Untersuchung der Auswirkungen und Potenziale von sozialen Netzwerken auf die innerbetriebliche Zusammenarbeit und Partizipation" als Teilziel gesetzt – insbesondere mit Blick auf die Innovationsförderung. Der vorliegende Beitrag beschreibt einen Anwendungsfall des Projektpartners Unymira,[2] in dem der Einsatz und die darauf aufbauende (Weiter-) Entwicklung eines Social Busi-

---

[1] Social Business: Digital – Digitale soziale Netzwerke als Mittel zur Gestaltung attraktiver Arbeit ist ein Verbundprojekt, mit dem Ziel, die Potenziale sozialer Netzwerke, Medien und Technologien zur Gestaltung guter digitaler Arbeit innerhalb von Unternehmen und Wertschöpfungspartnerschaften zu untersuchen und geeignete Realisierungskonzepte zu entwickeln.

[2] Unymira ist Teil der USU Software AG, einer Unternehmensgruppe, die europaweit der größte Anbieter für IT- und Knowledge-Management-Software ist. Im Leistungsspektrum befinden sich Produkte und Leistungen aus dem Bereich Social Media Management, Wissensmanagement, Plattformen und UX-Design, um Unternehmen und andere Institutionen im Prozess der digitalen Transformation zu begleiten.

ness Tools in einem internationalen Großunternehmen durchgeführt wurde. Dieser Bericht soll einerseits den Anwendungsfall dokumentieren und andererseits für die im Einsatz aufkommenden Schwierigkeiten und Hindernisse im Rahmen der theoretischen Grundlagen neue Lösungsansätze bieten.

Dafür gehen wir zunächst auf die theoretischen Grundlagen der Forschung ein und beschreiben anschließend das durchgeführte Projekt und das eingesetzte Werkzeug. Hierbei wird aufgezeigt, dass eine Umsetzung auch viele Hürden mit sich bringt. Leider werden diese Schwierigkeiten bisher in der Literatur um Social Business kaum behandelt oder bleiben sehr rudimentär beschrieben. Wir möchten deshalb mit dieser Veröffentlichung einen erweiterten Lerneffekt ermöglichen. Da vor allem in bestimmten Themenbereichen, wie z. B. hier aufgezeigt im Datenschutz, Misserfolge schnell zu einem realen und substanziellen Risiko für das Unternehmen bzw. die Organisation werden können, ist es vor allem in diesem Kontext wichtig, die entstehenden Risiken und Schwierigkeiten aufzuzeigen und zu beleuchten.

10.2 Wissenschaftliche Grundlage von Social Business

In den letzten Jahren gewann der Begriff „Social Business" für die Nutzung Sozialer Technologien im Wirtschaftskontext stetig mehr Bedeutung. Doch genauso vielfältig wie die Einsatzmöglichkeiten sind auch die Definitionen von Social Business. Diese reichen von der einfachen „Nutzung Sozialer Medien im Unternehmen" bis hin zu sehr detaillierten Definitionen wie sie z. B. von Hinchcliffe und Kim (2012) oder Kiron et al. (2012) gegeben werden und die sich jedoch in ihrer Auslegung und im Fokus teilweise stark unterscheiden.

Im Rahmen unseres Projektes definieren wir Social Business als „Strategie und Rahmenwerk, mit dessen Anwendung die Generierung eines sozialen, ökologischen und ökonomischen Nutzens aus dem Einsatz sozialer Netzwerke als primärem Ziel verbunden wird". Die Beschreibung als „Strategie und Rahmenwerk" (Schiller und Zinke-Wehlmann 2019) deutet bereits auf einen transformativen Prozess hin, der mit dem genannten „Einsatz sozialer Netzwerke" einhergehen muss. Eine konkretere Beschreibung, wie so eine Transformation aussehen könnte, geben Zinke-Wehlmann et al. in ihrem Beitrag „Social Business Transformation" dieses Bandes Kap. 8. Für eine erfolgreiche Umsetzung von Social Business schlagen Zinke-Wehlmann und Friedrich einen vierstufigen Ablauf vor: Dieser baut auf einer (1) Analyse der Situation auf, worauf im zweiten Schritt (2) eine Zielstellung entwickelt wird. Diese muss (3) die Gestaltungs- und Transformationsprozesse für die drei Ebenen (a) Technologische Grundlage, (b) Organisation und (c) Akteure (Mensch) beinhalten. Im letzten Schritt werden die vorher entwickelten Strategien (4) implementiert. Demnach ist Social Business nicht nur der Einsatz sozialer Technologie, sondern muss über die technischen Aspekte hinaus auch organisatorische und menschliche Faktoren mit einbeziehen.

Auch werfen in ihrem Bericht die Frage nach den Faktoren einer erfolgreichen Implementierung von Social Business auf. Ihre Antwort verdeutlicht die Relevanz der Organisationsebene und konkreter die Anforderungen an Rollen und Rollenbeschreibung. Demnach müssen im Transformationsprozess Verantwortlichkeiten (neu) zugeschrieben und Transparenz geschaffen werden. Auch Hinchcliffe and Kim (2012) sehen die Wichtigkeit dieser Dimension und schlagen in diesem Zusammenhang eine Schaffung der Rolle des Social Business Community Managers vor, der/die eine zentrale Stelle im Transformationsprozess einnehmen soll. Vor allem bei großen Teams und Netzwerken seien Community Manager*innen substanziell wichtig.

Da das beschriebene Forschungsprojekt einen technisch-praktischen Ansatz verfolgte, werden wir im Folgenden auf die technische Ebene eingehen und auf das im Projekt eingesetzte Werkzeug. Die ersten Berührungspunkte mit sozialen Medien haben viele Organisationen durch die Nutzung externer Plattformen wie Facebook, Twitter, Instagram und andere (Leonardi et al. 2013). Damit verfolgen sie hauptsächlich das Ziel z. B. neue Marketingmöglichkeiten zu erschließen (Turban et al. 2011). Erste Schritte in Richtung Social Business werden dann unternommen, wenn diese Kommunikationskanäle in Unternehmensprozesse eingebunden werden. Eine speziell dafür entwickelte Software, wie z. B. das in diesem Projekt entwickelte und eingesetzte Tool „Connect", kann helfen, Social Media Kanäle zu zentralisieren und somit die Kommunikationsprozesse zu vereinfachen: Mehrere Social Media Kanäle und Profile können über eine zentrale Software gesteuert und gepflegt werden.

Solche sozialen Netzwerke und Plattformen, die zum Zweck der internen Kommunikation in eine Organisation implementiert werden, werden im Social Business Kontext Enterprise Social Networks (ESN) genannt. ESN sind digitale soziale Netzwerke, die ähnlich wie die gängigen Sozialen Netzwerke (wie z. B. Facebook, Twitter oder Instagram) aufgebaut sind und somit Kommunikation und Kollaboration durch eine Vernetzung der einzelnen Mitarbeitenden ermöglichen (Frommert et al. 2018). Für diese Zwecke beinhalten sie Funktionen wie Timelines, Chats, Foren, Wikis, Microblogs. Externe Softwarelösungen, wie MS Teams oder Yammer, können darüber hinaus in das ESN integriert werden. Andere Lösungen werden speziell für eine Organisation bzw. ein Unternehmen designt und können somit an die spezifischen Bedürfnisse der Organisation und aller Beteiligter angepasst werden (Weber und Monge 2011). Dabei wird auch unterschieden, ob Plattformen über das Internet verbunden sind, wie die meisten externen Produkte, oder über ein (abgesichertes) Intranet funktionieren (Leonardi et al. 2013).

Vor allem setzen große und internationale Unternehmen auf ESN zur internen Kommunikation und Wissensmanagement (s.a. Ellison et al. 2015), da dort ein virtueller Raum geschaffen werden kann, in welchem Zusammenarbeit und Kollaboration zu jeder Zeit und auch auf große Distanz möglich sind (Leonardi et al. 2013). Aber auch kleine und mittlere Unternehmen, wissen die Vorteile von ESN zu schätzen (Ellison et al. 2015). Hier wird zumeist auf Intranet-Strukturen gesetzt, um Wissensabfluss oder Data Leaks strukturell und günstig zu unterbinden. Weitere Vorteile sind, dass durch eine digitale Vernetzung von Arbeits- und Kommunikationsprozessen Wissenssilos aufgebrochen werden können, etwa durch leichter zugängliche Information und höhere Transparenz. Außerdem können z. B. durch die interne Veröffentlichung von Problemstellungen diese in der Community geteilt und so gemeinschaftlich gelöst werden. Auch spezielles Fachpersonal kann durch eine solche Vernetzung leichter ausfindig gemacht und kontaktiert werden. So können Mitarbeiter*innen etwa relevante Kompetenzen und Expertise in einem Unternehmensbereich in ihrem Netzwerkprofil hinterlegen.

Trotz der genannten Vorteile wird der technischen Umgestaltung von Arbeits- und Kommunikationsprozessen, sowohl vonseiten der Mitarbeitenden als auch der Unternehmensführung teilweise skeptisch begegnet. Vor allem gibt es Befürchtungen im Hinblick auf Risiken für Sicherheit und Privatsphäre sowie Urheberrechte/geistiges Eigentum. Außerdem werden Missbrauch bzw. eine Verschwendung von Zeit und anderen Ressourcen befürchtet (Turban et al. 2011). Diese Befürchtungen sind angesichts von realen Risiken für das Unternehmen ernst zu nehmen und auf technischer Ebene so gut wie möglich abzusichern. Es ist jedoch nicht nur wichtig, dass die entsprechende Technologie bereitgestellt werden, sondern es gilt auch, die organisatorischen und kulturellen Hintergründe auszuleuchten, die diese Skepsis hervorrufen (Turban et al. 2011).

10.3   Das eingesetzte ESN

In dem durchgeführten Projekt wurde „Connect", ein durch Unymira speziell auf den Anwendungsfall zugeschnittenes Social Media Servicemanagement Tool, in einem internationalen Großunternehmen eingesetzt. In der Grundkonfiguration dient dieses Werkzeug dazu, verschiedene Social Media und Messaging Kanäle in einem zentralen Tool zu organisieren. Das heißt, es erfasst Posts und Beiträge der verschiedenen Kanäle, stellt sie den zuständigen moderierenden Teammitgliedern zur Verfügung und erlaubt diesen, über das zentrale Tool direkt auf dem ursprünglichen Kanal wieder antworten zu können. Der Mehrwert eines solchen Tools liegt in der Möglichkeit einer zentralen Abwicklung einer Multichannel-Kommunikation über verschiedene Ein- und Ausgangskanäle. In dem betrachteten Fall wurden (unter anderem) folgende Kanäle an „Connect" angebunden:

- 6 Facebook Kanäle
- 5 Twitter Kanäle
- 3 Google Playstore Kanäle
- 1 Youtube Kanal
- Kundenforum (aufgeteilt in mehrere „Themenkanäle")

Somit bietet das Tool auch die Möglichkeit, die Kommunikation zwischen Mitarbeiter*innen und der „Außenwelt" moderativ steuern zu können, das heißt, eingehende Anfragen nach Thema zu sortieren und dementsprechend an eine zuständige und thematisch kompetente Person weiterzuleiten. Umgekehrt können ausgehende Nachrichten über die Moderation qualitätsgeprüft werden.

Eine Besonderheit dieses Anwendungsfalls ist, dass das Unternehmen ein Forum im Internet betreibt, in dem Probleme mit anderen Nutzenden besprochen werden können bzw. nach Lösungen gesucht werden kann. Auch dieses Forum wird an „Connect" angeschlossen. Das ermöglicht dem Kundenservice, nur in Fällen einzugreifen, in denen professionelle Hilfe tatsächlich benötigt wird.[3] Zudem wurde beim im Unternehmen bereits Jive[4] v. Es sollte – analog zur externen Community – im Rahmen des Projekts erschlossen werden, um das Innovationspotenzial der gesamten Belegschaft zu nutzen, zu fördern und die allgemeine Kollaboration und Partizipation zu erhöhen.

Letztendlich gibt es also 3 „Plattformen" (zwei externe und eine interne) und mehr als 15 Kanäle, die über das Tool „Connect" verbunden werden. Im Folgenden werden wir die aus der ersten Entwicklung des ESNs entstandenen Herausforderungen beschreiben und betrachten, welche Lösungsansätze durch den Projektpartner Unymira gegeben wurden.

10.4 Herausforderungen

10.4.1 Technische Herausforderungen

Bereits zu Projektanfang zeichneten sich bei der Entwicklung zwei Problembereiche ab, die im weiteren Projektverlauf technisch bearbeitet werden sollten:

Die erste Schwierigkeit war, dass eingehende Posts und Beiträge manuell geroutet werden mussten. Das heißt, ein*e Agent*in musste sich aktiv um einen Beitrag bemühen oder dieser wurde von einer koordinierenden Person, je nach Thema und Zuständigkeit zugewiesen. Zweitens bestand die Möglichkeit, dass Posts leichter den Bezug zum bearbeitenden Fall verloren. Wurde ein Post eingebracht, war es nicht einfach erkennbar, ob dieser nun zu einem größeren Diskussionsverlauf einer generellen Diskussion gehörte, ob es ein Meinungsbeitrag war oder ob es ein tatsächlicher Fall einer Frage- oder Problemstellung war, die es zu bearbeiten gilt.

10.4.2 Lösungsansätze für die technischen Herausforderungen

Zur Lösung der Problematik des Routings wurde ein komplexer Routing-Mechanismus und eine automatische, NLP[5] basierte Klassifikation in das Tool integriert. Dabei stellte

---

[3] Jive bietet diverse Social-Networking-Applikationen, die von einer Facebook-ähnlichen Oberfläche aus gesteuert werden. Funktionen sind z. B. Ideensammlung, Kollaboration, Informationsaustausch.

[4] Jive Software bietet unter anderem eine Social-Networking-Applikation für Unternehmen, die über eine Facebook-ähnliche Oberfläche gesteuert wird und über die die Angestellten eines Unternehmens digital zusammenarbeiten können.

[5] Natural Language Processing sind Techniken zur maschinellen Verarbeitung menschlicher Sprache

sich nach einigen Versuchen ein Long Short Term Memory (LSTM) Network als beste Lösung heraus. Der Routing-Mechanismus verarbeitet also die Eigenschaft des Kanals an sich (z. B. Twitter oder Facebook), genannte Themen über Schlagworte (beispielsweise Kündigung oder Beschwerde) und zusätzlich über die genannte NLP Verarbeitung die komplette Formulierung des Kunden. Ein wesentlicher Zweck der NLP Verarbeitung bestand darin zu ermitteln, auf welche Produktgruppe des Unternehmens sich die Anfrage bezog. Zusätzlich wurde die „Liegezeit" des Beitrages berücksichtigt, das heißt die Zeit, die seit Eingang des Beitrages vergangen ist. Lange Liegezeiten führten auf zeitkritischen Kanälen oder zeitkritischen Themen zu entsprechender Priorität des Beitrages.

In der Übersicht basiert das automatische Routing der eingehenden Beiträge auf folgenden Eigenschaften:

- **Kanal:** Für jeden einzelnen Kanal kann je Mitarbeiter*in (oder pro Arbeitsgruppe) eine spezifische Priorität vergeben werden
- **Thema:** Für jedes einzelne Thema kann je Mitarbeiter*in (oder pro Arbeitsgruppe) eine spezifische Priorität vergeben werden
  - Themen können schlagwortbasiert vergeben werden, bspw. das Thema „Prio Fälle", Beiträge mit Schlagworten wie Kündigung werden gesammelt
  - Themen können autorenbasiert vergeben werden, um „Influencer" zu erfassen
  - Themen können die Metadaten der Beiträge erfassen, so können z. B. einzelne Boards (Forenbereiche) unterschiedlich priorisiert und unterschiedlichen Mitarbeiter*in zu geroutet werden (bspw. B2B und B2C)
- **Skill:** Für jeden einzelnen Skill kann je Mitarbeiter*in (oder pro Arbeitsgruppe) eine spezifische Priorität vergeben werden
  - Festnetz oder Mobilfunk werden über das NLP Modul klassifiziert
  - Es gibt weitere Skills, die manuell vergeben werden. Die klassifizierten Cases werden dann ebenfalls geroutet und durch die manuelle Zuordnung Trainingsmengen für potenziell weitere NLP Skills
- **Alter:** Für jedes Attribut kann ein Alterungsfaktor vergeben werden, alle X Minuten wird dieser zur Ausgangspriorität hinzuaddiert
- **Last Agent:** Wenn im System ein LastAgent (Agent, der zuletzt mit dem Nutzer interagiert hat) bekannt ist, dann kann für diesen eine zusätzliche Priorität vergeben werden
- **Last Team:** Wenn im System ein LastTeam (Team des Agenten, der zuletzt mit dem Nutzer interagiert hat) bekannt ist, dann kann für dieses eine zusätzliche Priorität vergeben werden

Die agentspezifische Priorität wird dann nachfolgender Formel berechnet:

und dienen in diesem Kontext dazu, Beiträge zu sortieren und entsprechend zuzuteilen.

$$\left(Prio\ Skill\ x\ Prio\ Topic\ x\ Prio\ Channel\ x\ Prio\ LastAgent\ X\ LastTeam \right)$$
$$+ \left(\left(Age\ Skill\ x\ Age\ Topic\ x\ Age\ Channel\ x\ Age\ LastAgent\ x\ Age\ LastTeam \right) \right.$$
$$\left. x\ number\ of\ aging\ periods \right) = Prio \left(agentspecific \right)$$

Um das Problem der relativen Kontextarmut und der geringen Beurteilbarkeit der Fallbearbeitung, zu beheben wurden einzelne Beiträge zu Cases zusammengefasst. Das bedeutet, dass ein Case mit einer Eingangsfrage eröffnet werden kann und durch eine abschließende Antwort beendet wird. Dadurch ist es möglich, einen Dialog in mehrere Anliegen zu unterteilen, so dass nicht einfach nur Dialoge, sondern „Service Fälle" betrachtet werden können. Daraus ergeben sich folgende Möglichkeiten innerhalb der Anwendung:

- Bearbeitungszeiten für Cases ableiten (bspw. First Response, Solution Time, Erstlösungsquote)
- Service Fälle zwischen Agenten hin- und herschieben
- Weiterleiten, Wiedervorlegen, vorläufig Beantworten
- statistische Analysen der Servicefälle, z. B. über die oben genannten Parameter

Allerdings kann ein Case auch beispielsweise durch eine Rückfrage zurückgestellt oder durch eine weitere Anmerkung wiedereröffnet werden. Dieses Handling der Cases stellte sich als durchaus komplexe Herausforderung dar.

Die Bearbeitung dieser Cases kann entweder durch Agenten und/oder einen Bot erfolgen:

- Kundenberatende bearbeiten Servicefälle, erledigen Cases, die keiner Antwort bedürfen und lösen Servicefälle
- Ein Bot führt Zufriedenheitsbefragungen durch, sofern bestimmte Kriterien erfüllt sind.

Um das auf Jive basierende ESN ebenfalls an das externe Kommunikationstool anbinden zu können, wurde dieses von Unymira erweitert. Damit wurde die Möglichkeit geschaffen, auch Dialoge auf einer solchen sozialen Plattform innerhalb des Unternehmens moderativ steuern zu können. Durch die Mehrkanal-Technologie des Produktes bestand zudem das Ziel, von außen kommenden Dialogen und Fragen in der Service Community zur Klärung, zur Unterstützung und eventuell eben auch zur Ideengenerierung und Innovation in den inneren Dialog weiterzuleiten und Ergebnisse wieder zurück zu transportieren. Die Möglichkeit, Potenziale und Ressourcen der internen Community zur Lösung externer Fragestellungen und Probleme (der Kundschaft) heranzuziehen, stellte sich jedoch als große Hürde heraus, wie im Folgenden erläutert wird.

10.4.3 Herausforderungen in Bezug auf Datenschutz

Im Laufe des Projektes wurden die Vorteile des Toolsets zur Etablierung von Community Manager*innen erkannt, jedoch gab es große Bedenken im Hinblick auf den Datenschutz, da die zuvor genutzten internen Plattformen strikt vom Internet getrennt waren.

Datenschutz im Allgemeinen ist nicht zuletzt durch die DSGVO zu einem intensiv diskutierten Thema geworden und genießt in den Unternehmen derzeit besondere Aufmerksamkeit. Auch die Gefährdung interner Systeme durch über das Internet ausgeführte Angriffe wird von den Unternehmen aktuell als bedeutenderes Risiko wahrgenommen als in der Vergangenheit. Die faktische Verbindung zwischen einer im Internet laufenden Moderationsplattform und einem ESN (wie hier z. B. Jive) bringt entsprechende Risiken mit sich, die auch im Projekt zu einer umfangreichen Diskussion geführt haben. Wichtigste Themen waren hierbei:

1. **Entstehung eines Einfallstors und technische Sicherheitsbedenken**
   Das im Internet befindliche Moderationssystem greift lesend auf die Inhalte der internen Social Community zu. Entsprechend ist hier eine Gefährdung durch externe Angriffe grundsätzlich gegeben. Um das System hier sicherer zu machen, müssen Schnittstellen und das System selbst „gehärtet" werden, ein Aufwand, der für eine eigentlich intern laufende Community normalerweise nicht erbracht wird.

   Neben der grundsätzlichen technischen Betrachtung ändert sich durch die Anbindung der Internet-Moderationssoftware jedoch grundsätzlich die „Sicherheitsklasse" der Community. In den meisten größeren Unternehmen werden alle Applikationen Sicherheitsklassen zugeordnet, die den Betrieb, Verantwortlichkeiten und den Umgang mit dem System regeln. Eine solche Änderung der Sicherheitsklasse ändert die komplette Bewertung und Organisation des Systems im Unternehmen.

2. **Abfluss von Informationen von Intern nach Extern**
   Der Grundcharakter eines internen sozialen Netzwerkes ist die Diskussion auch sensibler und/oder interner Themen. Entsprechend kritisch wird es gesehen, wenn Inhalte dieser Community direkt über ein Tool im Internet verfügbar sind oder auch nur die Verfügbarkeit über das Internet denkbar wäre (beispielsweise nach einem extern verursachten Einbruch in die Moderationssoftware). Die freie Diskussion genereller und interner Themen ist ein wichtiges Ziel einer solchen Community. Jedoch wird der Wert einer internen Community verringert, wenn es, wenn auch nicht faktisch, sondern nur unbewusst wahrgenommen oder vermutet, eine Sichtbarkeit der Inhalte für Dritte im Internet besteht. Dadurch besteht die Gefahr, dass Mitarbeitende nicht frei ihre Meinungen austauschen, sondern sich in ihrer Ausdrucksmöglichkeit eingeschränkt fühlen. Technische Maßnahmen für dieses Problem konnten im Rahmen des Projektes nicht definiert werden, dennoch war es wichtig, auch diese Problematik aufzuzeigen.

3. **Risiko des Verstoßes gegen Datenschutzregelungen**
   In den Beiträgen eines unternehmensinternen sozialen Netzwerks finden sich naturgemäß auch personenbezogene Daten, beispielsweise der Name oder die User-ID. Diese

Inhalte dürfen nicht über das Internet Dritten zugänglich sein, da sie direkte zusätzliche personenbezogene Informationen wie beispielsweise Meinungsäußerungen beinhalten.

Die Vielfalt der nachgefragten Themen führte dazu, dass viele Bereiche im Unternehmen in die Bearbeitung einbezogen wurden (Systemtechnik, IT Security, Datenschutz, Mitarbeitendenvertretung, Social Media Service, generelle Betreuung der Kundschaft, uvm.), wodurch Entscheidungsfindungen erschwert wurden. Zudem wurde aufgezeigt, dass die Herausforderung nicht nur in der faktischen Bedrohung lag, sondern auch und vor allem die emotionale Einschätzung durch verschiedene Parteien eine Lösung auf technischer Ebene behinderte bzw. erschwerte. Das heißt, die empfundene Bedrohung durch eine Neuerung im technischen System basiert nicht nur auf gegebenen äußeren Umständen, sondern hat eine psychologisch-kulturelle Dimension, die es zu berücksichtigen gilt. Es wird deutlich, dass eine Einführung technischer Systeme und Lösungen niemals eine rein technische Angelegenheit ist. Wie beschrieben, sind bei der Einführung verschiedenste Unternehmensbereiche beteiligt und es müssen verschiedene Dimensionen des Unternehmens berücksichtigt werden. Da im Beispielfall zunächst ein technisch-praktischer Lösungsweg verfolgt wurde, erläutern wir im Folgenden die von Unymira vorgeschlagenen Lösungsmaßnahmen, um danach die Problemstellung aus einer mehrdimensionalen Perspektive zu betrachten.

10.4.4 Entwickelte Lösungsszenarien in Bezug auf Datenschutz

Wenn auch die tatsächliche Entscheidungsfindung im Unternehmen komplex, emotional und unternehmenspolitisch ist, so können doch zumindest grundsätzliche Lösungsszenarien definiert werden, die im Rahmen des Projektes entworfen wurden. Zunächst jedoch eine grundsätzliche Bemerkung.

10.4.4.1 Generelle Maßnahmen
Bezüglich der technischen Gefährdung sind Maßnahmen zu ergreifen, die die Schnittstelle zwischen Internet und Intranet des Unternehmens entsprechend absichern. Daneben steht die Möglichkeit einer technischen Absicherung der internen Social Community mit den üblichen Verfahren. Dies wird hier jedoch nicht weiter betrachtet, da die im Anwendungsfall betrachtete Situation durch die Öffnung nach „Außen" einen komplexeren Problemfall darstellt, der nicht mit den üblichen Maßnahmen zu lösen war.

Für den Anwendungsfall wurden im Projekt deshalb folgende Lösungsszenarien entwickelt:

10.4.4.2 Szenario Zwischenplattform
In diesem Szenario wird es möglich, dass nur bestimmte Inhalte per Push in eine Zwischen-Plattform zu schieben und die Moderationssoftware nur auf dieses „Proxy-System" zugreifen zu lassen. Dabei wäre es möglich Inhalte temporär vorzuhalten (Persistenz). Diese Lösung verhindert aber nur den Lesezugriff durch die externe Moderationssoftware. Sie

klärt nicht, welche Inhalte generell bereitgestellt werden sollen. Allein ist dieses Verfahren also nicht ausreichend, sondern verhindert nur den technischen Durchgriff.

Gleichzeitig wäre das eigentliche „Datenschutzproblem" vergleichsweise einfach zu lösen, da es technisch im Zwischenschritt einer sogenannten „Proxy-Software" möglich wäre, personenbezogene Felder (wie beispielsweise der Anwendername) zu anonymisieren. Schwieriger ist eine Verhinderung personenbezogener Daten im Beitragstext. Zwar kann ein Scanner erstellt werden, der Beiträge auf personenbezogene Daten scannt und solche ausfiltert, der Aufwand dafür wäre jedoch hoch und eine Lösung hätte vermutlich eine hohe Fehlerquote.

Weiterhin wäre zusätzlich ein Mechanismus von Nöten, der es ermöglicht, Inhalte nur zu einem gegebenen Thema in die Moderationssoftware zurückzusenden (um die benötigte Textmenge zu minimieren). Das bedeutet, dass eine eingehende Anfrage aus der Moderationssoftware (also aus dem Internet) einen Case eröffnet (wie oben beschrieben). Die Antwort auf diesen Case wird an das Internet zurückgemeldet. Ist der Case geschlossen, gehen keine weiteren Informationen nach draußen. Auch sonstige Diskussionen, die nicht zu dem Case gehören werden nicht nach draußen gesandt. Durch die Case Logik der Moderationssoftware dürften sich die Aufwände in Grenzen halten. Allerdings besitzt die im Anwendungsfall genutzte ESN nicht die notwendigen Funktionen, um die Case Logik zu unterstützen und müsste ebenfalls erweitert werden. Zudem muss sichergestellt sein, dass sich die Anwender*innen an die Case Logik halten und einen Fall entsprechend auch schließen. Entsprechend müssten auch interne Anwender eingewiesen werden.

10.4.4.3   Szenario: Interne Installation

Im zweiten Szenario wäre es möglich, dass die beschriebene Lösung intern installiert wird. Neben den vergleichsweise hohen Betriebskosten, die durch die permanent wechselnden Schnittstellen der Social Media Plattformen entstehen, würde dies auch nur eine vergleichsweise eingeschränkte Problemlösung darstellen, da dennoch ein Zugriff nach „draußen" auf die anderen angebundenen Social Media Plattformen notwendig wäre. Die technische „Verletzlichkeit" wäre also nicht komplett behoben. Die versehentliche Verbreitung interner Daten damit auch nicht. Das heißt, ohne einen Ansatz, der die tatsächlich verbreitbaren Inhalte in irgendeiner Form begrenzt (beispielsweise Definition spezifischer Gruppen) wird bzgl. dieses Risikos kein Vorteil erreicht.

10.4.4.4   Szenario: Internetbasierte Plattform

Daneben könnte auch der umgekehrte Fall ein Szenario darstellen. Die Bereitstellung eines Teiles der internen Community im Internet, so dass gar keine Schnittstelle zwischen Intranet und Internet mehr notwendig wären. Dieser Einsatz macht grundsätzlich Sinn. Wenn allerdings interne Anwender in eine spezielle Software/Community wechseln müssen, um die Fragen von Kunden beantworten zu können, dann ist die Grundidee des Konzeptes in Frage gestellt. Denn dies entspricht eigentlich einer Diskussion in einem Kundenforum, was mit weniger Aufwand erreicht werden kann. Darüber hinaus wäre es auch denkbar, verschiedene Gruppen zu definieren. Für diese könnten entsprechende

Verhaltensregeln definiert werden. Dies würde zumindest verhindern, dass interne Diskussionen leicht nach Außen gelangen. Aber auch dies entspricht dann eher einem speziellen Kundenforum und ist mit viel weniger Aufwand herzustellen, deckt aber auch den Bedarf einer engen Integration von Kundenfragen in interne Communities nicht ab.

10.4.4.5 Szenario: Moderation

Um zu verhindern, dass interne Diskussionen nach extern offengelegt werden, könnte auch ein Moderator eine kontrollierende Rolle einnehmen. Der Aufwand für dieses Szenario scheint jedoch sehr hoch und ist frühzeitig verworfen worden.

10.5   Schlussfolgerungen und Ausblick

Wie das Beispiel zeigt, ist eine erfolgreiche (Weiter-)Entwicklung von gelebtem Social Business ein mehrdimensionales Projekt, das auch auf mehrdimensionaler Ebene geplant und realisiert werden muss. Selbst wenn Probleme bei der Umsetzung scheinbar technischen Ursprungs sind, sind bei der Problemanalyse in jedem Fall auch die anderen Organisationsbereiche in Betracht zu ziehen. Wie in dem in diesem Band veröffentlichen Beitrag „Social Business Transformation" von Zinke-Wehlmann et al. Kap. 8 beschrieben, kommen auch die Autoren dieses Berichtes zu der Schlussfolgerung, dass neben der technischen Umsetzung auch immer die Unternehmenskultur für eine erfolgreiche Realisierung einer Social Business Transformation zu berücksichtigen ist. Emotionen und direkte oder implizite Regeln ändern sich nicht von heute auf Morgen und müssen bei einer Implementierung und Weiterentwicklung immer mitgedacht werden.

Eine weitere Schwierigkeit bildeten die finanziellen und zeitlichen Ressourcen, die dem Projekt zugeteilt wurden. In diesem Beispiel zeigte sich dies sehr deutlich: Nachdem ein technischer Vorschlag zur Lösung der Datenschutzproblematik vorgelegt wurde, stellte sich heraus, dass weder genügend Geld noch genügend Zeit für die Umsetzung vorhanden wären. Hinchcliffe und Kim (2012) betonen, dass viele Unternehmen anfangs die finanziellen und organisationalen Mühen scheuen und somit eine erfolgreiche Umsetzung behindern. Im Nachhinein würden jedoch die fehlenden Investitionen oftmals bedauert – es besteht das Risiko die Konkurrenzfähigkeit zu verlieren gegenüber Unternehmen, die hier frühzeitig investiert haben.

Der Einsatz für Social Business macht Unternehmen nicht nur moderner und agiler. Sie kann in jeglichem Sinne auch ein Motor sein für die Innovationsfähigkeit und die gesellschaftliche und ökonomische Relevanz eines Unternehmens. Die in der Einleitung und im ersten Kapitel beschriebenen Vorzüge von Social Business, sind nicht einfach nur ein dekoratives Plus, das Unternehmen für Arbeitnehmer*innen attraktiver macht. Es ist ein Weg, der Arbeits- und Kommunikationsprozesse in einer globalen und digitalisierten Welt den sozialen Anforderungen anpasst und Unternehmen zukunftsfähig und nachhaltig gestaltet. Dafür sollten Unternehmen, Arbeitnehmer*innen und Entwickler*innen Hand in Hand und mit einer mehrdimensionalen Perspektive Strategien für eine erfolgreiche Social Business Transformation gestalten.

Literatur

Ellison, N. B., Gibbs, J. L., & Weber, M. S. (2015). The use of enterprise social network sites for knowledge sharing in distributed organizations. The role of organizational affordances. *American Behavioral Scientist, 59*(1, SI), 103–123. https://doi.org/10.1177/0002764214540510. Sage Publications Inc.

Frommert, C., Häfner, A., & Zinke-Wehlmann, C. (2018). Using chatbots to assist communication in collaborative networks. In *Collaborative networks of cognitive systems*. Cham: Springer.

Hinchcliffe, D., & Kim, P. (2012). *Social business by design. Transformative social media strategies for the connected company*. San Francisco: Wiley.

Kiron, D., Palmer, D., Phillips, A. N., & Kruschwitz, N. (2012). Social business. What are companies really doing? *MIT Sloan Management Review, 53*(4), 1. North Hollywood: MLA.

Leonardi, P. M., Huysman, M., & Steinfield, C. (2013). Enterprise social media. Definition, history, and prospects for the study of social technologies in organizations. *Journal of Computer-Mediated Communication, 19*(1), 1–19. https://doi.org/10.1111/jcc4.12029.

Meck, G. (2015). Mir ist egal, wo meine Leute arbeiten. In: Frankfurter Allgemeine Sonntagszeitung. 22.11.2015. https://www.faz.net/-gqi-8ah41. Zugegriffen am 17.12.2019.

Schiller, C., & Zinke-Wehlmann, C. (2019). *Social Business. Studie über den Einsatz interner sozialer Netzwerke in Unternehmen*. Stuttgart: Fraunhofer-Institut für Arbeitswirtschaft und Organisation IAO.

Turban, E., Bolloju, N., & Liang, T. P. (2011). Enterprise social networking. Opportunities, adoption, and risk mitigation. *Journal of Organizational Computing and Electronic Commerce, 21*(3), 202–220. https://doi.org/10.1080/10919392.2011.590109.

Wehner, B., Ritter, C., & Leist, S. (2017). Enterprise social networks. A literature review and research agenda. *computer Networks, 114*, 125–142. https://doi.org/10.1016/j.comnet.2016.09.001.

Weber, M. S., & Monge, P. (2011). The evolution of social networking. In G. Barnett (Hrsg.), *Encyclopedia of social networking sites*. Thousand Oaks: Sage.

Open Access Dieses Kapitel wird unter der Creative Commons Namensnennung 4.0 International Lizenz (http://creativecommons.org/licenses/by/4.0/deed.de) veröffentlicht, welche die Nutzung, Vervielfältigung, Bearbeitung, Verbreitung und Wiedergabe in jeglichem Medium und Format erlaubt, sofern Sie den/die ursprünglichen Autor(en) und die Quelle ordnungsgemäß nennen, einen Link zur Creative Commons Lizenz beifügen und angeben, ob Änderungen vorgenommen wurden.

Die in diesem Kapitel enthaltenen Bilder und sonstiges Drittmaterial unterliegen ebenfalls der genannten Creative Commons Lizenz, sofern sich aus der Abbildungslegende nichts anderes ergibt. Sofern das betreffende Material nicht unter der genannten Creative Commons Lizenz steht und die betreffende Handlung nicht nach gesetzlichen Vorschriften erlaubt ist, ist für die oben aufgeführten Weiterverwendungen des Materials die Einwilligung des jeweiligen Rechteinhabers einzuholen.

Erste Systematisierungsansätze für die Beschreibung eines modellhaften Crowdsourcing-Systems im Zusammenhang mit der Steuerung von Crowdsourcing

11

Marco Wedel und Hannah Ulbrich

Zusammenfassung

In der aktuellen Forschungsdiskussion sind grundlegende Fragestellungen zur Steuerung von Crowdsourcing, hier auch internes Crowdsourcing (IC), in Verbindung mit einer systematischen IC-Beschreibung weitgehend unbeantwortet. Dies wurde im Verlauf des Forschungsvorhabens „ICU – Internes Crowdsourcing in Unternehmen" deutlich. Die Forschungslücke zur IC-Systematik wird an der begrifflichen Unschärfe der vorhandenen Beschreibungen von Steuerungsaktivitäten in Zusammenhang mit Crowdsourcing gegenständlich. So werden etwa Begriffe wie Governance und Prozessmanagement als Steuerungskategorien angeführt, zuweilen aber gleichbedeutend verwendet. Das Fehlen definitorischer Klarheit ist angesichts des relativ jungen IC-Phänomens nicht verwunderlich. Aufgrund der wachsenden (wissenschaftlichen) Popularität ist es jedoch notwendig, systemtheoretisierende Grundlegungen für IC zu erarbeiten. Am Beispiel der Beschreibung von Steuerungsaktivitäten wird in diesem Beitrag ein erster Aufschlag zur Erarbeitung systemtheoretisierender Grundlagen vorgenommen.

11.1 Einleitung

In der aktuellen Forschungsdiskussion sind grundlegende Fragestellungen zur Steuerung von Crowdsourcing, hier auch internes Crowdsourcing (IC), in Verbindung mit einer systematischen IC-Beschreibung noch weitgehend unbeantwortet. Dies wurde im Verlauf des

M. Wedel (✉) · H. Ulbrich
Lehrstuhl für Arbeitslehre/Technik und Partizipation, Technische Universität Berlin, Berlin, Deutschland
E-Mail: marco.wedel@tu-berlin.de; hannah.ulbrich@tu-berlin.de

© Der/die Herausgeber bzw. der/die Autor(en) 2020
M. Daum et al. (Hrsg.), *Gestaltung vernetzt-flexibler Arbeit*,
https://doi.org/10.1007/978-3-662-61560-7_11

169

Forschungsvorhabens „ICU – Internes Crowdsourcing in Unternehmen" deutlich. Das Ziel von ICU ist die Entwicklung eines in der Praxis getesteten, arbeitnehmerfreundlichen internen Crowdsourcing-Modells, das als Referenzfall guter Praxis für zukünftige Crowdsourcingaktivitäten dient. Im Fokus der Modellausgestaltung stehen die arbeitnehmergerechte Gestaltung der Anwendung, die digitale Beteiligung von Mitarbeiterinnen und Mitarbeitern an Unternehmensprozessen und die Eröffnung von Kompetenzerweiterungen durch Crowdarbeit. Bei IC erzeugen Beschäftigte eines Unternehmens (die Crowd) im Austausch über eine digitale Plattform Ideen und Lösungen, die zur Verbesserung von bestehenden Produkten, Prozessen und Dienstleistungen oder deren Neuentwicklungen (Innovationen) beitragen. IC stellt somit eine neue, digitale Form von innerbetrieblicher Wissensvernetzung und bereichsübergreifender Zusammenarbeit dar.

Grundsätzlich gibt es in Bezug auf systemtheoretisierende (nicht ausschließlich deskriptive) Auseinandersetzungen mit dem Thema Crowdsourcing praktisch keine belastbare Literatur. Es besteht hier die Notwendigkeit zur wissenschaftlichen Fundierung einer IC-Systematik mit verbindlichen Beschreibungskategorien. Das Fehlen definitorischer Klarheit ist angesichts des relativ jungen IC-Phänomens nicht verwunderlich. Aufgrund der wachsenden (wissenschaftlichen) Popularität ist es jedoch notwendig, systemtheoretisierende Grundlegungen für IC zu erarbeiten, um ein unverbindliches, schlimmstenfalls selbstreferenzielles, Nebeneinander eines rasant wachsenden Forschungsbestandes zu vermeiden. Da sich das Phänomen einer eindeutigen fachwissenschaftlichen Zuordnung entzieht, scheint es angebracht, interdisziplinäre Zugänge zu wählen und – ohne das Rad neu erfinden zu müssen – auf vorhandenen Theorie- und Terminologieangeboten aufzubauen.

Die Forschungslücke zur IC-Systematik wird deutlich in der begrifflichen Unschärfe der vorhandenen Beschreibungen von Steuerungsaktivitäten in Zusammenhang mit Crowdsourcing. So werden etwa Begriffe wie Governance und Prozessmanagement als Steuerungskategorien angeführt, zuweilen aber gleichbedeutend verwendet. Weitere systemtheoretische Zugänge, wie etwa Soziotechnische Systemtheorie (STS), werden in gleichem Zusammenhang in die Diskussion vermischend eingebracht (Blohm et al. 2018; Knop et al. 2017). Damit werden unter teils synonymer Verwendung von Steuerungs-, Governance- oder allgemeinen Systembeschreibungen so unterschiedliche Dinge adressiert wie Rollen-, Aufgaben-, Struktur- und Technologiebeschreibungen, Rahmenbedingungen, generell Mechanismen oder Aufgabenzuweisungen, weiterhin auch Aufgabendefinitionen, Aufgabentypen, Bewertungsmechanismen, Qualifizierungs- und Incentivierungsmechanismen sowie allgemeine Regelungen und Vereinbarungen (Alam und Campbell 2013; Blohm et al. 2018; Knop et al. 2017; Zogaj und Bretschneider 2014; Zuchowski et al. 2016).

Zwar kann und sollte eine verbindliche Systembeschreibung zur IC-Steuerung diese Teilbereiche adressieren und regeln, die einzelnen Teildimensionen selbst können aber nicht zum hinreichenden Beschreibungsmerkmal des Ganzen, hier einer Systematik IC-Steuerung bzw. Governance, werden. Für einen zukünftigen und zielführenden (Wissenschafts-) Diskurs gilt es, die Teilkategorien und Aspekte eines IC Systems sinnvoll zu referenzieren und in ein ordnendes Gesamtverhältnis zu setzten.

Die Übergeordnete Fragestellung lautet entsprechend: (Wie) Können die bereits beschriebenen Teilkategorien und Aspekte eines IC-Systems sinnvoll referenziert und in ein ordnendes Gesamtverhältnis gesetzt werden? Welche Ergänzungen müssen für die Theoriebildung ggf. vorgenommen werden?

Der vorliegende Beitrag konzentriert sich dabei insbesondere auf die Identifikation von Beschreibungen und Definitionsangeboten in Zusammenhang mit Systematisierungsansätzen für die Entwicklung eines modellhaften Crowdsourcing-Systems im Zusammenhang mit der Steuerung von Crowdsourcing-Aktivitäten. Schon in den ersten wissenschaftlichen und wissenschaftsnahen Beschreibungsansätzen wird dabei deutlich, dass die definitionsunabhängige Anwendung bereits vorhandener Terminologieangebote anderer Wissenschaftsdisziplinen eine systemtheoretisierende Grundlegung für IC erschwert. Dies, so wird zu zeigen sein, drückt sich exemplarisch u. a. in der Anwendung des Governance-Begriffs zur Beschreibung von Steuerungsprinzipien bei Crowdsourcing aus.

11.2 Beschreibungsansätze und Steuerungsprinzipien von Crowdsourcing

Ansätze zur Beschreibung von systemischen Strukturen finden ihren Ausgangspunkt zumeist in der Analyse von identifizierbaren Rahmenbedingungen, die als solche einen ersten Hinweis auf Phänomen-immanente Charakteristika geben. Im Falle von IC haben Pedersen et al. (2013) in einer Literaturanalyse des Wissensbestandes im Hinblick auf ersten konzeptionellen Grundlegungen für Crowdsourcing die Elemente „Problem", „People", „Governance", „Process", „Technology" und „Outcome" als relevante Kategorien zur wissenschaftlichen Beschreibung und Analyse von Crowdsourcing identifiziert. In einer Literaturanalyse zu internem Crowdsourcing übernehmen und verfestigen Zuchowski et al. (2016, S. 168 f.) diese Sechs-Komponenten-Logik zur Beschreibung von identifizierbaren Rahmenbedingungen. In leicht veränderte Reihenfolge werden hier die „problems component", „governance component", „people commponent", „IT component", „process component" und „outcome component" zum hinreichenden Beschreibungsmerkmal eines grundsätzlichen IC-Rahmens (Zuchowski et al. 2016, ebd.).

Kurz umrissen adressiert die „problems component" die Frage, welche Probleme durch Crowdsourcing gelöst und welche Komplexitäts- und Differenzierungsgrade in einem Crowdsourcing-Verfahren aufgegriffen, berücksichtigt und bearbeitet werden können. Die „governance component" verweist laut Pedersen et al. (2013, S. 582) grundsätzlich auf eine Steuerungsproblematik unter der Prämisse der Erreichung gewünschter Ziele, laut Zuchowski et al. (2016, S. 169) werden mit Governance allgemeine Managementaufgaben beschrieben. Unter „Process" verstehen Pedersen et al. (2013, S. 581) eine Reihe von Maßnahmen, die von allen Beteiligten eines Crowdsourcing-Projektes durchgeführt werden müssen, um ein bestimmtes Problem zu lösen bzw. Ziel zu erreichen. Laut Zuchowski et al. (2016, S. 169) lässt sich der Prozess in die Phasen „Vorbereitung", „Durchführung",

„Auswertung/Evaluation" und „Lösung/Beschluss" unterteilen. Mit dem Element „People" werden Rollen und Rollenmodelle und soziale Bedingungen zur Durchführung von Crowdsourcing-Aktivitäten adressiert. Unter der Überschrift „Technology" bzw. „IT" werden informationstechnologische Bedingungen für Crowdsourcing behandelt. Das Element „Outcome" ist das letzte Modellelement der vorgeschlagenen Konzeption. Hier werden alle Aspekte die Ergebnisse des Crowdsourcing-Prozesses betreffend eingeordnet (Pedersen et al. 2013, S. 582 ff.; Zuchowski et al. 2016, S. 168 f.).

Knop et al. (2017) greifen die zuvor beschriebenen Elemente auf und ordnen diese aus der Theorieperspektive soziotechnischer Systeme. Der Ordnungsanspruch folgt hierbei der von Baxter und Sommerville (2011) skizzierten Prämisse, wonach das zu beschreibende System einen Prozess widerspiegelt, der sowohl soziale als auch technische Faktoren berücksichtigt, die jeweils die Funktionalität und Nutzung von IT-basierten Systemen originär beeinflussen. Beese et al. (2015) weisen in diesem Zusammenhang auf die enorme Komplexität soziotechnischer Systeme hin, die von einer Vielzahl von oft nichtlinearen und dynamischen Mechanismen abhängt, die sich sowohl auf die sozialen als auch auf die technischen Teilsysteme beziehen (Knop et al. 2017, S. 2 f.). In dieser Perspektive wird IC als soziotechnisches System beschrieben, das sich in die fünf Komponenten „Actors", „Task", „Structure", „Technology" und „Environment" unterteilen lässt (Knop et al. 2017, S. 3).

Während sich die Elemente „Technology/IT", „People/Actors" und „Problem/Task" damit in allen vorgeschlagenen Funktionsbeschreibungen mehr oder weniger deckungsgleich wiederfinden, bzw. eine solche Übereinstimmung an dieser Stelle vermutet wird (Pedersen et al. 2013; Zuchowski et al. 2016), verzichten Knop et al. (2017) auf die Elemente „Outcome", „Process" und „Governance", führen ergänzend jedoch die Elemente „Environment" und „Structure" ein. Knop et al. (2017, S. 3) definieren das Element „Structure" als

> systems of communication, systems of authority, and systems of workflow. It further includes both the normative dimension, that is, values, norms, and general role expectations, and the behavioral dimension, that is, the patterns of behavior as actors communicate, exercise authority, or work within the internal crowd.

Es sei an dieser Stelle argumentiert, dass das Element „Structure", insoweit weitergehende und ausdifferenzierende Beschreibungen der hier vorgestellten Kategorien noch ausstehen, die Überlegungen von Pedersen et al. (2013) und Zuchowski et al. (2016) in Bezug auf „Process" und „Governance" inhaltlich-überschreibend zusammenführt. Eine Erklärung bzw. ein expliziter Verweis auf die Letztgenannten in Bezug auf die Erweiterung bzw. Veränderung der gewählten Kategorien durch Knop et al. (2017) konnte indes nicht gefunden werden.

Bei allen Unterschieden wird in den oben skizzierten Ansätzen zur Beschreibung eines IC-Systems der Versuch einer ersten funktionalen Differenzierung deutlich. Weiterhin wird in den gewählten Beschreibungskategorien ein Funktionsanspruch deutlich, der sich aus einer anwendungsorientierten Perspektive ergibt. Probleme, Lösungen, gewünschte Ziele, Aufgaben, Ergebnisse und Evaluationen, um einige der Elementbeschreibungen aufzunehmen, entspringen terminologisch einem betriebswirtschaftlichen bzw. praxisbezogenem Gestaltungsanspruch. Den Forschungsarbeiten zu externem und internem Crowdsourcing ist denn auch gemein, dass sie einen stark innovationszentrierten Ansatz verfolgen, der mit volks- bzw. betriebswirtschaftlich geprägten Beschreibungskategorien einhergeht (Ebner et al. 2009; Keinz 2015; Garcia Martinez 2017; Palin und Kaartemo 2016; Zhu et al. 2014, 2016; Zuchowski et al. 2016; Thuan 2019). Dies liegt auch daran, dass es sich bei vielen Forschungsprojekten im Kontext von (internem) Crowdsourcing um „angewandte Wissenschaft" handelt, die im Verbund vor allem auch wirtschaftliche Perspektiven in den Blick nehmen (Blohm et al. 2018; Zhu et al. 2016; Thuan 2019). Hierin begründet sich eine Eigenlogik für die theoretischen Systembeschreibung von IC, mit dem Ergebnis, dass das Erkennen und Verstehen sich auf zielgesteuerte und organisationale Praxis, Koordinationsmechanismen und Organisationsmuster, Steuerungs- und Führungsmechanismen sowie Managementimplikationen zur Innovationsgenerierung konzentriert.

Für Pedersen et al. (2013), Zogaj et al. (2014) und Zuchowski et al. (2016) scheint klar, dass sich dieser anwendungsorientierte, zielgeleitete Steuerungsaspekt von Crowdsourcing-Aktivitäten für die Beschreibung einer IC-Systematik eignet und sich als Governance überschreiben lässt. Bei Pedersen et al. (2013, S. 582) heißt es hierzu: „Governance is the actions and policies employed to effectively manage the crowd and steer them toward the desired solution."

Im weiteren Verlauf formulieren Pedersen et al. fünf Governance-Herausforderungen („Effective task break-down mechanism", „Effective task integration mechanismen", „Effective incentive mechanism", „Effective quality assurance system") und fünf Governance-Mechanismen („Right Incentive Mechanism", „Managing Submissions", „Loss of Control", „Quality of the Ideas", „Creating Trust"). Warum Herausforderungen als Mechanismen beschrieben und Mechanismen mit bspw. „Loss of Control" als Herausforderungen zusammengefasst sind, scheint einer fehlerhaften Tabellenüberschrift geschuldet, lässt sich letztendlich aber nicht nachvollziehen. In diesem Sinne erschließt sich bei Pedersen et al. (2013) eine vertiefte Governance-Definition nicht über das aufgeführte Zitat hinaus.

Zogaj und Bretschneider (2014) nähern sich der Governance-Problematik indem sie die Implementation von Crowdsourcing anhand von drei Praxisbeispielen analysieren, um insbesondere Informationen in Hinblick auf die von Governance-Mechanismen zu erhalten. Laut Dahlander et al. (2008, S. 118) sind Governance-Mechanismen maßgebend für den Charakter und die Qualität der Teilnahme an verschiedenen „Online-Communities" zur Förderung und Generierung von Innovation. In diesem Sinne beziehen Zogaj und Bretschneider (2014, S. 4) diese Mechanismen auf die Durchführungs- und Handlungsebene, denn „[…] governance is carried out by means of different mechanisms, so-called governance mechanisms" (Dahlander et al. 2008).

Zur Beschreibung von Governance selbst übernehmen sie im Wesentlichen eine Definition von Markus (2007, S. 152), die erkennbar auf einem Zitat von Lynn et al. (2001, S. 6) beruht. Zogaj und Bretschneider (2014, S. 4) definieren Governance bei Crowdsourcing dann als

> […] means of achieving the direction, control and coordination of wholly or partially autonomous individuals on behalf of a crowdsourcing initiative to which they (jointly)contribute.

Während Zogaj und Bretschneider ihre Definition auf Markus aufbauen, der diese für den Kontext von Open Source Software adaptiert (2007, S. 152), verweist Markus wiederum auf Lynn et al., die für ihren Definitionsrahmen ausdrücklich auf „public-sector applications" (2001, S. 5) verweisen. Damit gibt es an dieser Stelle einen ersten Hinweis auf die Ursprünge des fachwissenschaftlichen und theoretischen Bezugsrahmens in der Anwendung des Governance-Konzeptes bei Crowdsourcing. Denn die Beschäftigung mit „public-sector applications" ist ein originär politik- und verwaltungswissenschaftlicher, auch sozialwissenschaftlicher, Forschungsfokus.

Zuchowski et al. (2016, S. 171), die explizit auf das Definitionsangebot von Pedersen et al. (2013) und Zogaj und Bretschneider (2014) verweisen, führen das steuerungs- und managementbasierte Verständnis in ihrem Definitionsangebot fort: „We understand as ‚governance' all actions and policies used to govern, manage, and steer the crowd and internal crowdsourcing."

Sie führen ergänzend die Kategorie „crowdsourcing governance tasks" ein, die sechs Aufgaben- und Handlungsfelder für Governance beschreibt. Einige dieser Handlungsfelder werden dabei exklusiv für internes Crowdsourcing angenommen. Dies gilt insbesondere für die erste Kategorie „(a) management of corporate culture and change". Die weiteren Kategorien werden überschrieben mit „(b) incentive design; (c) task definition and decomposition; (d) quality assurance; (e) community management; and (f) management of regulations and legal implications" (Zuchowski et al. 2016, S. 171 f.). Zusammenfassend stellen Zuchowski et al. (2016, S. 172) für die Beschreibung der einzelnen „governance tasks" fest, dass „[…] the above discussion shows important differences between governance of internal crowdsourcing and external crowdsourcing and hierarchy-based work."

Damit wird an dieser Stelle eine funktionale Differenzierung von Governance bei Crowdsourcing vorgenommen, die sich am Geltungsbereich externes im Unterschied zu internes Crowdsourcing orientiert. Diese Notwendigkeit zur Differenzierung wird auch von Knop et al. (2017, S. 2) herausgearbeitet und mit strukturellen Unterschieden zwischen externem und internem Crowdsourcing begründet.

Als abschließendes Definitionsangebot sei auf Blohm et al. (2018, S. 7) verwiesen, die auf Grundlage einer Analyse von Governance-Mechanismen an 19 Fallbeispielen zu folgendem Verständnis gelangen:

> In crowdsourcing, governance involves structuring roles and responsibilities, formal and informal rules, standards and regulations, outcome control measures, communication processes, or matters of task allocation in order to achieve the crowdsourcer's goal.

Hierauf aufbauend definieren Blohm et al. (2018, S. 7 f.) sechs Klassen – „Task Definition", „Task Allocation", „Quality Assurance", „Incentives", „Qualification" und „Regulation" – innerhalb derer sich 21 Governance-Mechanismen verorten und beschreiben lassen. Der Verweis der Autoren auf vorangegangene Studien (2018, S. 8), die zu einer eindeutigen Identifikation dieser Mechanismen geführt haben, kann nicht nachvollzogen werden, denn: „In order to ensure the possibility of a blind review, we do not cite these studies."

Entsprechend der übergeordneten Fragestellung dieses Beitrages, lassen sich bereits einige Teilkategorien und Aspekte für die Beschreibung eines Crowdsourcing-Systems herausarbeiten. (1) Zunächst können Modell-Elemente bzw. Komponenten für eine Crowdsourcing-Konzeption identifiziert werden (Pedersen et al. 2013; Zuchowski et al. 2016), die sich, so schlagen es Knop et al. (2017) vor, aus der Perspektive soziotechnischer Systeme gut beschreiben lassen. (2) Allen Zugängen ist gemein, dass sie einen Steuerungsanspruch unterstellen, der sich dem Ziel unterordnet, eine „desired solution" (Pedersen et al. 2013, S. 582) bzw. „the crowdsourcer's goal" (Blohm et al. 2018, S. 7) zu erzielen. Um dies zu erreichen, wie oben beschrieben und hinreichend zitiert, bedarf es (3) der Steuerung in Form einer Governance. Die Governance wiederrum lässt sich (4) in einzelne Mechanismen (Zogaj et al. 2014; Blohm et al. 2018) bzw. „crowdsourcing governance tasks" (Zuchowski et al. 2016, S. 171) unterteilen. (5) Funktional und strukturell ist zwischen externem und internem Crowdsourcing, auch in der Anwendung von Governance-Mechnismen, zu unterscheiden (Zuchowski et al. 2016; Knop et al. 2017).

11.3 In der Governance-Falle?

Diese erste Ordnung vorgeschlagener Beschreibungskategorien kann aber nur als erster Strich schemenhafter Skizzierungsabsichten verstanden werden. Wenn es das Ziel ist zu definitorischer und begrifflicher Eindeutigkeit zu kommen, um vor dem Hintergrund eines ordnenden Gesamtverhältnisses sinnvoll referenzieren und Besagtes in einen zielführenden Wissenschaftsdiskurs überführen zu können, fehlen Klarheit und Verbindlichkeit. Wenn mit „Structure" bei Knop et al. (2017, S. 3) Kommunikationssysteme, Autoritätssysteme und Workflow-Systeme gemeint sind, die sowohl normative Dimension (Werte, Normen und allgemeine Rollenerwartungen) als auch Verhaltensdimension (Verhaltensmuster, Kommunikation, Autorität) beinhalten und der Governance-Begriff bei Knop et al. (2017, S. 7) die Strukturierung von Rollen und Verantwortlichkeiten, formalen und informellen Regeln, Normen und Vorschriften, Maßnahmen zur Ergebniskontrolle, Kommunikationsprozesse oder Fragen der Aufgabenverteilung beinhaltet, um das Ziel des Crowdsourcers zu erreichen, stellt sich die Frage, was ist denn nicht gemeint? Die Breite der vorgeschlagenen Definitionen mach es darüber hinaus schwierig herauszuarbeiten, wie sich das Eine vom Anderen unterscheidet.

Natürlich ist das Ziel eine im Erstzugang möglichst umfassenden Definition zu formulieren verständlich und bei der Erschließung neuer Phänomene geradezu notwendig. Es ist im grundsätzlichen Forschungsverlauf jedoch angezeigt, immerhin wünschenswert, die anfängliche Unschärfe zu neuer Klarheit zu verdichten. Wie in der Einleitung bereits erwähnt, kann es hier sinnvoll sein, interdisziplinäre Zugänge zu wählen, um zu prüfen, ob sich Bestandswissen, etwa in Form vorhandener Theorie- und Terminologieangebote, eignet, im vorliegenden Fall zur Anwendung zu kommen. Vordringlich geboten scheint an dieser Stelle eine Auseinandersetzung mit der Bedeutung und dem Anwendungsbereich von Steuerungskategorien bei Crowdsourcing. Interessant sind dabei die Beziehungen zwischen Steuerungssubjekt und Steuerungsobjekt, wie sie in den Governance-Definitionen zu Crowdsourcing Einzug finden. Insbesondere gilt es aber die Bedeutung und den Geltungsbereich der Terminologie Governance selbst zu fassen. Da der einzig substanzielle Verweis in Bezug auf Governance mit Lynn et al. (2001) in Richtung Politikwissenschaften deutet, soll in Folgendem das Definitionsangebot innerhalb dieser Disziplin beleuchtet und auf Übertragbarkeit geprüft werden.

11.3.1 Governance in der Politikwissenschaft

Das Konzept der Governance zählt laut Peters (2010, S. 2) zu einem der meist Verwendeten, gar als „Fetisch" bezeichneten, Modebegriffe der Politikwissenschaft der letzten Jahre. Dabei begründet sich in der Mehrdeutigkeit des Konzeptes sein Erfolg, denn (Peters 2010, ebd.):

> […] it can be shaped to conform to the intellectual preferences of the individual author and therefore to some extent obfuscates meaning at the same time that it perhaps enhances understanding.

Der Anwendungsbereich des Governance-Begriffs lässt sich durch ergänzende Attribute und Nomen dabei fast beliebig erweitern (Offe 2009, S. 557). Zu lesen ist von „sectoral governance", „good governance", „corporate governance", „public governance", „multi-level governance", „sustainable governance", „global governance", „environmental governance", „cultural governance", „earth system governance" oder auch „polycentric governance in telecoupled resource systems" um nur einige Beispiele zu nennen (Biermann et al. 2019; Newig et al. 2019; Brunnengräber et al. 2004; Grande 2012). Ist Governance also die Allzweckwaffe für jede Art von (gesellschaftlichen) Regelungsproblem, wie Grande (2012, S. 566) vermutet? Tatsächlich lassen sich, obwohl es sich um einen „annerkannt uneindeutigen Begriff" handelt, grundsätzliche Gemeinsamkeiten in den Charakteristika immerhin der Anwendungsbereiche von Governance identifizieren (Blumenthal 2005; Lembcke et al. 2016).

Klar ist, dass es sich bei der Begrifflichkeit „Governance" um mehr handelt als einen Anglizismus, auch wenn oftmals die gleichen Themen unter den verschiedenen Leitbegriff „Steuerung" und „Governance" behandelt werden (Mayntz 2004). Eine gleichbedeutende Verwendung würde implizieren, dass auch im Englischen unter „governing" und

„governance" das gleiche zu verstehen sei. Allerdings ist die Zusammenfassung von Fasenfest (2010, S. 771), wonach „Government: the office, authority or function of governing", „Governing: having control or rule over oneself" und „Governance: the activity of governing" bedeutet, unzutreffend. Tatsächlich wird „governance" und „governing" im Unterschied zur historischen Anwendung auch im englischen Sprachgebrauch heute nicht mehr gleichbeutend verwendet und lässt sich nicht synonym im Sinne einer hierarchiegebundene Steuerung, die sich ursprünglich auf den Prozess des Regierens bezieht, anwenden (Mayntz 2008, S. 45). Ganz im Gegenteil meint Governance, so wird zu zeigen sein, Steuerung als Kooperation und Koordination.

Damit wird im Ansatz deutlich, dass Governance-Konzepte in der Politikwissenschaft mehr sind als ein „Empty Signifier" (Offe 2009). Laut Grande (2012, S. 566 f.) gibt es einen konzeptionellen Kern, der sich als gemeinsamer Nenner der vielfältigen Ansätze beschreiben lässt und anhand von fünf Merkmalen zusammengefasst werden kann:

Das erste und wichtigste Merkmal ist die Betonung nicht-hierarchischer Formen der Produktion öffentlicher Güter.

Damit verbunden ist, zweitens, eine Kritik am Staat als dem exklusiven Produzenten öffentlicher Güter. Für die Governance-Konzepte charakteristisch ist […], dass nicht-staatliche Akteure und Organisationen […] an Bedeutung gewinnen.

Diese Kritik an Hierarchien als Steuerungsprinzip und die Einbeziehung privater Akteure in die Produktion öffentlichen Güter wird, das wäre das dritte gemeinsame Merkmal, als eine notwendige Folge von Interdependenz interpretiert.

[…] Aufgrund dieser zunehmenden Interdependenz, aber auch infolge des Bedeutungsverlusts territorialer und funktionaler Handlungsgrenzen ist, viertens, die Komplexität politischen Handelns erheblich gestiegen.

[…] All dies hat schließlich zur Folge, dass die Notwendigkeit und die Bedeutung von Kooperation und Koordination zwischen verschiedensten Akteuren erheblich zunehmen.

Ihren empirischen Ursprung finden die Governance-Konzepte unter anderem in der Beobachtung zunehmender Interdependenzen zwischen gesellschaftlichen Teilsystemen und territorialen Handlungsebenen (Grande 2012, ebd.). In der zweiten Hälfte des letzten Jahrhunderts geriet das Verständnis einer traditionellen Konzeptualisierung des öffentlichen Sektors, wonach der Staat als wichtigster Akteur Einfluss nimmt auf Wirtschaft und Gesellschaft, unter Druck. Ein Teil der Belastung für die nationalen Regierungen ist das Ergebnis der gestiegenen Bedeutung des internationalen Umfelds und einer verminderten Fähigkeit dieser Regierungen, ihre Volkswirtschaften und Gesellschaften vor dem globalen Druck zu schützen bzw. globale Herausforderungen alleine zu bewältigen (Peters und Pierre 1998, S. 223). Daneben verändern sich die Arenen und Strukturen von Aushandlungsprozessen in Form veränderter Dialogansprüche und Dialogmöglichkeiten zwischen Staat und Gesellschaft, Staat und Wirtschaft, staatlichen und nicht-staatlichen Organisationen und nationalen und supranationalen bzw. internationalen Institutionen. Als Beispiel hierfür wird immer wieder die Europäische Union angeführt, die die klassische Einheit von Recht und Politik im Nationalstaat in Frage stellt und zu einem Mehrebenensystem mit vielfältigsten Akteurskonstellationen und institutionellen Architekturen führt

(Mayntz 2008; Brunnengräber et al. 2004; Grimm 2001; Peters und Pierre 1998). Governance in diesem Sinne beschreibt dann sowohl Akteurskonstellationen als auch Regelungsweisen (Mayntz 2008, S. 46).

Ein für die Gegenstand dieses Artikels wesentlicher Beitrag zur Governance-Forschung ist das Argument, dass es sich in der Entwicklung hin zur Governance um eine Dreischritt von der „Planung" über die „Steuerung" zur „Governance" handelt (Schuppert 2016; Mayntz 2008; Grande 2012). Stand zunächst die Planung im Zentrum eines alle gesellschaftlichen Abläufe aktiv steuernden Staates, wurde die Planungssemantik als bald von einer Steuerungssemantik ersetzt und in eine Steuerungstheorie überführt (Schuppert 2016, S. 151). In der Steuerungstheorie bildet das Konzept hierarchischer Steuerung den analytischen Rahmen (Mayntz 2008, S. 43):

> Dieses Konzept erlaubte es, klar zwischen Steuerungssubjekt und Steuerungsobjekt zu unterscheiden; Steuerungsobjekt sind gesellschaftliche Teilsysteme bzw. Gruppen, deren Verhalten in eine bestimmte Richtung gelenkt werden soll.

Wenn die zentrale Annahme der Steuerungstheorie also die Existenz eines Steuerungssubjektes ist, dann begreift man Governance als etwas von Steuerung grundlegend verschiedenes. In Governance-Regimen, so skizziert Grande (2012, S. 581),

> […]gibt es keinen Akteur mehr, der als autonome Steuerungsinstanz des Gesamtprozesses fungieren könnte – weder real noch imaginär. […] Wenn es eine solche Steuerungsinstanz aber nicht mehr gibt, dann macht es auch keinen Sinn mehr, von Steuerung zu sprechen – und in den Fällen, in denen es eine solche Steuerungsinstanz noch gibt, sollte nicht von Governance gesprochen werden.

Selbst eine nicht-hierarchische Beziehung von Staat und Gesellschaft wird im Sinne der deutschen Steuerungstheorie als „Steuerung" begriffen (Grande 2012, S. 584). Wesentlich bleibt die intentionale Steuerung durch ein Steuerungssubjekt. Auch wenn Governance definiert werden kann als „absichtsvolle Regelung gesellschaftlicher Sachverhalte" (Mayntz 2008, S. 55) bleibt eben offen, wie „in komplexen, dynamischen Governance-Strukturen noch sinnvoll von Steuerungsintentionen" (Grande 2012, S. 581) gesprochen werden kann.

11.3.2 Zwischenfazit

Überträgt man das hier dargelegte Verständnis von Governance auf den Anwendungsfall Crowdsourcing, ergeben sich einige Probleme. Tatsächlich ist die Steuerungsintention ein wesentliches Merkmal nicht nur des Crowdsourcing-Prozesses an sich, sondern – wichtiger noch – der Beschreibungsabsicht, für die das Wort Governance verwendet wird. Wie bereits festgestellt, ist allen Beschreibungsansätzen zu Crowdosourcing gemein, dass sie einen Steuerungsanspruch unterstellen, der sich dem Ziel unterordnet, eine „desired solution" (Pedersen et al. 2013, S. 582) bzw. „the crowdsourcer's goal" (Blohm et al. 2018,

S. 7) zu erzielen. Funktional können die Beteiligten beim Crowdsourcing dabei immer in zwei Rollen aufgeteilt werden: dem „Crowdsourcer" und dem „Crowdsourcee". Der „Crowdsourcer" ist der vorstehende Auftraggeber, der eine Lösung für ein gegebenes Problem sucht, die Crowdsourcees sind die Mitglieder der Crowd, die eine Lösung erarbeiten sollen (Leimeister et al. 2015).Dies gilt sowohl für externes als auch internes Crowdsourcing, die beide in diesem Zusammenhang als geschlossenes System zu betrachten sind. Damit fügen sie sich idealtypisch ein in das Verständnis von Steuerungssubjekt („Crowdsourcer") und Steuerungsobjekt („Crowdsourcee", als Gruppe deren Verhalten in eine bestimmte Richtung gelenkt werden soll), wie es der Steuerungstheorie zugrunde liegt. Folgerichtig heißt es dann in der Governance-Definition für Crowdsourcing (Pedersen et al. 2013, S. 582): „Governance is the actions and policies employed to effectively manage the crowd and steer them toward the desired solution."

Damit wird deutlich, dass Governance zur Beschreibung von Crowdosurcing-Systemen eigentlich Steuerung meint. Im Sinne eines politikwissenschaftlichen Gebrauches lässt sich diese Terminologie im gegebenen Fall dann nicht sinnvoll übertragen, weil, bei aller Vielfalt der Governance-Anwendungen, explizit etwas anderes gemeint ist (s. o.).

Da festgestellt wurde, dass die Forschungsarbeiten zu externem und internem Crowdsourcing einen stark innovationszentrierten Ansatz verfolgen, der auf eine vornehmliche Beschäftigung durch volks- bzw. betriebswirtschaftlich Wissenschaftsdisziplinen hinweist, soll an dieser Stelle geprüft werden, ob in der interdisziplinären Governance-Forschung, hier insbesondere der Ökonomie, weiterführende Definitionsangebote aufgebracht werden, die übernommen werden können.

11.3.3 Governance in der Ökonomie

An dieser Stelle sei auf zwei Governance-Konzepte bzw. Aspekte in der Ökonomie eingegangen. Zum einen die Konzeption von „Coroporate Governance" und theoretische Ansätze für „Economic Governance". Während innerhalb der Ersteren Debatten im Kontext von einzelnen Unternehmen skizziert werden, zielt der zweite Begriff auf gesamtwirtschaftliche Zusammenhänge (Brunnengräber et al. 2004, S. 22). Für Lindberg et al. (1991, S. 5 f.) ist „Economic Governance" als Phänomen auf der Mesoebene beschreibbar, d. h. in industriellen Sektoren. Governance lässt sich dort betrachten als

> […] a matrix of interdependent social exchange relationships, or transactions, that must occur among organizations, either individually or collectively, in order for them to develop, produce, and market goods and services. Thus, governance is an extremely complex phenomenon.

Damit wird auch hier, wie im politikwissenschaftlichen Zugang, der Aspekt der Interdependenz in den Vordergrund gerückt (Brunnengräber et al. 2004, S. 24). Ziel hier ist naturgemäß nicht die gemeinwohlorientierte, absichtsvolle Regelung gesellschaftlicher Sachverhalte, sondern die Entwicklung, Produktion und Vermarktung von Waren und Dienstleitungen (Lindberg et al. 1991, S. 6; Mayntz 2008, S. 45 f.).

Unter „Corporate Governance" werden verschiedene Rahmengesetzgebungen und Berichtspflichten als rechtlicher und faktischer Ordnungsrahmen subsumiert, es geht im Ansatz aber auch um die Frage von – verantwortungsbewusster, nachhaltiger, auf langfristige Wertschöpfung ausgerichteter – Unternehmensführung und Kontrolle (World Bank 1996, S. XIV; Brunnengräber et al. 2004, S. 7). Laut Bainbridge (2002, S. 15) haben alle Konzepte zur „Corporate Governance" eins gemein:

> They strive to answer two basic sets of questions: (1) As to the means of corporate governance, who decides? In other words, when push comes to shove, who ultimately is in control? (2) As to the ends of corporate governance, whose interests prevail? When the ultimate decisionmaker is presented with a zero sum game, in which it must prefer the interests of one constituency class over those of all others, which constituency wins?

Im Kern geht es also auch bei „Corporate Governance" um Probleme von Steuerungsintentionen und Hierarchien in einem Mehrebenensystem. Dies wird insbesondere am Beispiel von Aktiengesellschaften, bei Shareholderansprüchen und multinational agierenden Unternehmen mit einer Vielzahl von regulatorischen und territorialen Handlungsebenen deutlich. Auch wenn die betriebliche Verfasstheit der Unternehmen eher an die Einheit von Recht und Politik in der Souveränität des Nationalstaates im späten 19. und frühen 20. Jahrhundert erinnert, gilt auch für Unternehmen, dass die Arenen und Strukturen von Aushandlungsprozessen starken Veränderungen unterworfen sind. Schlussendlich bezieht sich der Begriff der „Corporate Governance" damit nicht auf die Binnenordnung, d. h. die Unternehmensverfassung, sondern adressiert Problemstellungen im Rahmen der Einbindung des Unternehmens in sein Umfeld (Werder 2018).

Zusammenfassend lässt sich festhalten, dass – auch wenn die Governance-Forschung in der Ökonomie deutlich weniger ausgeprägt ist und für beide Disziplinen heterogene Konzeptansätze festzustellen sind – die traditionelle Trennung der Disziplinen in politische und ökonomische Teilsysteme auch im Bereich der Governance-Forschung verschwimmt (Brunnengräber et al. 2004, S. 24):

> So werden zunehmend Markt, Staat und Gesellschaft in Beziehung zueinander gesetzt, indem auf die Interdependenzen und komplexen Wechselwirkungen zwischen den gesellschaftlichen Bereichen verwiesen wird. Bedeutsam sind in den politik- wie in den wirtschaftswissenschaftlichen Konzepten die verschiedenen Handlungsebenen und -systeme (Multi-Level Governance). Die Berücksichtigung einer Vielzahl an Akteuren und Interaktionsformen wird gleichermaßen thematisiert wie die Problemkonstellationen, die sich zunehmend global ausdifferenzieren.

11.4   Lehren aus der Governance-Forschung

Für die vorliegende Diskussion bedeutet dies, dass auch aus den wirtschaftswissenschaftlichen Disziplinen kein Definitionsangebot für Governance vorgelegt wird, welches die vorgeschlagene Anwendung des Begriffs Governance für die Beschreibung von

Steuerungsaktivitäten bei Crowdsourcing-Systemen angebracht erscheinen lässt. Tatsächlich eröffnet sich in diesem Zusammenhang eine Perspektive, die es notwendig macht, den Begriff in seiner politikwissenschaftlichen und wirtschaftswissenschaftlichen Bedeutung für einen späteren Anwendungsfall in der Beschreibung von Crowdsourcing zu reservieren.

Wenn Governance-Konzepte, als Modelle neuer kooperativer Netzwerksteuerung, Ausdruck „langfristiger struktureller Veränderungen in den Modi der Produktion kollektiver Güter in modernen Gegenwartsgesellschaften sind" (Grande 2012, S. 585; Mayntz 2008, S. 46), dann liegt es nahe, Crowdsourcing selbst als Ausdruck dieser strukturellen Veränderung in den Blick zu nehmen. Dann wird Crowdsourcing zum Indikator einer systemischen Transformation durch Digitalisierung, in der internes Crowdsourcing möglicherweise Veränderungen der innerbetrieblichen Organisation und externes Crowdsourcing möglicherweise die Verlagerung der Arbeit aus der klassischen Betriebsorganisation beschreibt. Wenn ein solcher Transformationsprozess – was aktuell (noch) nicht zu beobachten ist – zu einer Situation führt, in der die Rollen „Crowdsourcer" und „Crowdsourcee" nicht mehr im steuerungstheoretischen Sinn einem Subjekt und Objekt zugeordnet werden können, durch Crowdsourcing also die strukturelle Voraussetzung für „relativ autonome, funktionelle Teilsysteme" (Mayntz 2008, S. 48) geschaffen werden, dann ist es nicht nur sinnvoll, sondern notwendig, das Governance-Konzept an dieser Stelle im Sinne einer Crowd-Governance einzuführen.

In ähnlicher Weise schlagen Fenwick et al. (2018, S. 9), wenn auch aus einer juristischen, marktregulatorischen Perspektive, die Weiterentwicklung der „Corporate Governance" hin zu einer „Platform Governance" vor.

> Given the proliferation of platforms, we seem to be living through a shift from a world of firms to a new world of platforms. In the same way that the „firm" came to replace „contracts" for many business activities in the context of the industrial revolution, „platforms" are now replacing „oldworld firms" in the context of the digital transformation.

Um den sich hieraus ergebenden Herausforderungen für die Wirtschaft zu begegnen, ist es laut Fenwick und Vermeulen (2019, S. 2) notwendig, zeitgemäße Richtlinien und Vorschriften im Sinne einer „Corporate Governance" als „Plattform Governance" zu entwickeln.

In Bezug auf den Einfluss von Crowdsourcing auf die betriebliche Verfasstheit, ihre Organisation und die Arbeitssubjekte wurden im Rahmen von ICU Annahmen formuliert, die eine ähnliche Entwicklung antizipieren (Otte und Schröter 2018, S. 5):

> Durch das schrittweise Zusammenwachsen virtueller Transaktionsräume und bislang eigenständiger Plattformen entfalten sich neue Potenziale des Crowdsourcings als Teil moderner Crowdworkings. Das auftragsbezogene Denken und Handeln wie auch die Orientierung an nicht mehr nur vertikalen sondern zukünftig vor allem horizontalen Wert-schöpfungsketten wird im Verbund mit Modellen des teilautonomen sowie agilen Arbeitens zur dominierenden Kultur der Crowdsourcing-Anwendungen. Die Grenzen zwischen internem und externem Crowdsourcing beginnen, sich zu verwischen. Beide Dynamiken gehen ineinander über. Durch die voranschreitende Entgrenzung der Betriebsverfasstheit heben sich interne und externe Nutzungen wechselseitig auf.

Um solche Realitäten bei Crowdsourcing systemtheoretisch abbilden und beschreiben zu können, bietet sich dann ggf. der Governance-Begriff an, wie er in den letzten 50 Jahren vor allem durch die Politikwissenschaft geprägt wurde.

11.5   Fazit

Im Ergebnis geht damit die deutliche Empfehlung einher, den Governance-Begriff, so wie er bei Crowdsourcing in den Definitionen von Pedersen et al. (2013), Zogaj et al. (2014), Zuchowski et al. (2016) und Blohm et al. (2018) zur Anwendung kommt, durch das Wort „Steuerung" im deutschen bzw. „Management" im englischen Sprachgebrauch zu ersetzten. In den vorgeschlagenen Definitionen kann nicht sinnvollerweise von Governance gesprochen werden.

Weiterhin bedeutet dies, auch in den von Pedersen et al. (2013) und Zuchowski et al. (2016) entwickelten Modell-Elementen bzw. Komponenten einer Crowdsourcing-Konzeption sollte das Wort „Governance" ersetzt werden. Dies gilt konsequenterweise auch für die Beschreibung von „governance mechanisms" (Pedersen et al. 2013; Blohm et al. 2018) oder „crowdsourcing governance tasks" (Zuchowski et al. 2016). In Bezug auf die Beschreibung von Elementen einer Crowdsourcing-Konzeption sei an dieser Stelle auf Knop et al. (2017) verwiesen, die mit der Kategorie „Structures" ein Beschreibungsangebot vorlegen, das sich möglicherweise in diesem Sinnzusammenhang einführen lässt und sich vor dem Hintergrund der hier gegenständlichen Problemlage besser eignen würde.

Schlussendlich sei darauf hingewiesen, dass es nicht darum geht eine Begrifflichkeit „nur" deshalb zu ersetzten, weil eine andere sich besser eignet. Viel wichtiger wird angenommen, dass in der zukünftigen Beschreibung einer Crowdsourcing-Systematik die Notwendigkeit zur Beschreibung einer Crowdosourcing-Governance und hiervon ausgehender Governance-Mechanismen im Sinne des politik- und wirtschafswissenschaftlich geprägten und dargelegten Verständnisses besteht. Daher sollte die Begrifflichkeit nicht zur Beschreibung von Steuerungsprinzipien und -mechanismen eingeführt werden, was nicht nur in einer interdisziplinären Betrachtung zu Missverständnissen führen muss, sondern auch in einer zukünftigen Theoriebildung zu Crowdsourcing.

Im Sinne der übergeordneten Fragestellung sollten dann die hier beschriebenen definitorischen Änderungen und Ergänzungen vorgenommen werden. Wenngleich dies ein erster Schritt in Richtung sinnvoller Begriff-Referenzierung ist, konnte die Ordnung eines Gesamtverhältnisses von Teilkategorien und Aspekten zur Beschreibung einer Crowdsourcing-Systematik damit nur ansatzweise vorbereitet werden.

In Bezug auf die Frage, wie und ob bereits beschriebene Teilkategorien und Aspekte eines IC-Systems sinnvoll referenziert und in ein ordnendes Gesamtverhältnis gesetzt werden können, muss festgestellt werden, dass sich die vorgeschlagene Beschreibungskategorien aufgrund ihrer extrem breiten Definitionen nur bedingt vergleichen und folglich ordnen lassen. Hieraus ergibt sich ein wesentlicher und notwendiger Theoretisierungsbedarf für die wissenschaftliche Auseinandersetzung mit Crowdsourcing.

Literatur

Alam, S. L., & Campbell, J. (2013). Role of relational mechanisms in crowdsourcing governance: An interpretive analysis. https://www.researchgate.net/publication/288206525. Zugegriffen am 18.02.2019.

Bainbridge, S. M. (2002). Director primacy: The means and ends of corporate governance. *SSRN Journal*. https://doi.org/10.2139/ssrn.300860.

Baxter, G., & Sommerville, I. (2011). Socio-technical systems: From design methods to systems engineering. *Interacting with Computers, 23*, 4–17. https://doi.org/10.1016/j.intcom.2010.07.003.

Beese, J., Kazem, H., & Aier, S. (2015). On the conceptualization of information systems as socio-technical phenomena in simulation-based research. https://pdfs.semanticscholar.org/63ed/4e594c732636f2b52327efee89fd288b557e.pdf. Zugegriffen am 30.10.2018.

Biermann, F., Betsill, M. M., Burch, S., Dryzek, J., Gordon, C., Gupta, A., Gupta, J., Inoue, C., Kalfagianni, A., Kanie, N., Olsson, L., Persson, Å., Schroeder, H., & Scobie, M. (2019). The Earth System Governance Project as a network organization: A critical assessment after ten years. *Current Opinion in Environmental Sustainability, 39*, 17–23. https://doi.org/10.1016/j.cosust.2019.04.004.

Blohm, I., Zogaj, S., Bretschneider, U., & Leimeister, J. M. (2018). How to manage crowdsourcing platforms effectively? *California Management Review, 60*, 122–149. https://doi.org/10.1177/0008125617738255.

Blumenthal, J. (2005). Governance – eine kritische Zwischenbilanz. *Zeitschrift für Politikwissenschaft, 15*, 1149–1180.

Brunnengräber, A., Dietz, K., & Hirschl, B., & Walk, H. (2004). Interdisziplinarität in der Governance-Forschung. https://www.ioew.de/publikation/interdisziplinaritaet_in_der_governance_forschung/. Zugegriffen am 19.09.2019.

Dahlander, L., Frederiksen, L., & Rullani, F. (2008). Online communities and open innovation. *Industry and Innovation, 15*, 115–123. https://doi.org/10.1080/13662710801970076.

Ebner, W., Leimeister, J. M., & Krcmar, H. (2009). Community engineering for innovations: The ideas competition as a method to nurture a virtual community for innovations. *R&D Management, 39*, 342–356. https://doi.org/10.1111/j.1467-9310.2009.00564.x. Zugegriffen am 19.09.2019.

Fasenfest, D. (2010). Government, governing, and governance. *Critical Sociology, 36*, 771–774. https://doi.org/10.1177/0896920510378192.

Fenwick, M., & Vermeulen, E. P. M. (2019). A sustainable platform economy & the future of corporate governance. *SSRN Journal*. https://doi.org/10.2139/ssrn.3331508.

Fenwick, M., McCahery, J. A., & Vermeulen, E. P. M. (2018). The end of 'corporate' governance: Hello 'platform' governance. *SSRN Journal*. https://doi.org/10.2139/ssrn.3232663.

Garcia Martinez, M. (2017). Inspiring crowdsourcing communities to create novel solutions: Competition design and the mediating role of trust. *Technological Forecasting and Social Change, 117*, 296–304. https://doi.org/10.1016/j.techfore.2016.11.015.

Grande, E. (2012). Governance-Forschung in der Governance-Falle? – Eine kritische Bestandsaufnahme. *PVS, 53*, 565–592. https://doi.org/10.5771/0032-3470-2012-4-565.

Grimm, D. (2001). *Die Verfassung und die Politik; Einsprüche in Störfällen*. München: Beck.

Keinz, P. (2015). Auf den Schultern von … Vielen! Crowdsourcing als neue Methode in der Neuproduktentwicklung. *Schmalenbachs Zeitschrift für betriebswirtschaftliche Forschung, 67*, 35–69. https://doi.org/10.1007/BF03372915.

Knop, N., Durward, D., & Blohm, I. (2017). How to design an internal crowdsourcing system. https://www.alexandria.unisg.ch/252020/1/JML_672.pdf. Zugegriffen am 19.09.2019.

Leimeister, J. M., Zogaj, S., & Durward, D. (Hrsg.). (2015). *New forms of employment and IT – Crowdsourcing*.

Lembcke, O. W., Ritzi, C., & Schaal, G. S. (Hrsg.). (2016). *Zeitgenössische Demokratietheorie.* Wiesbaden: Springer Fachmedien Wiesbaden.

Lindberg, L. N., Campbell, J. L., & Hollingsworth, J. R. (1991). Economic governance and the analysis of structural change in the American economy. In J. L. Campbell, J. R. Hollingsworth & L. N. Lindberg (Hrsg.), *Governance of the American economy* (S. 3–34). Cambridge: Cambridge University Press.

Lynn, L. E., Heinrich, C. J., & Hill, C. J. (2001). *Improving governance: A new logic for empirical research.* Washington, DC: Georgetown University Press.

Markus, M. L. (2007). The governance of free/open source software projects: Monolithic, multidimensional, or configurational? *Journal of Management and Governance, 11*, 151–163. https://doi.org/10.1007/s10997-007-9021-x.

Mayntz, R. (2004). *Governance Theory als fortentwickelte Steuerungstheorie?* Köln: Max-Planck-Institut für Gesellschaftsforschung. http://hdl.handle.net/10419/44296

Mayntz, R. (2008). Von der Steuerungstheorie zu Global Governance. In G. F. Schuppert & M. Zürn (Hrsg.), *Governance in einer sich wandelnden Welt* (S. 43–60). Wiesbaden: VS Verlag für Sozialwissenschaften.

Newig, J., Lenschow, A., Challies, E., Cotta, B., & Schilling-Vacaflor, A. (2019). What is governance in global telecoupling? *Ecology and Society, 24*. https://doi.org/10.5751/ES-11178-240326.

Offe, C. (2009). Governance: An „empty signifier?". *Constellations, 16*, 550–562. https://doi.org/10.1111/j.1467-8675.2009.00570.x.

Otte, A., & Schröter, W. (2018). Lebende Konzernbetriebsvereinbarung als soziale Innovation; Internes Crowdsourcing in der GASAG-Gruppe Bedeutung – Bewertung – Wortlaut. http://www.blog-zukunft-der-arbeit.de/wp-content/uploads/2018/07/Lebende_KBV_Otte_Schroeter.pdf. Zugegriffen am 19.09.2019.

Palin, K., & Kaartemo, V. (2016). Employee motivation to participate in workplace innovation via in-house crowdsourcing. *European Journal of Workplace Innovation, 2*, 19–40.

Pedersen, J., Kocsis, D., Tripathi, A., Tarrell, A., Weerakoon, A., Tahmasbi, N., Xiong, J., Deng, W., Oh, O., & de Vreede, G.-J. (2013). Conceptual foundations of crowdsourcing: A review of IS Research 2013 46th Hawaii International Conference on System Sciences. IEEE, S. 579–588.

Peters, B. G., & Pierre, J. (1998). Governance without government? Rethinking public administration. *Journal of Public Administration Research and Theory, 8*, 223–243. https://doi.org/10.1093/oxfordjournals.jpart.a024379.

Peters, G. (2010). Governance as political theory. http://regulation.huji.ac.il/papers/jp22.pdf. Zugegriffen am 19.09.2019.

Schuppert, G. F. (2016). Governance in der Demokratietheorie. In O. W. Lembcke, C. Ritzi & G. S. Schaal (Hrsg.), *Zeitgenössische Demokratietheorie.* Wiesbaden: Springer Fachmedien Wiesbaden.

Thuan, N. H. (2019). *Business process crowdsourcing: Concept, ontology and decision support.* Cham: Springer.

Werder, A. (2018). Corporate governance: Definition. https://wirtschaftslexikon.gabler.de/definition/corporate-governance-28617/version-367554. Zugegriffen am 19.09.2019.

World Bank. (1996). *Governance: The World Bank's experience.* Washington, DC: The World Bank.

Zhu, H., Djurjagina, K., & Leker, J. (2014). Innovative behaviour types and their influence on individual crowdsourcing performances. *International Journal of Innovation, Management and Technology, 18*, 1–18. https://doi.org/10.1142/S1363919614400155.

Zhu, H., Sick, N., & Leker, J. (2016). How to use crowdsourcing for innovation?: A comparative case study of internal and external idea sourcing in the chemical industry. In D. F. Kocaoglu (Hrsg.), *Technology management for social innovation. PICMET'16: Portland International Conference on Management of Engineering and Technology: Proceedings.* Piscataway: IEEE.

Zogaj, S., & Bretschneider, U. (2014, June 9–11). Analyszing governance mechanisms for crowdsourcing information systems: A multiple case analysis. In: M. Avital, J. M. Leimeister & U. Schultze (Hrsg.), *ECIS 2014 proceedings. 22th European Conference on Information Systems*. Tel Aviv: AIS Electronic Library.

Zogaj, S., Bretschneider, U., & Leimeister, J. M. (2014). Managing crowdsourced software testing: A case study based insight on the challenges of a crowdsourcing intermediary. *Journal of Business Economics, 84*, 375–405. https://doi.org/10.1007/s11573-014-0721-9.

Zuchowski, O., Posegga, O., Schlagwein, D., & Fischbach, K. (2016). Internal crowdsourcing: Conceptual framework, structured review, and research agenda. *Journal of Information Technology, 31*, 166–184. https://doi.org/10.1057/jit.2016.14.

Open Access Dieses Kapitel wird unter der Creative Commons Namensnennung 4.0 International Lizenz (http://creativecommons.org/licenses/by/4.0/deed.de) veröffentlicht, welche die Nutzung, Vervielfältigung, Bearbeitung, Verbreitung und Wiedergabe in jeglichem Medium und Format erlaubt, sofern Sie den/die ursprünglichen Autor(en) und die Quelle ordnungsgemäß nennen, einen Link zur Creative Commons Lizenz beifügen und angeben, ob Änderungen vorgenommen wurden.

Die in diesem Kapitel enthaltenen Bilder und sonstiges Drittmaterial unterliegen ebenfalls der genannten Creative Commons Lizenz, sofern sich aus der Abbildungslegende nichts anderes ergibt. Sofern das betreffende Material nicht unter der genannten Creative Commons Lizenz steht und die betreffende Handlung nicht nach gesetzlichen Vorschriften erlaubt ist, ist für die oben aufgeführten Weiterverwendungen des Materials die Einwilligung des jeweiligen Rechteinhabers einzuholen.

Entwurf eines Prozess- und Rollenmodells für internes Crowdsourcing

Hannah Ulbrich und Marco Wedel

Zusammenfassung

Für die erfolgreiche Umsetzung von internem Crowdsourcing (IC) im Unternehmen bedarf es einer genauen Beschreibung und Definition der personellen Zuständigkeiten für die unterschiedlichen Prozessebenen sowie Prozesskomponenten innerhalb der einzelnen Prozessphasen von IC. Im Rahmen des Forschungsprojektes ICU wurde daher auf der Basis einer modellhaften IC – Praxisanwendung im Energieunternehmen GA-SAG AG ein neues IC-Prozess- sowie Rollenmodell entwickelt, das hier in seinen Grundzügen vorgestellt werden soll. Das vorgeschlagene Rollenmodell orientiert sich an der Rollenkonzeption des agilen Vorgehensmodells von Scrum, da Teilaspekte des IC-Prozesses und gewisse Prozesssteuerungsaktivitäten Ähnlichkeiten mit dem Vorgehen und den Aufgabenbeschreibungen von Scrum haben. Angesichts dieser Tatsache hält Scrum als ausgereiftes und praxisbewehrtes Regelwerk mit Rollenbeschreibungen, Prinzipien, Events und Artefakten daher hilfreiche Implikationen für den Entwurf eines IC-Rollenmodelles bereit.

12.1 Einleitung

Als direkte Folge der technologischen Entwicklungen der letzten zehn Jahre stellt internes Crowdsourcing (IC) eine neue, digitale Form von innerbetrieblicher Wissensvernetzung und bereichsübergreifender Zusammenarbeit dar. Bei IC erzeugen Beschäftigte eines Un-

H. Ulbrich · M. Wedel (✉)
Lehrstuhl für Arbeitslehre/Technik und Partizipation, Technische Universität Berlin,
Berlin, Deutschland
E-Mail: hannah.ulbrich@posteo.net; marco.wedel@tu-berlin.de

© Der/die Herausgeber bzw. der/die Autor(en) 2020
M. Daum et al. (Hrsg.), *Gestaltung vernetzt-flexibler Arbeit*,
https://doi.org/10.1007/978-3-662-61560-7_12

ternehmens (die Crowd) im Austausch über eine digitale Plattform Ideen und Lösungen, die zur Verbesserung von bestehenden Produkten, Prozessen und Dienstleistungen oder deren Neuentwicklungen (Innovationen) beitragen. Das macht IC sowohl zu einem Tool für Innovationsmanagement und Mitarbeiterbeteiligung als auch gleichzeitig zu einer Methode dafür.

In verschiedenen Ausprägungen und mit unterschiedlichen Bezeichnungen hat sich das digital vermittelte Verfahren in zahlreichen Unternehmen in Deutschland mittlerweile etabliert (Pohlisch 2019). Unabhängig davon in welcher Form IC im Unternehmen angewendet wird, essenziell für die praktische Umsetzung ist in allen Fällen das Rollenmodell, das neben dem IC-Prozess und der technischen Lösung, der sog. Crowd Technology (CT) – Architektur, den dritten Bestandteil eines IC – Systems ausmacht. Als ausführende Instanz beschreibt es die Aufteilung der Zuständigkeiten für die unterschiedlichen Prozessebenen und verschiedenen Prozesskomponenten sowie den verschiedenen Steuerungsaktivitäten und gibt zudem an, welche Unterstützung aus anderen Unternehmensbereichen für die erfolgreiche Durchführung benötigt wird. Als Teilziel im Forschungsvorhaben „ICU – Internes Crowdsourcing in Unternehmen" ist ein solches Rollenmodell auf der Grundlage einer prototypischen Praxisanwendung von IC verwirklicht worden.

Ziel von ICU ist die Entwicklung eines branchenübergreifenden Referenzmodells für gute Praxis von internem Crowdsourcing mit Fokus auf die arbeitnehmerfreundliche Ausgestaltung der Anwendung. Das sog. ICU-Modell besteht aus einer Verfahrensstrategie mit den Themenschwerpunkten Innovationsmanagement, Mitarbeiterbeteiligung sowie Mitarbeiterqualifizierung und einer IC-Plattform und wurde bei dem Energiedienstleister GASAG AG als Praxispartner im Unternehmen zur Anwendung gebracht. Die Entwicklung erfolgte stufenweise: zuerst wurde ein Grundmodell realisiert und in einer Pilotphase getestet (1. Iteration), daran anschließend wurde das optimierte Modell zum GASAG Good-Practice-Beispiel überarbeitet (2. Iteration) und von diesem ausgehend zu einem branchenübergreifenden IC-Referenzmodell weiterentwickelt.

Im vorliegenden Artikel soll das aus dem Forschungsprojekt hervorgegangene Rollenmodell in seinen Grundzügen präsentiert werden. Bei der Ausgestaltung des IC – Rollenmodells wurde bewusst auf das Rollenkonzept von Scrum rekurriert. Dahinter steht die praxisbasierte Erkenntnis aus der ICU – Pilotphase, dass Teilaspekte des IC-Prozesses sowie notwendige Aktivitäten der Prozesssteuerung und die darin eingeschriebenen Prinzipien Parallelen zum Vorgehen sowie zu den Prinzipien und den Aufgabenbeschreibungen der agilen Methode Scrum aufweisen. Damit hat Scrum hier einen Vorbildcharakter für die Entwicklung eines funktionalen und differenzierten IC – Rollenmodells. In Vorbereitung auf die Darstellung des Rollenmodells, soll in einem ersten Schritt der IC-Prozess hinsichtlich seiner Beschaffenheit beleuchtet und vor dem Hintergrund der empirischen Projekterfahrung neu definiert werden, um die bestehenden Ähnlichkeiten zwischen IC und Scrum herausarbeiten zu können. Auf dieser Basis wird dann das IC-Rollenmodell in Auseinandersetzung mit dem Scrum-Rollenansatz hergeleitet und im Detail beschrieben.

Der hier gemachte Gestaltungsvorschlag deutet auf das größere Ganze eines IC-Systems hin, dessen Komponenten in dem vorliegenden Artikel nicht alle besprochen werden können. An dieser Stelle sei daher auf die entsprechenden Beiträge in dem noch nicht veröffentlichten Sammelband „Internal Crowdsourcing in Companies: Theoretical Basics and Practical Applications" (Ulbrich/Wedel/Dienel, geplantes Erscheinen 2020) verwiesen, die diese Lücken schließen werden.

12.2   Prozessaufbau von internem Crowdsourcing

Scrum, insbesondere zur agilen Softwareentwicklung genutzt, wird von seinen Entwicklern Ken Schwaber und Jeff Sutherland nicht als ein Prozess beschrieben, sondern als eine Methode bzw. als

> „Ein Rahmenwerk, innerhalb dessen Menschen komplexe adaptive Aufgabenstellungen angehen können, [… das] aus Scrum-Teams und den zu ihnen gehörenden Rollen [Scrum Master, Product Owner, Development Team], Ereignissen [Sprint Planning, Daily Scrum, Sprint Review, Sprint Review, Sprint Retrospcective], Artefakten [Product Backlog] und Regeln [Prinzipien, Werte] [besteht]. Durch die Regeln […] werden Beziehungen und Wechselwirkungen zwischen den Rollen, Ereignissen und Artefakten bestimmt." (Schwaber und Sutherland 2017)

Die genannten Elemente des Rahmenwerks strukturieren aber die Arbeitshandlungen auf eine bestimmte Art und Weise und geben so, bei aller inhaltlichen Gestaltungsfreiheit der einzelnen Elemente, einen Arbeitsablauf vor. Zieht man die Definition von Petersen et. al. heran, die einen Prozess als eine Reihe von Aktivitäten beschreibt, die von allen Beteiligten ausgeführt werden, um ein bestimmtes Ergebnis zu erzielen oder ein bestimmtes Problem zu lösen (Pedersen et al. 2013, S. 581), kann man hier durchaus von einem Scrum-Prozess sprechen.

Internes Crowdsourcing als technologiebasiertes Vorgehensmodell hingegen wird, je nachdem, welcher Aspekt in den Vordergrund gestellt wird, entweder als Methode, Prozess oder auch als Tool bezeichnet. Dies hängt mit den unterschiedlichen Komponenten zusammen, die ein IC-System ausmachen. Wie in dem Beitrag von Wedel/Ulbrich in diesem Band ausgeführt, gibt es eine Vielzahl von Systematisierungsangeboten für IC, wobei die postulierten Begrifflichkeiten, die Auswahl der Komponenten sowie deren Positionierung zueinander variieren. Das hier zugrunde liegende Verständnis eines IC- Systems fußt auf der Zusammengehörigkeit von drei Bestandteilen: dem IC-Rollenmodell mit den dazugehörigen Steuerungsaktivitäten, dem IC-Prozess und der CT-Architektur.

Um die hier bewusst hergestellte Ähnlichkeit in der Rollenkonzeption erklären zu können, müssen zunächst einmal die „natürlich" bestehenden Gemeinsamkeiten in der Prozessbeschaffenheit zwischen internem Crowdsourcing und Scrum identifiziert werden. Dies soll anhand der Beschreibung des in ICU entwickelten IC-Prozesses, d. h. der Prozessphasen, Prozesskomponenten Abschn. 12.2.1, 12.2.2 und Prozessebenen erfolgen Abschn. 12.2.3, die dann mit den Entsprechungen in Scrum in Beziehung gesetzt und das dort gewählte Rollenkonzept erläutert werden Abschn. 12.3. Darauf aufbauend wird dann das ICU-Rollenmodell entwickelt Abschn. 12.4.

12.2.1 IC-Prozessphasen und IC-Komponenten

In der Forschung findet sich eine Fülle an Beiträgen, die sich mit der Beschreibung von Crowdsourcingprozessen beschäftigen. Diese Prozessbeschreibungen, die in erster Linie auf externes Crowdsourcing abzielen, teilen Thuan et.al. in zwei Kategorien ein: Untersuchungen mit Analyseansätzen von hoher Granularität und Untersuchungen mit Analyseansätzen von niedriger Granularität (Thuan et al. 2017, S. 4 f., 2019, S. 27 ff.). Erstere legen den Fokus auf die Konzeptualisierung und bemühen sich darum, den Crowdsourcingprozess im Ganzen zu entwerfen, Ereignisse auf der Makroebene zu erkennen und in eine zeitliche Abfolge zu bringen (Etablierung von Prozessmodellen und Rahmenbedingungen). Zu dieser Gruppe gehören nach Thuan et. al. u. a. die Arbeiten von Brabham (2008), Leimeister et al. (2009), Geiger et al. (2011), und Zogaj et al. (2014, 2015). Im Gegensatz dazu konzentrieren sich die Forschungstätigkeiten mit niedriger Granularität nur auf Teilaspekte des Prozesses und beleuchten spezifische Komponenten mit Schwerpunkt auf die dazugehörigen Workflows auf der Mikroebene (Etablierung von Prozesskomponenten und Definition von Workflows), wie z. B. Studien zu Auswahl- bzw. Matchingmechanismen der geeigneten Zielgruppe für Aufgaben wie z. B. (Erickson et al. 2012), Cullina et al. (2016) und Geiger und Schader (2014) oder Studien zu Teilnahmemotivation und Anreizsystemen, wie z. B. Zhao und Zhu (2014), Machine und Ophoff (2014), Spindeldreher und Schlagwein (2016) und Feng et al. (2018).

Vor diesem Hintergrund ist für die nachfolgende Darstellung des in ICU entwickelten IC-Prozesses mit seinen Prozessphasen und Prozesskomponenten lediglich die hohe Granularitätsperspektive von Relevanz. Für internes Crowdsourcing ist die Anzahl der prozessorientierten Untersuchungen überschaubar. Demgemäß wird als Ausgangsbasis auf Phasenmodelle für externes Crowdsourcing zurückgegriffen, konkret auf das von Gassmann et.al. (2013, 2017), und entsprechend ergänzt. Im Allgemeinen lassen sich bei allen Prozessentwürfen grundlegende Merkmale ausmachen (ausführlicher vgl. Thuan et al. 2017), die sich auch bei Gassmann et. al. wiederfinden. Zuchowski et. al. haben speziell für IC einen Strukturierungsvorschlag gemacht (Zuchowski et al. 2016, S. 169), der dem von Gassmann et. al. ähnelt, allerdings nicht die in ICU erkannten Lücken in Bezug auf IC schließt. Deswegen findet der Vorschlag von Zuchowski et. al. in den weiteren Ausführungen keine Berücksichtigung.

Gassman et. al. teilen den Prozessverlauf in fünf Phasen ein (Gassmann et al. 2017, S. 29 ff.):

1. *Vorbereitung:* Der Ausgangspunkt stellt ein spezifisches Problem dar, das ein Unternehmen für sich lösen möchte. Der erste Schritt besteht also darin, sich über das gewünschte Ergebnis im Klaren zu werden, d. h. darüber, was erreicht werden und in

welcher Form es am Ende vorliegen soll [Prozesskomponente: Zieldefinition].[1] Auch muss geklärt werden, wer die adäquate Zielgruppe für die zu bearbeitende Aufgabe ist, welche Plattform geeignet ist und ob es sich perspektivisch lohnt, eine eigene Community aufzubauen [Prozesskomponente: Community Management]. Nach Abwägen der genannten Aspekte fällt die grundsätzliche Entscheidung für oder gegen ein Crowdsourcing Projekt.

2. *Initiierung:* Im nächsten Schritt wird die Aufgabe an die Crowd über die ausgewählte Plattform gestellt und die Ideengenerierung gestartet. Dem vorweg geht die angemessene Aufbereitung der Aufgaben [Prozesskomponente: Aufgabendesign] und die Festlegung der Vergütung [Prozesskomponente: Motivationsmechanismen & Anreizsysteme].

3. *Durchführung:* Das Crowdsourcing Projekt läuft und die ersten Ideen etc. treffen ein. Diese müssen ins Unternehmen kommunikativ hineingetragen und ggf. aufkommende Widerstände aufgelöst werden [Prozesskomponente: Prozessmonitoring]. Auch müssen die Aktivitäten der Crowd gemanaged werden, um die Dynamiken in die erforderliche Richtung zu lenken.

4. *Auswertung:* Nach Beendigung der Crowdsourcingaktivitäten auf der Plattform werden die eingereichten Lösungsvorschläge ausgewertet. Hierbei ist zu klären, wer die Auswertung vornimmt und nach welchen Kriterien.

5. *Verwertung:* Abschließend müssen die Ergebnisse für die Weiterverwendung bzw. Weiterentwicklung aufbereitet und in den übergeordneten Unternehmensprozess etc. integriert werden [Prozesskomponente: Beschluss]. Die Ideengeber sollten über den unternehmensinternen Umgang mit ihren Ideen informiert werden. Das trägt zum Aufbau und Erhalt der Community bei [Prozesskomponente: Community Management].

Wie hier deutlich wird, ist eine Prozessphase die Summe ihrer einzelnen Komponenten, denn es ist nicht möglich die Prozessphasen zu beschreiben, ohne gleichzeitig die Prozesskomponenten zu beschreiben. Diese können auch als Ereignisse begriffen werden, die innerhalb einer Prozessphase auftreten. Im Phasenmodell von Gassmann et. al. wurden Komponenten als solche nicht explizit benannt. Das Herausstellen und Bennen der Prozesskomponenten ist aber wichtig, um später die Verteilung der Zuständigkeiten im Rollenmodell besser vornehmen zu können. Hat man diese nicht klar vor Augen, verlieren sich die Rollenbeschreibungen im Gewirr von einzelnen Steuerungsaktivitäten. Auch als Workflows bezeichnet sind Steuerungsaktivitäten als die handlungsorientierte Ausgestaltung der einzelnen Prozesskomponenten zu verstehen. Diese können von Unternehmen zu Unternehmen, aber auch innerhalb eines Unternehmens über den Zeitverlauf variieren, da sie auf die jeweiligen Rahmenbedingungen hin angepasst werden, im Gegensatz zu den Prozesskomponenten, die über die Zeit und für alle Anwendungskontexte konstant sind.

---

[1] Die Begriffe in den eckigen Klammern sind Komponentenbezeichnungen, die dem ICU-Modell entlehnt wurden und von den Autor*innen sinngemäß eingefügt wurden.

12.2.2 Prozessphasen im ICU-Modell

Grundsätzlich konnte für das idealtypische ICU-Modell grob auf dem Prozessablauf von Gassmann et. al. aufgebaut werden, allerdings mussten für die spezielle Form des internen Crowdsourcings Prozessphasen und Komponenten ergänzt bzw. stärker ausdifferenziert sowie umarrangiert werden.

Da es im Verständnis von ICU bei internem Crowdsourcing nicht nur um das einseitige Mobilisieren von Wissen und Erfahrungen der Beschäftigten für das Lösen von Problemen des Unternehmens geht, sondern damit auch die interne Zusammenarbeit sowie Mitarbeiterbeteiligung angestrebt werden soll, beginnt der IC-Prozess nicht per se mit einem gesetzten Problem, sondern vielmehr mit einem Vorschlag für ein bestehendes oder perspektivisches Problem bzw. einem Thema. Der IC-Prozess ist dementsprechend folgendermaßen aufgebaut:

1. *Impuls:* Themenvorschläge werden bei der zuständigen Stelle im Unternehmen, dem sog. Crowd Team, auf digitalem Weg über die IC-Plattform oder per Email oder auch in direkter (analoger) Absprache eingereicht. Mitarbeiter*innen aus allen Bereichen des Unternehmens ebenso wie Führungskräfte, die Geschäftsführung und Arbeitnehmervertretung sind berechtigt, Themen zu benennen. [Prozesskomponente: Themenvorschlag] Die eingehenden Vorschläge werden hinsichtlich der Relevanz für das Unternehmen gefiltert. Die Relevanz ergibt sich aus der vom Unternehmen festgelegten Zielstellung für das interne Crowdsourcing. [Prozesskomponente: Sondierung] Anschließend wird im Team darüber beraten, welcher Fachbereich an einem Thema interessiert sein könnte und Kontakt hergestellt, um sich über das Thema und potenzielles Content Ownership zu verständigen. [Prozesskomponente: Sondierungsgespräche] Tritt ein*e Mitarbeiter*in stellvertretend für einen Unternehmensbereich direkt an das Crowd Team heran, entfallen die Schritte der Sondierung und der Sondierungsgespräche.

2. *Entscheidung No/Go:* Die Entscheidung ein Thema zu verfolgen und ein Crowdsourcing Projekt, im weiteren Verlauf als Kampagne bezeichnet, aufzusetzen, hängt davon ab, ob es in einem der Unternehmensbereiche Bedarf für die Ergebnisse, die zu dem Thema erarbeitet werden, besteht und dafür sog. Content Ownership übernommen wird. [Prozesskomponente: Content Ownership] Besteht kein Content Ownership, wäre zum einen die Kampagne nicht sinnvoll in laufende Aktivitäten eingebettet und zum anderen das Prinzip der Prozesstransparenz nicht gewährleistet. Prozesstransparenz meint, dass für die teilnehmenden Mitarbeiter*innen zu jedem Zeitpunkt des Prozesses bzw. des für die Crowd sichtbaren Teils des Prozesses (Kampagne) deutlich und nachvollziehbar ist, welches Interesse das Unternehmen/der Bereich an dem Thema hat, welche Ziele mit der speziellen Kampagne verfolgt und wie die Bemühungen der Crowd, d. h. die Ergebnisse verwertet werden.

3. *Konzeption:* Ist die Entscheidung für eine Kampagne gefallen, muss ein Kampagnenkonzept entwickelt werden, das verschiedene Aspekte zu berücksichtigen hat. Um die

Produktivkräfte einer Crowd nutzbar machen zu können, müssen Themen, die von den Mitarbeiter*innen in der Crowd für das Unternehmen bearbeitet werden sollen, strukturiert und zielgerichtet aufbereitet werden, damit die Crowdaktivitäten zu sinnvollen und verwertbaren Ergebnissen führen. Zuerst muss daher Klarheit darüber geschaffen werden, was das Ziel der Kampagne sein soll. Damit einher geht die Definition der Ergebnispräsentation, d. h. dass überlegt muss, in welcher Form das abgerufene Wissen am Ende der Kampagne vorliegen soll, z. B. in Form eines Meinungsbildes oder eines Konzeptentwurfs. [Prozesskomponente: Zieldefinition] In direktem Zusammenhang damit stehen auch die Festlegung der Kriterien, nach denen die gelieferten Ergebnisse ausgewählt werden [Prozesskomponente: Auswahlkriterien], und die Überlegungen, wie die ausgewählten Ergebnisse dann in den Arbeitsbereich des Content Owners integriert werden können. Je komplexer die Zielstellung ist, desto mehr handelt es sich bei letzterem um eine Ideensammlung für Anbindungsmöglichkeiten und nicht um die Bestimmung eines stoischen Verwertungsprozederes. Eine sinnvolle Weiterverwertung kann letztendlich erst anhand der erarbeiteten Ergebnisse ermittelt werden. [Prozesskomponente: Verwertungsintention] Weiterhin muss entschieden werden, welche Anreize für die Mitarbeiter*innen gesetzt werden können, um diese zur Teilnahme zu motivieren. Anders als beim externen Crowdsourcing ist beim internen Crowdsourcing eine Inzentivierung nicht immer notwendig, z. B. wenn es sich um ein Crowdstorming oder Crowdvoting handelt. [Prozesskomponente: Anreizsystem] Die vorangegangenen Prozesskomponenten sind die Voraussetzungen für die Erarbeitung des Aufgabendesigns. Das Aufgabendesign besteht in der Beschreibung der Aufgabenstellung, in der das übergeordnete Interesse, die Zieldefinition, Ergebnisdefinition, ggf. Anreize, Auswahlkriterien, mögliche Ergebnisverwertung und der Zeitplan klar dargelegt werden, und zudem in der Auswahl der Aufgabentypen. In ICU wurden fünf Aufgabentypen etabliert, die sich auch in der Forschung als Standard widerspiegeln (Brabham 2008; Leimeister und Zogaj 2013; Chiu et al. 2014; Zogaj et al. 2015; Jaafar und Dahanayake 2015):

- Crowdstorming – Die Crowd wird aufgerufen, zu einem gesetzten Thema inhaltliche Facetten aufzuzeigen und konkrete Chancen und Herausforderungen dazu zu formulieren. Die Zielsetzung ist hier Themenexploration.
- Crowdvoting – Die Crowd wird zu Bewertungen, Abstimmungen, Meinungen oder Empfehlungen von gesetzten Themen aufgerufen. Die Zielsetzung ist hier die Erstellung von Meinungsbildern und Prognosen.
- Crowdsolving – Die Crowd wird zur Erstellung und Entwicklung von Problemlösungen für bestehende Dienstleistungen, Produkte und Prozesse aufgerufen. Die Zielsetzung ist hier die Optimierung von Bestandsangeboten.
- Crowdcreation – Die Crowd wird zur Erstellung und Entwicklung von neuen Ideen und Konzepten für Produkte, Dienstleistungen und Prozessen aufgerufen. Die Zielsetzung ist hier Innovationsgenerierung.

- Crowdtesting – Die Crowd wird zum Testen von Prototypen für Dienstleistungen, Produkte und Prozesse z. B. im Hinblick auf Usability & UX aufgerufen. Die Zielsetzung ist hier das Einholen

Abhängig von der übergeordneten Zielstellung der Kampagne können Aufgabentypen als eigenständig durchgeführte Maßnahme, sog. Stand-Alones, oder, was häufiger der Fall ist, als Kombination nach dem Mix & Match-Prinzip gewählt werden. Diese Verkettung von verschiedenen Aufgabentypen ermöglicht durch die kontinuierliche Steigerung des Komplexitätsgrads in den Tätigkeitsanforderungen an die Crowd eine mehrstufige, iterative Ergebnisentwicklung Abb. 12.1. [Prozesskomponente: Aufgabendesign]

Für den Erfolg einer Kampagne ist die Sichtbarkeit im Unternehmen entscheidend. Um auf eine Kampagne aufmerksam zu machen und Beteiligung anzuregen, muss diese intern über alle zur Verfügung stehenden Kommunikationskanäle, sowohl digital, z. B. über Social Media Anwendungen und das Intranet, als auch analog, z. B. durch Informationsveranstaltungen und Poster/Flyer, beworben werden. Welche Kommunikationsmaßnahmen zu welchem Zeitpunkt für eine Kampagne geeignet sind, um die größtmögliche Reichweite im Unternehmen herzustellen, muss strategisch geplant [Prozesskomponente: Marketingstrategie] und mit der Abfolge der gewählten Aufgabentypen und den daraus resultierenden Ereignissen, d. h. mit dem Kampagnenzeitplan, abgestimmt werden. Im Zeitplan ist auch der Beginn, das Ende und die Dauer der einzelnen Phasen der Kampagne festgelegt, z. B. die Dauer für die Beteiligung an einer Kampagne, Ergebnisauswertung und der Ergebnisveröffentlichung. [Prozesskomponente: Zeitplan] Am Ende der Konzeptionsphase steht dann die technische Umsetzung des Kampagnenkonzeptes an. [Prozesskomponente: IT Template]

4. *Durchführung:* Mit Vorlauf zur Kampagne startet als erstes das Marketing für die Kampagne, indem diese mit konkretem Thema und Rahmeninformationen angekündigt

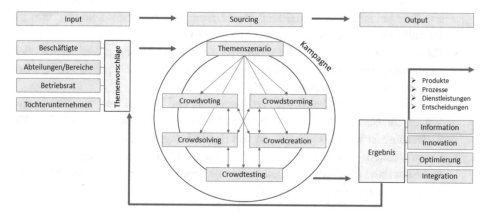

Abb. 12.1 Aufgabendesign mit dem Mix & Match-Prinzip. (Eigene Darstellung)

wird (Teaser). [Prozesskomponente: Crowd/Community Management]² Wenn die Kampagne dann angelaufen ist, müssen die anfallenden Prozessaktivitäten im Kampagnen Team koordiniert werden. [Prozesskomponente: Prozesskoordination] Hinzukommend ist ein kontinuierliches Prozessmonitoring hinsichtlich der IT-Funktionalitäten, des Prozessfortschritts und Zeitplans erforderlich sowie eine Form von Reporting dem Content Owner gegenüber. [Prozesskomponente: Prozessmonitoring] Auf technischer Ebene müssen Prozesse für den reibungslosen Kampagnenablauf aufgesetzt, konfiguriert und Support geleistet werden wie auch die eingespeisten Inhalte (z. B. die Aufgabenstellung) verwaltet werden. [Prozesskomponente: IT & Content Management] Einen sehr hohen Stellenwert hat in dieser Phase die Kommunikation mit der Crowd, die durch aktive Interaktion sowohl auf der Plattform in Form von Feedback und Moderation als auch bei analogen Events, die in der Marketingstrategie vorgesehen sind, für ein konstantes Crowd-Engagement sorgen soll. [Prozesskomponente: Crowd/Community Management]

5. *Auswertung:* Wenn die aktive Arbeitsphase der Crowd beendet ist, müssen die eingetroffenen Ergebnisse ausgewertet werden. Als erstes werden die Ergebnisse hinsichtlich ihrer Relevanz für die eingangs formulierte Zielsetzung der Kampagne anhand der definierten Auswahlkriterien vom Kampagnen Owner und Crowd Master gesichtet. [Prozesskomponente: Auswahl] Anschließend muss diese Vorauswahl für den Content Owner aufbereitet werden [Prozesskomponente: Aufbereitung], der diese dann in Rücksprache mit dem Arbeitsbereich evaluiert. [Prozesskomponente: Evaluation]

6. *Verwertung:* Bei manchen Kampagnen ist die anfänglich formulierte Verwertungsintention identisch mit der tatsächlichen Endverwertung, z. B. wenn es um Meinungsbilder geht, die mit internen Bereichsaktivitäten abgeglichen werden sollen. Wenn es um anspruchsvollere Zielsetzungen geht, wie bspw. die Erarbeitung eines neuen Businessmodells durch eine Crowdcreation, muss die Frage nach der Ergebnisverwertung an dieser Stelle noch einmal konkret gestellt und beschlossen werden. [Prozesskomponente: Beschluss] Der erarbeitete Output kann selbstverständlich auch die Ausgangsbasis für eine neue Kampagne darstellen.

7. *Abschlusskommunikation:* Ein wichtiger Erfolgsfaktor für das dauerhafte Gelingen von IC ist beständige und transparente Kommunikation im gesamten Prozessverlauf. Wesentlich hierfür ist die Kommunikation der ausgewählten Ergebnisse, in der Regel mit Begründung, und die Bekanntgabe der Weiterverwendung als Abschluss der Kampagne. Die Ergebnisse sollten auf der Plattform veröffentlicht werden, damit sie von den Kampagnenteilnehmer*innen und allen auf der Plattform angemeldeten Mitarbeiter*innen eingesehen und ggf. noch kommentiert werden können. Um auch Beschäftigte, die nicht Teil der Unternehmenscrowd sind, in den Informationsfluss einzubinden,

---

² In ICU wird zwischen den Begriffen Community und Crowd unterschieden. Mit der Community ist die Gesamtheit der Beschäftigten gemeint, während die Crowd der spezifische Teil der Community ist, der sich aktiv an einer IC-Kampagne beteiligt. Die Crowd ist also die aktive Untermenge der Community und der passive Teil der Community die potentielle Crowd.

sollten die Ergebnisse und Beschlüsse auch über die anderen Kommunikationskanäle des Unternehmens gespielt werden. [Prozesskomponente: Ergebniskommunikation] Wenn in der Kampagnenkonzeption Anreize für die Beteiligung gesetzt wurden, z. B. die Verlosung von Preisen, dann müssen diese abschließend eingelöst werden. Bei anspruchsvollen Tätigkeiten, die von der Crowd abverlangt wurden, wie z. B. die Erarbeitung eines Konzeptes, sollten auch die Bemühungen der Teilnehmenden, die nicht als Gewinner*innen gekürt wurden, in Form einer Begründung für die Nicht-Auswahl honoriert werden. [Prozesskomponente: Honorierung]

Wie auch im ICU Forschungsprojekt zu beobachten war, können die Steuerungsaktivitäten innerhalb der einzelnen Prozesskomponenten in der Praxis parallel laufen oder an bestimmten Stellen zusammengefasst werden. Die Prozesskomponenten als solche bleiben aber bestehen.

12.2.3 IC-Prozessebenen

Wie aus den vorangegangenen Schilderungen deutlich wird, ist für die erfolgreiche Umsetzung von IC ein hoher kommunikativer und koordinatorischer Aufwand notwendig, um den Prozess wirksam im Unternehmen zu verankern. Im ICU-Modell wurden drei verschiedene Ebenen identifiziert, auf denen der Prozess hinsichtlich unterschiedlicher Aspekte und Zielgruppen kommuniziert wird:

• *Makroebene: Gesamtprozess*

Auf der Makroebene geht es zum einen darum, den IC-Prozess als solchen im Unternehmen zu repräsentieren und seinen Mehrwert für Geschäftsaktivitäten darzustellen (Prozessmarketing). Zum anderen wird hier der Fokus auf die Betrachtung des Gesamtprozesses gelegt und dafür gesorgt, dass die festgelegten Rahmenbedingungen für IC im Unternehmen mit dem Prozessverlauf im Einklang stehen und die Prozessintegrität gewährleistet ist. Die Zielgruppe der Prozesskommunikation ist dabei das gehobene Management, die Geschäftsführung und der Betriebsrat.

• *Mesoebene: Kampagne*

Die IC-Kampagne stellt die operative Umsetzung eines Themas dar und bildet damit das Kernstück des IC-Prozesses. Sie setzt sich aus „sichtbaren" Prozessphasen mit Kommunikationstätigkeiten, die im Vordergrund laufen, (Durchführung, Abschlusskommunikation) und „nicht sichtbaren" Prozessphasen mit Kommunikationstätigkeiten, die im Hintergrund laufen, (Konzeption, Auswertung, Verwertung) zusammen. Während die „sichtbaren" Phasen auf der Mikroebene stattfinden, sind die „nicht sichtbaren" Prozessphasen auf der Mesoebene angesiedelt und darauf ausgerichtet, den Sinn und Zweck der

Kampagne in einem ausgewählten Kreis zu definieren und abzustimmen. Die Prozesskommunikation richtet sich hier an die Unternehmensbereiche, die an der Konzeption und Umsetzung der Kampagne beteiligt sind.

- *Mikroebene: Community/Crowd*

Auf der Mikroebene zielt die Prozesskommunikation in den sog. „sichtbaren" Phasen auf die Beschäftigten ab, d. h. auf die Community und die Crowd. In Form von Kampagnenmarketing dient diese anfangs dazu, den Sinn und Zweck der Kampagne zu vermitteln sowie um Teilnahme zu werben. Im weiteren Verlauf wird dann über den Kampagnenfortschritt informiert, um die Crowdaktivitäten am Laufen zu halten und das Prinzip der Transparenz zu wahren. Zudem kommt es innerhalb der Kampagne auch zu direkter Interaktion, z. B. in Form von Moderation auf der Plattform oder IT-Support.

Die hier vorgenommene Unterscheidung der Prozessebenen ist hilfreich, um später die Verantwortlichkeiten der Rollen besser voneinander abgrenzen und Steuerungsaktivitäten klar zuordnen zu können.

12.3 Parallelen zwischen internem Crowdsourcing und Scrum

In diesem Abschnitt erfolgt zuerst der Vergleich mit den für IC relevanten Komponenten des Scrum Prozesses mit anschließender Darstellung der in Scrum definierten Rollen, um darauf aufbauend in Abschn. 1.4 das ICU-Rollenmodell vorstellen zu können. Es gibt zwei wesentliche Gemeinsamkeiten, die eine Rollenaufteilung für IC nahe legen, die der von Scrum ähnelt:

12.3.1 Vergleich Prozessebenen

Eine grundlegende Übereinstimmung zwischen IC und Scrum besteht in den unterschiedlichen Prozessebenen, auf denen Prozesskommunikation stattfindet. Dieser Umstand kommt in der Scrum-Literatur (vgl. Goll und Hommel 2015; McKenna 2016; Schwaber und Sutherland 2017; Maximini 2018) nur indirekt zum Ausdruck, da Scrum als ein Regelwerk begriffen und nicht aus einer prozessorientierten Perspektive betrachtet wird. Aber ebenso wie weiter oben für IC erläutert, hat auch Scrum eine Makro-, Meso- und Mikroebene, auf denen voneinander getrennte Kommunikationsaktivitäten vollzogen werden.

- *Makroebene: Gesamtprozess*

Wie bei IC geht es auf der Makroebene darum, Scrum mit seinen Prinzipien, seinen Praktiken, Regeln und Werten im Unternehmen zu vertreten und allen den Mehrwert des

Vorgehensmodells begreiflich zu machen (Prozessmarketing). Ganz konkret befindet sich hier auch das Regelwerk, das den Rahmen für die Teamarbeit auf der Mikroebene stellt.

- *Mesoebene: Produktdefinition*

Auf der Mesoebene wird das Produkt entworfen, indem ein Anforderungskatalog, das sog. Product Backlog erstellt wird, der definiert, wie das Produkt aussehen soll, was es leisten soll und welchen Mehrwert es für Kunden darstellen soll.

- *Mikroebene: Produktentwicklung*

Die im Product Backlog festgehaltenen Anforderungen werden auf der Mikroebene in einem iterativen Vorgehen, dem sog. Sprint,[3] umgesetzt. Dafür muss sich darüber verständigt werden, was aus dem Product Backlog genau in einem Sprint verwirklicht werden soll (Erstellen eines Sprint Backlog) und auf welche Weise, d. h. wie die Arbeit an den anstehenden Aufgaben organisiert werden soll.

12.3.2 Vergleich Prinzip der Transparenz

Das Scrum Regelwerk umfasst nicht nur Vorgaben wie Praktiken und Regeln, sondern benennt auch Werte und Prinzipien für die Zusammenarbeit. Eines der drei Prinzipien ist Transparenz. Ken Schwaber und Jeff Sutherland definieren Transparenz in „The Scrum Guide" (2017) folgendermaßen:

> „Die wesentlichen Aspekte des Prozesses müssen für diejenigen sichtbar sein, die für das Ergebnis verantwortlich sind. Transparenz erfordert, dass diese Aspekte nach einem gemeinsamen Standard definiert werden, damit die Betrachter ein gemeinsames Verständnis des Gesehenen teilen." (S. 7)

Transparenz bedeutet demnach, dass alle Beteiligten zu jedem Zeitpunkt im Arbeitsprozess wissen, wie der momentane Entwicklungsstand aussieht, an welchen Features und Problemen speziell gearbeitet wird, wer welche Tätigkeiten ausführt und wie die einzelnen Komponenten zu dem Endprodukt beitragen. Hergestellt wird Transparenz u. a. mit Events wie dem Daily Scrum, bei dem sich die Teammitglieder (Prozessbeteiligte auf der Mikroebene) täglich über den Stand ihrer Arbeit austauschen und mit den gesetzten Sprintzielen abgleichen (Schwaber und Sutherland 2017, S. 12). Dadurch dass alle einen

---

[3] Sprints sind Arbeitszyklen, in denen in einem festgelegten Zeitrahmen ausgewählte Items aus dem Product Backlog bearbeitet werden und am Ende ein „potentiell auslieferbares Produktinkrement"(Sprint Goal) entsteht. In der Regel dauert ein Sprint zwei Wochen, kann aber individuell an Branche und Arbeitskontext angepasst werden (Schwaber und Sutherland 2017, S. 9).

Überblick über den Arbeitsprozess und den Fortschritt haben, entsteht Vertrauen in die Teamarbeit und den Prozess, was die Teammitglieder wiederum motiviert (McKenna 2016).

Wie die in ICU durchgeführten Mitarbeiter*innenbefragungen beim Praxispartner ergeben haben, ist Prozesstransparenz auch bei IC die Schlüsselkomponente, die dafür sorgt, dass bei den Beschäftigten (Community & Crowd) Vertrauen in das Verfahren und Motivation aufgebaut sowie die Beteiligung an Kampagnen als sinnhaft empfunden wird. Prozesstransparenz wird hier erreicht, indem, wie oben im ICU-Phasenmodell beschrieben, Kampagnenziele und -hintergrund sowie die Ergebnisverwertung und einzelnen Schritte innerhalb der Kampagne offen und verständlich an die Beschäftigten kommuniziert werden und das Verfahren als solches einen nachvollziehbaren Zweck im Unternehmen erfüllt.

12.3.3 Scrum Rollenmodell

Die eben beschriebenen Prozessebenen verweisen auf bestimmte Verantwortungsbereiche, die es zu managen bzw. zu steuern gilt. Im Scrum sind dafür drei Rollen vorgesehen, die folgende Aufgaben ausführen:

1.) *Scrum Master (Makroebene)*

Der Scrum Master ist verantwortlich dafür, die grundsätzliche Idee sowie die Praktiken, Regeln und Werte von Scrum im Unternehmen zu vertreten (Botschafterfunktion), diese intern anschlussfähig zu machen (ggf. Unternehmensentwicklung) und zu implementieren. Als Coach und Servant Leader hilft der Scrum Master den Beschäftigten auf unterschiedlichen Ebenen dabei, das agile Regelwerk zu verstehen und anzuwenden. Konkret unterstützt der Scrum Master z. B. das Scrum Team dabei, in ihrer Arbeit die agilen Prinzipien stets einzuhalten und verweist, wenn nötig, auf die korrekte Umsetzung des Regelwerks. Dem Product Owner steht der Scrum Master bei der Erstellung und dem Management des Product Backlogs und der Kommunikation mit dem Scrum Team hilfreich zur Seite. Zudem vermittelt der Scrum Master Beschäftigten außerhalb des Scrum Teams, wie sie mit dem Scrum Team am sinnvollsten interagieren können, um die Produktivität des Scrum Teams zu steigern (Schwaber und Sutherland 2017, S. 7 f.)

2.) *Product Owner (Mesoebene)*

Der Product Owner (PO) ist die kommunikative Schnittstelle zwischen dem Scrum-Team, den Auftraggebern und dem Unternehmen bzw. allen, die sich für die Arbeit des Scrum Teams interessieren (Stakeholder). Die Kernaufgabe des PO besteht darin, sich mit den Auftraggebern über das gewünschte Produkt auszutauschen und einen Anforderungskatalog, das Product Backlog, für die Produktentwicklung zu erstellen. Anforderungen werden in Form von User Stories gelistet, die der PO entwickelt, und dem Scrum Team präsentiert. Als Repräsentant*in der Auftraggeber*innenperspektive ist der PO der

Alleinverantwortliche für das Product Backlog und entscheidet darüber, ob weitere Anforderungen aufgenommen oder fallen gelassen werden. Auch ist der PO die Instanz, die während des Sprints den Verlauf beeinflussen kann oder am Ende die potenziell auslieferbaren Produktinkremente annimmt oder ablehnt, wenn sie nicht dem Product Backlog entsprechen. Daneben muss der PO auch die finanziellen Aspekte verwalten und Key Performance Indicators (KPIs) wie ROI (Return on Investment) im Blick haben (McKenna 2016, S. 39; Schwaber und Sutherland 2017, S. 6).

3.) *Scrum Team (Mikroebene)*

Das Scrum Team ist ein sog. cross-funktionales Entwicklungsteam, das sich und seine Arbeit selbst organisiert. Die Teammitglieder haben keine definierten Rollen, sondern alle müssen in jedem Sprint in der Lage sein, Software zu schreiben, zu testen, zu dokumentieren und auszuliefern. Das Team entscheidet zusammen, welche Items aus dem Product Backlog in einem Sprint verwirklicht und in den Sprint Backlog aufgenommen werden sollen (Sprint Planning & Sprint Goal). Während des Sprints arbeitet das Team autark, nur beim Daily Scrum, was zur gemeinsamen Überprüfung und Versicherung des Entwicklungsfortschritts dient, sind der Scrum Master und optional auch der PO anwesend. Am Ende des Sprints präsentieren die Teammitglieder dem PO und den Stakeholdern ihr potenziell auslieferbares Produktinkrement (Sprint Review), dass dann abgenommen wird oder nicht. Am Ende nimmt das Team unter Anwesenheit des Scrum Masters eine Sprint Retrospective vor, die der Analyse des abgeschlossenen Sprints dient (Lessons Learned and How to Improve) und auf eine Verbesserung des nächsten Sprintverlaufs abzielt (McKenna 2016, S. 42; Schwaber und Sutherland 2017, S. 7).

Das Prinzip der Transparenz kann als Querschnittsaufgabe verstanden werden, für die alle Rollen gleichermaßen die Verantwortung tragen. Allerdings bedeutet die Umsetzung von Transparenz auf jeder Prozessebene und für jede Rolle etwas anderes:

> „All of the team's success and failure is out in the open for all to see. The team is operating in a transparent manner and sharing information; the product owner is also being transparent and sharing. The Scrum Master posts all relevant team information on information radiators so that stakeholders can easily find out how the Sprint is progressing. […] Instead of hiding information, a Scrum team broadcasts everything about what they are up to." (McKenna 2016, S. 36)

12.4   Entwurf des ICU-Rollenmodells

Das im Forschungsprojekt ICU entwickelte Rollenmodell orientiert sich im Kern an der Rollenaufteilung und -gestaltung von Scrum, enthält darüber hinaus aber noch weitere Akteure. Es beschreibt die Aufteilung der Zuständigkeiten für die unterschiedlichen Prozessebenen sowie Prozessabschnitte und den damit einhergehenden Steuerungsaktivitäten. Zudem gibt es an, welche Unterstützungstätigkeiten aus anderen Unternehmensbereichen, in Anlehnung an Porters Prozessmodell (Porter 1985) hier als Sekundäreinheiten bezeichnet, zusätzlich benötigt werden.

Primäre Rollen

In ICU wurden drei Rollen identifiziert, die unabdingbar für die erfolgreiche Umsetzung von IC sind: 1) Crowd Master, 2) Kampagnen Master und 3) Crowd-Technology Manager.[4] Zusammen bilden sie das sog. Crowd Team, das die Anlaufstelle für das Thema im Unternehmen darstellt und zusammen die Verantwortung für den gesamten Prozess trägt. Konkret erfüllen die drei Rollen folgende Aufgaben:

1.) *Crowd Master (Makro-/Mesoebene)*

In Absprache mit dem Vorstand bzw. der oberen Führungsebene und der Arbeitnehmervertretung ist der Crowd Master (CM) für die allgemeine Ausrichtung sowie die Zielumsetzung von IC im Unternehmen verantwortlich. Der CM sorgt dafür, dass die aufgestellten Rahmenbedingungen eingehalten und die Integrität und Qualität des Prozesses gewährleistet (Prozessmonitoring) werden. Die Idee von IC wird vom CM im Unternehmen promotet, um ein Bewusstsein für die Nutzungsmöglichkeiten und den Aufbau bzw. Ablauf von IC-Kampagnen zu schaffen, z. B. durch unvermittelte Ansprachen, Workshops oder Informationsinitiativen, und IC als alltägliche Arbeitsroutine zu etablieren (Botschafterfunktion). Als IC-Repräsentant*in vernetzt sich der CM proaktiv mit den Fachabteilungen und wichtigen Key Playern und baut so Prozessallianzen und Verbindlichkeiten auf,

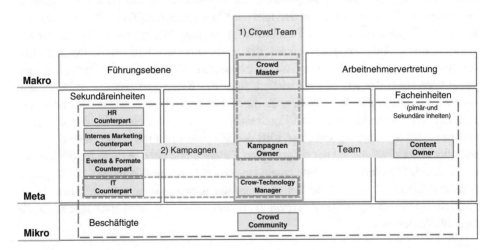

Abb. 12.2   ICU-Rollenmodell. (Eigene Darstellung)

---

[4] In Abb. 12.2 wird durch die gestrichelte grüne Linie deutlich gemacht, dass je nach vorhandenen Ressourcen im Unternehmen sowohl der Crowd Master und der Kampagnen Owner sowie der CT-Manager und der IT Counterpart eine Personalunion eingehen können.

z. B. in Form von Content Ownership (Prozesskomponente: Sondierungsgespräche) oder Multiplikatoren. Bei der Entwicklung und Durchführung von Kampagnen sowie bei der Sichtung der Kampagnenergebnisse steht der CM dem Kampagnen Owner als Sparringpartner zur Seite. Dabei ist die Frage nach der Inzentivierung der Mitarbeiter*innen entscheidend. Der CM trägt die gängigen Inzentivierungsmechanismen im Unternehmen zu einer Art Katalog zusammen bzw. entwickelt das Anreizsystem weiter. Um die Unterstützung im Unternehmen, vor allem das Commitment des Vorstands/oberen Führungsebene für IC zu sichern, muss der CM den Erfolg und Fortschritt anhand von aussagekräftigen Kennzahlen (z. B. Anzahl der Anmeldungen auf der Plattform, Anzahl der Kampagnenteilnehmer*innen, Zufriedenheit der Content Owner etc.) in regelmäßigen Reports dokumentieren.

2.) *Kampagnen Owner (Meso-/Mikroebene)*

Der Kampagnen Owner (KO) ist der Dreh- und Angelpunkt auf der operativen Ebene und verantwortlich für die Entwicklung sowie Umsetzung von IC-Kampagnen. Für die Zieldefinition, Verwertungsintention und inhaltliche Gestaltung der Kampagne arbeitet der KO mit dem Content Owner zusammen. Auf dem gemeinsamen Austausch aufbauend entwirft der KO das Aufgabendesign (Auswahl der Aufgabentypen, Aufgabenformulierung mit Hintergrundinformationen, Auswahlkriterien) und wählt die passenden Beteiligungsanreize aus dem vom CM erstellten Inzentivierungskatalog für die spezielle Kampagne aus. Hinsichtlich der Planung der Kampagnenkommunikation spricht sich der KO mit den Sekundäreinheiten ab und integriert alle Aktivitäten zu einem übergeordneten Kampagnenzeitplan. Den Kampagnenzeitplan teilt der KO im gesamten Team, damit der Ablauf für die Beteiligten transparent ist. Den Crowd-Technology Manager (CTM) brieft der KO in Bezug auf das Aufgabendesign, so dass dieser die Kampagne technisch aufsetzten kann, und liefert dem CTM die Texte der Aufgabenbeschreibung. Während der Durchführungsphase koordiniert der KO alle Aktivitäten, führt das Kampagnenmonitoring durch und steht im Austausch mit der Crowd, z. B. durch Moderation auf der Plattform oder dem Beantworten von Anfragen (Crowd/Community Management). Nachdem die aktive Arbeitsphase für die Crowd beendet ist, trifft der KO zusammen mit dem CM eine Vorauswahl der Ergebnisse anhand der aufgestellten Kriterien und bereitet diese für die Evaluation durch den Content Owner und einem ausgesuchten Auswahlkomitee auf. Nach dem Beschluss honoriert der KO die Bemühungen der Kampagnenteilnehmer*innen (Feedback, Award Ceremony etc.) und bereitet die Kampagnenergebnisse für die abschließende Kommunikation vor.

3.) *Crowd-Technology Manager (Meso-/Mikroebene)*

Der Crowd-Technology Manager (CTM) ist unter Anleitung des Kampagnen Owners für die technische Umsetzung der Kampagne zuständig und konfiguriert den IT Prozess der Kampagne. Anhand des Aufgabendesigns erstellt der CTM ein IT Template, in das der

CTM die vom KO gelieferten Textbausteine zur Aufgabenbeschreibung und später zur Ergebnisveröffentlichung einspeist. Entsprechend den im Kampagnenzeitplan vorgesehenen Events verwaltet der CTM die Kommunikation auf der Crowdsourcing Plattform, d. h. der CTM schaltet die Kampagnen live, also die unterschiedlichen Arbeitsphasen (erst Crowdvoting, dann Crowdstorming etc.), und veröffentlicht Mitteilungen (Content Management). Der CTM sorgt für eine reibungslose User Xperience und kümmert sich darum, dass die Plattform fehlerfrei läuft und erreichbar ist (kontinuierliches Bug Fixing). Bei technischen Problemen mit der Plattform oder Kampagnen stellt der CTM den Anwender-Support.

Sekundäre Rollen
Wie in der Rollenbeschreibung des KO erwähnt, bedarf es für die Planung und Durchführung von Kampagnen die Unterstützung von Beschäftigten aus anderen Abteilungen des Unternehmens, die den sog. Sekundäreinheiten angehören. Um die Zusammenarbeit zu koordinieren wird ein sog. Kampagnen Team gebildet, das zusätzlich zum Kampagnen Owner und dem Crowd-Technology Manager aus dem Content Owner, den einzelne Repräsentanten*innen der Sekundäreinheiten (Sekundäre Counterparts) und den Beschäftigten in der Crowd besteht.

4.) *Content Owner (CO)*

Der Content Owner (CO) hat die fachliche Expertise für das Kampagnenthema und ist in der Facheinheit der/die Ansprechpartner*in für den KO bei der inhaltlichen Kampagnenkonzeption. Ziel und Zweck der Kampagne wird vom CO so definiert, dass die Fachabteilung anschließend mit den gewonnenen Ergebnissen weiterarbeiten kann. Der CO kann, muss aber nicht identisch mit der Person sein, die den Themenvorschlag beim Crowd Team eingereicht hat. Grundsätzlich können alle Beschäftigte Themen vorschlagen, für die sie Ownership übernehmen können, aber nicht müssen. Wenn kein Ownership besteht, müssen der CM und der KO im Unternehmen eine geeignete Facheinheit anfragen, das Ownership zu übernehmen und einen CO zu stellen. Bei der Evaluation der Ergebnisse ist der CO Teil des Auswahlkomitees.

5.) *Sekundäre Counterparts (SC)*

Der KO sucht die Unterstützung für die Planung und Durchführung von Kampagnen bei den entsprechenden Experten im Unternehmen. Bei der Entwicklung der Kampagnenkommunikation wendet sich der KO daher z. B. mit einem Entwurf an das interne Marketing bzw. die Stelle für Mitarbeiterkommunikation, mit denen diese ausgereift wird (Internes Marketing Counterpart). Für die Durchführung von Offline-Formaten des Community Managements zur Begleitung der IC-Kampagnen wendet sich der KO für Unterstützung beispielsweise an die Abteilung, die interne Events und partizipative Formate durchführt (Events & Formate Counterpart). Für Weiterbildungsformate oder –initiativen im Zusammenhang mit Kampagnen arbeitet der KO mit der Personalabteilung zusammen (HR Counterpart). Auch der Crowd-Technology Manager steht in regem Kontakt mit der IT Abteilung, um die Plattform konform mit den Richtlinien der IT-Architektur des Unternehmens auszusteuern (IT Counterpart). In welchen Unternehmensbereichen die benötigten Ansprechpartner*innen sitzen, ist von der Struktur des jeweiligen Unternehmens abhängig.

6.) *Crowd*

Die Crowd wird hier zwar dem Kampagnen Team zugeordnet, doch ist sie kein konventionelles Teammitglied so wie die eben dargestellten, sondern die Bedingung dafür, dass Kampagnen durchgeführt werden können. Es ist die Rolle, die die in der Kampagne gestellten Aufgaben bearbeitet und Ergebnisse hervor bringt. Da die Crowd nur während der Kampagne aktiv in Erscheinung treten kann und dort ein gegenseitiger Austausch mit konventionellen Teammitgliedern und der Crowd entsteht, ist sie eine Komponente im Kampagnen Team.

Tertiäre Rollen

Der Erfolg von IC hängt im Wesentlichen vom Commitment des 7) Vorstands/der Führungsebene und der Unterstützung der 8) Arbeitnehmervertretung ab. Gemeinsam mit dem CM müssen diese zwei Stakeholdergruppen die Rahmenbedingungen für IC im Unternehmen aushandeln und festlegen sowie deutlich vertreten, dass sie hinter dem Prozess und seiner Zielsetzung stehen.

12.5   Fazit

Das hier vorgestellte ICU- Rollenmodell soll Unternehmen als Hilfestellung dienen, die an der Einführung von IC interessiert sind. Es gibt an, wie man planen muss, wenn IC erfolgreich implementiert werden soll. Die angeführte Aufteilung der Rollen ist eine idealtypische und lässt sich entsprechend der Gegebenheiten und vorhandenen Ressourcen im Unternehmen beliebig skalieren. Das heißt, dass einige der beschriebenen Rollen entsprechend des Arbeitsaufkommens in Personalunion ausgeführt werden können, wie z. B. der Crowd Master und der Kampagnen Owner oder der Crowd-Technology Manager und der IT Counterpart.

Das Rollenmodell ist Teil eines übergeordneten IC-Systems, dem sog. ICU-Modell, das sich in erster Linie an Unternehmen richtet, die eine stärkere Orientierung bei ihrem individuellen Transformationsprozess brauchen und interessiert daran sind, über niedrigschwellige, digitale Prozesse intern vorhandenes Wissen und Kompetenzen ihrer Beschäftigten zu mobilisieren, schneller zu vernetzen und produktiv für ihre Geschäftsprozesse nutzbar zu machen.

Gleichzeitig soll damit aber auch ein Weg aufgezeigt werden, wie durch die Anwendung von IC die Beteiligung von Mitarbeiter*innen in Unternehmen erhöht werden und ein direkterer Wissensaustausch über Abteilungsgrenzen hinweg sowie zwischen Führungsebene und operativer Ebene entstehen kann.

Literatur

Brabham, D. C. (2008). Crowdsourcing as a model for problem solving: An introduction and cases. *Convergence, 14*(1), 75–90. https://doi.org/10.1177/1354856507084420.

Chiu, C.-M., Liang, T.-P., & Turban, E. (2014). What can crowdsourcing do for decision support? *Decision Support Systems, 65*, 40–49. https://doi.org/10.1016/j.dss.2014.05.010.

Cullina, E., Conboy, K., & Morgan, L. (2016). Choosing the Right Crowd: An iterative process for crowd specification in crowdsourcing initiatives. In *2016 49th Hawaii international conference on system sciences (HICSS), 05.01.2016–08.01.2016* (S. 4355–4364). Koloa: IEEE.

Erickson, L. B., Petrick, I., & Trauth, E. M. (2012). Hanging with the right crowd: Matching crowdsourcing need to crowd characteristics. Hrsg. v. *Proceedings of the eighteenth Americas conference on information systems*, Seattle, Washington, August 9–12, 2012.

Feng, Y., Ye, J., Hua, Yu, Y., Yang, C., & Cui, T. (2018). Gamification artifacts and crowdsourcing participation: Examining the mediating role of intrinsic motivations. *Computers in Human Behavior, 81*, 124–136. https://doi.org/10.1016/j.chb.2017.12.018.

Gassmann, O., Friesike, S., & Häuselmann, C. (2013). Crowdsourcing: Eine kurze Einführung. In O. Gassmann (Hrsg.), *Crowdsourcing. Innovationsmanagement mit Schwarmintelligenz; Interaktiv Ideen finden; Kollektives Wissen effektiv nutzen; mit Fallbeispielen und Checklisten* (2. Aufl., [elektronische Ressource]. Aufl., S. 1–21). München: Hanser.

Gassmann, O., Friesike, S., & Daiber, M. (2017). Crowdsourcing Methode und Prozess. In H. Pechlaner & X.-I. Poppe (Hrsg.), *Crowd entrepreneurship* (S. 23–39). Wiesbaden: Springer Fachmedien Wiesbaden.

Geiger, D., Seedorf, S., Schulze, T., Nickerson, R. C., & Schader, M. (2011). Managing the crowd: Towards a taxonomy of crowdsourcing processes. Hrsg. v. *Seventeenth Americas conference on information systems*, Detroit, Michigan, August 4th–7th 2011. http://aisel.aisnet.org/amcis2011_submissions/430. Zugegriffen am 20.12.2017.

Geiger, D., & Schader, M. (2014). Personalized task recommendation in crowdsourcing information systems – Current state of the art. *Decision Support Systems, 65*, 3–16. https://doi.org/10.1016/j.dss.2014.05.007.

Goll, J., & Hommel, D. (2015). *Mit Scrum zum gewünschten System*. Wiesbaden: Springer Vieweg.

Jaafar, N., & Dahanayake, A. (2015). Software architecture for collaborative crowd-storming applications. In T. Morzy, P. Valduriez & L. Bellatreche (Hrsg.), *New trends in databases and information systems. 19th East-European conference on advances in databases and information systmes; ADBIS 2015 short papers and workshops BigDap, DCSA, GID, MEBIS, OAIS, SW4CH, WISARD, Poitiers, France, September 8–11, 2015; proceedings* (Communications in computer and information science, Bd. 539, S. 268–278). Cham: Springer.

Leimeister, J. M., & Zogaj, S. (2013). Neue Arbeitsorganisation durch Crowdsourcing. Eine Literaturstudie. Hg. v. Hans-Böckler-Stiftung (Arbeitspapier Nr. 287).

Leimeister, J. M., Huber, M., Bretschneider, U., & Krcmar, H. (2009). Leveraging crowdsourcing. Activation-supporting components for IT-based ideas competition. *Journal of Management Information Systems, 26*(1), 197–224. https://doi.org/10.2753/MIS0742-1222260108.

Machine, D., & Ophoff, J. (2014). Understanding what motivates participation on crowdsourcing plat-forms In *Proceedings of the e-Skills for knowledge production and innovation conference 2014, Cape Town, South Africa*. http://proceedings.e-skillsconference.org/2014/e-skills191-200Machine820.pdf. Zugegriffen am 11.10.2019.

Maximini, D. (2018). *The scrum culture. Introducing Agile methods in organizations*, 2nd Aufl. Cham: Springer International Publishing (Management for Professionals). https://doi.org/10.1007/978-3-319-73842-0.

McKenna, D. (2016). *The Art of Scrum*. Berkeley: Apress.

Pedersen, J., Kocsis, D., Tripathi, A., Tarrell, A., Weerakoon, A., Tahmasbi, N., et al. (2013). Conceptual Foundations of Crowdsourcing: A Review of IS Research. In *2013 46th Hawaii international conference on system sciences (HICSS), 07.01.2013–10.01.2013* (S. 579–588). Wailea: IEEE.

Pohlisch, J. (2019). Bericht – Innovationsaktivitäten Deutscher Unternehmen. Berlin: Technische Universität Berlin, Fachgebiet Innovation Economics. https://tubcloud.tu-berlin.de/s/2m2BzwNyR3T9s8a#pdfviewer. Zugegriffen am 10.10.2019.

Porter, M. E. (1985). Competitive advantage. Creating and sustaining superior performance. New York: Free Press.

Schwaber, K., & Sutherland, J. (2017). The scrum guide. https://www.scrumguides.org/docs/scrum-guide/v2017/2017-Scrum-Guide-German.pdf. Zugegriffen am 10.10.2019.

Spindeldreher, K., & Schlagwein, D. (2016). What drives the crowd? A meta analysis of the motivation of participants in crowdsourcing. In *Pacifica Asia Conference on Information Systems (PACIS)*. https://pdfs.semanticscholar.org/6b02/8e8308596634d5742f820d1f49e9bb5a1a2e.pdf. Zugegriffen am 12.10.2019.

Thuan, N. H., Antunes, P., & Johnstone, D. (2017). A process model for establishing business process crowdsourcing. *Australasian Journal of Information Systems* , 21. https://journal.acs.org.au/index.php/ajis/article/view/1392/782. Zugegriffen am 10.10.2019.

Thuan, N. H. (2019). Business process crowdsourcing. Concept, ontology and decision support. Cham: Springer International Publishing (Progress in IS).

Zhao, Y. C., & Zhu, Q. (2014). Effects of extrinsic and intrinsic motivation on participation in crowdsourcing contest. *Online Information Review, 38* (7), 896–917. https://doi.org/10.1108/OIR-08-2014-0188.

Zogaj, S., Leicht, N., Blohm, I., Bretschneider, U., & Leimeister, J. M. (2015). Towards successful crowdsourcing projects: Evaluating the implementation of governance mechanisms. In *Thirty sixth international conference on information systems*, Fort Worth.

Zogaj, S., Bretschneider, U., & Leimeister, J. M. (2014). Managing crowdsourced software testing: A case study based insight on the challenges of a crowdsourcing intermediary. *Journal of Business Economics, 84*(3), 375–405. https://doi.org/10.1007/s11573-014-0721-9.

Zuchowski, O., Posegga, O., Schlagwein, D., & Fischbach, K. (2016). Internal crowdsourcing. Conceptual framework, structured review, and research agenda. *Journal of Information Technology, 31*(2), 166–184. https://doi.org/10.1057/jit.2016.14.

Open Access Dieses Kapitel wird unter der Creative Commons Namensnennung 4.0 International Lizenz (http://creativecommons.org/licenses/by/4.0/deed.de) veröffentlicht, welche die Nutzung, Vervielfältigung, Bearbeitung, Verbreitung und Wiedergabe in jeglichem Medium und Format erlaubt, sofern Sie den/die ursprünglichen Autor(en) und die Quelle ordnungsgemäß nennen, einen Link zur Creative Commons Lizenz beifügen und angeben, ob Änderungen vorgenommen wurden.

Die in diesem Kapitel enthaltenen Bilder und sonstiges Drittmaterial unterliegen ebenfalls der genannten Creative Commons Lizenz, sofern sich aus der Abbildungslegende nichts anderes ergibt. Sofern das betreffende Material nicht unter der genannten Creative Commons Lizenz steht und die betreffende Handlung nicht nach gesetzlichen Vorschriften erlaubt ist, ist für die oben aufgeführten Weiterverwendungen des Materials die Einwilligung des jeweiligen Rechteinhabers einzuholen.

Interne Crowd Work als Baustein einer Empowerment-orientierten Arbeitsorganisation

Benedikt Simmert, Karen Eilers, Christoph Peters und Jan Marco Leimeister

Zusammenfassung

Interne Crowd Work gewinnt im Hinblick auf eine agilitätsfördernde Arbeitsorganisation immer mehr an Bedeutung. Das Empowerment der Mitarbeitenden kann dabei als ein zentraler Erfolgsfaktor angesehen werden. Um das Empowerment in interner Crowd Work zielgerichtet zu untersuchen und die Wahrnehmung aus Sicht der Mitarbeitenden sowie die Effekte auf Ebene der Gesamtorganisation zu verstehen und beschreiben zu können, analysieren wir die interne Crowd Work mit Hilfe einer literaturbasierten erweiterten Wirtschaftlichkeitsbetrachtung sowie empirisch anhand von sechs Fallstudien. Auf organisationaler Ebene stehen im Ergebnis dabei insbesondere die Themen Organisationskultur, abteilungsübergreifende Zusammenarbeit und die Gestaltung von Aufgaben und Projekten im Fokus. Auf individueller Ebene können vornehmlich die selbstbestimmte Wahl von Arbeitsaufgaben inkl. selbstorganisierter Arbeitsprozesse sowie neue Führungsansätze als wesentliche Stellschrauben identifiziert werden.

Der vorliegende Artikel basiert auf den Veröffentlichungen der Universität Kassel im Rahmen des Projektes „EdA". Dies sind u. a. Durward et al. (2019a, b) und Simmert et al. (2019).
Außerdem danken wir unserer studentischen Hilfskraft Marie-Therese Reinhard, die uns bei der Erstellung dieses Beitrags unterstützt hat.

B. Simmert (✉) · K. Eilers · C. Peters · J. M. Leimeister
Wissenschaftliches Zentrum für Informationstechnik-Gestaltung (ITeG), Universität Kassel, Kassel, Deutschland
E-Mail: benedikt.simmert@uni-kassel.de; karen.eilers@uni-kassel.de; christoph.peters@uni-kassel.de; leimeister@uni-kassel.de

© Der/die Herausgeber bzw. der/die Autor(en) 2020
M. Daum et al. (Hrsg.), *Gestaltung vernetzt-flexibler Arbeit*,
https://doi.org/10.1007/978-3-662-61560-7_13

13.1   Einleitung

Die fortschreitende Digitalisierung verursacht tiefgreifende Veränderungen von Arbeitsstrukturen und setzt die Wertschöpfung der Unternehmen in dynamische Umweltkontexte
(Sirmon et al. 2007). Als Konsequenz entstehen neue Arbeitsorganisationsformen (Brynjolfsson und McAfee 2014) zu denen sich Crowd Work zählen lässt. Bei Crowd Work
handelt es sich um eine digitale Erwerbstätigkeit, die das Prinzip des Crowdsourcing verfolgt. Eine undefinierte Masse von Menschen, welche als die Crowd bezeichnet wird, bearbeitet in dieser Arbeitsform Aufgaben, die über einen offenen Aufruf auf IT-basierten
Plattformen vergeben werden. Als Gegenleistung werden die sogenannten Crowd Worker*innen finanziell vergütet (Durward et al. 2016). Der offene Aufruf ermöglicht es Unternehmen schnell und gezielt auf ein großes Reservoir an Arbeitskräften zurückgreifen zu
können. Informationen, Ideen und Lösungen können so mit geringem Aufwand aggregiert
und im Leistungserstellungsprozess integriert werden (Leimeister et al. 2015). Die Arbeitsform „stellt eine neue Wertschöpfungsform dar, welche sich die Weisheit und Leistungsfähigkeit der Massen versucht zu Nutze zu machen" (Leimeister 2012). Crowd Work
lässt sich nach externer und interner Crowd Work differenzieren. Bei externer Crowd
Work werden Aufgaben durch einen öffentlichen Aufruf via Internet an eine Masse von
Menschen außerhalb der Organisation ausgelagert (Durward et al. 2016). Sind die Crowd
Worker*innen bereits im Unternehmen beschäftigt und bearbeiten Aufgaben und Projekte
über eine interne IT-basierte Plattform für das eigene Unternehmen bzw. sammeln für
dieses Unternehmen Ideen, spricht man von interner Crowd Work. Dabei werden die
Crowd Worker*innen indirekt über den regulären Arbeitsvertrag vergütet (Durward et al.
2016). Durch interne Crowd Work eröffnet sich für ein Unternehmen die Chance, sowohl
die Intelligenz als auch Fähigkeiten und Erfahrungen der Masse an heterogenen Mitarbeitenden innerhalb der eigenen Organisation besser ausschöpfen zu können (Hammon und
Hippner 2012; Blohm et al. 2014).

Die Arbeitsform der internen Crowd Work gewinnt immer mehr an Bedeutung und
wird bereits bei einigen bekannten Unternehmen, wie Google, Deloitte oder IBM einge-
setzt, um auf Probleme unterschiedlichster Art, durch Crowd Intelligence-Ansätze,
Software-Tests oder Design Aktivitäten, reagieren zu können (Zuchowski et al. 2016;
Durward et al. 2019b). Dabei versprechen sich die Unternehmen von dem Einsatz interner
Crowd Work insgesamt agiler zu werden (Durward et al. 2019b). Um agil, flexibel, inno-
vativ und wettbewerbsfähig zu sein, sehen vom Brocke et al. (2018) ein systematisches
Empowerment der Mitarbeitenden als einen zentralen Erfolgsfaktor in digitalen Arbeits-
formen wie interner Crowd Work. Dabei steht das Empowerment der Mitarbeitenden hin-
sichtlich einer effektiven und effizienten Erreichung organisatorischer Ziele im Fokus
(Elmes et al. 2005).

Trotz der steigenden Bedeutung von interner Crowd Work ist die Zahl der Studien, die
einen Einblick in die Wahrnehmung und Erfahrungen der Mitarbeitenden hinsichtlich interner Crowd Work geben, als gering einzustufen (Deng und Joshi 2016; Deng et al. 2016).

Darüber hinaus liegt über die Auswirkung von interner Crowd Work im Hinblick auf die Gesamt-Organisation wenig Forschungsmaterial vor (Durward et al. 2019b). Erste Untersuchungen zeigen jedoch, dass interne Crowd Work als ein Instrument genutzt werden kann um die Mitarbeitenden zu empowern und die persönliche Weiterentwicklung und Entfaltung der Mitarbeitenden zu fördern (Durward et al. 2019a, b).

Um das Empowerment in interner Crowd Work systematisch zu analysieren und die Wahrnehmung interner Crowd Work aus Sicht der Mitarbeitenden sowie die Effekte auf Ebene der Gesamtorganisation zu verstehen, haben wir sowohl in unserem Forschungsdesign im Teilprojekt der Universität Kassel im Rahmen des seitens des Bundesministeriums für Bildung und Forschung (BMBF) und des vom Europäischen Sozialfonds (ESF) geförderten Projektes „Empowerment in der digitalen Arbeitswelt (EdA) als auch im vorliegenden Beitrag ein dreigliedriges Vorgehen gewählt. Zur Schaffung eines gemeinsamen Verständnisses adressieren wir zunächst in einer Einführung in den theoretischen Hintergrund die Grundlagen, Definitionen und Mechanismen von interner Crowd Work und Empowerment. Auf Basis einer Fokusanalyse zeigen wir mit Hilfe einer erweiterten Wirtschaftlichkeitsbetrachtung (Reichwald et al. 1998) die Auswirkungen interner Crowd Work auf die Arbeitsorganisation auf. Die erweiterte Wirtschaftlichkeitsbetrachtung ermöglicht dabei eine systematische Analyse von interner Crowd Work über verschiedene Ebenen und Dimensionen der Arbeitsorganisation innerhalb der Arbeitsform interne Crowd Work hinweg. Darauf aufbauend untersuchen wir die Arbeitsorganisation und das Empowerment der Mitarbeitenden in internen Crowd Work Settings anhand von sechs heterogenen Case Studies. Auf organisationaler Ebene stehen im Ergebnis dabei insbesondere die Themen Organisationskultur, Führungsstrukturen, abteilungsübergreifende Zusammenarbeit und die Gestaltung von Aufgaben und Projekten im Vordergrund. Auf individueller Ebene können vornehmlich die selbstbestimmte Wahl von Arbeitsaufgaben inkl. der selbstorganisierten Arbeitsprozesse zur Zielerreichung, Anforderungen an Führungsstrukturen sowie Kapazitäts- und Priorisierungsthematiken zwischen der Tätigkeit in der internen Crowd und der Routinetätigkeit als wesentliche Stellschrauben des Empowerments identifiziert werden.

13.2   Einführung in die theoretischen Grundlagen

13.2.1 Interne Crowd Work

Interne Crowd Work bietet den Mitarbeitenden die Möglichkeit zusätzliche bzw. ergänzende Arbeitsaufgaben neben ihrer täglichen Arbeit zu erledigen (Zuchowski et al. 2016). Die Arbeitsform der internen Crowd Work schließt jedoch nicht aus, dass die IT-Plattform auch für externe Crowd Worker*innen oder andere Stakeholder geöffnet werden kann, sodass hybride Formen entstehen können.

In der bestehenden Literatur wird interne Crowd Work durch vier Merkmale beschrieben (Durward et al. 2016):

1. Ein offener Aufruf innerhalb einer Organisation führt dazu, dass digitale Güter erstellt werden.
2. In einem Selbstselektionsprozess entscheiden Mitarbeitende freiwillig über ihre Teilnahme an einer Aufgabe.
3. Die Wertschöpfung erfolgt zu großen Teilen über eine IT-basierte Plattform.
4. Zwischen Mitarbeitenden (interne Crowd Worker*innen) und Unternehmen (Crowdsourcer*in) besteht ein Arbeitsvertrag.

Der Mehrwert interner Crowd Work ist sehr vielfältig. Eine interne Crowd kann aus Beschäftigten aus unterschiedlichsten Hierarchie- und Funktionsebenen einer Organisation zusammengesetzt sein (Villarroel und Reis 2010). Dies ermöglicht es, Wissen und Informationen diverser Organisationseinheiten, wie Abteilungen oder Betriebsstätten im In- und Ausland, zu nutzen und zusammenzuführen (Benbya und van Alstyne 2011). In diesem Zusammenhang wird angenommen, dass die Mitarbeitenden des Unternehmens über deutlich mehr Expertise – den Markt und die Kunden betreffend – verfügen, als von der Managementebene vermutet. Dieses Wissenspotenzial kann als wesentlich für die Wettbewerbsfähigkeit eines Unternehmens angesehen werden (Prpić et al. 2015; Hammon und Hippner 2012).

Ein weiteres Ziel der Unternehmen ist eine Steigerung der Wirtschaftlichkeit durch interne Crowd Work indem sich Mitarbeitende mit innovativen und kreativen Ideen engagieren, z. B. wenn es um die Verbesserung von Arbeits- und Produktionsprozessen geht (Elerud-Tryde und Hooge 2014; Erickson et al. 2012).

Die Entwicklung von neuen Problemlösungsansätze und innovativen Ideen, können darüber hinaus dazu führen, dass die gesamte Unternehmenskultur von der Arbeitsform der internen Crowd Work profitiert (Byrén 2013). Hierbei kann die Effizienz und Transparenz innerhalb des Unternehmens vom Einsatz einer internen Crowd Work positiv beeinflusst werden (Bertot et al. 2010; Tapscott et al. 2007; Leimeister und Zogaj 2013). Darüber hinaus kann interne Crowd Work zu mehr Selbstbestimmung sowie einem gesteigerten Empowerment der Mitarbeitenden führen und damit einhergehend eine höhere Flexibilität bewirken, was Leimeister und Zogaj (2013) damit begründen, dass der/die interne Crowd Worker*in selbstbestimmt entscheiden kann, wann er/sie welche Aufgabe erledigt.

13.2.2 Empowerment in der betrieblichen Arbeitsorganisation

Empowerment hat in den letzten Jahren immer stärker an Bedeutung gewonnen. Um im heutigen Umfeld erfolgreich zu sein, benötigen Unternehmen das Wissen, die Ideen, Energie und Kreativität aller Hierarchiestufen im Unternehmen. Unternehmen können dies erreichen, indem sie ihre Mitarbeitenden zur Steigerung ihrer Eigeninitiative befähigen. Ziel ist es, zu erreichen, dass die Mitarbeitenden den kollektiven Interessen des Unternehmens dienen (Spreitzer 2008).

Empowerment beschreibt nach (Elmes et al. 2005) „any increase in worker power (through, for example, increased formal authority or greater access to more useful information) that enables workers (and, collectively, the organization) to achieve institutional objectives with greater efficiency and effectiveness." Auf Basis des Job-Characteristics-Model (Hackman und Oldham 1974, 1975) und der Theorie der Selbstwirksamkeitserwartung (Bandura 1977) entwickelten sich im Laufe der Jahre zwei Konzeptualisierungen von Empowerment: das strukturelle sowie das psychologische Empowerment (Menon 2001; Spreitzer 1995).

Während manche Forscher eine Verschmelzung beider Konzepte vornehmen (Menon 2001) besteht jedoch ein zunehmender Trend, die beiden Konzepte getrennt voneinander zu betrachten (Maynard et al. 2012; Mills und Ungson 2003; Spreitzer 2008). Hierbei wird das strukturelle Empowerment häufig als Voraussetzung des psychologischen Empowerments gesehen (vgl. Seibert et al. 2011). Diesem Ansatz folgt auch das Teilvorhaben der Universität Kassel. Auf Basis dessen führen die folgenden Absätze dieses Kapitels, ergänzend zu den methodischen Grundlagen des Empowerments in den weiteren Beiträgen des Projektes „Empowerment in der digitalen Arbeitswelt (EdA)", die Grundlagen des strukturellen und psychologischen Empowerments aus.

Das strukturelle Empowerment hat seinen Ursprung in der Erforschung von Arbeitsdesigns und Arbeitscharakteristika, welcher auch das Job-Characteristics-Model (Hackman und Oldham 1974, 1975) zuzuordnen ist. Kanter (1977 zitiert in Maynard et al. 2012) bezieht strukturelles Empowerment auf die Übergabe von Verantwortung und Autorität von höheren zu niedrigeren Hierarchieebenen durch entsprechende organisationale Beschaffenheiten. Zu diesen organisationalen Beschaffenheiten gehören bspw. die Facetten der Arbeit oder die Gestaltung von Teams und Regelungen (Kanter 1977 zitiert in Maynard et al. 2012).

Das psychologische Empowerment hat seinen Ursprung in Banduras (1977) Theorie der Selbstwirksamkeitserwartung und betrachtet die wahrgenommene Kontrolle von Individuen oder Teams hinsichtlich ihrer Arbeit (Conger und Kanugo 1988). So definieren Conger und Kanugo (1988), das psychologische Empowerment „[…] refers to a process whereby an individual's belief in his or her self-efficacy is enhanced". Aus Sicht des psychologischen Empowerments manifestiert sich Empowerment, über vier Dimensionen, die das Empfinden des Individuums hinsichtlich seiner Arbeitsrolle widerspiegeln. Hierbei handelt es sich um die Dimensionen Bedeutung, Kompetenz, Selbstbestimmung und Wirkung (Spreitzer 1995). Unter dem Aspekt Bedeutung gilt es den Wert und Zweck des jeweiligen Arbeitsziels von Mitarbeitenden in Bezug auf die eigenen Ideale oder Standards des Individuums zu hinterfragen (Spreitzer 1995; Thomas und Velthouse 1990). Bei der Dimension Kompetenz wird das Augenmerk auf das Selbstvertrauen des Individuums in Bezug auf den Glauben an die eigenen individuellen Fähigkeiten gelegt (Spreitzer 1995). Bei der dritten Dimension wird der Fokus auf die Beantwortung der Frage gelegt, inwieweit das Individuum das Gefühl hat, eine eigenständige Wahl bei der Einleitung und Regulierung von Handlungen treffen zu können. Hier steht also der Grad der Selbstbestimmung im Vordergrund (Deci et al. 2017). Unter dem Aspekt Wirkung wird beurteilt, in welchem Ausmaß Mitarbeitende in ihrem Arbeitskontext strategische, administrative und operative Ergebnisse beeinflussen können (Ashforth 1989).

Das Empowerment nimmt auch im Rahmen von interner Crowd Work eine wichtige Rolle ein. Mithilfe der ausgestalteten Strukturen kann das psychologische Empowerment gefördert werden und somit die unternehmerischen Ziele, welche durch die Arbeitsform der internen Crowd Work erreicht werden sollen, sichergestellt werden (Durward et al. 2019a, b).

13.3 Auswirkungen von interner Crowd Work auf die betriebliche Arbeitsorganisation

Bei der vorliegenden Arbeit wird im Rahmen der strukturierten Aufarbeitung von interner Crowd Work vor dem Hintergrund der betrieblichen Arbeitsorganisation auf das Vier-Ebenen-Modell der erweiterten Wirtschaftlichkeitsbetrachtung nach Reichwald, Höfer und Weichselbaumer (1996) zurückgegriffen. Die erweiterte Wirtschaftlichkeitsbetrachtung nach Reichwald, Möslein und Engelberger (1998) ermöglicht eine Betrachtung der Wirtschaftlichkeit einer Handlung auf verschiedenen Ebenen einer Organisation, um eine ganzheitliche Bewertung zu ermöglichen. Reichwald, Möslein und Engelberger (1998) begründen die Verwendung dieses Modells damit, dass herkömmliche Wirtschaftlichkeits-betrachtungen nicht umfassend genug seien. Derartigen Betrachtungen würden nur mone-täre und unmittelbar messbare Effekte auf Arbeitsplatzebene messen und in die Bewertung einbeziehen. Dem Rechnung tragend haben Reichwald, Möslein und Engelberger (1998) in ihre erweiterte Wirtschaftlichkeitsbetrachtung neben der Arbeitsplatzebene auch die Ebenen Leistungsprozess, Gesamtorganisation sowie Markt und Gesellschaft einbezogen. Sie gehen dabei davon aus, dass sich die Unternehmensstrategien bzgl. der einzelnen Ebe-nen gegenseitig beeinflussen (Reichwald et al. 1998). In Bezug auf die interne Crowd Work wird die Ebene der Gruppe sowie die des Individuums ergänzt und die gesellschaft-liche Ebene ausgeklammert. Auf diese Weise wird die interne Crowd Work im Hinblick auf die Ebenen Individuum, Gruppe, Arbeitsprozess und Organisation untersucht.

Nach Reichwald et al. (1998) umfasst die erweiterte Wirtschaftlichkeitsbetrachtung ne-ben den Kostenaspekten auf den verschiedenen Ebenen auch den qualitativen Nutzen einer Maßnahme. Daher betrachten sie als Wirkungskriterien zusätzlich die Kategorien Zeit, Qualität, Flexibilität und Humansituation. So entsteht eine 4*5 Matrix, die in der folgen-den Abb. 13.1 dargestellt ist und die Auswirkungen der Einführung von interner Crowd Work im Hinblick auf die betriebliche Arbeitsorganisation mit Hilfe einer umfangreichen Literaturanalyse untersucht. Dabei wird aufgezeigt, welche Veränderungen und Konse-quenzen sich für die verschiedenen Ebenen im Hinblick auf die genannten Kriterien ergeben.

Wie Abb. 13.1 entnommen werden kann wirkt sich der Einsatz interner Crowd Work auf alle Organisationsbereiche aus und bringt auf allen Organisationsebenen Chancen und Risiken mit sich. Die beiden folgenden Beispiele erläutern die Interpretation der Abb. 13.1.

	Kosten	Zeit	Qualität	Flexibilität	Humansituation
Indivi-duum	Schulungs- und Weiterbildungsbe-darf	Zusatzaufwand neben den alltägli-chen Arbeitsauf-gaben	Job-Enlargement und Job-Enrich-ment führen zur Erweiterung der bisherigen Tätig-keiten	Hohe Selbstbe-stimmung in der Bearbeitung von Aufgaben; Freiwillige Teil-nahme durch Selbstselektion	Gezielte interne Regelungen zur Gestaltung und Interaktion mit in-ternen und/oder externen Crowd Worker/-innen
Gruppe	Koordinations- und Führungsauf-wand	Abteilungs-/ Silo-übergreifende Zu-sammenarbeit nimmt zu	Empowerment durch erweitertes Aufgabenspekt-rum (insb. Bedeut-samkeit der Ar-beit)	Orts- und zeitun-abhängige Zu-sammenarbeit	Neue Führungs-kultur innerhalb der Organisation
Arbeits-prozess	Anpassung von Arbeitsprozessen; Neu-Definition von Schnittstellen zu existierenden Pro-zessen	Schnellere Aufga-benbearbeitung durch Zerlegung und Zusammen-führung in Teilauf-gaben	Klare Definition von Vorgaben zur Bearbeitung und Ergebniserwar-tung	Ergänzung inter-ner (Teil-) Pro-zesse um Crowd-basierte Arbeits-schritte	Höhere Komplexi-tät in bestehenden hierarchischen Strukturen; Neue Weisungs-befugnisse
Organi-sation	Einsatz und Be-trieb interner IT-Plattform; Anpassung beste-hender Wert-schöpfungsketten	Zeiteinsparung durch Arbeitstei-lung	Schwerpunkt auf Routinetätigkeit; Internes Wissen als Innovations-quelle	Bedarfsorientierter Zugriff auf interne Crowd; Agile Zusammen-arbeit der Be-schäftigten	Integration exter-ner Crowds: Zunahme des in-ternen Wettbe-werbs

Abb. 13.1 Auswirkungen interner Crowd Work aus einer übergreifenden organisationalen Per-spektive. (Quelle: Eigene Darstellung)

So ermöglicht bspw. die Einführung interner Crowd Work im Hinblick auf die Ebene Gruppe und das Kriterium Flexibilität eine ort- und zeitunabhängige Zusammenarbeit in Projektteams. Weiterhin besteht die Möglichkeit, dass sich auf der Ebene des Individuums und im Rahmen des Kriteriums Zeit für Mitarbeiter*innen ein möglicher Zusatzaufwand zur Routinetätigkeit ergeben kann.

Zu erwähnen ist an dieser Stelle, dass die Einführung und Nutzung von interner Crowd Work die größten Herausforderungen zumeist im Bereich der Humansituation nach sich ziehen. Durch komplexe Wechselbeziehungen der einzelnen Effekte interner Crowd Work in Organisationen zwischen den verschiedenen Organisationsebenen und Dimensionen ist es jedoch wichtig, die Effekte und deren Auswirkungen ganzheitlich aus verschiedenen Perspektiven zu betrachten.

Auf Basis dessen werden im Folgenden literaturbasiert speziell die Effekte interner Crowd Work im Bezug zur Humansituation fokussiert und beschrieben. Insbesondere wird in diesem Zusammenhang auf den Aspekt des Empowerments eingegangen, da die strukturelle Ausgestaltung der verschiedenen Ebenen im Rahmen einer arbeitsorganisati-onalen Betrachtung das psychologische Empowerment fördern und somit die Erreichung unternehmerischer Ziele unterstützen kann.

Im Zuge der fortschreitenden Digitalisierung nimmt der Mensch im modernen Arbeits-kontext eine neue Rolle ein. Die Auswirkungen auf der Ebene der Humansituation können sich für den Einzelnen durch den Einsatz von Crowd Work maßgeblich verändern.

Änderungen beziehen sich zum einen auf die im Unternehmen vorhandenen Vergütungs-strukturen, die durch den Einsatz von interner Crowd Work unter Umständen angepasst werden müssen. Zum anderen gilt es für die Unternehmen Zeitvorgaben, sowie das Ar-beitspensum in der internen Crowd zu definieren und dementsprechend Ressourcen und Kapazitäten im Unternehmen neu zu allokieren. Insbesondere auf diese Punkte bezogen sind zentrale Fragen der Mitbestimmung durch die Arbeitnehmervertretung zu klären. Zu-dem ist es essenziell die Möglichkeiten der Mitsprache durch die Crowd Worker*innen bei der Gestaltung der internen Crowd Work zu regeln.

Ausgehend von neuen Rechten und Verantwortungen, die die Mitarbeitenden in der internen Crowd Work übernehmen, verändern sich zudem bestehende Strukturen der Füh-rungsarbeit im Unternehmen. So muss das Unternehmen festlegen, inwiefern die neu ge-bildete interne Crowd bestehenden Führungsstrukturen zugeordnet werden. Aus Sicht der Führungskraft kann dies zunächst bedeuten, dass neben den eigenen Mitarbeitenden auch Crowd Worker*innen in den Verantwortungsbereich fallen. Mit dem zunehmenden Ein-satz von interner Crowd Work wird das Führen von heterogenen Teams aus verschiedenen Organisationsbereichen grundsätzlich an Bedeutung gewinnen. Dabei wird sich die An-zahl sowie die Herkunft der zu führenden Personen im internen Crowd Work Kontext stets ändern können.

Für das Führungspersonal gehen bei der Arbeit mit interner Crowd somit neue Anfor-derungen einher. Demnach sollten auch den Führungskräften spezielle Möglichkeiten zur Weiterqualifizierung ermöglicht werden. Insbesondere mit dem Ziel der Reduktion von potenziellen Widerständen seitens der Mitarbeitenden gegenüber interner Crowd Work bedarf es entsprechend geschulter Vorgesetzter. Die Führungskraft sollte als Facilitator agieren, der die interne Belegschaft bei den Crowd Work bedingten Veränderungen beglei-tet, unterstützt und fördert.

Durch die parallele Arbeit der Crowd Worker*innen in verschiedenen Arbeitssystemen stellt sich die Frage, inwiefern sich durch den Einsatz von Projektmanager*innen in inter-ner Crowd Work bestehende Weisungsbefugnisse verändern. Anzunehmen ist jedoch, dass die bestehenden Hierarchien in der Organisation an Komplexität gewinnen. So erhalten die internen Mitarbeitenden neben den direkten Arbeitsaufträgen durch ihre Vorgesetzen auch Anweisungen durch Projektmanager*innen im Rahmen der internen Crowd-Work-Initiative.

Grundsätzlich determiniert das Unternehmen bzw. die Geschäftsführung des Unterneh-mens als Crowdsourcer*in, maßgeblich die Humansituation durch den Einsatzbereich so-wie die Art der über die interne Crowd Work zu bearbeitenden Aufgaben. Hier ist zu dif-ferenzieren, ob Primär- oder Sekundärtätigkeiten des Unternehmens abgewickelt werden und in welchem Maß externe Crowd Worker*innen bei der Aufgabenbearbeitung einge-setzt werden.

Die Humansituation innerhalb der Organisation zeichnet sich daher durch eine neue interne Wettbewerbssituation aus. Je nachdem inwiefern die Mitarbeitenden in Teams oder einzeln agieren und wie das daran gekoppelte Entlohnungssystem gestaltet ist. Des

Weiteren verändert sich das innerbetriebliche Arbeitsklima, sollte das Unternehmen die Aufgabenbearbeitung durch externe Crowd Worker*innen ergänzen.

13.4 Empirische Untersuchung interner Crowd Work

13.4.1 Methodische Vorgehensweise

Neben diesen aus der Literatur abgeleiteten Einblicken wurden zum Erhalt möglichst umfassender empirischer Einblicke im Rahmen einer Multiple Case Study sechs Fallstudien untersucht. Die Verwendung einer Multiple Case Study ermöglicht es die Gemeinsamkeiten der unterschiedlichen Fälle herauszufiltern (Eisenhardt und Graebner 2007; Yin 2003). Die Methode bietet den Vorteil, dass gewonnene Erkenntnisse stark und zuverlässig gemessen werden können (Baxter und Jack 2008). Darüber hinaus ermöglicht sie laut Eisenhardt und Graebner (2007) tragbarere Erkenntnisse als die Untersuchung einer einzelnen Fallstudie, da die Ergebnisse auf mehreren empirischen Beweisen aufbauen. In den untersuchten Fällen kamen Interviews, Dokumentenanalysen und Online-Befragungen zum Einsatz.

Die aus den Fallbeispielen vorliegenden Interviews wurden nach der Überführung in Textform mit einer qualitativen Inhaltsanalyse nach Mayring (2010) ausgewertet. Die qualitative Inhaltsanalyse „stellt eine Methode der Auswertung fixierter Kommunikation dar, geht mittels eines Sets an Kategorien systematisch, regel- und theoriegeleitet vor" (Buber und Holzmüller 2007). Die qualitative Inhaltsanalyse ermöglicht es, aus den von den Befragten gegebenen Antworten psychologisch tiefgehende oder verdeckte Informationsstrukturen zu gewinnen (Mayring 2010). Im Sinne einer Datentriangulation wurden weitere zur Verfügung gestellte Materialien (bspw. Präsentationen und interne Papiere zur Regelung interner Crowd Work) aus den Fällen analysiert und in die Datenauswertung mit aufgenommen.

Die gewonnenen Inhalte wurden daraufhin mit den quantitativ vorliegenden Daten untermauert. Die quantitativ vorliegenden Daten wurden durch IT-basierte Umfragen erhoben. Bei der quantitativen Datenanalyse wird numerisch vorliegendes Datenmaterial im Hinblick auf das Forschungsproblem statistisch ausgewertet. Zur Auswertung der quantitativen explorativen Studien wurden auch beschreibende Statistikverfahren verwendet, die die Stichprobendaten übersichtlich durch Tabellen und Grafiken darstellen (Döring und Bortz 2016). Diese Methode erlaubt es, das Datenmaterial hinsichtlich einer Vielzahl an Variablen zu strukturieren sowie besondere oder auch unerwartete Effekte zu identifizieren (Döring und Bortz 2016). Es wurden zunächst die interessierenden Variablen genauer betrachtet (Döring und Bortz 2016). Hierbei handelte es sich um Aspekte, die zu den in Abschn. 13.3 beschriebenen Ebenen und Dimensionen passen. Zusammenhänge der einzelnen Variablen untereinander wurden dabei nicht betrachtet. Um extreme Reaktions- und Duldungsverzerrungen zu minimieren, wurden sowohl Elemente mit positiven als auch mit negativem Wortlaut aufgenommen (Podsakoff et al. 2003; Sauro und Lewis 2011). Zudem wurden explorative und bestätigende Faktorenanalysen durchgeführt, um die Validität und Zuverlässigkeit der Messungen zu bestätigen.

13.4.2 Datensammlung

Mithilfe der aus den Interviews und Online-Befragungen gesammelten Informationen soll die bereits existierende Forschung über interne Crowd Work erweitert werden. Es handelt sich bei den vorliegenden Fallstudien um Zeitpunktbetrachtungen. Neben den mehr als 500 Online-Befragungen wurden insgesamt 45 Interviews mit einer Dauer von 20 bis 60 Minuten persönlich, per Telefon oder Online-Videokonferenz durchgeführt. Um ein möglichst breites Spektrum abzudecken, wurden Mitarbeitende unterschiedlicher Funktion, Position, Alter und Beschäftigungsdauer befragt.

Im ersten Fall bezog sich die rein quantitative Datenerhebung auf die Mitarbeitenden eines Finanzdienstleisters, die interne Crowd Work nutzt, um ihre Unternehmenssoftware durch ihre Mitarbeitenden testen zu lassen. Da die bisherigen Testing-Ansätze nicht die gewünschte und benötigte Reichweite erzielten, verspricht sich das Unternehmen von der internen Crowd Work die Testabdeckung vergrößern zu können und eine möglichst breite Testabdeckung zu erreichen.

Der zweite Fall beschreibt den Einsatz der internen Crowd Work bei einem international agierenden Automobilzulieferer. Das Ziel der Implementierung des Piloten liegt in der Erreichung einer besseren Ausschöpfung des Mitarbeitenden-Potenzials. Die Plattform ermöglicht es den Mitarbeitenden Projekte, Aufgaben und Ideen über die Plattform, ähnlich wie auf einem Marktplatz für andere potenzielle Interessenten sichtbar zu machen, aber auch auszuwählen und zu bearbeiten. Die zu bearbeitenden Projekte oder Aufgaben können sowohl fachlich anspruchsvoll als auch nur eine geringe Komplexität aufweisen, sodass in der Regel zur Bearbeitung keine fachspezifischen Kenntnisse vorhanden sein müssen.

Das dritte Unternehmen ist ein großer Telekommunikationsanbieter. Dieser nutzt interne Crowd Work seit 2012, um eine marktnähere Produktentwicklung zu erreichen und damit das Risiko bei der Produktentwicklung zu reduzieren. Die interne Crowd Work-Plattform soll den Mitarbeitenden ermöglichen das Marktpotenzial neuer Produkte und Services beurteilen. Außerdem sollen über das Tool neue Ideen eingebracht werden können, um am Entwicklungsprozess neuer Produkte und Services teilzuhaben. Zudem können die Teilnehmenden Einfluss auf Produkt- und Preisgestaltung nehmen. Die Verantwortlichen beschreiben die interne Crowd Work als basisdemokratisches Tool, welches zwischen den Mitarbeitenden und dem Gesamtvorstand vermitteln soll.

Der vierte untersuchte Fall betrifft einen internationalen Automobilkonzern (Automobilhersteller (a)), der seit 2016 interne Crowd Work verwendet, um den Wissensaustausch innerhalb des Konzerns zu optimieren. Das Unternehmen hat eine IT-Plattform eingeführt, die dabei helfen soll, regelmäßig auftretende Probleme und Aufgaben zu lösen und die Zusammenarbeit innerhalb des Konzerns zu verbessern. Den Schwerpunkt hat das

Unternehmen dabei auf die Prozess- und Schnittstellenoptimierung gelegt. Probleme zwischen Importeuren und dem Hauptstandort des Unternehmens sollen so präventiv vermieden werden. In diesem Fall steuert ein übergeordnetes Komitee die interne Crowd Work.

Der fünfte Fall beschreibt einen weiteren global agierenden Automobilhersteller (b), der sich von der Einführung interner Crowd Work mehr Agilität innerhalb des Unternehmens verspricht. Der Schwerpunkt orientiert sich an der Zusammenarbeit in agilen und funktionsübergreifenden Projekten und Aufgaben in komplexen Umgebungen. Insbesondere sollen über interne Crowd Work Projekte und Aufgaben außerhalb des regulären Liniengeschäfts gelöst werden. Experten aus unterschiedlichen Fachbereichen bearbeiten Schnittstellenproblematiken sowie bereichsübergreifende Themen. Bei dem hier untersuchten Fall handelt es sich um eine sogenannte hybride Crowd, da die interne Crowd durch externe Berater, sowie einen agilen Coach unterstützt wird.

Im sechsten Fall wendet ein global agierender mittelständischer Softwareentwickler im Bereich der Softwareentwicklung interne Crowd Work an, um Geschäftsprozesse zu optimieren. Der Schwerpunkt der Projekte und Aufgaben, die innerhalb der internen Crowd Work bearbeitet werden sollen, liegt auf Programmier-, Test- und Designaufgaben. Die Mitarbeitenden stellen diverse Arbeitspakete über die IT-basierte Plattform ein, die letztendlich von der internen Crowd gelöst werden.

13.4.3 Ergebnisse – Interne Crowd Work als Empowerment-orientierte Arbeitsform

Ergebnisse auf organisationaler Ebene

Grundlegend für die Einführung interner Crowd Work ist aus Sicht der Befragten eine offene Unternehmenskultur und ein offenes Mindset der Beteiligten auf allen Ebenen des Unternehmens. Es bedarf einer Bereitschaft Neues auszuprobieren und Veränderungen offen gegenüber zu stehen. Wichtig an dieser Stelle ist zudem in allen Unternehmensbereichen ein Bewusstsein für die Wichtigkeit und den Nutzen dieser neuen Arbeitsform zu schaffen. Viel Kommunikation und Werbung, auch das Weitertragen von Erfolgsgeschichten sind aus Sicht der Befragten sinnvoll, um die Sichtbarkeit der Arbeitsform zu erhöhen und den Nutzen hervorzustellen.

Widerstände der Mitarbeitenden an der neuen Arbeitsform teilzunehmen beziehen sich in vielen Fällen darauf, dass nicht genügend freie Kapazitäten zur Teilnahme vorhanden sind. Durch die Zusatztätigkeit in der internen Crowd Work kommt es bei den Mitarbeitenden zu einer Leistungsverdichtung. Sie kritisieren, dass ihnen Erholungsphasen genommen werden, wenn die Arbeit in der Crowd parallel zu ihrer täglichen Arbeit ist und sie nicht für die Zeit einer Teilnahme entlastet werden.

Auf der organisationalen Ebene fördert interne Crowd Work das Empowerment in mehreren Aspekten. Generell führt die Arbeitsform innerhalb der Unternehmen zu einer hierarchie- und bereichsübergreifenden Zusammenarbeit, die zur Folge hat, dass sich das bisherige Arbeitsfeld der Crowd Worker*innen verbreitert. Eine solche funktions- und bereichsübergreifende Zusammenarbeit und die durch interne Crowd Work entstehende Aufgabenvielfalt bietet aus Sicht der Befragten die Möglichkeit ihre Kompetenzen auszubauen, weiterzuentwickeln und bisher ungenutzte Potenziale der Mitarbeitenden zu identifizieren und auszuschöpfen. Des Weiteren kann der funktions- und bereichsübergreifende Austausch dazu führen Silodenken abzubauen und eine höhere Transparenz innerhalb von Organisationen zu schaffen.

Bei der Frage für welche Einsatzbereiche und Aufgabentypen interne Crowd Work geeignet ist, zeigen sich die heterogenen Ausgestaltungsmöglichkeiten im Rahmen interner Crowd Work. In den untersuchten Fällen konnten unterschiedliche Einsatzmöglichkeiten beobachtet werden. Als besonders geeignet sehen die Befragten den Einsatz von interner Crowd Work bei Aufgaben an, bei denen verschiedenste Kompetenzen aus unterschiedlichen Unternehmensbereichen benötigt werden. Die interne Crowd Work ermöglicht es die diversen Potenziale der Mitarbeitenden im Unternehmen zu nutzen und über eine funktions- und bereichsübergreifende Zusammenarbeit Synergien zu nutzen. Hierzu sollten möglichst alle Unternehmensbereiche die Möglichkeit bekommen an der internen Crowd Work partizipieren zu können.

Unabhängig davon, welche Art von Aufgaben oder Projekten über die interne Crowd Work bearbeitet wird, ist laut den Befragten zudem eine Zerteilung der Aufgaben in kleinere Teilaufgaben notwendig, um die Aufgaben in einem übersichtlichen Rahmen zu halten. Des Weiteren sind klare und präzise Aufgabenformulierung bzw. -definition sowie die Schaffung von Transparenz innerhalb des Arbeitsprozesses der internen Crowd Work notwendig, um eine gute Qualität bei der Aufgabenlösung ermöglichen zu können. Dabei müssen die erarbeiteten Lösungen nicht nur den Qualitätsansprüchen der verschiedenen Interessengruppen innerhalb der internen Crowd entsprechen, sondern ggf. auch weiteren Bereichen des Unternehmens bei denen die Lösungen zur Umsetzung kommen. Eine detaillierte Aufgabenbeschreibung ist darüber hinaus wichtig, um Crowd Worker*innen, nehmen sie freiwillig an der Arbeitsform teil, von Aufgaben oder Projekten zu überzeugen.

Die IT-basierte Arbeitsweise in der internen Crowd Work ermöglicht es Teams zu bilden und zu koordinieren, bei denen die Teilnehmenden räumlich unabhängig voneinander sind, da die Kommunikation, sowie Aufgabenauswahl und Aufgabenbearbeitung über die interne Crowd Work Plattform abläuft.

Die Qualitätsbeurteilung der innerhalb interner Crowd Work erarbeiteten Lösungen basiert in den untersuchten Fällen insbesondere auf dem subjektiven Ermessen der Beteiligten, sowie deren Wissen und Erfahrung. In den untersuchten Fällen sollen durch Gruppendiskussionen oder Abstimmungen isolierte Lösungen vermieden werden. Die IT-Plattform stellt dabei die technischen Voraussetzungen zur Verfügung, dass Mitarbeitende ihre Meinung über neue Ideen oder Entscheidungen teilen und damit Einfluss auf Prozesse bzw. Entscheidungen nehmen können.

Ergebnisse auf individueller Ebene

Über alle untersuchten Fälle hinweg konnte beobachtet werden, dass sich die Individuen in der internen Crowd Work durch die Ergänzung zu ihren alltäglichen Routineaufgaben ein hohes Maß an Empowerment wahrnehmen. Die Merkmale des Empowerments lassen sich wie beschrieben während des gesamten Arbeitsprozesses der internen Crowd Work identifizieren, von der Teilnahme bis hin zur Lösungsbewertung.

Dabei manifestiert sich das Empowerment u. a. über den Grad der Selbstbestimmung. Den Fallstudien konnte entnommen werden, dass interne Crowd Work den Mitarbeitenden ein hohes Maß an Selbstbestimmung ermöglicht. Dies geht von der freiwilligen Teilnahme an der internen Crowd Work, über die Auswahl der Aufgaben bis hin zur Selbstorganisation des Arbeitsalltags. Hinsichtlich der Selbstorganisation wird eigenständige Arbeitsplanung, -einteilung, -bearbeitung und Festlegung von Meilensteinen als positiv wahrgenommen. Das eigenständige Einstellen von Aufgaben, die Organisation der eigenen Arbeit und der Zusammenarbeit im Team sowie das Konstruieren von Lösungen über die IT-Plattform ermöglichen es den Mitarbeitenden ihre Arbeitsinhalte und -bedingungen selbst zu gestalten bzw. mitzugestalten. Es kann davon ausgegangen werden, dass der Bedarf nach einer hohen Selbstorganisationsfähigkeit steigt, da die Mitarbeitenden verschiedene Arbeitssysteme koordinieren müssen, um ihren Arbeitsalltag zu gestalten. Somit müssen die Mitarbeitenden in der Lage sein, ihr Zeit- und Ressourcenmanagement sowohl hinsichtlich der Arbeit in der Crowd als auch hinsichtlich der Erledigung ihrer Routinetätigkeiten anzupassen. Die Befragten sehen in diesem Kontext durchaus auch einen negativen Effekt hinsichtlich des Drucks, der sich aus der Priorisierungsproblematik zwischen den verschiedenen Arbeitssystemen ergeben kann und wünschen sich Unterstützung durch Führungskräfte bzw. Rahmenbedingungen, die dies berücksichtigen.

Aus der Selbstorganisation der Arbeit innerhalb der internen Crowd Work lassen sich auch Auswirkungen auf die Routinetätigkeiten außerhalb der Crowd identifizieren. Dies geschieht, indem neue Eindrücke von Methoden, Prozessen und Werkzeugen innerhalb der neuen Arbeitsform gewonnen werden und die Mitarbeitenden diese in ihren Routinetätigkeiten anwenden. Mitarbeitende passen, wenn auch in unterschiedlichem Maß, Routinetätigkeiten, die ihre tägliche Arbeit betreffen, den Erfordernissen der internen Crowd Work an oder umgekehrt.

Empowerment zeigt sich innerhalb der internen Crowd Work zudem über die selbstbestimmte Teilnahme und Aufgabenauswahl der Mitarbeitenden. Empowerment ist aus Sicht der Befragten eng mit einer intrinsischen Motivation der Mitarbeitenden verbunden. Innerhalb der internen Crowd Work wird von den Mitarbeitenden des Unternehmens erwartet, dass sie ihre eigenen Fähigkeiten und Kompetenzen einschätzen und sich basierend darauf, bei den für sie geeignet erscheinenden Projekten einbringen. Eine selbstbestimmte Teilnahme und Auswahl von Aufgaben kann aus Sicht der Befragten dazu führen, dass die Lösung von Teilaufgaben schneller erfolgt. Aus den Aussagen der Befragten lässt sich schlussfolgern, dass das Engagement der Mitarbeitenden der internen Crowd höher ist, wenn diese an der Entscheidung hinsichtlich der Teilnahme an sich und der Auswahl der Aufgaben beteiligt werden.

Einhergehend mit einer empowerten Arbeitsweise in der internen Crowd, ist eine Anpassung des Führungsstils notwendig. Für die Teilnehmenden in den Fallstudien stehen bei Empowerment-orientierter Führung vor allem ausführungsorientiertes Coaching,

Kontrollabgabe, mehr Eigenverantwortung und ein größerer Freiraum der Mitarbeitenden für eigenständiges Handeln und Denken im Vordergrund. Die Mitarbeitenden erwarten zwar auf der einen Seite Freiraum, auf der anderen Seite möchten sie jedoch auf dem Weg hin zum eigenen Empowerment unterstützt werden. Auch sollten die Führungskräfte klare Rahmenbedingungen für die Arbeit in der internen Crowd Work aus ihrer Sicht geben, in denen sich die Mitarbeitenden frei bewegen können. Die Änderung der Führungskultur ist aus Sicht der Befragten kein Selbstläufer, da es sich um einen kontinuierlichen Lernprozess handelt. Daher sollte Empowerment in die Führungskräfteentwicklung und Führungskultur miteingebunden werden. Auch bei Führungskräften steigt im Umgang mit neuen Formen der Arbeitsorganisationen der Bedarf nach Empowerment, um den neuen Anforderungen gerecht werden zu können. Abb. 13.2 zeigt im Überblick der identifizierten Stellschrauben des Empowerments in interner Crowd Work.

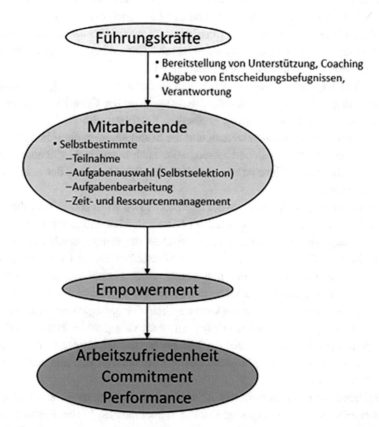

Abb. 13.2 Überblick über identifizierte Stellschrauben des Empowerments in interner Crowd Work

13.5   Fazit und zukünftiger Forschungsbedarf

Zusammenfassend kann festgehalten werden, dass es sich bei interner Crowd Work um eine digitale Arbeitsform handelt, die Mitarbeitende mit ihren Fähigkeiten und Kompetenzen fokussiert. Wie die Ausführungen gezeigt haben verändert sich die Aufgabenverteilung und Zusammenarbeit innerhalb der Arbeitsform grundlegend. Mitarbeitende sind gefordert in vielen Bereichen selbstständig zu agieren und sich selbstständig zu organisieren. Ein Wandel in der Arbeitsweise der Mitarbeitenden bedarf dabei zudem einer Anpassung organisationaler Strukturen womit sich in Konsequenz dessen eine veränderte Wahrnehmung der Arbeit der Mitarbeitenden auf individueller Ebene ergibt. Auf organisationaler Ebene wird hierbei eine neue Organisationskultur einhergehend mit neuen Führungsstrukturen benötigt. Die Ergebnisse geben Aufschluss über die Notwendigkeit von klaren Aufgaben- und Projektbeschreibungen sodass die Potenziale der internen Crowd auf individueller Ebene, die unter anderem in einer selbstbestimmten Aufgabenauswahl und -bearbeitung sowie der persönlichen Weiterentwicklung abseits der Routinetätigkeiten bestehen.

Neben der bestmöglichen Ausschöpfung der Potenziale interner Crowd Work ist es im Rahmen zukünftiger Forschungsvorhaben notwendig gute und faire Arbeitsbedingungen für die Mitarbeitenden zu ermöglichen und zu gewährleisten. Geeignete Anreiz- und Vergütungsmechanismen, sowie effektive Kooperationsstrukturen zwischen Mitarbeitenden und Unternehmen sind an dieser Stelle von Bedeutung. In die zukünftige Diskussion sollten in diesem Zusammenhang sowohl betriebliche Akteure (Mitarbeitende, Unternehmen, Arbeitnehmervertretung) als auch politische Entscheidungsträger (z. B. Politiker und Gewerkschaften) einbezogen werden (vom Brocke et al. 2018).

Weiterhin gilt es zu überlegen, wie die gewonnen Erkenntnisse sowie Empowerment auch in weiteren innovativen Arbeitsformen umgesetzt werden können, um Agilität, Flexibilität, Innovativität sowie Wettbewerbsfähigkeit zu sichern. Die Schaffung effizienter Zusammenarbeitsstrukturen sowie ein von den Führungskräften vorgelebter Wandel, der eine über die reine Anwendung neuer Arbeitsformen hinausgehende Etablierung eines agilen Mindsets ermöglicht, kann dabei als erfolgskritisch angesehen werden (Peters et al. 2019).

Literatur

Ashforth, B. E. (1989). The experience of powerlessness in organizations. *Organizational Behavior and Human Decision Processes, 43*(2), 207–242.

Bandura, A. (1977). Self-efficacy: Toward a unifying theory of behavioral change. *Psychological Review, 84*(2), 191–215.

Baxter, P., & Jack, S. (2008). Qualitative case study methodology: Study design and implementation for novice researchers. *The Qualitative Report, 13*(4), 544–559.

Benbya, H., & van Alstyne, M. (2011). How to find answers within your company. *MIT Sloan Management Review, 52*(2), 66–77.

Bertot, J. C., Jaeger, P. T., & Grimes, J. M. (2010). Using ICTs to create a culture of transparency: E-government and social media as openness and anti-corruption tools for societies. *Government Information Quarterly, 27*(3), 264–271.

Blohm, I., Leimeister, J. M., & Zogaj, S. (2014). Crowdsourcing und Crowd Work – ein Zukunftsmodell der IT-gestützten Arbeitsorganisation? In W. Brenner & T. Hess (Hrsg.), *Wirtschaftsinformatik in Wissenschaft und Praxis* (S. 51–64). Berlin/Heidelberg: Springer.

Brynjolfsson, E., & McAfee, A. (2014). *The second machine age: Work, progress, and prosperity in a time of brilliant technologies.* New York: Norton.

Buber, R., & Holzmüller, H. H. (Hrsg.). (2007). *Qualitative Marktforschung: Konzepte – Methoden – Analysen.* Wiesbaden: Gabler.

Byrén, E. (2013). *Internal crowdsourcing for innovation development: How multi-national companies can obtain the advantages of crowdsourcing utilising internal resources.* http://publications. lib.chalmers.se/records/fulltext/181969/181969.pdf. Zugegriffen am 08.03.2019.

Conger, J. A., & Kanugo, R. N. (1988). The empowerment process: Integrating theory and practice. *The Academy of Management Review, 13*(3), 471–482.

Deci, E. L., Olafsen, A. H., & Ryan, R. M. (2017). Self-determination theory in work organizations: The state of a science. *Annual Review of Organizational Psychology and Organizational Behavior, 4*(1), 19–43.

Deng, X. N., & Joshi, K. D. (2016). Why individuals participate in micro-task crowdsourcing work enviroment: Revealung crowdworkers' perceptions. *Journal of the Association for Information Systems, 17*(10), 648–673.

Deng, X. N., Joshi, K. D., & Galliers, R. D. (2016). The duality of empowerment and marginalization in microtask crowdsourcing crowdsourcing: Giving voice to the less powerful through value sensitive design. *MIS Quarterly, 40*(2), 279–302.

Döring, N., & Bortz, J. (2016). *Forschungsmethoden und Evaluation in den Sozial- und Humanwissenschaften.* Berlin/Heidelberg: Springer.

Durward, D., Blohm, I., & Leimeister, J. M. (2016). Crowd work. *Business & Information Systems Engineering, 58*(4), 281–286.

Durward, D., Blohm, I., Peters, C., & Simmert, B. (2019a). Internal crowd work as a source of empowerment: An empirical analysis of the perception of employees in a crowdtesting project. In *Siegen: 14th international conference on Wirtschaftsinformatik.*

Durward, D., Simmert, B., Peters, C., Blohm, I., & Leimeister, J. M. (2019b). How to empower the workforce: Analyzing internal crowd work as a neo-socio-technical system. In *Proceedings of the 52nd Hawaii international conference on system sciences* (S. 4523–4532).

Eisenhardt, K. M., & Graebner, M. E. (2007). Theory building from cases: Opportunities and challenges. *The Academy of Management Journal, 50*(1), 25–32.

Elerud-Tryde, A., & Hooge, S. (2014). Beyond the generation of ideas: Virtual idea campaigns to spur creativity and innovation. *Creativity and Innovation Management, 23*(3), 290–302.

Elmes, M. B., Strong, D. M., & Volkoff, O. (2005). Panoptic empowerment and reflective conformity in enterprise systems-enabled organizations. *Information and Organization, 15*(1), 1–37.

Erickson, L.B., Petrick, I., & Trauth, E.M. (2012). Hanging with the right crowd: Matching crowdsourcing need to crowd characteristics. In *AMCIS 2012 proceedings, 9.08–12.08* (S. 1–9). Seattle, Washington, DC.

Hackman, J. R., & Oldham, G. (1974). *The job diagnostic survey: An instrument for diagnosis of jobs and the evaluation of the job redesign projects.* New Haven.

Hackman, R., & Oldham, G. R. (1975). Development of the job diagnostic survey. *Journal of Applied Psychology, 60*(2), 159–170.

Hammon, L., & Hippner, H. (2012). Crowdsourcing. *Business & Information Systems Engineering, 4*(3), 163–166.

Kanter, R. M. (1977). *Men and women of the corporation.* New York: Basic Books.

Leimeister, J. M. (2012). Crowdsourcing: Crowdfunding, crowdvoting, crowdcreation. *Zeitschrift für Controlling und Management (ZFCM), 56*(6), 388–392.

Leimeister, J. M., & Zogaj, S. (2013). *Neue Arbeitsorganisation durch Crowdsourcing.* Düsseldorf. https://www.boeckler.de/pdf/p_arbp_287.pdf. Zugegriffen am 07.03.2019.

Leimeister, J. M., Zogaj, S., Durward, D., & Blohm, I. (2015). Arbeit und IT: Crowdsourcing und Crowdwork als neue Arbeits- und Beschäftigungsformen. Siegen, 66–79. Zugegriffen am 07.03.2019.

Maynard, M. T., Gilson, L. L., & Mathieu, J. E. (2012). Empowerment – Fad or fab? A multilevel review of the past two decades of research. *Journal of Management, 38*(4), 1231–1281.

Mayring, P. (2010). *Qualitative Inhaltsanalyse: Grundlagen und Techniken.* s.l.: Beltz Verlagsgruppe.

Menon, S. (2001). Employee empowerment: An integrative psychological approach. *Applied Psychology, 50*(1), 153–180.

Mills, P. K., & Ungson, G. R. (2003). Reassessing the limits of structural empowerment: Organizational constitution and trust as controls. *Academy of Management Review, 28*(1), 143–153.

Peters, C., Simmert, B., Eilers, K., & Leimeister, J. M. (2019). *Future organization report 2019.* Frankfurt: St. Gallen.

Podsakoff, P. M., MacKenzie, S. B., Lee, J.-Y., & Podsakoff, N. P. (2003). Common method biases in behavioral research: A critical review of the literature and recommended remedies. *The Journal of Applied Psychology, 88*(5), 879–903.

Prpić, J., Shukla, P. P., Kietzmann, J. H., & McCarthy, I. P. (2015). How to work a crowd: Developing crowd capital through crowdsourcing. *Business Horizons, 58*(1), 77–85.

Reichwald, R., Höfer, C., & Weichselbaumer, J. (1996). *Erfolg von Reorganisationsprozessen: Leitfaden zur strategieorientierten Bewertung.* Stuttgart: Schäffer-Poeschel.

Reichwald, R., Möslein, K., & Engelberger, H. (1998). Telekooperation im Innovationstest: Strategieorientierte Evaluation von Pilotprojekten. *Wirtschaftsinformatik, 40*(3), 214–222.

Sauro, J., & Lewis, J. R. (2011). When designing usability questionnaires, does it hurt to be positive? In *Proceedings of the SIGCHI conference on human factors in computing systems* (S. 2215–2224). New York: ACM.

Seibert, S. E., Wang, G., & Courtright, S. H. (2011). Antecedents and consequences of psychological and team empowerment in organizations: A meta-analytic review. *The Journal of Applied Psychology, 96*(5), 981–1003.

Simmert, B., Eilers, K., & Leimeister, J. M. (2019). Interne Crowd Work an der Schnittstelle sozialer und technischer Elemente der digitalen Arbeitsorganisation. In W. Schröter (Hrsg.), *Der mitbestimmte Algorithmus – Gestaltungskompetenz für den Wandel der Arbeit* (S. 155–166). Mössingen/Talheim: Talheimer.

Sirmon, D. G., Hitt, M. A., & Ireland, R. D. (2007). Managing firm resources in dynamic environments to create value: Looking inside the black box. *Academy of Management Review, 32*(1), 273–292.

Spreitzer, G. (1995). Psychological empowerment in the workplace: Dimensions, measurement, and validation. *The Academy of Management Journal, 38*(5), 1442–1465.

Spreitzer, G. (2008). Taking stock: A review of more than twenty years of research on empowerment at work. In *Handbook of organizational behavior* (S. 54–72). Thousand Oaks: Sage.

Tapscott, D., Williams, A. D., & Herman, D. (2007). Government 2.0: Government and governance for the twenty-first century. *New paradigm – Big idea white paper* (S. 1–23).

Thomas, K. W., & Velthouse, B. A. (1990). Cognitive elements of empowerment: An „interpretive" model of intrinsic task motivation. *The Academy of Management Review, 15*(4), 666–681.

Villarroel, J. A., & Reis, F. (2010). *Intra-Corporate Crowdsourcing (ICC): Leveraging upon rank and site marginality for innovation. Proceedings of crowd conference 2010: The world's first conference on the future of distributed work.* San Francisco. https://www.researchgate.net/profile/Juan_Andrei_Villarroel/publication/228458949_IntraCorporate_Crowdsourcing_ICC_Leveraging_Upon_Rank_and_Site_Marginality_for_Innovation/links/0a85e538454d855c1b000000.pdf. Zugegriffen am 12.03.2019.

vom Brocke, J., Maaß, W., Buxmann, P., Maedche, A., Leimeister, J. M., & Pecht, G. (2018). Future work and enterprise systems. *Business & Information Systems Engineering, 60*(4), 357–366.

Yin, R. K. (2003). *Case study research: Design and methods.* Thousand Oaks: Sage.

Zuchowski, O., Posegga, O., Schlagwein, D., & Fischbach, K. (2016). Internal crowdsourcing: Conceptual framework, structured review, and research agenda. *Journal of Information Technology, 31*(2), 166–184.

Open Access Dieses Kapitel wird unter der Creative Commons Namensnennung 4.0 International Lizenz (http://creativecommons.org/licenses/by/4.0/deed.de) veröffentlicht, welche die Nutzung, Vervielfältigung, Bearbeitung, Verbreitung und Wiedergabe in jeglichem Medium und Format erlaubt, sofern Sie den/die ursprünglichen Autor(en) und die Quelle ordnungsgemäß nennen, einen Link zur Creative Commons Lizenz beifügen und angeben, ob Änderungen vorgenommen wurden.

Die in diesem Kapitel enthaltenen Bilder und sonstiges Drittmaterial unterliegen ebenfalls der genannten Creative Commons Lizenz, sofern sich aus der Abbildungslegende nichts anderes ergibt. Sofern das betreffende Material nicht unter der genannten Creative Commons Lizenz steht und die betreffende Handlung nicht nach gesetzlichen Vorschriften erlaubt ist, ist für die oben aufgeführten Weiterverwendungen des Materials die Einwilligung des jeweiligen Rechteinhabers einzuholen.

Gemeinsames Arbeiten in der dezentralen digitalen Welt

14

Lars Görmar und Ricarda B. Bouncken

Zusammenfassung

Im Projekt Hierda werden Treiber und Barrieren der Arbeit von und in Coworking-Spaces analysiert. In diesem Rahmen konnten vier verschiedene Coworking-Space Arten identifiziert werden, die sich primär im Bereich Betreibende, Geschäftsmodell und somit anvisierte Nutzende unterscheiden. Um diese verschiedenen Arten von Coworking-Space erfolgreich zu betreiben sind unterschiedliche Ausgestaltungen und unterstützende Personen notwendig. In diesem Beitrag wird u. a. aufgezeigt, wie Permeabilität und Gemeinschaft den unterschiedlichen Nutzendengruppen zu besserer Arbeit und zu besseren Arbeitsergebnissen verhelfen. Insgesamt können so durch verbesserte Kommunikation und verstärkten Wissensaustausch Innovationen auf Produkt-, Geschäfts- und Geschäftsmodellebene gezielt erreicht werden.

14.1 Einleitung

Die rasante Entwicklung des Internets und die damit verbundene Digitalisierung haben zu einer Veränderung der heutigen Wirtschaft und Gesellschaft geführt. Die weite Verbreitung sozialer Netzwerke (Goh et al. 2013), veränderte Konsumgewohnheiten (Hamari et al. 2016) und ein fundamentaler Wertewandel auf Seiten der Konsumierenden (Bardhi und Eckhardt 2012) erhöhen den Druck auf Unternehmen und führen die Gesellschaft stückweise in Richtung einer „Sharing Economy" (Botsman und Rogers 2011).

L. Görmar (✉) · R. B. Bouncken
Lehrstuhl für Strategisches Management und Organisation, Universität Bayreuth, Bayreuth, Deutschland
E-Mail: lars.goermar@uni-bayreuth.de; bouncken@uni-bayreuth.de

© Der/die Herausgeber bzw. der/die Autor(en) 2020
M. Daum et al. (Hrsg.), *Gestaltung vernetzt-flexibler Arbeit*,
https://doi.org/10.1007/978-3-662-61560-7_14

Ein Phänomen, welches sich in diesem Zusammenhang herauskristallisiert hat, sind Coworking-Spaces (CWS). In solchen CWS teilen sich meistens Start-ups, Entrepreneure, Selbstständige, oder auch Mitarbeitende etablierter Unternehmen einen gemeinsamen Ort zum Arbeiten (Bouncken und Reuschl 2018; Gandini 2015; Spinuzzi 2012). Tatsächlich besteht die Basisleistung eines CWS darin, einen Arbeitsraum inklusive einer Infrastruktur bereitzustellen. Es wäre jedoch falsch, CWS nur darauf zu reduzieren. Neben dem Angebot eines professionellen Arbeitsraums definieren sich CWS-Anbietende auch über die Verfügbarkeit von sozialen Interaktionsräumen, und einer Gemeinschaft durch die Nutzenden (Capdevila 2013; Moriset 2014; Pohler 2012; Spinuzzi 2012). Mit diesem Angebot werden CWS verstärkt zum Arbeitsplatz von morgen.

Als Phänomen aus der Praxis und ohne einvernehmliche Standards differieren jedoch die existierenden CWS in ihren Ausprägungen enorm. Manche CWS sind beliebt und erfolgreich, andere hingegen haben Existenzprobleme. Doch worin unterscheiden sie sich, und was beeinflusst den Erfolg der Coworking-Spaces? Was sind Treiber und Barrieren für den Erfolg von Coworking-Spaces und für die Arbeit der CWS-Nutzenden? Mit welchen unterstützenden Maßnahmen kann die Arbeit von und in CWS verbessert werden? Diesen und ähnlichen Fragen wird im Projekt „Humanisierung digitaler Arbeit durch Coworking-Spaces (Hierda)" nachgegangen.

Da die Auswertung im Rahmen von wissenschaftlichen Publikationen in peer-reviewed Zeitschriften noch aussteht, sind in den folgenden Kapiteln ein paar Unvollständigkeiten unvermeidbar.

14.2 Theoretischer Hintergrund

Getrieben durch technologische (Belk 2014; Oskam und Boswijk 2016), ökonomische (Hartl et al. 2016; Möhlmann 2015) sowie ökologische (Cohen und Kietzmann 2014; Hamari et al. 2016) Einflüsse organisieren mehr und mehr Menschen das Teilen von Gütern und Dienstleistungen über das Internet (Belk 2014; Bouncken und Reuschl 2018). Diese Art von Teilen etabliert sich dabei zunehmend als alternative Konsumform (Lamberton und Rose 2012), wohingegen der Besitz einer Sache immer mehr als Einschränkung der eigenen Mobilität und Flexibilität angesehen wird (Kathan et al. 2016; Schaefers et al. 2016). Dementsprechend tritt der Besitz einer Sache verstärkt in den Hintergrund (Chen 2008) und der bloße Zugang zu einer Sache wird vorgezogen (Belk 2007, 2010; Hennig-Thurau et al. 2007; Schaefers et al. 2016). Anstatt Waren und Güter zu kaufen und sie zu besitzen, erhalten Konsumierende vorübergehenden Zugang zu den Gütern und Dienstleistungen, die sie benötigen (Bardhi und Eckhardt 2012; Hartl et al. 2016). Dieses Phänomen wird als Sharing Economy bezeichnet (Botsman und Rogers 2011), welche sich durch „Peer-to-Peer"-Aktivitäten auszeichnet, bei denen der Zugang zu Gütern und Dienstleistungen über „community-based online services" koordiniert wird (Hamari et al. 2016). Dabei können sowohl Unternehmen als auch Privatpersonen jeweils untereinander oder auch miteinander die Nutzung über das Internet organisieren (Reuschl und Bouncken 2017).

Im Kern der Sharing Economy steht die Koordination des Zugangs und somit die effiziente Gestaltung der Transaktionskosten, wodurch die Interaktion zwischen Individuen und die Bildung virtueller Gemeinschaften vereinfacht wird (Möhlmann 2015). Grundlage davon sind die Entwicklung des Internets und die zunehmende Vernetzung von Informations- und Kommunikationstechnologien (Belk 2014). Durch diese Entwicklungen ist es möglich, ohne wesentliche Transaktionskosten Güter und Dienstleistungen gemeinschaftlich und nachhaltig zu nutzen (Albors et al. 2008; Belk 2014). Dabei stiftet das Teilen von Ressourcen für die Gemeinschaften einen ökonomischen Wert, da so die Anschaffungskosten vermieden und laufende Kosten abgeschafft werden können (Schaefers et al. 2016). Zentral ist auch ein sozialer Nutzen für die Beteiligten, der z. B. durch die Stärkung des Gemeinschaftsgefühls entstehen kann (Belk 2007, 2014). Da durch die gemeinsame Nutzung eines Gutes Verschwendung vermieden und eine Überproduktion bekämpft werden kann, impliziert die Sharing Economy auch einen ökologischen Nutzen (Möhlmann 2015). Auf Seiten der Konsumierenden spiegelt sich dies in dem in der Einleitung erwähnten fundamentalen Wertewandel (Bardhi und Eckhardt 2012) sowie veränderten Konsumgewohnheiten (Hamari et al. 2016) wider.

Abgesehen von dem Einfluss auf den Konsum finden sich die Auswirkungen der Sharing Economy auch in anderen Bereichen wieder. Neben den für gewöhnlich herangezogenen Beispielen wie dem Teilen von Fahrzeugen, Wohnraum, Medien oder Kleidung (Bouncken 2018), hat die Sharing Economy auch Einfluss auf die Arbeitswelt. Hier etabliert sich zunehmend ein Trend, der sich durch das Teilen von Arbeitsraum kennzeichnet (Bouncken 2018; Richter et al. 2015). Unterstützt wird dieser Trend durch zwei weitere zentrale Einflussfaktoren. Unternehmen suchen vermehrt Flexibilisierungsmöglichkeiten ihrer Arbeitskräfte, um sich permanenten ökonomischen und technologischen Veränderungen (Raffaele und Connell 2016) besser stellen zu können. Diese Entwicklung ist zusätzlich durch eine Ausrichtung vieler Unternehmen auf das Interesse von Investierenden und damit einhergehend auf die Fokussierung kurzfristiger finanzieller Erfolge getrieben (Bouncken 2000; Spreitzer et al. 2017). Dadurch erhalten Arbeitnehmende immer seltener traditionelle Vollzeitstellen, die mit Arbeitsplatzsicherheit (Davis 2016), einer fixen Zeitplanung sowie einem festen Arbeitsplatz auf dem Gelände des Unternehmens verbunden sind (Kalleberg et al. 2000). Stattdessen werden Arbeitsplätze ausgelagert, Kernbelegschaften reduziert (Kalleberg 2001) und verstärkt Vertragsarbeitende, ohne Arbeitsplatzsicherheit oder Vorsorgeleistungen, eingestellt (Bidwell 2009; Bidwell und Briscoe 2009).

Einhergehend mit den Veränderungen auf Seiten von Unternehmen entwickeln sich auch auf Seiten der Arbeitnehmenden neue Anforderungen an die Arbeit (Schürmann 2013). Flexible Arbeitsregelungen (Wey Smola und Sutton 2002) in Bezug auf die räumliche und zeitliche Gestaltung der Arbeitsleistung (Johns und Gratton 2013) und eine ausgeglichene Work-Life-Balance (Carless und Wintle 2007) sind den Young Professionals zunehmend wichtiger. Dies resultiert in neuen Beschäftigungsmodellen, neuartigen Berufen und neuen Formen der Zusammenarbeit (Schürmann 2013). Beispiele für neue Beschäftigungsmodelle sind die nomadische Arbeit (Mark und Su 2010) oder die Möglichkeit, im Home-Office zu arbeiten. Bei der nomadischen Arbeit reisen Menschen mit dem Ziel, Arbeit zu verrichten (Mark und Su 2010). Home-Office hingegen bezeichnet die Verrichtung der täglichen Arbeit von zu Hause bzw. allgemeiner gesprochen einem selbst gewählten Ort. Insbesondere auch an der steigenden Anzahl an Selbstständigen (Johns und Gratton 2013) lässt sich dieser Trend erkennen. So ist die Zahl der Selbstständigen in Deutschland bis 2019 auf ca. 3,5 Millionen gestiegen, europaweit lag die Zahl der Selbstständigen 2019 bei ca. 30,5 Millionen (eurostat 2020). Ermöglicht wird diese Entwicklung durch technologische Fortschritte in Informations- und Kommunikationstechnologien (Johns und Gratton 2013; Moriset 2014), welche es erlauben, Arbeit von überall und jederzeit zu erledigen (Kossek et al. 2015; Spreitzer et al. 2017). Viele dieser Selbstständigen verrichten ihre Arbeit mittlerweile in Coworking-Spaces (siehe auch Abschn. 14.4.4). Zusätzlich spielen verstärkt flexible Arbeitsplätze eine Rolle in der modernen Gestaltung von Organisationen (Gandini 2015; Merkel 2015; Gibson 2003). Darüber hinaus bietet die heutige Zeit vermehrt Möglichkeiten für digitale Geschäftsmodelle (Bouncken et al. 2019b). Durch die oben bereits erwähnten geringen Transaktionskosten der Sharing Economy (Albors et al. 2008; Belk 2014) können Unternehmen über Vermittlungsplattformen flexibel und ohne hohe Suchkosten auf die Arbeitsleistung von Selbstständigen zugreifen, die auf solchen Vermittlungsplattformen ihre Arbeitskraft anbieten (Gandini 2016b).

Dieser Wandel wird auch als „on-demand economy" bezeichnet, was einen äußerst flexiblen Arbeitsmarkt beschreibt, in denen Berufstätige unabhängig und individuell agieren und nur bei Bedarf nachgefragt werden (Gandini 2016a). Da jedoch durch diesen Trend mehr und mehr Menschen von zu Hause aus arbeiten und weniger persönlichen Kontakt zu Arbeitskollegen haben, fühlen sich viele zunehmend isoliert und sozial abgeschirmt (Cooper und Kurland 2002; Garrett et al. 2017; Golden et al. 2008; Whittle und Mueller 2009). Um diesem Gefühl zu begegnen, haben einige Selbstständige begonnen, in öffentlich zugänglichen Plätzen wie Cafés zu arbeiten. Jedoch sind diese Plätze oftmals lärmintensiv und bieten wenig Privatsphäre (Garrett et al. 2017). Darüber hinaus bieten sie nur wenig Möglichkeiten für soziale Interaktion (Hampton und Gupta 2008).

Um der häufig auftretenden sozialen Vereinsamung entgegenzuwirken, hat sich Mitte der 2000er-Jahre ein neues Arbeitsmodell entwickelt, welches das Teilen von Arbeitsräumen beinhaltet und als „Coworking" bezeichnet wird (Moriset 2014). Die Coworking-Spaces erfuhren seit dem ersten offiziellen Auftreten im Jahr 2005 in San Francisco (Foertsch und Cagnol 2013) große Beliebtheit und entwickelten sich rasant (Reuschl und Bouncken 2017). Im Jahr 2018 arbeiteten noch etwa 1,7 Millionen Menschen in knapp 19.000 Coworking-Spaces weltweit und diese Zahlen steigen im Jahr 2019 bereits auf 2,2 Millionen Coworkende in knapp 22.000 Coworking-Spaces weltweit (Foertsch 2018). Doch während Coworking-Spaces in der Praxis eine große Bedeutung haben, wurden sie in der Theorie bzw. Wissenschaft bisher nur vereinzelt betrachtet (vgl. Bilandzic und Foth 2013; Capdevila 2014; Davies und Tollervey 2013; Gandini 2015; Johns und Gratton 2013; Jones 2013; Kwiatkowski und Buczynski 2014; Moriset 2014; Pohler 2012; Spinuzzi 2012).

14.2.1 Coworking und Coworking-Spaces

Der Begriff Coworking bedeutet zu Deutsch „gemeinsam arbeiten" und kommt ursprünglich 2005 aus San Francisco. Dort entwickelte sich das Coworking, das eine Arbeitsweise zwischen einem traditionellen Arbeitsplatz und einer gemeinschaftlichen Umgebung beschreibt. Diese gemeinschaftliche Arbeitsform wird beispielsweise von Freiberuflern, Selbstständigen, Start-ups oder Arbeitnehmern in Home-Office genutzt (Gandini 2015). Im Vordergrund steht hierbei nicht der wirtschaftliche Nutzen, sondern der Ansatz einer quellenoffenen Gemeinschaft, die Kommunikation und soziale Beziehungen zwischen den Mitgliedern fördert (Gandini 2015). Selbstständige oder Arbeitnehmer in Home-Office fühlen sich häufig sozial und beruflich isoliert, da sie ihre Arbeiten von zu Hause aus erledigen und sich deshalb nicht automatisch mit Kollegen oder anderen Menschen austauschen können (Bouncken et al. 2018a). Laut Bouncken und Reuschl schafft die soziale Interaktion mehr Zufriedenheit und Motivation bei der Arbeit. Außerdem kann die Interaktion den Mitgliedern auch beruflich zu mehr Erfolg führen, indem sie Informationen austauschen und sich somit gegenseitig bei Problemlösungen unterstützen (Bouncken und Reuschl 2017a).

Der Gedanke dahinter ist, dass Coworkende ihre individuellen Aufgaben neben anderen Personen, eher als mit ihnen, verrichten, vergleichbar mit der Atmosphäre, die typisch für ein Fitnessstudio ist (Aabø und Audunson 2012). Hierbei wird durch das nebeneinander Arbeiten die Isolation, die durch die digitale Arbeit und das Wegfallen eines klassischen Büroplatzes entsteht, verringert und eine soziale Komponente erzeugt, die die Coworkenden so sonst nur schwer erfahren können (Bouncken et al. 2016). Die Nutzenden kennen sich untereinander und kommunizieren viel, sind aber in ihrer Arbeit und Arbeitsweise selbständig. Um das zu ermöglichen bieten Coworking-Spaces neben der zum Arbeiten notwendigen Ausstattung wie Arbeitsplatz, Internet, Drucker und Konferenzraum auch Elemente zum Wohlfühlen und Kommunizieren wie Küchen, Freizeiträume mit Kickern oder Couch- und Hängematten-Landschaften. Von der German Coworking Federation sowie in verschiedenen Publikationen wurden dafür 5 Kernwerte identifiziert, die die Coworking-Mentalität beschreiben: (1) Offenheit, (2) Kollaboration, (3) Nachhaltigkeit, (4) Gemeinschaft und (5) Zugänglichkeit. Offenheit bedeutet, sich gegenseitig zu akzeptieren und neue Personen aber auch neuen Ideen offen gegenüberzustehen. Kollaboration bezieht sich darauf, dass Coworkende nicht nur zusammen parallel arbeiten, sondern auch zusammen an gemeinsamen Projekten arbeiten (Görmar et al. 2020). Die Nachhaltigkeit bedeutet hier der ressourcenschonende Ansatz, also das zur Verfügung stellen von ungenutzten Ressourcen, räumlich wie finanziell. Die Gemeinschaft bezeichnet das Wir-Gefühl innerhalb eines Coworking-Space aber auch unter allen Coworkenden, dass die Integration von verschiedenen Sichtweisen und Herangehensweisen ermöglicht. Die Zugänglichkeit bedeutet nicht nur die Öffnungszeiten des Space, sondern vielmehr die Zugänglichkeit des Space für alle Interessenten ohne eine Einschränkung der potenziellen Nutzenden.

14.3   Methode

Die Methodik wird aufgrund der Forschungssituation in zwei Bereiche geteilt. Zu Beginn des Projekts handelte es sich beim Thema Coworking-Spaces um ein weitestgehend unerforschtes Thema. Dies erfordert einen offenen, qualitativen Forschungsansatz. Nach ausführlichen Recherchen und Studien sowohl im Rahmen des Projekts als auch von anderen Wissenschaftlern*innen weltweit wird ein quantitativer Ansatz verfolgt.

14.3.1   Qualitativer Ansatz zur Erforschung eines neuen Phänomens

Coworking-Spaces und die zugehörigen Werte sind in dieser Kombination ein neues Phänomen mit steigender Relevanz für Forschung und Praxis, insbesondere hinsichtlich Faktoren wie *Gemeinschaft*, *Permeabilität* und *Netzwerkaktivität*. Für neuartige und unerforschte Themen, zu denen Coworking-Spaces zählen (Garrett et al. 2017), eignet sich am besten eine induktive Vorgehensweise (Mäkelä und Turcan 2007; Strauss und Corbin 1990). Dabei wird ein Thema erwartungs- und ergebnisoffen mit qualitativen Forschungsdesigns erforscht. Dieser Ansatz erlaubt es, kontextspezifische Daten aus verschiedenen Quellen zu kombinieren und somit Theorien und Rahmenkonzepte zu entwickeln (Strauss und Corbin 1998). Daher wurden im Rahmen dieses Forschungsprojekts zunächst basierend auf ausführlicher Literaturanalyse zwei Interviewleitfäden entwickelt – einer für die Nutzenden von CWS und einer für die Anbietenden von CWS. Die Interviews wurden als Semi-strukturierte Interviews persönlich und vor Ort geführt. So konnten Rückfragen beantwortet und potenzielle Kommunikationsprobleme verhindert werden. Die Interviews wurden aufgenommen und noch am selben Tag transkribiert. Anschließend wurden die Interviews durch den jeweiligen Interviewpartner*in überprüft. Die so erhobenen Daten wurden mit Informationen von Websites, Social-Media-Kanälen und Datenbanken ergänzt. So wurden objektive Daten über den Coworking-Space mit Informationen von der Website oder durch Nachrichtenbeiträge um relevante Aspekte wie Kosten für Räumlichkeiten oder zukünftige Ausrichtung (z. B. Börsengang) ergänzt. Sofern Nutzende in Unternehmen oder Start-ups organisiert waren, wurden zusätzliche Informationen über diese Unternehmen und Start-ups erhoben. Diese qualitativen Studien ermöglichten eine Unterscheidung der Coworking-Spaces hinsichtlich Geschäftsmodell, der dahinterstehenden Betreibenden sowie angesprochener Nutzenden. Des Weiteren konnten wir erste Erfolgsfaktoren für die Arbeit in und von Coworking-Spaces herausarbeiten. Für die Studien haben wir insgesamt 158 Interviews in Deutschland, China und den USA geführt und so über 350 Stunden Interviewmaterial gesammelt. In Deutschland wurden Daten erhoben, da der Projektfokus auf Deutschland liegt und Deutschland weltweit als Vorreiter im Bereich Coworking gilt. Da der Ursprung von Coworking in den USA liegt, wurden zusätzlich dort Daten erhoben. China ist für die Erhebung interessant, da es einen anderen kulturellen Hintergrund bietet. China ist traditionell kollektivistisch und die Gemeinschaft, das Teilen

Tab. 14.1 Übersicht über die qualitativen Erhebungen

	Anbietende	Nutzende	Total
Deutschland	58	41	100
USA	5	19	24
China	13	21	34
Total	77	81	158

und das Gemeinsame haben einen hohen Stellenwert. Zum einen sind dies Kernelemente der sharing economy, zum anderen bietet China somit als Gegenpol zu den USA und Deutschland eine interessante Vergleichsgruppe. Für die Erhebung in den USA und in China wurden die Leitfäden in die jeweilige Sprache übersetzt. Dazu wurden die Leitfäden zunächst von zwei Personen von Deutsch in die Fremdsprache übersetzt und danach von zwei anderen Personen rückübersetzt. Unterschiede in der Übersetzungsarbeit wurden in den Teams diskutiert und angepasst. Die Interviews wurden sowohl mit Anbietenden von CWS als auch mit Nutzenden von CWS geführt (Tab. 14.1).

Die Auswertung der Interviews folgte einem schrittweisen Coding-Prozess nach Gioia et al.(2013) mit iterativen Prozessschritten, die eine Integration von Literatur und Zusatzmaterial erlaubten. Zunächst werden Zitate zu Konzepten erster Ordnung zusammengeführt. Im nächsten Schritt werden diese Konzepte zu Themen zweiter Ordnung aggregiert. Abschließend werden aggregierte Dimensionen gebildet. Mit dieser Methodologie können aus Interviews emergente Themen herausextrahiert werden. Eine unvoreingenommene Herangehensweise ist dafür unabdingbar.

14.3.2 Quantitative Forschung zur Überprüfung von Beziehungen und Wirkungsmechanismen

Darauf aufbauend wurden zwei Fragebögen entwickelt – einen für die Nutzenden von CWS und einen für die Anbietenden von CWS. Damit wurden die identifizierten Anbietenden- und Nutzendengruppen befragt. Bei dieser deduktiven Vorgehensweise wurden die vorher von Anbietenden, Nutzenden und Experten*innen subjektiv beschriebenen Situationen und Zusammenhänge messbar gemacht und in statistischen Modellen dargestellt. Die Fragebögen wurden sowohl papierbasiert als auch online erhoben. Potenziellen Fragen wurde durch einen informierenden Einleitungstext vorgebeugt. Die Fragen wurden sowohl durch eine 5-Punkt Likert-Skala als auch durch Single Items erhoben. Auch hier wurden die Datensätze um Informationen aus Sekundärquellen wie Websites, Social-Media-Kanälen und Datenbanken ergänzt. So konnten die in den qualitativen Studien herausgearbeiteten Beziehungen empirisch getestet werden. Die Ergebnisse dieser quantitativen Studie ermöglichen es uns, Instrumente zur Verbesserung der Arbeit von und in Coworking-Spaces zu entwickeln. In einem anschließenden Roll-out werden die Instrumente in einem Online-Tool zur weiteren Verbreitung zur Verfügung gestellt.

Tab. 14.2 Übersicht über die quantitativen Erhebungen

	Anbietende	Nutzende	Total
Deutschland	52	283	335
USA	6	13	19
China	31	563	594
Total	89	859	948

In der quantitativen Erhebung wurden erneut Nutzende und Anbietende befragt. So konnten in den Ländern Deutschland, China und USA insgesamt 909 Nutzende sowie 89 Anbietende befragt werden (Tab. 14.2).

Die Auswertung erfolgte im Rahmen von Strukturgleichungsmodellen mit der Software MPlus und mit SPSS. So können verschiedene Wirkungsketten aufgezeigt und analysiert werden.

14.4 Ergebnisse

Im Rahmen des Forschungsprojekts konnten bereits erste Erkenntnisse rund um das Thema Coworking gewonnen werden. So konnten wir verschiedene Anbietenden- und Nutzendengruppen identifizieren, Coworking-Spaces klassifizieren und einzelne Gestaltungsmerkmale herausarbeiten.

14.4.1 Die Anbietenden

Grundsätzlich konnten vier verschiedene Arten von Coworking-Spaces identifiziert werden: (1) Corporate Coworking-Spaces, (2) Open Corporate Coworking-Spaces, (3) Consultancy Coworking-Spaces und (4) Independent Coworking-Spaces. Die Corporate Coworking-Spaces bezeichnen Unternehmen, die ihre Büro- und Arbeitsplatzstrukturen dem Prinzip von flexiblen Arbeitsplätzen in offenen Bürostrukturen gewidmet haben. Dabei stehen die Arbeitsplätze nur den Angestellten zur Verfügung, eine Vermietung oder Öffnung für externe Nutzende findet nicht statt. Die offenen und kreativ gestalteten Büroflächen ermöglichen und unterstützen den Wissensaustausch zwischen Mitarbeitenden. Prominente Beispiele hierfür sind Facebook, Apple und Google. Open Corporate Coworking-Spaces verfolgen dasselbe Prinzip für ihre eigenen Mitarbeitenden, öffnen den Arbeitsplatz jedoch zusätzlich (teilweise) für externe Coworkende, z. B. Freelancer. Dadurch wird der Wissensaustausch mit Unternehmensexternen gefördert und die Angestellten profitieren von kreativen Ideen und neuartigem Input. Die externen Nutzenden können in diesem Zuge als Spezialisten*innen zu Beratungszwecken hinzugezogen werden und als kurzfristige Projektmitarbeitende das Unternehmen unterstützen. Langfristig können so neue Angestellte akquiriert werden, die das Unternehmen bereits kennen und die dem Unternehmen von Arbeitsweise und Einstellung bereits bekannt sind. Bekannte Beispiele für diese Art von CWS sind Modul57 von TUI und Ottobock. Consultancy Coworking-Spaces sind innovative und kreative Raumkonzepte, die nur für die Kunden*innen des jeweiligen Beratungsunternehmens geöffnet sind. Darin können sowohl kundenindividuelle Innovationsprojekte betreut werden als auch passende und interessante Unternehmen zusammengeführt werden. Dabei fungiert das Beratungsunternehmen als Leumund und ermöglicht so, dass Kunden*innen mit ähnlichen Projekten ihre Innovationen gemeinsam mit vereinten Kräften vorantreiben können. Über das reine Raumangebot hinaus kann das Beratungsunternehmen als Moderator und Anbietender zusätzlicher Dienstleistungen fungieren. Weitere Mitarbeitende können potenzielle Lücken im Bereich Wissen und Methodik ergänzen und somit das gesamte Angebot des Beratungsunternehmens erweitern. Als Vorreiter ist hier PwC mit Experience Centern in der ganzen Welt – u. a. in Frankfurt – zu nennen. Im Gegensatz zu diesen Coworking-Spaces stehen die unabhängigen Coworking-Spaces. Diese stehen normalerweise allen Interessenten offen, sind aber manchmal auf bestimmte Themen fokussiert (z. B. Techquarter in Frankfurt mit Fokus auf Fintech Startups) oder auf bestimmte Nutzendengruppen (z. B. Rockzipfel in München für Mütter mit Kindern). Nutzende gehen hier nicht nur ihrer Arbeit nach, sondern entkommen auch ihrer sozialen Isolation. Sie profitieren insbesondere von der Gemeinschaft, dem Wissensaustausch und den Freizeitmöglichkeiten. Hierfür können die Coworking-Spaces betahaus und St. Oberholz angeführt werden (siehe Bouncken et al. 2017).

14.4.2 Sonderformen von Coworking

Im obigen Abschnitt wurde auf die gängigen Formen von Coworking-Spaces eingegangen. Insbesondere unabhängige Coworking-Spaces nutzen jedoch immer häufiger die Möglichkeit, sich als „Coworking + X" zu positionieren. Dafür bieten sie nicht nur das Arbeitsumfeld an, sondern ergänzen das Arbeitsumfeld um eine weitere Komponente als Alleinstellungsmerkmal. Dies kann die Möglichkeit zum Wohnen sein, das Co-living (Rent24 in Berlin), oder die Möglichkeit, in der Nähe von Erholungsgebieten zu arbeiten und diese direkt nutzen zu können (Coconat in Bad Belzig). Weitere Kombinationen sind Coworking + Urlaub (z. B. Beachhub auf Ko Phangan, Thailand) oder Coworking + besondere Aktivitäten (z. B. Coworking + Reiten als Ausgleich zur Arbeit, RossVita in Neuenhagen bei Berlin). Es geht also darum, ein gewisses Level an Individualität auszustrahlen. Zu individuell und besonders darf es jedoch auch nicht sein, da ansonsten potenzielle Nutzende abgeschreckt werden (vgl. dazu Täuscher et al. 2020).

14.4.3 Angebote in Coworking-Spaces

Coworking-Spaces bieten ihren Nutzenden zwei Kernelemente. (1) Materielle Ausstattung und (2) Soziale Gestaltungselemente. Zu den materiellen Aspekten gehört der Arbeitsplatz mit Internetverbindung, Konferenzräume und Drucker, also alles, was in der wissensintensiven Arbeit benötigt wird. Zusätzlich werden in manchen Coworking-Spaces Arbeitsutensilien, Maschinen und Labore zur Verfügung gestellt. Diese Grundausstattung wird für die Arbeit der Nutzenden benötigt. Die sozialen Elemente bestehen aus Gemeinschaftsräumen, voll ausgestatteten Küchen, Entspannungsräumen und Sessellandschaften. Mit diesen Elementen wird der Wissensaustausch, die Kreativität und die Gemeinschaft gefördert (Bouncken et al. 2020b).

Begleitet werden diese Kernelemente von Dienstleistungen, die optional zusätzlich gebucht werden können. Solche Dienstleistungen können Cateringangeboten für Workshops sein, aber auch Sekretariatsdienstleistungen sowie Unternehmensadressen und -briefkästen. Zusätzlich werden häufig Seminare, Fortbildungen und Networking-Events für alle Nutzende des Coworking-Space sowie externe Interessenten*innen organisiert.

14.4.4   Die Nutzenden

Auch die Nutzenden lassen sich in verschiedene Kategorien gruppieren, (1) die *Utilizer*, (2) die *Learner* und (3) die *Socializer*. Die *Utilizer* sind Coworkende, die ausschließlich den direkten Nutzen für ihre Aufgabenbewältigung im Rahmen ihrer eigenen Tätigkeiten suchen. Die Interaktion mit anderen Coworkenden zum Wissensaustausch oder zum Aufbau persönlicher Kontakte wird nicht verfolgt. Das Hauptziel des *Learners* ist es, im Austausch mit anderen Coworkenden das Wissen zu erweitern. Die Tätigkeit steht nicht im Vordergrund. Der *Socializer* nutzt den Coworking-Space primär um der sozialen Isolation zu entkommen, der er aufgrund seiner Tätigkeit oder seiner Bürosituation ausgesetzt ist. Er möchte Freundschaften schließen und sich über aktuelle Small-Talk-Themen unterhalten (siehe Bouncken und Reuschl 2017b).

Abhängig von der Art des Coworking-Spaces variieren die Anteile der Nutzendengruppen. Die Corporate Coworking-Spaces richten sich ausschließlich an Angestellte des Unternehmens. Primäre Nutzendengruppe sind somit die *Utilizer*. Doch der Grund eines Unternehmens flexible Arbeitsplatzstrukturen zu schaffen ist auch die Förderung des Austauschs. Somit sind die *Learner* explizit erwünscht und bilden die zweite Nutzendengruppe.

Open Corporate Coworking-Spaces adressieren grundsätzlich dieselben Nutzendengruppen. Zusätzlich ist hier ein geringer Anteil der *Socializer*, da die externen Nutzenden auch aus dem Grund der sozialen Isolation zur Nutzung von Coworking-Spaces tendieren. Der Anteil fällt jedoch eher gering aus, da die meisten Coworkenden, die primär *Socializer* sind, zu den unabhängigen Coworking-Spaces tendieren.

Die Consultancy Coworking-Spaces adressieren Mitarbeitende von Unternehmen, die Kunden*innen des Beratungsunternehmens sind. Dies ist Teil des Geschäftsmodells des Beratungsunternehmens und ist für die Unternehmen somit kostenpflichtig. Der reine Austausch mit anderen Mitarbeitenden und das abbauen sozialer Isolation ist somit kein Grund für die Nutzung. Vielmehr geht es darum, dass die Nutzenden unter Mitwirkung von Beratenden neue Ideen generieren oder neue Ideen weiterentwickeln sowie das Umfeld und die Einrichtung des CWS dafür nutzen. Primäre Nutzendengruppen sind also die *Utilizer* und die *Learner*.

Im unabhängigen Coworking-Space mischen sich die Nutzendengruppen. Die wenigsten hier sind *Utilizer* und die meisten sind *Socializer*. Das liegt daran, dass in unabhängigen Coworking-Spaces die Wertegemeinschaft besonders wichtig ist und das Gemeinschaftsleben einen hohen Stellenwert einnimmt.

14.4.5   Coworking-Spaces als Ecosysteme

Ein wichtiger Aspekt für Solo-Selbstständige und Start-ups ist, wie aus unseren Erhebungen hervorgeht, die Vernetzung auf der beruflichen Ebene. Diese Vernetzung ist aufgrund von Kennenlernen und Vertrauensbildung persönlich deutlich schneller und besser möglich, als über digitale Medien. Je mehr Personen mit gleichen und/oder verschiedenen Hintergründen ins persönliche Netzwerk integriert sind, desto höher ist die Wahrscheinlichkeit, bei Problemen entsprechende Hilfe zu erhalten. Die Kombination vieler solcher Netzwerke kann auch als Ecosystem bezeichnet werden. Ein Ecosystem besteht aus einer Gemeinschaft verbundener Akteure. Diese kombinieren und ergänzen ihr Wissen, ihre Quellen und ihr Potenzial (Turkina et al. 2016; Dunning 1988). Diese Verbindungen ermöglichen den Zugang zu breit verteiltem Wissen und Kontakten (Mudambi et al. 2018). Außerdem kann so einem gemeinsamen Endkunden*in ein aufeinander abgestimmtes Angebot angeboten werden. Ein Akteur kann Teil verschiedener Ecosysteme sein. Im Kontext der Coworking-Spaces sind sowohl die einzelnen Coworkenden als auch die Coworking-Spaces solche Akteure.

Die Coworking-Spaces als „Hüter*in der Gemeinschaft" fungieren dabei als Gate-Keeper. Alle Coworkenden, die in die Gemeinschaft eintreten, erfüllen daher die Grundvoraussetzungen um als Teil der Gemeinschaft akzeptiert zu werden. Sie werden somit in das Coworking-Space Ecosystem aufgenommen und sind damit direkt auch Teil des Ecosystems der aller Coworking-Spaces. Mit Eintritt steuern sie ihr persönliches Netzwerk bei und erweitern somit das existierende Ecosystem. Dies erweitert das zugängliche Wissen und die zur Verfügung stehende Unterstützung. Das Netzwerk, auf das die Coworkenden über die Ecosystem-Zugehörigkeit Zugriff haben, hat darüber hinaus direkte Auswirkungen auf Innovativität und Projekterfolg. Ein ausgeprägtes und von allen Teilnehmenden aktiv unterstütztes Ecosystem ist somit einer der Erfolgsfaktoren von Coworking-Spaces.

14.4.6   Permeabilität

Permeabilität bedeutet die Möglichkeit von einem Team, einer Gruppe oder einem Netzwerk in ein anderes Team, eine andere Gruppe oder ein anderes Netzwerk zu wechseln (Ellemers et al. 1988). Diverse Studien haben gezeigt, dass Permeabilität die Kommunikation und die Innovationskraft fördern (Bouncken et al. 2020a; Jacobides und Billin-

ger 2006; Workman 2005). Permeabilität ermöglicht außerdem das Einbinden von vielfältigen Nutzenden, was wiederum wichtig für Innovativität ist (Bouncken et al. 2008).
Der Wissensaustausch entlang vielfältiger Nutzenden wird durch die physische Nähe in
Coworking-Spaces zusätzlich unterstützt (Bouncken und Aslam 2019). Die Nutzenden
von Coworking-Spaces sind, anders als Angestellte eines Unternehmens, nicht auf einen
Arbeitsplatz oder eine Tätigkeit festgelegt. Somit herrscht ein gewisser Grad an Fluktuation von Nutzenden innerhalb eines Coworking-Space. Diese Fluktuation ist notwendig, um den Wissensaustausch und die Kreativität kontinuierlich zu fördern. Coworking-Spaces, die den Fluss und Austausch von Informationen forcieren, verbessern die
dazugehörigen kreativen Prozesse.

Sehr geringe Permeabilität, also eine geringe Fluktuation von Nutzenden in Coworking-
Spaces, erhöht zwar das Gemeinschaftsgefühl aufgrund von Beständigkeit, reduziert jedoch den Wissensaustausch. Das bestehende Netzwerk wird fixiert und die Vorteile der
flexiblen Arbeitswelt in Coworking-Spaces können nicht realisiert werden. Eine zu hohe
Fluktuation von Coworkenden hingegen verhindert, dass Vertrauen und Akzeptanz aufgebaut werden kann. Vertrauen hingegen ist wichtig für die Leistung der Coworkenden
(Hughes et al. 2018). Ohne Vertrauen wird außerdem bereits das Initiieren des Informati-
onsflusses verhindert. Folglich fördert ein gewisses Level an Permeabilität die Innovationskraft sowie den Unternehmenserfolg (Bouncken et al. 2019a).

14.4.7 Gemeinschaftsgefühl

Der Permeabilität gegenüber steht das Gemeinschaftsgefühl. Diverse Studien haben das
Gemeinschaftsgefühl als Kernelement von Coworking-Spaces herausgearbeitet (Blagoev et al. 2019; Castilho und Quandt 2017; Garrett et al. 2017; Spinuzzi et al. 2019).
Garrett et al. (2017) erläutern, dass eine gemeinsame Vision, geteilte Normen und gemeinsame Routinen ein Gemeinschaftsgefühl zwischen Nutzenden kreieren, obwohl
kein gemeinsamer Arbeitgeber einen Wertekodex oder eine Unternehmensphilosophie
vorgibt.

Ebenso wie bei der Permeabilität muss ein gewisses Gemeinschaftsgefühl im
Coworking-Space geschaffen werden. Das Gemeinschaftsgefühl fördert ebenfalls die
Innovationskraft sowie den Unternehmenserfolg. Eine Identifikation mit einer gemeinsamen Basis (dem Coworking-Space) reicht dabei schon aus, wichtiges Wissen
miteinander zu teilen (vgl. dazu Bouncken und Barwinski 2020). Eine zu stark ausgeprägte Gemeinschaft hingegen bedeutet eine fixe und starre Situation ähnlich wie
sie in etablierten Unternehmen verhindert werden soll. Dies wird wiederum durch
vorhandene Fluktuation verhindert. Das Zusammenspiel von Permeabilität und Gemeinschaftsgefühl ist somit einer der Erfolgsfaktoren der Arbeit in und von Coworking-Spaces (siehe Bouncken und Reuschl 2018). Der vorhandene Wettbewerb und
die Konkurrenzsituation wirkt sich dabei nicht negativ auf die Gemeinschaft aus
(Bouncken et al. 2018b).

14.4.8 Matching von interessierten Parteien

Gemeinsam zu arbeiten, sich auszutauschen und gemeinsam die Freizeit zu gestalten reicht jedoch nicht aus, um mit den beruflichen Tätigkeiten erfolgreich zu sein. Die passenden Partner*innen müssen für die gewünschten Zwecke passend zusammengeführt werden. Dafür sind entsprechende Coworking-Space Mitarbeitende notwendig (s. Abschn. 14.4.9). Das Zusammenbringen von Coworkenden untereinander und/oder in Kombination mit Externen kann nicht generisch erfolgen, sondern muss zweckdienlich und zielführend sein. Hierfür haben sich Workshops und Events als hilfreich herausgestellt. In unserem Projekt konnten wir primär drei verschiedene Arten identifizieren: (1) Netzwerktreffen, (2) Kooperationen bilden und (3) Transferformate. Bei (1) Netzwerktreffen geht es darum, (potenzielle) Mitglieder einer Fachgemeinschaft aufeinander aufmerksam zu machen und zusammenzuführen. Es geht darum, Aufmerksamkeit für andere Personen desselben (Fach)gebiets zu schaffen und diese in Austausch miteinander zu bringen. Veranstaltungen zum Zweck der (2) Kooperation sollen den Anstoß für gemeinsame Projekte bieten. Primärer Fokus dieser Projekte ist – abhängig von den Partnern*innen – Forschung und Entwicklung sowie große Aufträge, die von einer Partei nicht alleine oder nicht vollständig bewältigt werden können und somit zusätzliches Wissen oder Können notwendig ist. Die (3) Transfertreffen dienen dem Austausch zwischen Wissenschaft und Praxis. Beide Seiten können so zu speziellen Themen ihre Anforderungen oder ihr Leistungsspektrum abstecken und sich gegenseitig über die neuesten Trends aus ihrem Bereich informieren.

Anders als erwartet sind Treffen mit Geldgebenden, also die Funktion eines Business Angels oder die Unterstützung von etablierten Unternehmen, kaum relevant für die Nutzenden von Coworking-Spaces.

14.4.9 Rollen im Coworking-Space

Um einen Coworking-Space langfristig erfolgreich betreiben zu können hat sich in unseren Erhebungen ebenfalls herausgestellt, dass diverse Positionen auf der Betreibenden-Seite besetzt sein sollten. Dies ist zumeist erst möglich, wenn der Coworking-Space eine gewisse Größe und somit gewisse finanzielle Möglichkeiten hat. Es ist jedoch auch erst ab einer gewissen Größe notwendig bzw. hilfreich. Einzelne Positionen können bei kleineren CWS zusammengelegt werden und von einer Person erfüllt werden.

Community-Manager
Der Community-Manager vernetzt intern die Mitglieder miteinander. Er weiß, welches Mitglied sich auf welchen Bereich spezialisiert hat und was das jeweilige Mitglied an Hilfe braucht und mit welchen Fähigkeiten es selbst andere unterstützen kann. Darüber hinaus kümmert sich der Community-Manager um das Wohlbefinden der CWS-Nutzenden und hält die Gemeinschaft am Leben. Er weiß nicht nur, wo die einzelnen Nutzenden

beruflich stehen, sondern kennt im Idealfall auch die persönlichen Situationen jedes Einzelnen und kann somit auch auf der persönlichen Ebene agieren und intervenieren. Da der Community-Manager all dies weiß gehört zu dem Tätigkeitsbereich ebenfalls das Streitschlichten. Da alle Befindlichkeiten und ggf. persönliche schwierige Lebenslagen bekannt sind ist das Einfühlungsvermögen notwendig, um Streit unter den Coworkenden zu schlichten bzw. im Vorhinein zu verhindern.

Concierge/Verwaltende

Der Concierge/Verwaltende ist dafür verantwortlich, dass es im CWS an nichts fehlt und alles in genau der richtigen Menge vorhanden ist. Dies beinhaltet Kreativmaterial wie Flip-Charts, Stifte, ausgestattete Moderationskoffer und Whiteboard-Stifte aber auch Beamer-Lampen, Küchenutensilien und alles, was zur Grundausstattung des CWS gehört. Darüber hinaus ist diese Person aber auch dafür verantwortlich, dass mit den Materialien sorgsam umgegangen wird. Während der Community-Manager also für das weiche Gerüst des CWS verantwortlich ist (der Gemeinschaft), ist der Concierge/Verwaltende für die Infrastruktur des CWS verantwortlich.

Event-Manager

Der Event-Manager ist für alle Veranstaltungen im CWS zuständig. Gibt es kein digitales Buchsystem für Konferenz- und Veranstaltungsräume, so ist diese Person für die Belegung der vorhandenen Räume zuständig, ansonsten für die Verwaltung der entsprechenden Software. Zusätzlich ist diese Person für die Veranstaltungen verantwortlich, die im CWS stattfinden oder vom CWS organisiert werden. Dies beinhaltet die Organisation von externen Rednern*innen aber auch die Vermietung von Veranstaltungsräumen für externe Veranstaltungen. Auf Veranstaltungswünsche der Coworkenden soll der Event-Manager nach Möglichkeit eingehen und diese umsetzen oder die Nutzenden bei der Umsetzung der Wünsche mit allen Kräften unterstützen.

Je nach Situation können auch weitere Positionen hilfreich sein. Eine Gestaltende Person ist beim Bau, bei der Ausstattung und bei der Gestaltung des CWS hilfreich. Dies sollte natürlich in Verbindung mit der Gestaltung der Gemeinschaft stattfinden, um die Räume und die Gemeinschaft aneinander anzupassen.

14.4.10   Relevanz der Kernwerte von Coworking

(1) Offenheit als erster Kernwert genießt unbestritten einen hohen Status. Der Austausch und die Interaktion mit anderen Menschen sind häufig erstgenannte Gründe für die Nutzung von Coworking-Spaces. Somit ist es wenig verwunderlich, dass die Offenheit gegenüber anderen Coworkenden und ihren Ideen in der breite praktiziert und gelebt wird. Dies konnten wir auch in verschiedenen Studien bestätigen. (2) Kollaboration hingegen hat nur einen geringen Stellenwert und ist – abhängig von der Situation – nicht gewünscht. Dies bezieht sich jedoch auf das Aufbauen von gemeinsamen Projekten und das Aufbauen eines

gemeinsamen Unternehmens mit einer Person, die man im Coworking-Space kennenlernt. Kollaboration im Sinne von gegenseitiger Unterstützung bei bestehenden Projekten ist davon unberührt. Das Verfolgen von (3) Nachhaltigkeit ist Coworkenden sehr wichtig. Als Teil der sharing economy sind Coworkende mit dem Teilen und der gemeinsamen Nutzung stark verwurzelt. Die Möglichkeit etwas nutzen zu können ist ihnen wichtiger als etwas zu besitzen. Das bezieht sich auf Büroräume und Fortbewegungsmittel, aber auch auf besondere elektronische Geräte (z. B. mobile WiFi-Hotspots) und finanzielle Ressourcen. Die (4) Gemeinschaft als wichtiges Element in Coworking-Spaces hat eine besondere Stellung, da nicht jeder Coworkende die Gemeinschaft im selben Kontext einbezieht. Gemeinschaft kann als Motivator gelten, wenn Coworkende sich gegenseitig bei der Arbeit sehen, sie kann aber auch der Small Talk über aktuelle Ereignisse in Sport und Politik sein. Gemeinschaft kann das gemeinsame Kochen in der gemeinsamen Küche sein, sie kann aber auch die gemeinsame Pause am Kicktisch oder an der Tischtennisplatte sein. Den Höhepunkt erreicht das Gefühl der Gemeinschaft bei neuen Freundschaften, die sich im Coworking-Space bilden können. Abhängig von der Nutzendenart (s. Abschn. 14.4.4) und des Coworking-Spaces (s. Abschn. 14.4.1) wird von beiden Seiten unterschiedlich viel Wert auf die Gemeinschaft gelegt und nimmt somit einen unterschiedlichen Stellenwert ein. Abschließend hinaus müssen Coworking-Spaces für sich evaluieren, ob sie ihr Angebot allen Interessenten zugänglich machen wollen (Zugänglichkeit). Unsere Auswertungen der quantitativen Erhebung hat gezeigt, dass es hierzu keine abschließende Äußerung getätigt werden kann. Auf der einen Seite gibt es Coworkende, die eine breite, diverse Menge an Coworkenden nur in Ausnahmefällen wünschen und dies selten als hilfreich empfinden. Sie bevorzugen eine klare Positionierung und einen klaren Fokus, da dies als Alleinstellungsmerkmal von Coworkenden wertgeschätzt wird. Dieser Fokus kann auf dem Tätigkeitsfeld basieren (Techquartier in Frankfurt am Main) aber auch auf allen anderen Kriterien (Alleinerziehende mit Kind, s. Rockzipfel in München; Gemeinschaftsgefüge mit Bewerbung als Einstiegshürde, etc.). Auf der anderen Seite gibt es Coworkende, die ein breites diverses Umfeld bevorzugen, da sie keine Kooperationen anstreben, sondern sich flexibel austauschen möchten. Die Art der Nutzung ist dabei schlussendlich Abhängig vom Stadium, in dem sich das jeweilige Unternehmen befindet (Barwinski et al. 2020).

14.5 Fazit

Coworking-Spaces bieten enormes Potenzial, sowohl für unternehmerischen Erfolg als auch für die Humanisierung der Arbeit. Durch verbesserte Kommunikation und verstärkten Wissensaustausch können Innovationen auf Produkt-, Geschäfts- und Geschäftsmodellebene gezielt erreicht werden. Für die Nutzenden von Coworking-Spaces bedeutet es, dass sie sich vermehrt selbstständig freier entwickeln können, was nicht nur Grenzen verringert und Kreativität fördert, sondern auch das Wohlbefinden stärkt.

Unsere Forschung hat gezeigt, dass es verschiedene Arten von Coworking-Spaces gibt: (1) Corporate Coworking-Spaces, (2) Open Corporate Coworking-Spaces, (3) Consultancy Coworking-Spaces und (4) Independent Coworking-Spaces. Insbesondere letztere differenzieren sich zunehmend durch Sonderformen von Coworking-Spaces, die sich durch Coworking+X auszeichnen und eine Zusatzleistung als Alleinstellungsmerkmal anbieten. In den Coworking-Spaces wird neben der notwendigen Infrastruktur für Büros zusätzlich die Möglichkeit zur Interaktion, Gemeinschaft und Austausch geboten. In manchen Coworking-Spaces werden darüber hinaus Postadressen, Sekretariatsdienstleistungen und Eventplanungen angeboten. Dies wird von den Coworkenden abhängig von der Nutzendengruppe unterschiedlich angenommen. Die (1) Utilizer sind eher auf die Nutzung der Infrastruktur fokussiert, während der (2) Learner das Umfeld zum Lernen nutzen möchte. Der (3) Socializer präferiert die Interaktion mit anderen Coworkenden, um der sozialen Isolation zu entkommen. Die Summe aller Akteure kreiert ein Ecosystem. Durch das Ecosystem können sich die Teilnehmenden schneller und stärker entwickeln und von Kontakten, Fähigkeiten und Ressourcen anderer Teilnehmenden profitieren. Ein gewisser Grad an Durchlässigkeit, also Permeabilität, ermöglicht in diesem Ecosystem kontinuierlich neue Kontakte zu knüpfen. Zu hohe Permeabilität reduziert jedoch das Gemeinschaftsgefühl. Die Gemeinschaft ist wichtig für gegenseitiges Vertrauen, um andere Coworkende bei Projekten bereitwillig zu unterstützen. Dabei hilft auch das Matching von Interessenten. Coworkende untereinander, aber auch Coworkende mit Externen, müssen in passenden Situationen zusammengeführt werden, damit eine Weiterentwicklung stattfinden kann. Unterstützend hierfür sind verschiedene Rollen, die im Coworking-Space besetzt sein sollten. Dazu zählen insbesondere der Community-Manager und der Event-Manager. Aber auch der Verwaltende/der Concierge übernimmt eine wichtige Rolle im laufenden Betrieb des Coworking-Space. Nur teilweise durch die Betreibenden beeinflussbar aber dennoch gravierend für die Entwicklung eines Coworking-Spaces ist die Frage, in wie weit sich Coworkende mit den Coworking Kernwerten identifizieren. Die fünf Kernwerte (1) Offenheit, (2) Kollaboration, (3) Nachhaltigkeit, (4) Gemeinschaft und (5) Zugänglichkeit beschreiben die Werte, nach denen die meisten Coworkenden leben und die ihnen auch bei der Arbeit wichtig sind.

Diesen Ansätzen stehen jedoch noch Risiken und Schwächen entgehen, die durch wissenschaftliche Forschung und praktische Erprobung kalkulierbar gemacht werden müssen mit dem Ziel, diese zu beseitigen.

Da Deutschland von Anfang an als Vorreiter der Idee des Coworking in Europa galt, sollte Deutschland diese Position nicht aufgeben und sich auf verschiedenen Ebenen intensiv mit der Thematik beschäftigen. Das Forschungsprojekt „Hierda" kann an dieser Stelle nur ein Anfang sein.

Literatur

Aabø, S., & Audunson, R. (2012). Use of library space and the library as place. *Library & Information Science Research, 34*(2), 138–149.

Albors, J., Ramos, J. C., & Hervas, J. L. (2008). New learning network paradigms: Communities of objectives, crowdsourcing, wikis and open source. *International Journal of Information Management, 28*(3), 194–202. https://doi.org/10.1016/j.ijinfomgt.2007.09.006.

Bardhi, F., & Eckhardt, G. M. (2012). Access-based consumption: The case of car sharing. *Journal of Consumer Research, 39*(4), 881–898.

Barwinski, R. W., Qiu, Y., Aslam, M. M., & Clauss, T. (2020). Changing with the time: New ventures' quest for innovation. *Journal of Small Business Strategy, 1*(30), 19–31.

Belk, R. (2007). Why not share rather than own? *The Annals of the American Academy of Political and Social Science, 611*(1), 126–140.

Belk, R. (2010). *Possessions and self.* Hoboken: Wiley International Encyclopedia of Marketing.

Belk, R. (2014). You are what you can access: Sharing and collaborative consumption online. *Journal of Business Research, 67*(8), 1595–1600. https://doi.org/10.1016/j.jbusres.2013.10.001.

Bidwell, M. (2009). Do peripheral workers do peripheral work? Comparing the use of highly skilled contractors and regular employees. *ILR Review, 62*(2), 200–225.

Bidwell, M. J., & Briscoe, F. (2009). Who contracts? Determinants of the decision to work as an independent contractor among information technology workers. *Academy of Management Journal, 52*(6), 1148–1168.

Bilandzic, M., & Foth, M. (2013). Libraries as coworking spaces: Understanding user motivations and perceived barriers to social learning. *Library Hi Tech, 31*(2), 254–273. https://doi.org/10.1108/07378831311329040.

Blagoev, B., Costas, J., & Karreman, L. (2019). We are all herd animals': Community and organizational city in coworking spaces. *Organization*, 1–23. https://doi.org/10.1177/1350508418821008.

Botsman, R., & Rogers, R. (2011). *What's mine is yours: How collaborative consumption is changing the way we live.* London: Collins.

Bouncken, R., & Barwinski, R. (2020). Shared digital identity and rich knowledge ties in global 3D printing – A drizzle in the clouds? *Global Strategy Journal.* https://doi.org/10.1002/gsj.1370.

Bouncken, R. B. (2000). Dem Kern des Erfolges auf der Spur? State of the Art zur Identifikation von Kernkompetenzen. *Zeitschrift für Betriebswirtschaft, 70*(7/8), 865–886.

Bouncken, R., Ratzmann, M., Barwinski, R., & Kraus, S. (2020a). Coworking spaces: Empowerment for entrepreneurship and innovation in the digital and sharing economy. *Journal of Business Research, 114*, 102–110. https://doi.org/10.1016/j.jbusres.2020.03.033.

Bouncken, R. B., Aslam, M. M., & Qiu, Y. (2020b). Coworking spaces: Understanding, using, and managing sociomaterality. *Business Horizons* (accepted).

Bouncken, R., & Reuschl, A. (2017a). Emergence of a new institutional field? Forces around the institutionalization of coworking-spaces (accepted). In *EGOS 2017, Pre-colloquium development workshop PDW*, Copenhagen.

Bouncken, R., Reuschl, A., & Görmar, L. (2017). Archetypes and proto-institutions of coworking-spaces: emergence of an innovation field? In *Strategic management society annual conference*, Houston, TX.

Bouncken, R., Aslam, M. M., & Brem, A. (2019a). Permeability in coworking-spaces as an innovation facilitator. In *2019 Portland international conference on management of engineering and technology „Technology management in the world of intelligent systems", 25.–29. August 2019,* Portland, OR.

Bouncken, R., Kraus, S., & Roig-Tierno, N. (2019b). Knowledge- and innovation-based business models for future growth: Digitalized business models and portfolio considerations. *Review of Managerial Science*, 1–14. https://doi.org/10.1007/s11846-019-00366-z.

Bouncken, R. B. (2018). University coworking-spaces: Mechanisms, examples, and suggestions for entrepreneurial universities. *International Journal of Technology Management (IJTM), 77*(1/2/3), 38–56.

Bouncken, R. B., & Aslam, M. M. (2019). Understanding knowledge exchange processes among diverse users of coworking-spaces. *Journal of Knowledge Management, 23*(10), 2067–2085. https://doi.org/10.1108/JKM-05-2018-0316.

Bouncken, R. B., & Reuschl, A. J. (2017b). Coworking-spaces: Chancen für Entrepreneurship und business model design. *ZfKE – Zeitschrift für KMU und Entrepreneurship, 65*(3), 151–168.

Bouncken, R. B., & Reuschl, A. J. (2018). Coworking-spaces: How a phenomenon of the sharing economy builds a novel trend for the workplace and for entrepreneurship. *Review of Managerial Science, 12*(1), 317–334. https://doi.org/10.1007/s11846-016-0215-y.

Bouncken, R. B., Ratzmann, M., & Winkler, V. A. (2008). Cross-cultural innovation teams: Effects of four types of attitudes towards diversity. *International Journal of Business Strategy (IJBS), 8*(2), 26–36.

Bouncken, R. B., Clauss, T., & Reuschl, A. (2016). Coworking-spaces in Asia: A business model design perspective. Paper presented at the *SMS special conference Hong Kong*, Hong Kong, China.

Bouncken, R. B., Aslam, M. M., & Reuschl, A. J. (2018a). The dark side of entrepreneurship in co-working-spaces. In A. T. Porcar & D. R. Soriano (Hrsg.), *Inside the mind of the entrepreneur.* Springer. https://doi.org/10.1007/978-3-319-62455-6_10.

Bouncken, R. B., Laudien, S. M., Fredrich, V., & Görmar, L. (2018b). Coopetition in coworking-spaces: Value creation and appropriation tensions in an entrepreneurial space (journal article). *Review of Managerial Science, 12*(2), 385–410. https://doi.org/10.1007/s11846-017-0267-7.

Capdevila, I. (2013). Knowledge dynamics in localized communities: Coworking spaces as micro-clusters. *Social Science Research Network.* https://doi.org/10.2139/ssrn.2414121.

Capdevila, I. (2014). Coworking spaces and the localized dynamics of innovation. The case of Barcelona. *International Journal of Innovation Management, 19*(3), 1540004. https://doi.org/10.2139/ssrn.2502813.

Carless, S. A., & Wintle, J. (2007). Applicant attraction: The role of recruiter function, work – life balance policies and career salience. *International Journal of Selection and Assessment, 15*(4), 394–404.

Castilho, M. F., & Quandt, C. O. (2017). Collaborative capability in coworking spaces: Convenience sharing or community building? *Technology Innovation Management Review, 7*(12), 32–42.

Chen, Y. (2008). Possession and access: Consumer desires and value perceptions regarding contemporary art collection and exhibit visits. *Journal of Consumer Research, 35*(6), 925–940.

Cohen, B., & Kietzmann, J. (2014). Ride on! Mobility business models for the sharing economy. *Organization & Environment, 27*(3), 279–296. https://doi.org/10.1177/1086026614546199.

Cooper, C. D., & Kurland, N. B. (2002). Telecommuting, professional isolation, and employee development in public and private organizations. *Journal of Organizational Behavior: The International Journal of Industrial, Occupational and Organizational Psychology and Behavior, 23*(4), 511–532.

Davies, A., & Tollervey, K. (2013). *The style of coworking: Contemporary shared workspaces.* Munich: Prestel Verlag.

Davis, G. F. (2016). *The vanishing American corporation: Navigating the hazards of a new economy.* Oakland: Berrett-Koehler Publishers.

Dunning, J. H. (1988). The eclectic paradigm of international production: A restatement and some possible extensions. *Journal of International Business Studies, 19*, 1–31.

Ellemers, N., Van Knippenberg, A., De Vries, N., & Wilke, H. (1988). Social identification and permeability of group boundaries. *European Journal of Social Psychology, 18*(6), 497–513.

eurostat. (2020). Selbstständigkeit nach Geschlecht, Alter und Bildungsabschluss. Available at: https://ec.europa.eu/eurostat/de/web/products-datasets/-/LFSQ_ESGAED. Zugegriffen am 16.01.2020.

Foertsch, C. (2018). 1,7 Millionen Mitglieder werden 2018 weltweit in Coworking Spaces arbeiten. http://www.deskmag.com/de/1-7-millionen-mitglieder-werden-2018-in-coworking-spaces-arbeiten-weltweite-umfrage-studie-marktberi. Zugegriffen am 05.01.2020.

Foertsch, C., & Cagnol, R. (2013). The history of coworking in a timeline. http://www.deskmag.com/en/the-history-of-coworking-spaces-in-a-timeline. Zugegriffen am 05.01.2020.

Gandini, A. (2015). The rise of coworking spaces: A literature review. *ephemera, 15*(1), 193–205.

Gandini, A. (2016a). Coworking: The freelance mode of organisation? In *The reputation economy* (S. 97–105). London: Palgrave Macmillan.

Gandini, A. (2016b). Digital work: Self-branding and social capital in the freelance knowledge economy. *Marketing Theory, 16*(1), 123–141.

Garrett, L. E., Spreitzer, G. M., & Bacevice, P. A. (2017). Co-constructing a sense of community at work: The emergence of community in coworking spaces. *Organization Studies, 38*(6), 821–842. https://doi.org/10.1177/0170840616685354.

Gibson, V. (2003). Flexible working needs flexible space? Towards an alternative workplace strategy. *Journal of Property Investment & Finance, 21*(1), 12–22. https://doi.org/10.1108/14635780310468275.

Gioia, D. A., Corley, K. G., & Hamilton, A. L. (2013). Seeking qualitative rigor in inductive research: Notes on the Gioia methodology. *Organizational Research Methods, 16*(1), 15–31.

Goh, K.-Y., Heng, C.-S., & Lin, Z. (2013). Social media brand community and consumer behavior: Quantifying the relative impact of user-and marketer-generated content. *Information Systems Research, 24*(1), 88–107.

Golden, T. D., Veiga, J. F., & Dino, R. N. (2008). The impact of professional isolation on teleworker job performance and turnover intentions: Does time spent teleworking, interacting face-to-face, or having access to communication-enhancing technology matter? *Journal of Applied Psychology, 93*(6), 1412.

Görmar, L., Barwinski, R., Bouncken, R., & Laudien, S. (2020). Co-Creation in coworking-spaces: Boundary conditions of diversity. *Knowledge Management Research & Practice* 1–12.

Hamari, J., Sjöklint, M., & Ukkonen, A. (2016). The sharing economy: Why people participate in collaborative consumption. *Journal of the Association for Information Science and Technology, 67*(9), 2047–2059.

Hampton, K. N., & Gupta, N. (2008). Community and social interaction in the wireless city: Wi-fi use in public and semi-public spaces. *New Media & Society, 10*(6), 831–850.

Hartl, B., Hofmann, E., & Kirchler, E. (2016). Do we need rules for „what's mine is yours"? Governance in collaborative consumption communities. *Journal of Business Research, 69*(8), 2756–2763.

Hennig-Thurau, T., Henning, V., & Sattler, H. (2007). Consumer file sharing of motion pictures. *Journal of Marketing, 71*(4), 1–18.

Hughes, M., Rigtering, J. P. C., Covin, J. G., Bouncken, R. B., & Kraus, S. (2018). Innovative behaviour, trust and perceived workplace performance. *British Journal of Management, 29*(4), 750–768. https://doi.org/10.1111/1467-8551.12305.

Jacobides, M. G., & Billinger, S. (2006). Designing the boundaries of the firm: From „Make, Buy, or Ally" to the dynamic benefits of vertical architecture. *Organization Science, 17*(2), 249–261. http://www.jstor.org/stable/25146029.

Johns, T., & Gratton, L. (2013). The third wave of virtual work. *Harvard Business Review, 91*(1), 66–73.

Jones, A. M. (2013). *The fifth age of work: How companies can redesign work to become more innovative in a cloud economy.* Portland: Night Owls Press LLC.

Kalleberg, A. L. (2001). Organizing flexibility: The flexible firm in a new century. *British Journal of Industrial Relations, 39*(4), 479–504.

Kalleberg, A. L., Reskin, B. F., & Hudson, K. (2000). Bad jobs in America: Standard and nonstandard employment relations and job quality in the United States. *American Sociological Review, 65*, 256–278.

Kathan, W., Matzler, K., & Veider, V. (2016). The sharing economy: Your business model's friend or foe? *Business Horizons, 59*(6), 663–672. https://doi.org/10.1016/j.bushor.2016.06.006.

Kossek, E. E., Thompson, R. J., & Lautsch, B. A. (2015). Balanced workplace flexibility: Avoiding the traps. *California Management Review, 57*(4), 5–25.

Kwiatkowski, A., & Buczynski, B. (2014). *Coworking: Building community as a space catalyst.* New York: Cohere, LCC.

Lamberton, C. P., & Rose, R. L. (2012). When is ours better than mine? A framework for understanding and altering participation in commercial sharing systems. *Journal of Marketing, 76*(4), 109–125.

Mäkelä, M. M., & Turcan, R. V. (2007). Building grounded theory in entrepreneurship research. In *Handbook of qualitative research methods in entrepreneurship* (S. 122–143). Cheltenham: Edward Elgar Publishing.

Mark, G., & Su, N. M. (2010). Making infrastructure visible for nomadic work. *Pervasive and Mobile Computing, 6*(3), 312–323.

Merkel, J. (2015). Coworking in the city. *ephemera, 15*(2), 121–139.

Möhlmann, M. (2015). Collaborative consumption: Determinants of satisfaction and the likelihood of using a sharing economy option again. *Journal of Consumer Behaviour, 14*(3), 193–207. https://doi.org/10.1002/cb.1512.

Moriset, B. (2014). Building new places of the creative economy. The rise of coworking spaces. Paper presented at the *2nd geography of innovation international conference*, January 2014, Utrecht.

Mudambi, R., Li, L., Ma, X., Makino, S., Qian, G., & Boschma, R. (2018). Zoom in, zoom out: Geographic scale and multinational activity. *Journal of International Business Studies, 49*(8), 929–941. https://doi.org/10.1057/s41267-018-0158-4.

Oskam, J., & Boswijk, A. (2016). Airbnb: The future of networked hospitality businesses. *Journal of Tourism Futures, 2*(1), 22–42. https://doi.org/10.1108/JTF-11-2015-0048.

Pohler, M. N. (2012). Neue Arbeitsräume für neue Arbeitsformen: Coworking Spaces. *Österreichische Zeitschrift für Soziologie, 37*(1), 65–78.

Raffaele, C., & Connell, J. (2016). Telecommuting and co-working communities: What are the implications for individual and organizational flexibility? In Sushil, Connell, & Burgess (Hrsg.), *Flexible work organizations* (S. 21–35). Springer India.

Reuschl, A. J., & Bouncken, R. B. (2017). Coworking-spaces als neue organisationsform in der sharing economy. In M. Bruhn & K. Hadwich (Hrsg.), *Dienstleistungen 4.0.* Wiesbaden: Springer Fachmedien Wiesbaden.

Richter, C., Kraus, S., & Syrjä, P. (2015). The shareconomy as a precursor for digital entrepreneurship business models. *International Journal of Entrepreneurship and Small Business, 25*(1), 18–35.

Schaefers, T., Lawson, S. J., & Kukar-Kinney, M. (2016). How the burdens of ownership promote consumer usage of access-based services. *Marketing Letters, 27*(3), 569–577.

Schürmann, M. (2013). *Coworking Space: Geschäftsmodell für Entrepreneure und Wissensarbeiter.* Dordrecht: Springer-Verlag.

Spinuzzi, C. (2012). Working alone together: Coworking as emergent collaborative activity. *Journal of Business and Technical Communication, 26*(4), 399–441. https://doi.org/10.1177/1050651912444070.

Spinuzzi, C., Bodrožić, Z., Scaratti, G., & Ivaldi, S. (2019). „Coworking is about community": But what is „community" in coworking? *Journal of Business Technical Communication, 33*(2), 112–140.

Spreitzer, G. M., Cameron, L., & Garrett, L. (2017). Alternative work arrangements: Two images of the new world of work. *Annual Review of Organizational Psychology and Organizational Behavior, 4*, 473–499.

Strauss, A., & Corbin, J. (1990). *Basics of qualitative research: Grounded theory procedures and techniques*. London: Sage.

Strauss, A., & Corbin, J. (1998). *Basics of qualitative research: Techniques and procedures for developing grounded theory.* Thousand Oaks: Sage Publications.

Täuscher, K., Bouncken, R., & Pesch, R. (2020). Gaining legitimacy by being different: Optimal distinctiveness in crowdfunding platforms. *Academy of Management Journal*. Accepted.

Turkina, E., Van Assche, A., & Kali, R. (2016). Structure and evolution of global cluster networks: Evidence from the aerospace industry. *Journal of Economic Geography, 16*(6), 1211–1234. https://doi.org/10.1093/jeg/lbw020.

Wey Smola, K., & Sutton, C. D. (2002). Generational differences: Revisiting generational work values for the new millennium. *Journal of Organizational Behavior: The International Journal of Industrial, Occupational and Organizational Psychology and Behavior, 23*(4), 363–382.

Whittle, A., & Mueller, F. (2009). ,I could be dead for two weeks and my boss would never know': Telework and the politics of representation. *New Technology, Work and Employment, 24*(2), 131–143.

Workman, M. (2005). Virtual team culture and the amplification of team boundary permeability on performance. *Human Resource Development Quarterly, 16*(4), 435–458.

Open Access Dieses Kapitel wird unter der Creative Commons Namensnennung 4.0 International Lizenz (http://creativecommons.org/licenses/by/4.0/deed.de) veröffentlicht, welche die Nutzung, Vervielfältigung, Bearbeitung, Verbreitung und Wiedergabe in jeglichem Medium und Format erlaubt, sofern Sie den/die ursprünglichen Autor(en) und die Quelle ordnungsgemäß nennen, einen Link zur Creative Commons Lizenz beifügen und angeben, ob Änderungen vorgenommen wurden.

Die in diesem Kapitel enthaltenen Bilder und sonstiges Drittmaterial unterliegen ebenfalls der genannten Creative Commons Lizenz, sofern sich aus der Abbildungslegende nichts anderes ergibt. Sofern das betreffende Material nicht unter der genannten Creative Commons Lizenz steht und die betreffende Handlung nicht nach gesetzlichen Vorschriften erlaubt ist, ist für die oben aufgeführten Weiterverwendungen des Materials die Einwilligung des jeweiligen Rechteinhabers einzuholen.

Matching Professionals in Coworking-Spaces

15

Beispiele, Tools und Erfahrungen

Robert Sington, Lars Görmar und Till Marius Gantert

Zusammenfassung

Basierend auf den wissenschaftlich ausgearbeiteten Elementen für gute Arbeit in Coworking-Spaces wurden Matching-Instrumente erarbeitet, die Nutzende von Coworking-Spaces sowohl untereinander als auch mit Externen zusammenbringen. Dafür konnten drei verschiedene Matchingformate identifiziert werden, (1) Netzwerkformate, (2) Kooperationsformate und (3) Transferformate. In einem Coworking-Space im ländlichen Raum wurden dafür Veranstaltungen angeboten, um die o. g. Ziele zu erreichen. Es konnte festgestellt werden, dass sowohl kleine als auch große Veranstaltung notwendig sind, um alle Bedürfnisse der Beteiligten abdecken zu können. Potenziale Nachteile der Vielfalt von Veranstaltungsformaten haben sich bei genauer Analyse als Vorteile herausgestellt.

15.1 Einleitung

Das Phänomen Coworking-Spaces (CWS) gilt als noch recht jung und trat erstmals in San Francisco 2005 auf (Gandini 2015). Die stark ansteigende Anzahl an CWS weltweit (Johns und Gratton 2013; Bouncken und Reuschl 2018) und das immer größere Forschungsinteresse, zur Erklärung und zum besseren Verständnis von CWS (Gandini 2015), sind Zeug-

R. Sington
Wissenschafts + Technologiepark Nord Ost, WITENO GmbH, Greifswald, Deutschland
E-Mail: sington@witeno.de

L. Görmar (✉) · T. M. Gantert
Lehrstuhl für Strategisches Management und Organisation, Universität Bayreuth,
Bayreuth, Deutschland
E-Mail: lars.goermar@uni-bayreuth.de; till1.gantert@uni-bayreuth.de

© Der/die Herausgeber bzw. der/die Autor(en) 2020   249
M. Daum et al. (Hrsg.), *Gestaltung vernetzt-flexibler Arbeit*,
https://doi.org/10.1007/978-3-662-61560-7_15

nisse deren heutiger Relevanz. Eine zentrale Erkenntnis der Erforschung von CWS ist, dass sowohl Start-ups, Entrepreneure, Selbstständige als auch Mitarbeitende etablierter Unternehmen in CWS eine attraktive Alternative sehen, um dort zu arbeiten und dabei Kontakte zu anderen Professionals aufbauen zu können (Bouncken und Reuschl 2018; Gandini 2015; Spinuzzi 2012). Begründet liegt dies darin, dass viele Nutzenden von CWS der zunehmenden sozialen Isolation im Home-Office und/oder bei der Selbstständigkeit entfliehen möchten (Moriset 2014; Spinuzzi 2012; Cooper und Kurland 2002). Zudem weisen erste quantitative Studien darauf hin, dass ein Großteil der CWS- Nutzenden unter 30 Jahren ist, sich direkt nach dem Studium selbstständig gemacht hat und entsprechend weniger als fünf Jahre Berufserfahrung vorzuweisen hat. Um beruflich erfolgreich zu sein, ist es jedoch oftmals für die Coworkenden nicht ausreichend sich lediglich mit anderen Nutzenden auszutauschen und eine Gemeinschaft zu formen. Die aktive Zusammenführung passender Professionals ist dafür zwingend erforderlich (Bouncken et al. 2019; Görmar et al. 2020). Dabei ist wiederum zu beachten, dass dieses Zusammenbringen von Coworkenden nicht generisch, sondern zweckdienlich und zielführend erfolgt.

Dies steht im Einklang mit unseren eigenen Erfahrungen, die wir in unserem CWS cowork Greifswald seit 2013 sammeln. Eine der Hauptaufgaben, die sich der cowork Greifswald damit gesetzt hat, ist die Vernetzung und das Zusammenführen von passenden Professionals. Die zentralen Herausforderungen dabei beruhen auf einer Vielzahl Kriterien, die dabei zwingend berücksichtigt werden müssen. So sollten die CWS-Betreibenden bspw. die individuellen Charakteristika, Ziele und Anforderungen der Nutzenden kennen und bei der Zusammenführung mit Professionals berücksichtigen können. Aber auch die Beziehungen unter den Nutzenden des CWS müssen dabei berücksichtigt werden, vor allem wenn die Coworkenden sowohl miteinander kooperieren als auch konkurrieren (Bouncken et al. 2018). Als Praxispartner konnten wir, der cowork Greifswald, im Rahmen des vom BMBF (Bundesministerium für Bildung und Forschung) geförderten Forschungsprojekts „Humanisierung digitaler Arbeit durch Cowork-Spaces (Hierda)" dazu beitragen, verschiedene Matching-Formate zu identifizieren, die sich als besonders erfolgreich in der Zusammenführung von Professionals erwiesen haben. Dazu wurden zentrale Erkenntnisse der Erforschung von CWS unseres Forschungspartners, dem Lehrstuhl für Strategisches Management und Organisation der Universität Bayreuth, sowie ein selbstentwickelter Kriterienkatalog zur Evaluierung entsprechender Matching-Formate verwendet.

Im zweiten Kapitel wird näher auf die Hintergründe und die Charakteristika unseres CWS eingegangen, um einerseits den cowork Greifswald in den Gesamtkontext der CWS-Forschung einzubetten und andererseits das Verständnis der darauffolgenden Kapitel für die Lesenden zu erhöhen. Im dritten Kapitel werden die verschiedenen Matching-Formate vorgestellt, die im Rahmen des Hierda-Projektes identifiziert und ausgearbeitet wurden. Anschließend wird in Kapitel vier die Methodik zur Evaluierung der Matching-Formate anhand des Kriterienkatalogs vorgestellt. In Kapitel fünf werden schließlich die vorgestellten Matching-Formate anhand des Kriterienkatalogs evaluiert und die Ergebnisse im Stil eines Erfahrungsberichts dargelegt.

An dieser Stelle ist darauf hinzuweisen, dass zwar auf Beobachtungen und Ergebnisse des gemeinsamen Hierda-Projekts eingegangen werden kann, Unvollständigkeiten jedoch unvermeidbar sind, da die wissenschaftliche Publikation dieser Erkenntnisse in peer-reviewed Zeitschriften noch ausstehen.

15.2   cowork Greifswald – die Hintergründe

Der cowork Greifswald war der erste CWS in der Region Vorpommern und wird durch die Wissenschafts- und Technologiepark NORD° OST° GmbH (WITENO) betrieben. WI-TENO ist als Gründenden- und Technologiezentrum Bestandteil des regionalen Gründenden-Ecosystems. Im Auftrag ihrer Teilhabenden (Universitäts- und Hansestadt Greifswald, der Universität Greifswald und der Sparkasse Vorpommern) betreut WITENO zusätzlich zum Betrieb der Innovationszentren in Greifswald die lokale und regionale Gründendenszene. Diese Aktivitäten werden eng mit den regionalen Wirtschaftsförderinstitutionen, mit den Transferstellen der regionalen Hochschulen und der Universität Greifswald, den Industrie- und Handelskammern sowie weiteren, im Gründungsgeschehen aktiven Institutionen koordiniert. Darüber hinaus ist die WITENO in verschiedene EU- und landesgeförderte Projekte eingebunden, die auf die Unterstützung von Gründungsaktivitäten und die nachhaltige Entwicklung junger Unternehmen zielen.

15.2.1 Allgemeine Charakteristika

Zwar liegt es in der Natur von CWS auch als Schnittstelle zwischen verschiedenen Professionen, Branchen, oder Interessengruppen zu fungieren, für die Situation des cowork Greifswald nimmt dies jedoch eine besonders wichtige Position ein. Dies liegt in der Motivation für den Betrieb begründet. Als Teil des regionalen Gründenden-Ecosystems soll der cowork Greifswald den Kontakt zwischen Vertretenden verschiedener Gewerke und verschiedener Branchen ermöglichen. Das Matching soll als Impuls für neue gemeinschaftliche Vorhaben und für die gemeinschaftliche Bearbeitung größerer Aufträge dienen, gar Innovationsprozesse anstoßen. Doch dazu müssen die beteiligten Unternehmen erstmal dazu befähigt und ermutigt werden (Bouncken et al. 2020a).

Entsprechend ist der cowork Greifswald über das reine Angebot von Arbeitsinfrastruktur hinaus als Kommunikations- und Kooperationshub für Akteure*innen der lokalen und regionalen Wirtschaft positioniert und gilt damit als Element der regionalen Wirtschaftsförderung. Nutzende des Coworking-Spaces sowie Akteure*innen aus seinem Umfeld werden durch gemeinschaftsbildende und netzwerkfördernde Aktivitäten miteinander in Kontakt gebracht. Dies soll Kooperationen und den Transfer zwischen der regionalen Wirtschaft und den wissenschaftlichen Institutionen vor Ort fördern. Darüber hinaus steht der cowork Greifswald regionalen Wirtschafts- und Kulturinitiativen für ihre Netzwerkarbeit offen, um somit weiteren Netzwerkakteuren*innen Plattform und Infrastruktur für ihre Aktivitäten zu bieten.

Seit seiner Gründung ist der cowork Greifswald stetig gewachsen und verfügt heute über eine Gesamtfläche von ca. 350 m² und 26 Arbeitsplätzen. Der CWS verteilt sich insbesondere auf einen Gemeinschaftsraum (ca. 70 m²), mehrere Einzelarbeitsplätze (ca. 155 m²) und einen Konferenzraum (ca. 40 m²), ein für CWS üblicher Mix der Raumkonfiguration.

15.2.2 Lokaler Kontext

Innerhalb der Stadt Greifswald zeichnet sich der cowork Greifswald durch eine zentrale Lage inmitten des historischen Stadtkerns der Universitäts- und Hansestadt aus, etwa auf halber Strecke zwischen dem mathematisch-naturwissenschaftlichen Campus und dem Innenstadtcampus. Die Einwohnerzahl Greifswalds liegt bei rund 65.000, ca. ein Viertel davon Studierende der Universität Greifswald bzw. der Universitätsmedizin Greifswald. Mit den zahlreichen universitären und außeruniversitären Forschungseinrichtungen tragen sie zum stark ausgeprägten Profil der Stadt als Wissenschafts- und Forschungsstandort bei. Dem gegenüber ist der industrielle Sektor, auch infolge des Strukturwandels der Nachwendezeit, wenig ausgeprägt. Wie es für die ostdeutschen Bundesländer und insbesondere für Mecklenburg-Vorpommern typisch ist, dominieren kleine und mittelgroße, oft inhaber*innen geführte Unternehmen. Befördert durch den Wissenschaftsstandort Greifswald gibt es einen hohen Anteil forschungsnaher Wirtschaft mit Unternehmen bspw. aus der Medizintechnik und dem Biotechnologiesektor.

15.2.3 Nutzendenkreis

Die beschriebene regionale Wirtschaftsstruktur spiegelt sich im Nutzendenkreis des cowork Greifswald wider. Es überwiegen kleine Unternehmen aus dem IT- und Kreativsektor mit weniger als 12 Angestellten sowie Selbstständige, ebenfalls mit Schwerpunkt in der IT- und Kreativwirtschaft. Die Mehrzahl der Nutzenden des cowork Greifswald sind langfristig Mietende, die Fluktuation ist somit gering. So sind von den 26 Arbeitsplätzen ca. 19 Plätze permanent durch langfristig Mietende belegt. Kurzfristige Nutzende rekrutieren sich hauptsächlich aus dem touristischen Bereich und aus dem Kreis externer Wissenschaftler*innen, die sich temporär in Greifswald aufhalten. Von Studierenden wird das Angebot des cowork Greifswald hingegen wenig angenommen, trotz spezieller Studierendentarife. Weiteres Nutzendenpotenzial besteht bei regionalen, dynamisch wachsenden Jungunternehmen, die mit dem cowork Greifswald die Möglichkeit verbinden, ihren, durch starkes Angestelltenwachstum bedingten, Raumbedarf kurzfristig abfedern zu können.

Aufmerksamkeit erlangt der cowork Greifswald vor allem über Empfehlungen unter den Coworkenden. Aber auch über andere Kanäle, wie bspw. Fensterwerbung, Social-Media-Aktivitäten, Website, sonstige Web-Auftritte und über Artikel über den CWS, werden neue Nutzende auf unseren CWS aufmerksam. Aufgrund der Größe des CWS cowork

Greifswald und der flexiblen Mietmöglichkeiten, von Halbtag- über Tages- bis zu Monat-
stickets, haben wir kein explizites Auswahlverfahren oder ähnliches für interessierte Nutzende unseres CWS. Weisen Nutzende des CWS hingegen ein nicht akzeptables Verhalten
auf, ist ein Ausschluss aus dem CWS unausweichlich und rechtlich möglich.

15.2.4 Einordnung des cowork Greifswald in die Coworking-Space Landschaft

Entsprechend der umfassenden wissenschaftlichen Analyse und Kategorisierung, die im
Projekt Hierda (Humanisierung digitaler Arbeit durch Cowork-Spaces) erfolgte, gilt der
cowork Greifswald als independent CWS, also ein unabhängiger, individueller CWS (vgl.
Kategorie 4; Bouncken et al. 2017). Die Permeabilität ist daher niedrig. Die Coworkenden
stammen primär aus den Nutzenden-Kategorien *User* und *Socializer*. Durch die zeitweise
Anwesenheit der Community-Manager wird einerseits die Gemeinschaft aktiv beeinflusst,
andererseits wird Raum zur selbstständigen Entwicklung der Gemeinschaft eingeräumt.
Die soziale Interaktionsfläche mit Küche, Sitzsäcken und Couchlandschaft bietet dafür
das ideale Umfeld (Garrett et al. 2014; Bouncken und Reuschl 2018; Spinuzzi 2012). So
konnte ein hohes Gemeinschaftsgefühl entstehen (Garrett et al. 2014). In Kombination mit
dem Konferenzraum finden hier auch die vom cowork Greifswald organisierten Veranstaltungen statt. Diese Veranstaltungen sind nicht nur zugänglich für die Coworkenden, sondern auch für die breite Öffentlichkeit, insbesondere andere Gründungsinteressierte und
Gründungsförderungsinstitute. Da die WITENO GmbH Teil des regionalen Gründungs-
Ecosystems ist sind alle Nutzenden des CWS in die Gründungswelt eingebunden. Das
Prinzip des Ecosystems wird folglich aktiv praktiziert und unterstützt die Coworkenden
bei ihren individuellen Bestrebungen.

15.3   Matching-Formate und Veranstaltungsbeispiele

Der cowork Greifswald gilt als ländlicher Coworking-Space und wird von einem Grün-
dungsförderungszentrum betrieben. In dieser Form ist es für den cowork Greifswald besonders wichtig, relevante Partner*innen aus Wirtschaft und Wissenschaft in verschiedenen Kombinationen miteinander zu verknüpfen. Daher haben wir uns auf die Entwicklung
von Matching-Formaten fokussiert.

15.3.1 Theoriegeleitete Matching-Formate

Das Zusammenführen von Nutzenden von CWS untereinander und mit externen Professionals stellt eine zentrale Herausforderung für die Betreibenden von CWS dar. Ein essenzieller Faktor, der den Erfolg eines CWS determiniert, ist das Gemeinschaftsgefühl. Durch

das Gemeinschaftsgefühl fühlen sich die Nutzenden des CWS als Teil einer Gemeinschaft, die gemeinsam Probleme bewältigt, sich gegenseitig Halt gibt und immer ein offenes Ohr füreinander hat. Unter Berücksichtigung der Charakteristiken eines durchschnittlichen Coworkenden (unter 30 Jahre, Selbstständigkeit direkt nach dem Studium, weniger als fünf Jahre Berufserfahrung), erscheint die Wirkung des Gemeinschaftsgefühls besonders relevant zu sein. Ein weiterer Faktor, der nach Forschungen des Hierda-Projekts für den Erfolg eines CWS notwendig ist, ist ein gewisser Grad an Permeabilität (Colignon 1987; Leifer und Delbecq 1978). Dies bedeutet, dass abgeschottete Gemeinschaften, die wenige bis gar keine neuen Nutzenden im CWS aufweisen, an Kreativität, Innovation und Leistung verlieren. Mit besonders hoher Permeabilität hingegen ist die Bildung eines Gemeinschaftsgefühls im CWS gehemmt. Zu empfehlen ist somit ein moderates, angepasstes Maß an Permeabilität, um sowohl die Kreativität, Innovationskraft und Leistung der Nutzenden innerhalb der Gemeinschaft zu erhöhen als auch zu deren Zufriedenheit im CWS beizutragen.

Auf Basis dieser Erkenntnisse wurden im Rahmen des Hierda-Projekts drei verschiedene Formate identifiziert, die das Gemeinschaftsgefühl sowie die Permeabilität fördern, indem Professionals zusammenführt werden. Die drei Matching-Formate sind: (1) Netzwerktreffen, (2) Kooperationen bilden und (3) Transferformate. Diese drei Matching-Veranstaltungsformen verfolgen dabei jeweils ein unterschiedliches Ziel. Die (1) Netzwerkformate sollen die Etablierung bzw. die Stärkung einer regionalen Gemeinschaft von Akteuren*innen fördern. Das Interesse liegt zumeist im fachlichen Hintergrund einer oder mehrerer Personen und deren Expertise. Entsprechend werden hierzu potenzielle Mitglieder einer Fachgemeinschaft angesprochen. Die Hauptteile der Veranstaltung bilden zum einen eine fachliche Präsentation und zum anderen die aktive Netzwerkbildung und der Austausch unter den Teilnehmenden. Die (2) Kooperationsformate bringen Professionals mit dem Ziel zusammen, bei Projekten für u. a. Forschung und Entwicklung sowie bei größeren Aufträgen zusammen zu kooperieren. Vor diesem Hintergrund ist es notwendig, dass die Teilnehmenden aus unterschiedlichen Disziplinen und professionellen Hintergründen stammen. Das Augenmerk liegt auf der Vorstellung der Projekte sowie der Vorstellung der potenziell Mitwirkenden und deren Fähigkeiten und Wissen. Letztlich sind noch die (3) Transferformate zu nennen, die darauf abzielen einen verstärkten Austausch zwischen komplementären Bereichen, in unserem Fall zwischen Wissenschaft und Wirtschaft, herzustellen, um wiederum regionale Wertschöpfungsketten zu schaffen und auszubauen. Voraussetzung ist die sorgfältige Wahl des Teilnehmendenkreises, um fachliche Komplementarität zu gewährleisten. Dieses Format findet primär ohne die Stammnutzenden des CWS statt, bietet aber im erweiterten Sinn Anknüpfungspunkte für die CWS-Nutzenden zu Wirtschaft und Wissenschaft. Wichtig ist, dass diese drei Veranstaltungsformate immer einen Mehrwert für Gründende oder Gründungsinteressierte bieten soll.

15.3.2 Ausgearbeitete Matching-Veranstaltungen

Im nächsten Schritt wurden zu den drei verschiedenen Formaten Veranstaltungen entwickelt. Für die Netzwerkformate konnten wir zwei verschiedene Veranstaltungsvorschläge herausarbeiten, für die Kooperationsformate und Transferformate jeweils eins. Somit haben wir in letzter Zeit insgesamt fünf verschiedene Veranstaltungen durchgeführt.

15.3.2.1   Netzwerkformate

Die erste ausgearbeitete Veranstaltung des Netzwerkformats trägt den Namen „**Morgenstund**" und soll, wie der Name bereits verrät, morgens bzw. vormittags stattfinden, im Zeitraum zwischen 7:00 und 11:30 Uhr. Sie bietet Gründenden, jungen Unternehmern*innen, Selbstständigen und Gründungswilligen aus dem Umfeld des cowork Greifswald ein kompetentes Fachinformationsangebot kombiniert mit der Möglichkeit, sich mit Gleichgesinnten auszutauschen und zu vernetzen. Um angemessene Experten akquirieren zu können kooperiert der cowork Greifswald mit der Industrie- und Handelskammer (IHK) Neubrandenburg für das östliche Mecklenburg-Vorpommern. Im kompakten Fachteil von 45 bis 60 Minuten gibt ein externer Referent einen Einblick in die jeweilige Thematik, im Anschluss werden die Fragen der Teilnehmenden beantwortet und in offener Runde diskutiert. Das Themenspektrum des Fachteils ist sehr offengehalten und umfasst diverse Themen wie Schutz- und Patentrechte, Arbeitsplatzsicherheit, Personalrecht oder Finanzierungsinstrumente für Gründende. Die Gemeinschaft der Teilnehmenden hat die Möglichkeit, Themenwünsche zu äußern, die dann selbstverständlich berücksichtigt werden. Abschluss bildet ein Netzwerkteil mit Kaffee und einem kleinen Imbiss.

Die zweite Veranstaltungsreihe des Netzwerkformats trägt den Namen „**Bier & Brezeln**". Das Ziel dieser Veranstaltungsreihe ist, regionale Unternehmen einer ausgewählten Branche mit Studierenden des entsprechenden Fachbereichs im Sinne der Fachkräftegewinnung und -sicherung zu vernetzen. So stellten sich bspw. in Greifswald und Umgebung ansässige Pharma- und Biotechunternehmen den Studierenden der Umweltwissenschaften vor. In Kurzpräsentationen erhalten die Studierenden einen Überblick über Aktivitäten der Unternehmen, über Möglichkeiten von Studien- und Abschlussarbeiten sowie über Karrieremöglichkeiten für Absolventen. Beim anschließenden informellen Networking mit den Unternehmensvertretern können die Studierenden in direkten Austausch treten.

15.3.2.2   Kooperationsformate

Als Kooperationsformat wurde ein sogenanntes „**Kreativ-Speed Dating**" konzipiert. Zur Unterstützung des kleinteiligen Kreativsektors der Region wird im cowork Greifswald in Kooperation mit dem Wirtschaftsamt der Stadt Greifswald und der regionalen Brancheninitiative Kreativhafen e.V. ein klassisches Matchmaking-Format eingesetzt. Bei der Anmeldung hinterlassen Kreative ein Kurzprofil ihres Leistungsspektrums und ihrer Kooperationsabsichten. In der Vorbereitungsphase werden diese Profile dann von den Organisatoren gesichtet und einander passend zugeordnet (gematcht). Bei der Veranstaltung finden dann jeweils dreiminütige Zweiergespräche zwischen Kreativen mit passenden Profilen statt. Zusätzlich gibt es ein analoges schwarzes Brett mit Kooperationswünschen. Das Ziel besteht darin, die Sichtbarkeit der überwiegend als Einzelunternehmer aktiven Kreativschaffenden füreinander und für die individuellen Kompetenzbereiche zu erhöhen und damit die Grundlage für Kooperationen und arbeitsteilige Projektarbeit zu schaffen.

15.3.2.3 Transferformate

Eine ausgearbeitete Matching-Veranstaltung nach dem Transferformat, die darauf abzielt den Austausch zwischen Wissenschaft und Wirtschaft zu verstärken, ist das **„Brown Bag Lunch"**. Wissenschaft und Wirtschaft an einen Tisch – das ist ganz im Wortsinn die Idee dieses aus den USA stammenden Veranstaltungsformats, das im cowork Greifswald eingesetzt wird. Eine Forschungsinstitution wird gezielt mit Unternehmensvertretern zusammengebracht, um Kooperationsmöglichkeiten zu sondieren. Der wissenschaftliche Fachbereich und potenzielle Anknüpfungspunkte für Kooperationen werden in Vortragsform vorgestellt und können in der anschließenden Lunchrunde vertieft werden. Eingeladen wird zur Mittagszeit, für die Motivation zur Teilnahme werden Lunchpakete angeboten. Im Gegensatz zu den vorgenannten Beispielen wird der Nutzendenkreis für diese Veranstaltung spezifisch ausgewählt und eingeladen. Es handelt sich also um ein geschlossenes Format.

15.4 Methodik

Um die Bewertung des Erfolgs der organisierten Veranstaltungen zu evaluieren, wurden in Zusammenarbeit mit den wissenschaftlichen Partnern ein Kriterienkatalog entwickelt. Darin wurde sowohl auf die auf die Anforderungen der beteiligten Teilnehmenden eingegangen als auch die Sicht der Veranstaltenden inkludiert.

Für die Entwicklung der Beurteilungskriterien der Teilnehmenden wurden 5 potenzielle Teilnehmende aus verschiedenen Hintergründen eingebunden. Für den Kriterienkatalog der Teilnehmenden wurden insgesamt 9 Kriterien entwickelt, aufgeteilt auf 4 Kategorien (Tab. 15.1):

Die 7 Kriterien der Kategorien *Erreichung der Zielsetzung*, *Finanzieller Aufwand* und *Zeitlicher Aufwand* spiegeln die Anforderungen der Teilnehmenden vollständig wider. Darüber hinaus wurden keine Vorschläge eingebracht. Die Kriterien aus der Kategorie *Allgemeine Beurteilung* wurden vom wissenschaftlichen Partner vorgeschlagen und nach Diskussion von den Teilnehmenden einstimmig als Kriterien in den Katalog aufgenommen.

Stellvertretend für die Veranstaltenden nahmen zwei Personen an der Diskussionsrunde teil. Die Veranstaltenden einigten sich auf 8 Kriterien aufgeteilt auf 3 Kategorien, die in den Kriterienkatalog aufgenommen werden sollten (Tab. 15.2):

Die 6 Kriterien der Kategorien *Erreichung der Zielsetzung* und *Organisationsaufwand* spiegeln die Anforderungen der Veranstaltenden vollständig wider. Darüber hinaus wurden keine Vorschläge eingebracht. Die Kriterien aus der Kategorie *Allgemeine Beurteilung*

Tab. 15.1 Übersicht über die Beurteilungskriterien der Teilnehmenden

Teilnehmende	Erreichung der Zielsetzung	Waren die Teilnehmenden interessant?
		Waren genug Teilnehmende anwesend?
		Konnten Sie sich vernetzten, austauschen oder eine Kooperation starten?
	Finanzieller Aufwand	Wie teuer waren An- und Abreise?
		Wie hoch war der Kostenbeitrag?
	Zeitlicher Aufwand	Wie lange haben An- und Abreise gedauert?
		Wie lange hat die Veranstaltung gedauert?
	Allgemeine Beurteilung	Finden Sie, dass sich die Veranstaltung für Sie gelohnt hat?
		Würden Sie erneut an einer solchen Veranstaltung teilnehmen?

Tab. 15.2 Übersicht über die Beurteilungskriterien der Betreibenden/Veranstaltenden

Veranstaltende	Erreichung der Zielsetzung	Waren die Teilnehmenden interessant?
		Waren genug Teilnehmende anwesend?
		Konnten sich die Teilnehmenden vernetzten, austauschen oder eine Kooperation starten?
	Organisationsaufwand	Wie zeitaufwendig war die Organisation?
		Wie teuer ist die Ausrichtung der Veranstaltung?
		Wie aufwendig war es, die Teilnehmenden zu kontaktieren und für die Teilnahme zu motivieren?
	Allgemeine Beurteilung	Finden Sie, dass sich diese Veranstaltung gelohnt hat?
		Würden Sie eine solche Veranstaltung für eine erneute Ausrichtung empfehlen?

wurden erneut vom wissenschaftlichen Partner vorgeschlagen. Die Kriterien nehmen zwar bei den Teilnehmenden eine wichtige Position ein, von Seiten der Veranstaltenden sind diese Kriterien zur Evaluation der Veranstaltung selbst jedoch nicht wichtig. Die Aufnahme dieser Kriterien ermöglicht jedoch einen direkten Vergleich der Wahrnehmung der Veranstaltung zwischen Teilnehmenden und Veranstaltenden. Nach ausführlicher Diskussion und auf Wunsch des wissenschaftlichen Partners wurden diese Kriterien daher zusätzlich in den Kriterienkatalog aufgenommen.

15.5 Ergebnisse

Die Matchingformate wurden individuell ausgewertet. Da auch zukünftig eine unbestimmte Anzahl an Veranstaltungen stattfinden darf, gibt es keinen Zwang die Anzahl der Veranstaltungen zu reduzieren. Sofern die evaluierte Veranstaltung in das Portfolio des cowork Greifswald passt und positiv evaluiert wurde kann die Veranstaltung auch weiterhin stattfinden.

15.5.1 Netzwerkformate

Als Netzwerkveranstaltungen wurden zwei Veranstaltungen getestet. Eine Veranstaltung fand vormittags statt, eine Veranstaltung fand abends statt. Beide Veranstaltungen wurden sehr gut angenommen und werden weiterhin fortgeführt.

Veranstaltung: Morgenstund

Die Veranstaltung bezieht ihre Attraktivität aus dem Informationsangebot. Der Vernetzungseffekt wird durch den themenbezogenen Austausch im Anschluss an den Fachteil bewirkt. Die Teilnehmerzahl lag regelmäßig zwischen 10 und 20 Personen, in Einzelfällen darunter. Bemerkenswert ist, dass sich über die verschiedenen Ausgaben der Veranstaltungsreihe hinweg keine homogene Teilnehmergruppe erkennen ließ. Vielmehr war bei jeder Veranstaltung ein anderer Teilnehmerkreis anwesend – ein Vorteil für das Vernetzungsziel. Zugleich jedoch eine Herausforderung für die Ansprache des Interessentenkreises.

Die Teilnehmenden empfanden die Anwesenden als interessant und es waren genug anwesend, um sich angemessen auszutauschen. Die Informationen waren regelmäßig interessant und neu und für potenzielle tiefergehende Interaktion gab es auf beiden Seiten genug Interesse. Die Erreichung der Ziele wurde somit von den Teilnehmenden als positiv bewertet. Der finanzielle Aufwand beschränkt sich auf die Anreise, da die Veranstaltenden keinen Kostenbeitrag für diese Veranstaltung erheben. Da die Veranstaltung primär an Berufstätige aus der (erweiterten) Region gerichtet ist und sowohl die Bahnverbindung als auch die Autoverbindung angemessen ausgebaut ist, werden die Kosten als gering eingestuft. Der zeitliche Aufwand für die Anreise wird ebenso als angemessen bewertet wie die Dauer der Veranstaltung. Allgemein empfanden die Teilnehmenden die Veranstaltung als erfolgreich für die eigenen Belange und möchten auch bei weiteren Veranstaltungen dieser Art teilnehmen.

Die Veranstaltenden empfanden die Teilnehmenden ebenfalls als interessant. Mit 10–20 Teilnehmenden ist die Resonanz ausreichend für die Veranstaltung, bietet jedoch noch Potenzial für zukünftige Entwicklung. Es herrschte rege Interaktion, keine Person stand unbeteiligt und desinteressiert an der Seite. Die gesetzten Ziele wurden somit erreicht. Der Organisationsaufwand beschränkt sich auf die Organisation von Kaffee, der Herrichtung der Räumlichkeiten sowie der Expertenakquise. Letzteres ist der aufwändigste Aspekt, hält sich aufgrund der Kontakte über die IHK jedoch in Grenzen. Die Veranstaltung birgt somit wenig Organisationsaufwand. Allgemein hat sich die Veranstaltung gelohnt und sie wird nach der Testphase zur Weiterführung empfohlen.

Aufgrund der positiven Resonanz und der Integration von Teilnehmerwünschen hat sich die Veranstaltung in der Region herumgesprochen und etabliert. Das Format wird daher weiterhin beibehalten. Aufgrund der Aktualität von Gesprächsthemen und der starken Nachfrage soll das Format alle 2–3 Monate angeboten werden.

Veranstaltung: Bier & Brezeln

Dieses niedrigschwellige Format ist gut geeignet, einen Erstkontakt zwischen Unternehmen und einem potenziellen Interessentenkreis herzustellen. Die Unternehmen sind aufgrund des Wettrennens um Fachkräfte sehr daran interessiert und auch die Studierenden nehmen das Angebot gerne an, um zwanglos ihre potenziellen Arbeitgeber oder Gründungsunterstützer kennenlernen zu können. So war die Veranstaltung immer sehr gut besucht.

Die Studierenden und die beteiligten Unternehmen passten sehr gut zusammen und konnten sich aufgrund der Größe sehr gut austauschen. Die 30–40 anwesenden Studierenden passten sowohl für die persönliche Interaktion als auch für eine angemessene Reichweite. Die Erreichung der Zielsetzung wurde somit von beiden Seiten positiv bewertet. Finanzielle und zeitliche Aspekte fallen für diese Veranstaltung nicht aus dem Rahmen. Das Semesterticket der Studierenden sowie die Anreise der Unternehmensvertretenden aus der Region war weder zeitlich noch finanziell aufwendig. Ein Kostenbeitrag wurde ebenfalls nicht erhoben. Da die Veranstaltung abends stattfand gab es keine Terminkollision und das offene Ende ermöglichte es allen Teilnehmenden, zu einer selbstbestimmten Uhrzeit die Veranstaltung zu verlassen. In Zeiten von Fachkräftemangel auf Seiten der Unternehmen und mit Studierenden, die einen Berufseinstieg suchen, war die Veranstaltung für beide Seiten erfolgreich und beide Seiten möchten weiterhin an einer solchen Veranstaltung teilnehmen.

Die Veranstaltenden agieren bei dieser Veranstaltung noch mehr als Moderator, als sie es bei den anderen Veranstaltungen sind. Die Auswahl der Studierenden und der Unternehmen hat aufgrund der Teilnehmendenzahl und der vorherrschenden Interaktion offensichtlich sehr gut gepasst. Zur Vermittlung von Praktika und Berufseinstiegen ist es das ideale Format. Der Organisationsaufwand hält sich aufgrund sehr guter Kontakte zur Universität sowie zu den Unternehmen der Region, u. a. über die IHK, in Grenzen. Auf der Ausgabenseite fallen nur Kosten für Bier und Brezeln an. Somit liegen die Kosten höher als bei den anderen Veranstaltungen, reizen den gesetzten Budgetrahmen jedoch nicht aus. Die Veranstaltung schien für alle beteiligten ein voller Erfolg zu sein und viele fragten bereits nach der Veranstaltung, wann dieses Format das nächste Mal stattfindet.

Die lockere Veranstaltungsform und das informelle Ambiente passten gut zur gewählten studentischen Zielgruppe. Beide Seiten hatten großes Interesse an der Fortführung dieses Formats geäußert. Das Veranstaltungsformat soll daher beibehalten werden. Da es primär um die Vermittlung von zukünftigen Angestellten geht und die Personalplanung von Unternehmen langfristig orientiert ist, soll diese Veranstaltung halbjährlich stattfinden.

15.5.2 Kooperationsformate

Als Kooperationsformate wurde eine Veranstaltungsart getestet. Obwohl die Evaluation negativ ausfiel wurden uns aus verschiedenen Quellen mehrere Gründe für eine erneute

Ausrichtung mitgeteilt. Nach eingehender Erörterung der Argumente kamen wir zu dem Entschluss, auch diese Veranstaltung weiterhin anzubieten.

Veranstaltung: Kreativ-Speed Dating

Dieses spezialisierte Event ist ideal, für ein sehr konkretes aber breit verstreutes Publikum in den Austausch zu treten. Kreative sehen sich häufig als Einzelkämpfende und finden so gegenseitig Unterstützung für ihre Projekte.

Teilnehmende

Die Teilnehmenden bewerteten sich gegenseitig als interessante Gesprächspartner*innen. Die Teilnehmerzahlen dieser Veranstaltung blieben trotz des Eventcharakters und der Einbindung von Brancheninsidern als Mitorganisatoren und Multiplikatoren deutlich hinter den Erwartungen der Veranstalter zurück. Im Durchschnitt waren lediglich 15 Teilnehmende zu verzeichnen. Ursache dafür könnte die höhere Partizipationsbarriere (Notwendigkeit von Anmeldung und Hinterlegen eines Profils) sein. Die Gespräche hingegen verliefen für die Teilnehmenden zufriedenstellend. Der finanzielle Aufwand beschränkt sich auf die An- und Abreise, die aufgrund der überregionalen Ansprache unterschiedlich ausfiel. Ein Teilnahmegebühr wurde nicht erhoben. Der zeitliche Aufwand für die Anreise war ebenfalls unterschiedlich und war teilweise sehr hoch. Die Dauer der Veranstaltung (ganztägig) war jedoch für die Reisezeit angemessen. Allgemein betrachtet empfanden die Anwesenden die Veranstaltung als lohnenswert, mehr Teilnehmende wären jedoch wünschenswert. Die Anwesenden waren jedoch sehr begeistert und sprachen sich für eine Fortführung aus. Aufgrund von zeitlichem und finanziellem Aufwand empfanden die meisten Teilnehmenden eine jährliche Ausrichtung als ausreichend.

Die Veranstaltenden hatten nach anfänglichen Schwierigkeiten den Eindruck, dass eine interessante Mischung akquiriert werden konnte. Die Teilnehmendenzahl blieb jedoch weit hinter den Erwartungen zurück. Der Austausch wirkte jedoch erfolgreich. Der Organisationsaufwand ist mit Verwaltung des Anmeldeportals und Sichtung der angemeldeten Profile vergleichsweise hoch. Auch ist der Aufwand zum Erreichen der Zielgruppe deutlich höher. Durch die Vernetzung mit dem Kreativhafen e.V. kann dieser Aufwand langfristig jedoch reduziert werden. Finanziell fallen nur geringfügige Mehrbelastungen an, die primär auf Getränke entfallen. Die Veranstaltung hat sich trotz der positiven Resonanz aus Sicht der Veranstaltenden nicht gelohnt.

Nach objektiver Betrachtung der Evaluation sollte die Veranstaltung künftig nicht mehr angeboten werden. Da jedoch auch aus anderem Kontext die Notwendigkeit der Vernetzung von Kreativen insbesondere aus dem ländlichen Raum sowie der Mangel an entsprechenden Veranstaltungen bekannt ist (Gespräche mit Verantwortlichen der Kultur- und Kreativwirtschaft in Deutschland), soll die Veranstaltung vorerst weiterhin im jährlichen Rhythmus angeboten werden. In digitaler Form wird dieses Matching-Format durch den Kreativhafen e.V. fortgeführt: Auf einem eigens entwickelten Internetportal können Kreative ihre Fachprofile hinterlegen und sich damit um Kooperationspartner und Auftraggeber bewerben. Auch dieses digitale Matching-Portal ist bislang kein Selbstläufer

15.5.3 Transferformate

Als Transferformat wurde ein Veranstaltungsformat durchgeführt. Das Brown Bag Lunch kam bei allen Teilnehmenden sehr gut an und wird aufgrund der Hintergründe zukünftig auf halbjährlicher Basis angeboten.

Veranstaltung: Brown Bag Lunch
Als Transferformat ist der Brown Bag Lunch gut geeignet. Die Mittagszeit als Veranstaltungszeitpunkt und das Angebot von Lunchpaketen haben sich als förderlich erwiesen. In diesem Zeitraum ist es einfacher, die relevanten Personen zu versammeln, da dann seltener Termine vereinbart sind. Das Lunchpaket kombiniert die Veranstaltung mit dem Mittagessen, der potenzielle „Zeitverlust" hält sich bei den beteiligten Personen somit ebenfalls im Rahmen.

Die Teilnehmenden bewerteten sich gegenseitig als interessante Gesprächspartner*innen. Mit ca. 15 Teilnehmenden ist die Teilnehmendenzahl für die kurze Dauer der Veranstaltung angemessen. Die Gespräche verliefen angeregt und wurden teilweise auf den Nachmittag ausgeweitet. Der finanzielle Beitrag beschränkte sich erneut auf An- und Abreise und war für die Unternehmen der Region tragbar und akzeptabel, ebenso wie der zeitliche Aufwand für An- und Abreise. Die Dauer der Veranstaltung beschränkte sich auf die Mittagspause und blockierte somit keine Zeit für wichtige Termine. Die Veranstaltung traf auf großes Interesse aller Beteiligten, eine regelmäßige Ausrichtung wurde auf halbjährlicher Basis gewünscht.

Die Veranstaltenden konnten Teilnehmende aus hohen Positionen von wichtigen Unternehmen der Region zur Teilnahme motivieren und die Anzahl der Teilnehmenden entsprach den Erwartungen mit einer Aufteilung der Teilnehmenden ungefähr hälftig aus Wissenschaft und Wirtschaft. Trotz der kurzen Dauer entwickelten sich schnell interessante Gespräche. Die Dauer der Veranstaltung war zwar angemessen, stellt aber für die Teilnehmenden trotz der günstigen Uhrzeit dennoch eine besondere Herausforderung dar. Die Anpassung an die gut gefüllten Terminkalender der Teilnehmenden stellte sich als schwieriger als erwartet heraus. Die Der Aufwand für die Vorbereitung durch die Ansprache des spezifischen Teilnehmerkreises ist jedoch vergleichsweise hoch. Dadurch bedingt war der zeitliche Aufwand für die Organisation etwas höher. Finanziell beschränkte es sich auf die gepackten Lunch Bags. Aus Sicht der Veranstaltenden hat sich die Veranstaltung gelohnt und soll wie von den Teilnehmenden gewünscht auf halbjährlicher Basis fortgeführt werden.

Nach der Evaluation konnten wir feststellen, dass es sich bei diesem Format um eine besondere Veranstaltung handelt, die so in dieser Form in der Region nicht anderweitig existiert. Daher wird diese Veranstaltung zukünftig fortgeführt.

15.5.4 Bewertung der verwendeten Formate

Als hauptsächliches Mittel zur Beförderung der Vernetzung und des Matching werden im cowork Greifswald Netzwerkveranstaltungen genutzt, die je nach spezifischer Zielsetzung in unterschiedlicher Ausprägung stattfinden. Matching- und Networking-Veranstaltungen stellen eine besondere Form von Veranstaltungen dar. Ihre interaktive Ausrichtung und der Fokus auf die Kontaktaufnahme der Teilnehmer untereinander stellen besondere Anforderungen u. a. an Umfeld und Atmosphäre der Veranstaltungen sowie an die Auswahl und die Ansprache der Teilnehmenden.

Bei den aufgeführten Veranstaltungen handelt es sich um Beispiele, die sich für die Anforderungen und Zielsetzungen im cowork Greifswald als geeignet erwiesen haben. Deutlich wird, dass es nicht ein einziges Veranstaltungsformat zur Erreichung aller Ziele gibt. Verschiedene Zielsetzungen und verschiedene Zielgruppen rufen nach spezifischen Formaten. Dies muss kein Nachteil sein, da variierende Formate durch ihren Neuheitswert auch Aufmerksamkeit schaffen. Im Wettbewerb um Zeit und Aufmerksamkeit der potenziellen Teilnehmenden sind niedrigschwellige Angebote, die den Aufwand auf Seite der Teilnehmenden möglichst klein halten, im Vorteil. Vorteilhaft ist weiterhin ein klares Nutzenversprechen für die Zielgruppen – Wissen, Kontakte oder Kooperationspartner*innen.

Im cowork Greifswald werden überdies analoge Formate bevorzugt, bei denen die Teilnehmenden in realiter miteinander in Kontakt treten. Damit geht eine verbindlichere Kommunikation mit höherer Kontaktqualität einher, die bessere Voraussetzung für die angestrebte Vernetzungswirkung mit sich bringt. Schlussendlich sind Erfolgskriterien sowohl subjektiv als auch objektiv und insbesondere individuell anzupassen (Bouncken 2000).

15.6   Fazit und Ausblick

Zum Betreiben eines Coworking-Spaces reicht es nicht aus, nur die Infrastruktur anzubieten. Die aktive Intervention der Community-Manager ist auf sozialer und materieller Ebene notwendig (Bouncken et al. 2020b), um eine lebendige Gemeinschaft im Coworking-Space zu schaffen und zu ermöglichen. Ein Teil dieses Managements zielt auf das Veranstaltungs-Geschehen ab. Diese Veranstaltungen sollten unterschiedlich sein und auf verschiedene Bedürfnisse von verschiedenen Interessengruppen abzielen. Nur so kann der Coworking-Space in sich am Leben gehalten werden und nach außen als interessante Quelle von Neuem wahrgenommen werden. Die Relevanz der verschiedenen Formate für die Teilnehmenden hängt darüber hinaus von Unternehmensgröße und -alter sowie dem generellen Stadium des Unternehmens ab (Barwinski et al. 2020).

Für größere Coworking-Spaces als den cowork Greifswald (26 Arbeitsplätze auf ca. 350 m²) sind darüber hinaus weitere Rollen notwendig, die von Seite der Betreibenden besetzt werden sollten. So sollte sich zu einem späteren Zeitpunkt die Rolle des Community-Managers, der auch für die Even-Organisation verantwortlich ist, aufteilen. Ein Community-Manager, der die internen Mitglieder miteinander vernetzt, sich um das

Wohlbefinden kümmert und die Gemeinschaft am Leben erhält arbeitet dann parallel zu einem Event-Manager, der sich um die Veranstaltungen im und vom Coworking-Space kümmert. Weitere Rollen wie z. B. Streitschlichter oder Material-Manager, der für die Verfügbarkeit von Materialien zum kreativen Gestalten oder auch die Ausstattung der Küche verantwortlich ist, sind denkbar.

Die Ergebnisse aus Hierda und aus den Versuchen im cowork Greifswald werden im Anschluss an das Projekt weiterverwendet. In Greifswald wird aktuell auf einer Fläche von ca. 8000 m² u. a. ein großer Coworking-Space errichtet. Hier werden die Best Practices aus Hierda und aus der Erprobung im cowork Greifswald überführt und somit langfristig weiterentwickelt und -verwertet.

Literatur

Barwinski, R. W., Qiu, Y., Aslam, M. M., & Clauss, T. (2020). Changing with the time: New ventures' quest for innovation. *Journal of Small Business Strategy, 1*(30), 19–31.

Bouncken, R., Reuschl, A., & Görmar, L. (2017). Archetypes and proto-institutions of coworking-spaces: Emergence of an innovation field? In *Strategic management society annual conference*, Houston.

Bouncken, R., Aslam, M. M., & Brem, A. (2019). Permeability in coworking-spaces as an innovation facilitator. In *2019 Portland international conference on management of engineering and technology „technology management in the world of intelligent systems"*, 25.–29. August 2019, Portland.

Bouncken, R. B., Aslam, M. M., & Qiu, Y. (2020b). Coworking spaces: Understanding, using, and managing sociomaterality. Business Horizons (accepted).

Bouncken, R. B. (2000). Dem Kern des Erfolges auf der Spur? State of the Art zur Identifikation von Kernkompetenzen. Zeitschrift für Betriebswirtschaft, 70(7/8), 865–886.

Bouncken, R. B., Laudien, S. M., Fredrich, V., & Görmar, L. (2018). Coopetition in coworking-spaces: Value creation and appropriation tensions in an entrepreneurial space. *Review of Managerial Science, 12*(2), 385–410. https://doi.org/10.1007/s11846-017-0267-7.

Bouncken, R., Ratzmann, M., Barwinski, R., & Kraus, S. (2020a). Coworking spaces: Empowerment for entrepreneurship and innovation in the digital and sharing economy. Journal of Business Research, 114, 102–110.

Bouncken, R. B., & Reuschl, A. J. (2018). Coworking-spaces: How a phenomenon of the sharing economy builds a novel trend for the workplace and for entrepreneurship. *Review of Managerial Science, 12*(1), 317–334. https://doi.org/10.1007/s11846-016-0215-y.

Colignon, R. (1987). Organizational permeability in US social service agencies. *Organization Studies, 8*(2), 169–186. https://doi.org/10.1177/017084068700800204.

Cooper, C. D., & Kurland, N. B. (2002). Telecommuting, professional isolation, and employee development in public and private organizations. *Journal of Organizational Behavior: The International Journal of Industrial, Occupational and Organizational Psychology and Behavior, 23*(4), 511–532.

Gandini, A. (2015). The rise of coworking spaces: A literature review. *ephemera, 15*(1), 193–205.

Garrett, L. E., Spreitzer, G. M., & Bacevice, P. (2014). Co-constructing a sense of community at work: The emergence of community in coworking spaces. *Academy of Management Proceedings, 2014*(1). https://doi.org/10.5465/ambpp.2014.139.

Görmar, L., Barwinski, R., Bouncken, R., & Laudien, S. (2020). Co-Creation in coworking-spaces: Boundary conditions of diversity. *Knowledge Management Research & Practice* 1–12.

Johns, T., & Gratton, L. (2013). The third wave of virtual work. *Harvard Business Review, 91*(1), 66–73.

Leifer, R., & Delbecq, A. (1978). Organizational/environmental interchange: A model of boundary spanning activity. *Academy of Management Review, 3*(1), 40–50.

Moriset, B. (2014). Building new places of the creative economy. The rise of coworking spaces. Paper presented at the *2nd geography of innovation international conference,* January 2014, Utrecht.

Spinuzzi, C. (2012). Working alone together: Coworking as emergent collaborative activity. *Journal of Business and Technical Communication, 26*(4), 399–441. https://doi.org/10.1177/1050651912444070.

Open Access Dieses Kapitel wird unter der Creative Commons Namensnennung 4.0 International Lizenz (http://creativecommons.org/licenses/by/4.0/deed.de) veröffentlicht, welche die Nutzung, Vervielfältigung, Bearbeitung, Verbreitung und Wiedergabe in jeglichem Medium und Format erlaubt, sofern Sie den/die ursprünglichen Autor(en) und die Quelle ordnungsgemäß nennen, einen Link zur Creative Commons Lizenz beifügen und angeben, ob Änderungen vorgenommen wurden.

Die in diesem Kapitel enthaltenen Bilder und sonstiges Drittmaterial unterliegen ebenfalls der genannten Creative Commons Lizenz, sofern sich aus der Abbildungslegende nichts anderes ergibt. Sofern das betreffende Material nicht unter der genannten Creative Commons Lizenz steht und die betreffende Handlung nicht nach gesetzlichen Vorschriften erlaubt ist, ist für die oben aufgeführten Weiterverwendungen des Materials die Einwilligung des jeweiligen Rechteinhabers einzuholen.

Printed in the United States
By Bookmasters